nomen

Erich Schöndorf

Das Projekt

Umweltthriller

nomen

Dieser Roman erzählt eine fiktive Geschichte.
Alle Personen, Namen und die Handlung sind frei erfunden.

Umschlaggestaltung und Satz:
Nomen Verlag, Frankfurt am Main unter Verwendung
einer Zeichnung von Zoltán Aladár Suhajda

Druck und Bindung: Nexus Druck, Frankfurt am Main

1. Auflage 2005

ISBN 3 - 9809981 - 4 - 2

Saskatchewan, Kanada, Mai

Richard Schorra drückt den roten Knopf am Display und gibt noch einmal kurz Gas. Dann heben vierhundert PS das achtgliedrige Schaufelwerk seines John Deere Schleppers spielerisch in die Höhe. Es ist noch zu früh zum Pflügen. Nach dem langen und strengen Winter steckt zuviel Feuchtigkeit im Boden. Was er jetzt umpflügt, wird zu einer steinharten Masse abtrocknen, die sich jeder weiteren Bearbeitung entzieht. Der Farmer stellt die Maschine in den Schuppen, der verloren in der ausgeräumten Landschaft steht, und steigt in seinen Pickup. Zuhause kann er an den Fensterläden weiterstreichen oder mit dem kleinen Marc, seinem jüngsten Enkel, Schulaufgaben machen. Rund um die Uhr ist immer etwas zu tun, und Richard Schorra ist glücklich dabei.

Auf einer kleinen Anhöhe hält er auch an diesem Tag wieder an und blickt zufrieden über die achthundert Hektar seines Besitzes im Südwestzipfel von Saskatchewan, der zweitgrößten Provinz Kanadas. Graues, wellenförmiges Land soweit das Auge reicht. Ein paar wenige Gebüschgruppen versuchen dem Auge Orientierung zu geben. Am Horizont glänzen die schneebedeckten Gipfel der Selkirk Mountains in der Mittagssonne. In sechs oder sieben Wochen wird es hier freundlicher aussehen. Dann hat der blühende Raps das Land, sein Land, in ein Meer voller gelber Blüten verwandelt, hat Millionen von Insekten angelockt, deren Flügelschläge die Luft erzittern lassen und hat einen frischen, beschwingten Duft über die Felder gelegt.

Die Delgado-Farm ist sein Leben. Er hat sie von seinen Eltern geerbt, die Mitte der dreißiger Jahre von Deutschland hierher gezogen waren, nicht aus wirtschaftlicher Not oder Abenteuerlust, sondern aus Angst vor dem, was sie auf ihre alte Heimat zukommen sahen. In einigen Jahren wird sein ältester Sohn Herb die Farm übernehmen. Ihm hat er die Begeisterung für die Landwirtschaft vererbt, weniger dessen jüngerem Bruder Ron, der früh schon die akademische Richtung eingeschlagen und Rechtswissenschaften studiert hatte.

Gemütlich fährt er weiter zur Farm, vorbei an grauen Stoppelfeldern. Seine Eltern haben das Land der unwirtlichen Prärie abgerungen, für die kein anderer einen Cent bezahlt hätte. Richard hat dann begonnen, den Raps zu veredeln, hat das Saatgut von Hand ausgelesen, nur die Schoten der kräftigsten und gesündesten Pflanzen genommen und die Körner noch einmal durch ein Sieb getrennt. Jetzt erntet er annähernd zwei Tonnen der Ölsaat pro Hektar, ein Spitzenwert.

Der Besuch, der sich für den späten Nachmittag angesagt hat, passt ihm nicht. Die drei Vertreter von CincinnatiSeed, der Nummer eins unter den Agromultis weltweit, wollen ihn für die Gentechnik begeistern, aber da weiß er bereits jetzt, dass ihnen das nicht gelingen wird. Sie haben immer wieder angerufen, Informationsmaterial geschickt, und weil Richard Schorra ein höflicher Mensch ist, hat er sie schließlich zu sich nach Hause eingeladen.

Pünktlich um sechzehn Uhr fährt der silbergraue Pontiac Montana auf den Hof der Farm. Die drei Männer mögen zwischen Anfang und Ende vierzig sein, sind gut gekleidet, vielleicht ein bisschen zu gut für die ländliche Umgebung, und tragen schwarze Aktentaschen bei sich.

„Wir können uns vorstellen“, sagt Albert Hopkins, der Verkaufsleiter des Konzerns für die südlichen Distrikte Saskatchewans, „dass ihre Skepsis gegenüber der Gentechnik mit Ihrer Herkunft zu tun hat. Im alten Europa hat man ja immer noch erhebliche Probleme damit.“

„Kann gut sein“, erwidert der Farmer, während er seinen Gästen Kaffe einschenkt, „aber Europa hat gute Gründe für seine Haltung.“

„Amerika hat bessere für *seinen* Standpunkt“, trumpft Albert Hopkins auf, aber er tut das auf eine sehr sympathische Weise. „Wir sind heute allerdings nicht gekommen um

Glaubenskriege zu führen. Wir wollen Ihnen ein Angebot machen. Und ein paar Worte zur Erläuterung sagen."

Ein Begleiter öffnet die Aktentasche.

„Keine Angst", beruhigt der Verkaufsleiter seinen Gastgeber, „ich will Sie nicht mit Werbematerial zuschütten. Nur eine einzige Seite mit den Vorzügen unseres Produkts."

Der Begleiter legt ein bunt bedrucktes Blatt auf den Tisch.

„Zehn Punkte, die Sie überzeugen - oder auch nicht. Unser gentechnisch optimierter Raps macht nur Sinn in Verbindung mit unserem Herbizid Clean Over. Beide sind aufeinander abgestimmt. Clean Over schadet unserem Raps nämlich nicht, überhaupt nicht. Aber Clean Over vernichtet alle anderen Pflanzen, sprich Unkräuter, auf Ihrem Acker. Und es tut dies unabhängig vom Entwicklungsstand des Unkrauts. Das ist der entscheidende Punkt. Wie oft passiert es denn, dass Sie wegen schlechten Wetters zwei Wochen lang mit Ihren Maschinen nicht auf den Acker können! Danach ist es für eine Spritzung mit herkömmlichen Herbiziden zu spät, weil beispielsweise die Vogelmiere ein Stadium erreicht hat, in dem das alte Mittel nicht mehr wirkt. Das Ergebnis ist ein total verunkrauteter Acker. Die Ernte können Sie vergessen!" Dann mustert er seinen Gastgeber mit einem strengen Blick. „Wissen Sie, wie hoch unsere unkrautbedingten Ernteausfälle beispielsweise vor zehn Jahren waren, als es unser Produkt noch nicht gab? – Vierhunderttausend Tonnen allein in Kanada!"

Schließlich noch das Paradeargument der Gentechnik: Sie allein ist in der Lage, den Hunger in der Welt zu besiegen. Und daher gehört dieser Technologie die Zukunft. Ganz zum Schluss ein Schnäppchen der besonderen Art: „Als Neukunde", sagt Albert Hopkins feierlich, „gewähren wir Ihnen auf das Herbizid einen Preisnachlass von fünfzehn Prozent – in den ersten drei Jahren!" Was er nicht sagt: Dass Cincinnati-Seed die Anwendungsempfehlungen so abgefasst hat, dass die Farmer auf den Genraps gut zehn Prozent mehr Herbizide spritzen müssen als auf normale Rapssorten.

Die drei Männer, die am frühen Abend die Farm verlassen, haben das untrügliche Gefühl, dass sie auf diesem Weg nicht zum Ziel kommen.

Die Firma hat den großen Konferenzraum im *Saskatoon Star* gemietet. Die siebzehn Niederlassungsleiter, die um den ovalen Tisch Platz genommen haben, warten ungeduldig auf den Boss. Als der schließlich durch die Tür kommt und mit leichten, federnden Schritten zu seinem Platz am Kopfende des Tisches eilt, brandet Beifall auf, denn alle wissen, dass er gute Nachrichten im Gepäck hat.

„Ich bin kein Freund langer Worte“, sagt John Wershley, nachdem er seine Gäste persönlich begrüßt hat, „daher mache ich es entsprechend kurz. CincinnatiSeed hat weltweit wieder kräftig zugelegt. Im Vergleich der einzelnen Länder nimmt Kanada eine Spitzenstellung ein. In der Gentechnik-Sparte gibt es zweistellige Zuwachsraten. Die Farmer beißen überall an.“

Während er spricht wirft ein Beamer die Zahlen des wirtschaftlichen Erfolges auf eine Leinwand.

„Das hat entscheidend damit zu tun, dass wir diese Menschen überzeugen konnten. Vor allem beim Raps, der in der Vergangenheit ein paar Probleme gemacht hat, ist uns das jetzt gelungen. Im gesamten vergangenen Geschäftsjahr gab es diesbezüglich keine einzige Reklamation mehr.“ Die Säulen auf der Leinwand werden von links nach rechts immer kleiner und über der letzten Jahreszahl ist keine mehr zu sehen.

„Aber nicht nur, dass unsere Wissenschaftler die Verträglichkeit des Clean Over gegenüber den Nutzpflanzen verbessert haben. Vergangene Woche ist ihnen in den Labors in Cincinnati etwas gelungen, was ich als Quantensprung in der Biotechnologie bezeichnen möchte.“ John Wershley hält in stillem Triumph ein Blatt Papier in die Höhe. „Die Nachricht ist drei Tage alt und auch firmenintern noch topsecret, und ich darf auch Sie bitten, damit vertraulich umzugehen, denn die Mutter in den Vereinigten Staaten spielt mit dem Gedanken, diese Information zunächst im Kleingedruckten zu verstecken."

Der Chef von CincinnatiSeed Kanada legt das Fax zurück auf den Tisch und mustert alle Anwesenden nacheinander über den Rand seiner Lesebrille. „Wir haben einen Genraps entwickelt, dessen Samen nicht keimfähig ist."

Einen kurzen Augenblick ist es still im Konferenzzimmer, dann klopfen die Niederlassungsleiter begeistert auf den Tisch.

„Eine Sekunde noch!" John Wershley hebt befehlend die Hände. „Damit das nicht falsch verstanden wird, außerhalb, meine ich: Es kann nicht richtig sein, dass manche Farmer ein einziges Mal unser Produkt kaufen und dann nicht mehr, weil sie einen Teil ihrer Ernte für die Neuaussaat abzweigen oder damit noch Geschäfte machen. Obwohl wir das vertraglich ausgeschlossen haben, ist das in der Vergangenheit regelmäßig geschehen. Damit ist jetzt Schluss. Die Farmer, die unseren Raps anbauen, müssen jedes Jahr ihr Saatgut bei uns neu kaufen. Wir brauchen also die Früchte unserer teuren Forschungsarbeit nicht mehr mit Leuten zu teilen, die keinen Anspruch darauf haben."

Die Niederlassungsleiter greifen euphorisch zu den Cola- und Saftflaschen, die in immer gleichem Arrangement auf dem Tisch aufgebaut sind. Als versierte Kaufleute haben sie längst die Vorteile der Neuentwicklung hochgerechnet. Um mehr als fünfzehn Prozent werden ihre Profite steigen. Einige wenige Landwirte werden abspringen und die Verträge am Ende der Laufzeit nicht verlängern. Aber das wird nicht ins Gewicht fallen. Die meisten ihrer Kunden haben sich in der Gentechnik eingerichtet und genießen deren Vorteile ohne die Nachteile zu registrieren. Sie werden es hinnehmen, dass sie bei der Aussaat nicht mehr schummeln können. Die Neuen wird man nach altbewährtem Muster ködern und ihnen das Saatgut oder das Herbizid am Anfang billiger abgeben. Es steht gut um CincinnatiSeed Kanada. Nur an der Grenze zwischen Saskatchewan und Alberta gibt es ein kleines Problem.

Am Ende des offiziellen Teils der Veranstaltung nimmt der Boss ganz diskret Albert Hopkins und seinen Vertreter zur Seite.

„Im Westen noch immer nichts Neues?“

Der Niederlassungsleiter von Saskatchewan-Süd schüttelt den Kopf. „Es ist wie verhext. Die zwei Dutzend Farmer jenseits des Karibu Rivers stellen sich stur. Treibende Kraft ist offenbar Richard Schorra, er bewirtschaftet den größten Hof in der Gegend.“

„Was haben Sie bisher unternommen?“

„Letzte Woche waren wir bei ihm zuhause. Nichts zu machen, trotz Rabattzusagen. Seit zwei Jahren beliefert er zu allem Unglück noch einen Bioproduzenten in Frankreich, der auf gentechnikfreie Rohstoffe Wert legt.“

„Das ist schlecht“, erwidert John Wershley und runzelt nachdenklich die Stirn. „Richard Schorra ist das Tor zu den Nordprovinzen, wo noch einige Schätze zu heben sind. Wir müssen ihn knacken.“

„Das ist leicht gesagt...“

„Aber wir dürfen uns von ihm nicht aufhalten lassen – Stufe zwei?“

Albert Hopkins nickt, erst verhalten, schließlich heftig. „Er hat es schließlich in der Hand. Wir sind ihm weit entgegengekommen, sehr weit!“

„Habe ich das richtig in Erinnerung: Richards Farm wird im Süden von einer flachen Hügelkette begrenzt...“

„...Paloma-Hills. Bob Murray hat sie unter dem Pflug.“

„Auch Raps?“

„In der ganzen Gegend wächst nichts anderes. Murray ist ein ewiger Verlierer. Er steht immer kurz vor der Pleite. Was allerdings nachvollziehbar ist. Das Gelände ist einfach schwierig. Schmal und hoch gelegen, immer dem Wind ausgesetzt, zieht es sich fast fünf Meilen an Richards Feldern entlang. Wir haben ihn nie angesprochen. Er ist viel zu unsicher.“

„Aber jetzt ist er vielleicht wichtig für uns. Kaufen Sie ihn!“

Hopkins schaut seinen Chef fragend an.

„Ja, Sie haben richtig verstanden. Schenken Sie ihm unser Saatgut und das Clean Over dazu. Oder schwatzen sie ihm meinetwegen die ganze Farm ab und setzen Sie einen von uns drauf. Nur sorgen Sie dafür, dass dort noch in diesem Jahr unser Produkt wächst."

Die kalten Winde aus der Arktis haben sich in diesem Jahr früh auf den Weg gemacht. Für die kommenden Tage hat der Wetterbericht einen Temperatursturz von zwanzig Grad Celsius vorhergesagt. Richard Schorra ist froh, dass er die Ernte schon eingebracht hat. Über 1.400 Tonnen Raps weist der Wiegeschein der Ölsaatenbörse in Swift Current aus, hundert Tonnen mehr als im Vorjahr. Das ist allerdings nicht der einzige Grund für seinen Rekordgewinn. *Vilmont*, ein französischer Hersteller gentechnikfreier und schonend erzeugter Nahrungsmittel, hat sechzig Tonnen der Ernte übernommen, für einen weit überdurchschnittlichen Preis.

In diesem Winter hat sich die Familie viel vorgenommen. Neben der obligatorischen Wartung des Maschinenparks und den Reparaturarbeiten am Haus will Richard Schorra eine Familienchronik erstellen und die Züchtungserfolge der vergangenen Jahre dokumentieren. Und selbstverständlich freuen sich die Schorras auf den Besuch ihrer Kinder und die langen Abende am Kamin bei deutschem Bier und einem Obstbrand vom Bodensee, der Heimat der Eltern.

Martha Schorra deckt den Tisch, als das Faxgerät anspringt. Während sie das Papier von der Rolle reißt, erkennt sie den Briefkopf ihres französischen Abnehmers.

„Vilmont schreibt uns", ruft sie ihrem Mann zu, der sich gerade die Hände abtrocknet. Richard Schorra nimmt das Fax entgegen und liest es im Stehen.

„Das kann doch nicht wahr sein!" Er lässt das Blatt sinken und schaut seine Frau entgeistert an. „Der Raps sei nicht sauber. Er enthalte 10 Prozent gentechnisch veränderte Samen."

Martha Schorra überfliegt jetzt selbst das Schreiben.

„Das ist ein Messfehler!“

„Sie haben fünf Proben gezogen und alle haben diesen Wert ergeben!“

Mit dunklen Ahnungen im Kopf geht der Farmer zum Telefon. Er erreicht seinen Sohn in dessen Anwaltspraxis in Rosetown.

„Du hast doch sicher Rückstellproben auf der Farm?“

„Was heißt Rückstellproben? Meine Saat für das kommende Jahr!“

„Bring’ ein Kilo rüber ins Institut der Lebensmittelüberwachung. Ich rede mit Dr. Warrington, er soll die Untersuchung vorziehen. Sobald das Ergebnis vorliegt, komme ich auf die Farm.“

Das Ergebnis, das der junge Anwalt seinen Eltern am nächsten Tag aus der Stadt mitbringt, ist für diese eine Katastrophe. Es deckt sich mit dem Resultat der französischen Expertise. Ein Zehntel der diesjährigen Ernte besteht aus gentechnisch verändertem Material.

„Ich verstehe das einfach nicht“, sagt Richard Schorra beschwörend, „die Aussaat bestand zu einhundert Prozent aus der Ernte des Vorjahres und alle meine Nachbarn arbeiten gentechnikfrei.“

„Bist du sicher?“

Richard Schorra stutzt. „Bob Murray“, zischt er und geht zum Telefon, wo er die Nummer der Farm auf den Hügeln wählt.

„Bob“, sagt der Farmer mit zitternder Stimme, „bist du mir nicht eine Erklärung schuldig?“

„Wieso sollte ich?“, braust sein Nachbar augenblicklich auf.

„Bleib ganz ruhig, Bob und denke über meine Frage nach.“

„Richard“, kommt es drohend zurück, „ich sage dir jetzt etwas und darüber denkst *du* mal nach. Sie haben mir ein gutes Angebot gemacht und ich habe es angenommen, kapiert? Solange ich hier oben sitze, geht es mir schlecht. Hat mir irgendwann irgendjemand geholfen? Hast *du* mir geholfen, Richard?“

„Sie haben dir ein gutes Angebot gemacht...was heißt das?“

„Das spinnst du dir gefälligst selbst zusammen, denn ich darf es dir nicht sagen. Sonst bin ich wieder der kleine Arsch, der ich lange genug war.“ Dann legt Bob Murray auf.

„Keine Frage, wie das gelaufen ist“, sagt Richard Schorra als er sich blass und eingefallen in seinen Sessel setzt. „CincinnatiSeed hat Bob auf Genraps umgerüstet und seine Pollen und Samen haben mein Land verseucht.“

„Meinst du, es steckt System dahinter?“

„Was denn sonst“, lacht der Farmer gequält. „Gibt es einen anderen Grund für sie, dieser kleinen Nummer aus der Patsche zu helfen, als mich fertig zu machen?“

„Was hast du jetzt vor?“

„Schön, mein Junge, dass du mich das in dieser Situation fragst“, antwortet der Farmer halb wütend und halb verzweifelt. „Genau das wollte ich von dir wissen. Das erste Mal einen Rat vom eigenen Sohn, dessen Jurastudium man komplett finanziert hat.“

Als Martha und Richard am nächsten Morgen in die Küche kommen um zu frühstücken, hat Ron gerade mit Vilmont telefoniert.

„Ein unbekannter Anrufer soll auf die Notwendigkeit einer Beprobung unseres Rapses hingewiesen haben...“

„...ein unbekannter Anrufer“, grummelt Richard. „So unbekannt ist der bestimmt nicht.“

„Vilmont sagt aber auch, dass sie unsere Ware unabhängig von dem Anruf überprüft hätten. Gentechnikfrei sei in Europa ein Muss...“

Das Telefon klingelt. Ron nimmt den Hörer ab.

„Einen Augenblick bitte – Vater, ein Mr. Hopkins.“

Richard Schorra übernimmt den Hörer und hält die Sprechmuschel zu. Dann drückt er die Raumklangtaste. „Gut zuhören, was sie uns jetzt erzählen. Hopkins ist der für uns zuständige Verkaufsleiter von CincinnatiSeed." Er gibt die Muschel frei.

„Bitte?"

„Hallo, Mr. Schorra, Albert Hopkins am Apparat, Ihr Mann von CincinnatiSeed. Wir durften Sie im Frühjahr besuchen..."

„Ich erinnere mich", erwidert Richard Schorra abweisend. „Um was geht es?"

„Nun, hier erzählt man sich, dass Sie ziemlich Pech hatten..."

„Und weiter...?"

„Sechzig Tonnen sind eine Menge Zeugs. Und die Geschäftsbeziehungen nach Frankreich dürften sich damit, drücken wir es mal vorsichtig aus, nicht verbessert haben."

„Ist das alles, was Sie mir sagen wollen?"

Albert Hopkins macht eine kleine Pause. „Irgendwie haben Sie Recht, wenn Sie mich jetzt nicht so ganz freundlich behandeln. Was ich Ihnen sage, das wissen Sie alles schon selbst. Auch dass Ihr ursprüngliches Saatgut ruiniert ist..."

„Das kann man reinigen", lacht der Farmer unsicher in die Muschel.

„Mag sein", erwidert der Mann von CincinnatiSeed freundlich, „aber das ist eine sehr theoretische Möglichkeit, wie Sie mir zugeben müssen. – Was Sie vielleicht noch nicht wissen: Unser Angebot steht immer noch. Und wir können es heute sogar noch ergänzen. Wenn Sie unterschreiben, übernehmen wir die Vilmont-Tranche – zum vereinbarten Preis. Ich will von Ihnen jetzt gar keine Antwort haben. Schauen sie noch mal in die Unterlagen, die wir Ihnen geschickt haben und denken Sie in aller Ruhe über unseren Vorschlag nach. Ich melde mich wieder bei Ihnen – sagen wir, morgen Abend?"

„Nachgeben?" Richard Schorra schüttelt entschlossen den Kopf. „Nachgeben heißt aufgeben. Das kommt für mich nicht in Frage."

„Es spricht einiges für deine Haltung", sagt Ron. „Ich habe mir vergangene Nacht die Verträge angesehen." Der Anwalt nimmt einen Stapel Papier vom Tisch und hält ihn hoch. „Wenn du unterschreibst, kaufst du nicht nur ihren Raps sondern auch ihr Clean Over."

„Ist mir bekannt", wirft der Farmer ein.

„Und macht ja auch Sinn. Allerdings, der Rest ist glatte Willkür. Du darfst nämlich von deiner Ernte nichts mehr abzweigen, um es im nächsten Jahr als Saatgut zu verwenden. Im Vertrag ist ein Nachbauverbot festgeschrieben. Zudem hat der Vertrag eine Laufzeit von zehn Jahren. Solange musst Du ihr Saatgut und ihr Spritzmittel kaufen – jedes Jahr neu. Und dann gibt es noch eine interessante Information, die bezeichnenderweise im Anhang des Vertrages untergebracht ist." Ron bittet seine Eltern, die die ganze Zeit über nervös im Zimmer auf und ab gegangen sind, an den Tisch.

„Hier!" Er deutet auf einen kurzen Passus, den er rot gekennzeichnet hat. „Im Kleingedruckten vom Kleingedruckten erfährst du, dass sie im Hinblick auf das Nachbauverbot vorgesorgt haben. Du *kannst* deine Ernte gar nicht mehr neu aussäen. Sie ist nicht mehr keimfähig!"

„Sie haben den Raps sterilisiert?"

„Über eine zweite Manipulation am Erbgut. Ein fremdes Gen verhindert, dass die Körner keimen."

Auf Richard Schorras Stirn stehen dicke Schweißperlen. „Mein Gott", stößt er aufgeregt hervor, „sie wollen die Kontrolle über das Saatgut. Jeder weiß, wer die Kontrolle über das Saatgut hat, hat die Kontrolle über die Nahrungsmittel. Und wer die Kontrolle über die Nahrungsmittel hat, der hat die Kontrolle über das Land."

Der Farmer ist wieder aufgestanden und zum Fenster gegangen. Sein Blick schweift über seine kahlen Äcker. Als er sich umdreht, zittern seine Wangenknochen

„Meine Eltern haben seinerzeit Deutschland verlassen um in einem neuen Land ihre Freiheit wiederzufinden – und jetzt verlieren sie sie wieder - an CincinnatiSeed!"

Ron Schorra fingert ein weiteres Blatt aus dem Stapel. „Um die Sache komplett zu machen: CincinnatiSeed schreibt, dass Clean Over gesundheitlich völlig unbedenklich sei. Ein

Wissenschaftler wird mit dem Satz zitiert, man könne es sogar trinken. Im Internet habe ich heute Nacht aber eine andere Wahrheit gefunden. Das Mittel wird für jede dritte Berufskrankheit unter den kalifornischen Farmern verantwortlich gemacht."

„Es ist alles gesagt", resümiert Richard Schorra mit versteinertem Gesicht. „Ich hoffe, Du sorgst dafür, dass unser Fall vorgezogen wird."

„Bitte, Herr Rechtsanwalt! Sie sind der Kläger und haben das Wort."

Richter Ted Morgan wirkt müde und desinteressiert.

„Herr Vorsitzender", sagt Ron Schorra, „wir verlangen von dem Unternehmen CincinnatiSeed Kanada Schadenersatz wegen Umweltverseuchung und Saatgutzerstörung. Der Kläger, Richard Schorra, baut auf achthundert Hektar Raps aus eigener Züchtung an. Die Ernte dieses Jahres war zu zehn Prozent mit genverändertem Raps der Beklagten verunreinigt. Wir wissen nicht, wie der Raps der Beklagten auf das Feld meines Vaters kam. Das ist auch nicht von Belang. Entscheidend ist vielmehr, dass meine Mandantschaft ihren verunreinigten Raps weit unter Wert verkaufen musste und ihr kein einwandfreies Saatgut mehr zur Verfügung steht."

„Was trägt der Beklagten-Vertreter vor?"

CincinnatiSeed Kanada hat gut vorgesorgt. Hugh Miller, der Chef der Rechtsabteilung ist höchstpersönlich erschienen und hat noch zwei Junganwälte mitgebracht. Der Boss ergreift das Wort.

„Hohes Gericht, meine Mandantschaft fühlt sich in der Rolle des Beklagten nicht wohl und erhebt Gegenklage. Auch wir verlangen Schadenersatz und zwar wegen des unerlaubten Anbaus unseres patentgeschützten Rapses durch den Kläger."

„Herr Schorra?" Der Blick des Richters schwenkt genervt zum Nachbartisch, wo der junge Anwalt einen Moment um Haltung ringt. Damit hat er nicht gerechnet. CincinnatiSeed dreht den Spieß um.

„Von einem Anbau kann keine Rede sein", erwidert er schließlich halbwegs gefasst. „Unser Vertragspartner in Frankreich hat eine Verunreinigung von zehn Prozent festgestellt und auch die Lebensmittel-Überwachung hat entsprechende Feststellungen getroffen. Genraps macht nur Sinn bei einem hundertprozentigen Anbau. Nur dann kann er mit Clean Over gespritzt werden, das den herkömmlichen Raps komplett abtöten würde. Der Genraps ist sicher nicht von meiner Mandantschaft ausgebracht worden, sondern wahrscheinlich vom Feld seines Nachbarn dorthin geweht worden."

„Hohes Gericht, eine interessante Rechtsfrage, die der Klägervertreter hier aufgeworfen hat." Hugh Miller ist ein Fuchs und gut vorbereitet und er interveniert augenblicklich. „Leider aber schon höchstrichterlich entschieden. Ein Anbau setzt nicht voraus, dass der Farmer die Pflanzen vorsätzlich auf seinen Grund und Boden gebracht hat. Es reicht zum Beispiel, wenn die Samen vom Wind dorthin verfrachtet wurden. Ebenso wenig spielt es eine Rolle, dass der Eigentümer des Landes dadurch einen wirtschaftlichen Vorteil errungen hat."

„Sie beziehen sich auf die Entscheidung des Obersten Gerichtshofs in Montreal unter dem Aktenzeichen 212 UjS 4456/01 ?"

„Richtig, aber das ist nur eines unserer juristischen Standbeine. Bevor mein Kollege dem Gericht die entsprechenden Unterlagen vorlegen wird, erlaube ich mir noch ein paar Anmerkungen zur Gentechnik-Problematik im Allgemeinen..."

„Abgelehnt", sagt Richter Morgan barsch. „Die Argumente sind bekannt. Sie wollen dem Gericht Unterlagen vorlegen?"

Einer der beiden Begleiter von Hugh Miller überreicht dem Richter ein Konvolut von Papieren.

„Ich darf den Inhalt kurz erläutern", fährt der Boss unbeeindruckt fort. „Wir haben vom Acker des Klägers ebenfalls Proben genommen. Sie waren hochgradig, nämlich zu siebzig bis hundert Prozent, mit gentechnisch verändertem Raps

– wie würde der Klägervertreter jetzt sagen? *verunreinigt*. Diese Werte schafft kein Wind."

Auf CincinnatiSeeds zweiten Joker reagiert Ron Schorra schon gelassener.

„Hatten Sie von uns eine Erlaubnis zur Probenahme?"

„Wissen Sie, dass man sich Beweismittel unter bestimmten Umständen auch ohne Zustimmung vom Betroffenen beschaffen kann?"

„Wer hat die Proben genommen?"

„Unsere Mitarbeiter aus dem Stammhaus in Saskatoon."

„Wo wurden die Proben untersucht?"

„Im zentralen Labor der Firma in Cincinnati."

„Nicht in einem unabhängigen Labor?"

„Bestreiten Sie die Qualität unserer Arbeit oder die Zuverlässigkeit unserer Wissenschaftler?"

„Ich stelle nur fest, dass die Proben, die der Beklagte als Beweismittel vorlegt, von ihm selbst genommen und untersucht wurden. Ich widerspreche ihrer Verwertung."

Hugh Miller zeigt sich unbeeindruckt und zieht ein weiteres Ass aus dem Ärmel. „Zugegeben, auch das mag rechtlich nicht ganz koscher sein, aber die Verhältnisse haben meine Mandantschaft dazu gezwungen. Wenn wir den Verdacht haben, dass ein Farmer unerlaubt unseren Genraps anbaut, spritzen wir vom Hubschrauber aus ein kleines Areal, vielleicht hundert Quadratmeter, mit Clean Over. Eine Woche später überfliegen wir das Feld erneut. Wenn der Raps stehen geblieben ist, hat sich unser Verdacht bestätigt."

„Sie haben also das Feld des Klägers auf diese Weise – kontrolliert?" Richter Morgan klopft nervös mit den Fingerkuppen auf das Pult.

„Das ist richtig."

„Was haben Ihre – Kontrollen ergeben?"

„Es waren keine Veränderungen feststellbar."

„Herr Vorsitzender!" Ron Schorra macht seiner Empörung Luft. „Angesichts dieser neuerlichen Eigentumsbeeinträchtigung meines Mandanten kündige ich eine Erhöhung der Klagesumme an. Darüber hinaus möchte ich sämtliche an den Kontrollen beteiligte Mitarbeiter von CincinnatiSeed als Zeugen hören."

Richter Morgan zieht den Ärmel seiner Robe hoch um auf die Uhr zu sehen. „Da steht uns ein langer Prozess ins Haus", sagt er so, als ginge es ihn nichts an, „dessen Ausgang zudem ungewiss ist. Es sei denn, wir ziehen einen frühen Schlussstrich." Er macht eine kleine Pause, während er die Kontrahenten drohend ins Visier nimmt. „Klage und Widerklage werden zurück genommen. CincinnatiSeed erstattet dem Kläger dessen Kosten. Überlegen Sie sich diesen Vorschlag. In einer Woche sehen wir uns an dieser Stelle wieder."

Dann ist die Sitzung geschlossen.

„Darf ich Sie zu einem Schluck Kaffe in die Kantine einladen?", fragt Hugh Miller seinen Gegner, als sie gemeinsam den Gerichtssaal verlassen, um augenzwinkernd hinzu zu fügen: „Der Krieg ist doch vorbei, jedenfalls für heute."

Wenig später sitzen sie sich in der Cafeteria gegenüber und der Krieg ist tatsächlich vorbei, für den einen allerdings mehr als für den anderen.

„Wie lange sind Sie schon im Geschäft, Mr. Schorra?" Hugh Millers Stimme klingt sanft und fürsorglich und hat nichts mehr mit der professionellen Schärfe der vergangenen Stunden gemein. „Meine Frage bezieht sich keinesfalls auf Ihren Vortrag im Saal, im Gegenteil, Sie waren brillant, sondern auf Ihr jugendliches Aussehen. Man könnte meinen, Sie kommen gerade von der Uni."

„Da liegen Sie gar nicht so verkehrt", erwidert Ron Schorra, „vergangenen Monat haben wir in der Kanzlei mein Einjähriges gefeiert."

„Sie haben in Edmonton studiert, wie ich hörte?"

Der Farmersohn nickt knapp. „Zwischendurch war ich für ein Semester in Montreal."

„Montreal!" Der Mann von CincinnatiSeed erinnert sich und lächelt. „In Montreal habe ich mein gesamtes Studium absolviert – dreizehn Semester. Sagt Ihnen der Name Silverman etwas, Professor Howard Silverman?" Augenblicke später winkt der Anwalt ab. „So ein Quatsch, das war lange vor Ihrer Zeit. Sie hatten andere Lehrer."

Die Bedienung nimmt die Bestellungen auf.

„Für mich einen Pott Kaffe", sagt Ron Schorra.

„Mir bringen Sie bitte einen Orangensaft und einen Hamburger." Hugh Miller entschuldigt sich sogleich bei seinem Gast. „Ich muss ständig eine Kleinigkeit essen - Diabetes."

Die Bedienung hat alles notiert und bedankt sich artig wie alle Bedienungen auf dem Kontinent.

„Montreal war bekannt für seine liberale Lehre, ist das immer noch so?"

„Oh ja!" Ron Schorra nickt erneut, während er sich bemüht, die Absichten seines Gegenübers zu durchschauen.

„Mann Gottes!" Hugh Millers Augen blicken in die Vergangenheit. „Als ich die Uni verlassen habe, wollte ich mich selbstständig machen, als Rechtsanwalt. Wollte den ewigen Verlierern zu ihrem Recht verhelfen. Es lief gerade eine Serie im Fernsehen, Anwalt der Gerechtigkeit oder so ähnlich, ein junger Advokat, ledig, im Wohnwagen zuhause, aber erfolgreich. Schwarze, Latinos, Wohnsitzlose – das waren seine Mandanten, die zwar nicht zahlen konnten, die er trotzdem immer wieder rauspaukte. In seine Fußstapfen wollte ich treten."

„Sie haben sich anders entschieden. Darf man fragen, warum?"

Hugh Miller ist einen Augenblick lang unsicher und nachdenklich. Sein Blick wandert über den Fußboden und hangelt sich über die Gäste an der Bar zurück zu ihrem Tisch. „Drei Wochen nachdem unsere Examensnoten veröffentlicht worden waren, meldete sich CincinnatiSeed."

„Sie hatten gut abgeschnitten?"

„Um ehrlich zu sein: sehr gut. Sie haben mir ein Angebot gemacht, das ich nicht ablehnen konnte."

„Der Anwalt der Gerechtigkeit war damit ad acta gelegt?"

Die Bedienung serviert das Essen und den Kaffe und wünscht einen guten Appetit.

„Lassen Sie es mich so sagen: Hin und wieder klopft er noch einmal an. So wie heute. Als ich Sie reden hörte, da stand der Anwalt aus dem Wohnwagen plötzlich vor mir auf der Bühne. Der ich einmal sein wollte, der aber jetzt mein Gegner war. Wissen Sie, wie ich mich gefühlt habe?“ Hugh Miller schält das Besteck aus der Serviette. „Schäbig habe ich mich gefühlt, einfach schäbig. Meine Vergangenheit hatte mich eingeholt und machte mir heftige Vorhaltungen. Gerade hatte ich dem Gericht vorgetragen, dass Ihr Vater unsere Produkte unerlaubt anbaut.“

„Sie glauben nicht an diese Behauptung?“

„Meinen Sie, es kommt darauf an was ich glaube?“

„Auf was sonst?“

„Auf das was das Unternehmen glaubt oder was es will.“

„Anwälte sind Rechtsverdreher!“

„Und erst die Firmenanwälte! Es sind Mutanten des Rechts, zuständig für die Legitimation der Raffgier.“

„Mr. Miller ist ein Teil dieser Institution?“

„Selbstverständlich – seit 30 Jahren. Heute ist mir das alles wieder einmal so richtig bewusst geworden. Auch wie es dazu kam.“ Hugh Miller schiebt den Hamburger zur Seite. „Eine geschickte Verführung, würde ich sagen. Sie zahlen gut und du fängst an, dir etwas zu leisten. Du bietest deiner Familie allerlei Annehmlichkeiten und Luxus und willst diesen Lebensstandard nicht verlieren, sondern noch erhöhen. Das ist gar nicht schwer, du musst nur Leistung bringen, dafür sorgen, dass die Firma immer mehr Gewinn einfährt, dann machst auch du dein Schnäppchen. Mehr Geld bedeutet gleichzeitig mehr Ansehen, mehr Prestige, mehr Macht.“ Der Anwalt erlebt noch einmal die Faszination seines Irrwegs. „Die Dinge schaukeln sich gegenseitig hoch und irgendwann kannst du da nicht mehr raus. Du willst es ja auch gar nicht mehr. Wir reden in diesem Land viel von Drogen und meinen Kokain. Es gibt Schlimmeres, Mr. Schorra.“

Der Anwalt von CincinnatiSeed schaut traurig auf seinen Hamburger, der immer noch unangetastet auf dem Teller liegt.

„Begriffe wie Recht und Gerechtigkeit kommen in meinem Alltagsgeschäft doch gar nicht mehr vor. Bestenfalls spielen sie noch eine Nebenrolle. Wenn der Sierra-Club wieder einmal unserer Gentechnik die Rechnung aufgemacht hatte, griff CincinnatiSeed zu seinem Totschlagsargument. Gegen den Hunger in der Welt hilft nur die Gentechnik! Das klang überzeugend und hat uns junge Mitarbeiter bei der Stange gehalten."

„Sie glauben das heute nicht mehr?"

Hugh Miller winkt ärgerlich ab. „Der Hunger interessiert sie doch gar nicht. Sie manipulieren die Pflanzen um den Farmern ihre Herbizide und ihr Saatgut zu verkaufen. Es geht um den Profit, um sonst nichts. Sie persönlich können doch ein Lied davon singen."

„Wenn man Sie so hört, könnte man meinen, Sie wollen gerade die Seiten wechseln", bemerkt Ron Schorra eher belustigt.

„Warum sollte ich das tun?"

„Vielleicht um sich Ihren Traum vom Anwalt der Gerechtigkeit zu erfüllen?"

„Der Mann im Film war erfolgreich, derjenige, der ihn im richtigen Leben spielt, kann es nicht sein. Es waren nämlich nicht nur Geld und Macht, die mich bei der Firma gehalten haben, sondern flankierend auch die Überzeugung, dass da eine Sache am laufen ist, die niemand mehr aufhält. Das Experiment, das wir unter dem Projektnamen Kapitalismus oder Globalisierung gestartet haben, mit dem technischen Fortschritt als Speerspitze, ist uns aus dem Ruder gelaufen. Es gehorcht einzig der Logik des Geldes und entzieht sich ansonsten jeder Kontrolle. Nehmen Sie nur das Öl. Wir alle wissen, dass eigentlich kein einziges Barrel mehr verbrannt werden dürfte. Aber glauben sie ernsthaft, es wird damit Schluss gemacht, bevor der letzte Tropfen aus der Erde gepumpt worden ist?"

„Bei der Gentechnik könnte es sehr schnell eine böse Überraschung für Ihre Firma geben!“

„Aber Mr. Schorra! In der Gentechnik ist der Geist längst aus der Flasche und er wird sich seinen Weg suchen. Vor fünf Jahren haben unsere Wissenschaftler in Cincinnati den Raps resistent gegen Clean Over gemacht, vor einem halben Jahr ist ihnen die Synthese eines Gens gelungen, das dem Raps seine Keimfähigkeit nimmt und wissen Sie, woran sie zur Zeit arbeiten?“ Hugh Miller senkt resigniert den Blick. „An einer Pflanze, die nur noch die Düngemittel unseres Unternehmens verträgt. Und das ist nicht das Ende, das ist erst der Anfang. Und für alle ihre neuen Produkte werden sich die Konzerne auch ihre Märkte schaffen.“

„Ich denke beispielsweise an die Absatzmärkte in Europa. Dort mag man keine Genprodukte.“

„Mal abgesehen davon, dass die Märkte der Zukunft woanders liegen: Rechnen Sie im Ernst damit, die Multis lassen sich ihre Milliardengeschäfte vom Verbraucher verderben? Sie haben nicht nur die Politik auf ihrer Seite, sie haben vor allem auch gute Ideen. Sie sind kreativ. Was, denken Sie, sagt der Europäer zum Genweizen aus Amerika, wenn sein heimischer Weizen einem Pilz zum Opfer fällt, der ganz zufällig aus einem Labor entwichen ist?“

„Vielleicht scheitert CincinnatiSeed ja an einem kleinen Provinzrichter namens Ted Morgan. Er ist ein aufrechter Mann.“

„...Und ein weiser Mann“, beeilt sich Hugh Miller zu ergänzen, indem er die Augenbrauen hochzieht und heftig mit dem Kopf nickt; „bedenken Sie das bitte. Sie wissen doch so gut wie ich, dass sein Vergleichsvorschlag den Namen noch nicht einmal verdient hat. Im Klartext bedeutet er: aus für Schorra! Aber das war kein böser Wille von ihm, das war die Einsicht in das Unabänderliche in der Welt, von dem ich vorhin sprach.“

„Wir werden neue Untersuchungen durchführen lassen...“

„...und CincinnatiSeed wird einfach nur durch die Instanzen marschieren. So lange bis Ihnen schwindlig wird. Mr.

Schorra!“ Erstmals verliert die Stimme des alten Anwalts ihre Vertrautheit. „Es drängt sich mir der Verdacht auf, dass Sie nicht ganz frei von Naivität sind. Glauben Sie mir, der Geist ist aus der Flasche und hat sich auf den Weg gemacht. Reisende soll man nicht aufhalten und diesen Kandidaten *kann* man nicht aufhalten. Ihr Vater wird unterschreiben und dann wächst auf seinem Land nur noch Genraps. Und er ist gut beraten, es zu tun, solange wir ihm noch günstige Angebote machen. In zehn Jahren wachsen sowieso in Nordamerika nur noch gentechnisch veränderte Nutzpflanzen. Und kurze Zeit später ist der Rest der Welt an der Reihe.“

„Dann haben die Bauern wieder den Status von Leibeigenen. Finden Sie das richtig?“

„Ihre Frage macht keinen Sinn! Es geht nicht um richtig oder falsch oder um gerecht oder ungerecht. Der Profit führt Regie, nur darum geht es.“

„Ich denke das jetzt einmal konsequent zu Ende. Nichts läuft ewig, alles läuft irgendwann einmal gegen die Wand.“

„Ich weiß was Sie meinen, und damit haben Sie zweifellos Recht. Wenn Despoten zu mächtig werden und es auf die Spitze treiben, ist ihr Schicksal besiegelt. Revolution nennt man das. Die Nacht der langen Messer und am nächsten Morgen ist alles anders – oder auch nicht. Als Deutschstämmiger kennen Sie sicherlich das Zitat von Brecht: *Die Tröge sind die selben geblieben, nur die Schweine haben gewechselt.*

„Sie halten verständlicherweise nicht viel von Revolutionen, aber zumindest waren sie eine Genugtuung für die Unterdrückten.“

Der junge Anwalt informiert am Abend telefonisch seinen Vater über die Verhandlung bei Richter Morgan. Er hält es für richtig, seinen Eltern reinen Wein einzuschenken. Mit seinem Vergleichsvorschlag hat der Richter deutlich gemacht, auf welcher Seite er steht. Diese Instanz ist wohl verloren und im Hinblick auf die nächste steht nur fest, dass sie noch teurer werden wird. Bei einem abermaligen Verlust wäre die Farm nicht mehr zu halten. Andererseits steht das Lebenswerk der Familie auf dem Spiel. Richard ist ein Kämpfer, aber die Auseinandersetzungen der letzten Monate haben ihm arg zugesetzt. Er ist abgemagert und manchmal glaubt man Spuren von Resignation in seinem Gesicht erkennen zu können. Ron macht sich Sorgen. Er hat seinen Besuch schon für den nächsten Tag angekündigt.

Die Haustür ist nicht abgeschlossen und im Wohnzimmer bellt der Hund. Normalerweise sitzen seine Eltern um diese Zeit in der Küche beim Mittagessen. Dort aber ist niemand und als er ins Wohnzimmer tritt, kommt ihm der Hund winselnd entgegen. Ron eilt zum Schlafzimmer und klopft an die Tür. „Mum, Paps..."

„Er hat zuerst Ihre Mutter erschossen und dann sich selbst", erläutert der Mann von der Rechtsmedizin. „Wir haben einen Abschiedsbrief gefunden. Offensichtlich kein Fremdverschulden, sondern ein einverständlicher Doppelselbstmord, wie wir sagen..."

Frankfurt am Main, 2. Juni

Sie nennen den gewaltigen Komplex im Frankfurter Norden Pentagon, wohl wissend, dass das imposante Gebäude an der Miquelallee keine fünf, sondern nur vier Ecken hat. Die Stadt kann mit diesem Fauxpas leben, er ist nicht ihr einziger und nicht ihr schlimmster. Und es gibt zudem eine Begründung für diese numerische Fehlleistung. Auch das Polizeipräsidium der Mainmetropole will Macht demonstrieren, genauso wie die Zentrale der Militärs jenseits des Atlantiks, und so greift es denn auch auf die Symbolik der Wagenburg zurück, auf glatte, abweisende Fassaden und Angst machendes Grau. Da kommt es auf die Anzahl der Ecken nicht mehr so entscheidend an.

Über ein Jahr ist Kriminalhauptkommissar René Gronwald nicht mehr hier gewesen. Am Flughafen hat er seinen Dienst versehen, im Gebäude D des Frachtzentrums, das die Polizei angemietet hatte, hat tagein, tagaus die Mitarbeiter der Airlines und Bediensteten der Flughafengesellschaft ausgeklügelten Sicherheitschecks unterzogen, hat den Leuten von Al Kaida, wie er hoffte, das Spiel verdorben und dabei den Traum vom Fliegen über schwierige Zeiten gerettet.

Am Anfang seiner Tätigkeit hatte er sich erfolgreich eingeredet, es an seinem neuen Platz gar nicht so schlecht getroffen zu haben. Aber je mehr die Kontrollen zur Routine geworden waren, wie auch das ewig lange Surfen in den Datenseen des MAD und die stereotypen Anfragen bei den ausländischen Sicherheitsdiensten, desto größer wurden seine Zweifel am Sinn der neuen Aufgabe. Bei der Zeitungslektüre und vor den abendlichen Fernsehnachrichten wurde ihm immer wieder schmerzlich bewusst, dass man diese Leute letztlich gar nicht aufhalten konnte. Die Terroristen, auf die er angesetzt war, hatten einen großen strategischen Vorteil. Sie waren nicht angewiesen auf Frankfurt, Köln oder Berlin. Wenn ihnen dort die Risiken zu groß wurden, weil die Kontrollen zu gut organisiert waren, dann gingen sie eben woanders hin. In der globalisierten Welt war der Feind überall. Die Manager-Schule in Mexiko-City, das amerikanische Konsulat in Surinam, die Niederlassung des IWF in Genf – der Tisch war reich gedeckt und sie räumten ihn gnadenlos ab. Gerade hatte der FOCUS eine Statistik der Anschläge veröffentlicht. Terroristen bombten immer schneller, immer erfolgreicher und sie nutzten immer mehr die Fläche. Auf der Weltkarte der terroristischen Anschläge waren nur noch die Eiswüsten an den Polen ohne Fähnchen.

Was der Kommissar als konsequenter Realist auch noch ins Kalkül zog, war die Möglichkeit, dass Al Kaida und Co. Deutschland gar nicht im Visier hatten. Selbst die neue Regierung hatte Distanz zu Amerika gehalten, hatte Kritisches zu dem rückfällig gewordenen Israel gesagt und fünfzig Millionen für die Verbesserung der Infrastruktur in Palästina zur Verfügung gestellt. Dass dies die Gotteskrieger nicht zwingend von Anschlägen in Deutschland abhalten würde, weil sie es ja vor allem auf die Ungläubigen abgesehen haben, weiß der Kommissar auch. Aber es beschäftigt ihn hin und wieder schon die Vorstellung, dass sein Job am Rhein-Main-Airport nicht so wichtig ist wie der entsprechende am Kennedy-Flughafen in New York.

Zu diesen Zweifeln gesellte sich schließlich noch die Erinnerung an seine Zeit vor dem Flughafen und die machte die Katastrophe perfekt. Im Sonderdezernat SD 11 der Frankfurter Polizei war er zu Hause gewesen. Angesetzt auf die Vertreter des *modern offense*, des neuen Verbrechens. Da hatte die Polizeiführung schon eine richtige und richtungweisende Entscheidung getroffen, als sie dieses Dezernat aus der Taufe hob. Weil die Kriminalität ihren angestammten Platz verlassen und zu einem beispiellosen Raubzug aufgebrochen war, hatte die Polizei nachgezogen. Das neue Dezernat war eine Antwort darauf, dass der moderne Verbrecher zu jeder Tat bereit war, wenn sie nur genug Profit versprach. Diese Klientel hatte René Gronwald schon immer im Auge gehabt und deswegen hatte er sich für diesen Job auch sogleich beworben. Als Mann der ersten Stunde stand er schließlich auch für den Erfolg der Gruppe. Schon ganz am Anfang hatten sie einen spektakulären Coup gelandet, als sie einen Organhändlerring hochgenommen hatten, der sich nicht nur bei den Opfern des kolumbianischen Rauschgiftkrieges bediente, sondern in den Favelas in Rio und Sao Paulo nach Vorgaben der europäischen Besteller gezielt morden ließ. Wenig später waren sie internationalen Tierhändlern auf die Schliche gekommen, die die Geschenkideen derjenigen umsetzten, die schon alles hatten und auf Madagaskar die letzten Lemuren plünderten und auf Galapagos dem allerletzten Exemplar der Riesenschildkröte nachstellten. Zum Schluss dann das Ende für eine deutsch-österreichische Schweinerei: Ärzte, Apotheker und Chemiker synthetisierten eine Verbindung und brachten sie schwarz auf den Markt. Angeblich ein Wundermittel gegen MS. Fünf Euro kostet die Chemikalie in der Herstellung, für 50.000 wird sie verscherbelt. Keinem hilft sie, aber zwischen zehn und zwanzig Prozent der Konsumenten sterben an ihr.

Das war seine Welt. Da fühlte sich der Kommissar zuhause und nicht nur zu Besuch, wie jetzt am Flughafen, denn das war es, was er brauchte: Platz für seine Phantasie und Freiraum um seine Ideen umzusetzen.

Nun hatten ihm seine Vorgesetzten den Wechsel zum Flughafen ja auch nicht als Entgegenkommen oder gar als Beförderung verkauft. Das wäre peinlich und zudem gar nicht in deren Sinn gewesen. Seine Versetzung war eine Strafaktion gewesen und als solche auch dargestellt worden. Die Chefs hatten Klartext geredet. Denn der rebellische Kommissar sollte wissen, wo der Spaß aufhört und erkennen, wo seine Grenzen sind. Und es sollte natürlich auch eine Warnung an alle anderen sein, die irgendwann einmal mit ähnlichen Gedanken spielen würden.

Keine Frage, René Gronwald hatte zu hoch gepokert. Den Bogen überspannt. War ohne Mandat tätig geworden, hatte im brasilianischen Dschungel stinknormale polizeiliche Ermittlungen angestellt, zwar während seines Urlaubs, aber ohne Wissen der nationalen Behörden und gegen den ausdrücklichen Befehl seiner Frankfurter Vorgesetzten. Das hatte man ihm übel genommen. Aber immer, wenn er dabei war, Verständnis für die Gegenseite aufzubringen, reagierte sein Selbstwertgefühl prompt und heftig. Einverstanden, er hatte die Regeln verletzt, aber damit doch ein gigantisches Komplott aufgedeckt und zahllose Menschenleben gerettet. Ein US-Multi hatte mit einer in seinem Frankfurter Werk entwickelten Dioxin-Variante sein Fastfood zu süchtig machenden Leckerbissen umgerüstet und war gerade dabei, das neue und tödliche Produkt an einer Schule zu erproben. Das Spiel hatten der Kommissar und seine Begleiterin dem Konzern gründlich verdorben. Einfach war das nicht gewesen und erst recht nicht ungefährlich. Aber das wollen sie zuhause nicht sehen. Er aber sieht es, sieht vor allem den Erfolg seines risikoreichen Engagements, er, der Jäger und Überzeugungstäter, für den der Zweck im Zweifel jedes Mittel heiligt.

An der Pforte stellt René Gronwald irritiert fest, dass er eine Viertelstunde zu früh ist. Pünktlich ist er immer gewesen, aber zu früh nie. Er weist sich aus und geht durch den Innenhof zu den Aufzügen an der Südseite des Gebäudes. In der Cafeteria im ersten Stock setzt er sich an einen kleinen Tisch vor der breiten Fensterfront und hofft, dass ihn kein alter Bekannter anspricht.

Warum hat ihn der Präsident einbestellt? Wie ein böser Geist ist diese Frage seit ein paar Tagen in seinem Kopf immer wieder präsent. Das ärgert ihn, denn eigentlich ist der Laden für ihn erledigt. Rausschmeißen können sie ihn nicht mehr und wenn sie ihn jetzt noch einmal woanders hinsetzen, dann ist ihm das egal. Vom Job am Flughafen hat er eh die Nase voll, und ob es noch schlimmer kommen könnte, entzieht sich seiner Vorstellung. Sollen sie ihn doch in die Abteilung Wohnungseinbrüche mit einer Aufklärungsquote von unter zehn Prozent oder in die Registratur versetzen, wo wirklich alle Träume enden. Er wird seine vierzig Stunden arbeiten, keine achtzig wie seinerzeit, wird sein Geld kassieren und sich mit der Planung seines nächsten Urlaubs befassen.

Aber wenn er in sich hineinhorcht, dann ist da neben dem starken Gefühl der Selbstbehauptung, das er wenig später als Resignation, als Eingeständnis seines Scheiterns verstehen wird, auch ein Funke Hoffnung. Lange verhindert seine Verbitterung, sein Trotzkopf, dass er der neuen Perspektive einen Namen gibt. Aber er kennt das Gefühl. Als er nach seinem Polizei-Examen auf dem Weg zur Bekanntgabe der Noten war, war sein Kopf ähnlich programmiert. Als gelernter Pessimist war er überzeugt davon, alle Klausuren in den Sand gesetzt zu haben. Versteckt im Hinterkopf hatte sich allerdings die Idee eingerichtet, dass er überwiegend gute Gedanken zu Papier gebracht hatte. Die Noten bestätigten dann später seine geheimen Hoffnungen.

Vielleicht geht es ja gar nicht um eine weitere Disziplinierung. Vielleicht bedeutet dieser Tag für ihn einen neuen Anfang. Vielleicht brauchen sie ihn ja wieder. Dass er gut ist, haben sie ihm doch nie bestritten. Und jetzt haben sie ein Problem, aber es fehlt ihnen die Manpower. Ein Problem, das sie unbedingt lösen wollen oder lösen müssen und deswegen bereit sind, den geschassten Regelverletzer zu bemühen. Von dem sie eins sehr genau wissen: Dass er es geschafft hat, 9000 Kilometer entfernt, allein mit Hilfe einer kriminalistisch unerfahrenen Ärztin, von der es im Polizeiprotokoll heißt: *Status als Lebensgefährtin des Herrn Gronwald ungesichert*, die Dioxin-Mafia aufzumischen.

Sie brauchen ihn wieder, signalisiert sein Instinkt.

„Kommen sie doch bitte und nehmen Sie schon einmal Platz. Der Präsident befindet sich noch in einer Besprechung.“ Die Sekretärin ist von ausgesuchter Höflichkeit, als sie den Kommissar vor den Schreibtisch ihres Chefs dirigiert.

„Fünf Minuten“, sagt sie mit einem gewinnenden Lächeln, „höchstens“, und dann ist sie wieder in ihrem Zimmer verschwunden.

Das Büro des Präsidenten ist gut doppelt so groß wie das der normalen Kripoleute, die hier arbeiten. Auch die Einrichtung ist besser, man könnte fast sagen, sie ist luxuriös. Der Schreibtisch aus hochglanzpolierter Buche, kombiniert mit matten Aluminiumteilen. Dazu passend die Regale an den Seitenwänden, in denen neben juristischer Literatur auch Exemplare der Weltliteratur stehen, an der dem Schreibtisch gegenüberliegenden Wand ein großes Ölgemälde, die Botschaft des Werkes so unbekannt wie der Maler, der immerhin seinen Namen mit fetten Pinselstrichen in die rechte untere Ecke geschrieben hat. Auf dem Sideboard schließlich ein Ventilator, der nicht in Betrieb ist, weil die geschlossenen Jalousien über der breiten Fensterfront das Sonnenlicht wieder nach draußen komplimentieren. Der Stuhl, auf dem der Kommissar Platz genommen hat, ist ein 3.000 Euro-Exemplar aus einer sächsischen Privat-Manufaktur. Ein Geschenk, sagt der Präsident, wenn er danach gefragt wird.

Aus den versprochenen fünf Minuten werden zehn Minuten, aber die sind immer noch akzeptabel, zumal der Präsident seine Verspätung überzeugend entschuldigt.

„Der Staatssekretär war da. Sie wissen doch, Zeitlimits zu überschreiten gehört zum Selbstverständnis des Ministeriums.“ Dann schüttelt Achim Schmidt-Fellinger dem Kommissar die Hand und nimmt hinter seinem Schreibtisch Platz.

„Hat man Ihnen noch nichts angeboten?“

„Nicht nötig“, antwortet der Kommissar höflich.

„Wie Sie wollen“, gibt der Präsident jovial zurück, „wenn sich das ändern sollte, dann sagen Sie bitte Bescheid.“ Dann drückt er auf die Gegensprechtaste: „Frau Lindner, bitte für mich einen Kaffee.“

„Und Herr Gronwald?“, fragt sie förmlich zurück.

„Vielleicht später.“

Seitlich neben der Tischlampe hat der Präsident eine ganze Batterie von Pfeifen aufgebaut. Unterschiedlich in Größe,

Form und Farbe lehnen sie sich im Fünfundvierzig-Grad-Winkel an eine holzgeschnitzte Halterung. Den Kommissar erinnert das Arrangement an die Pforte des ehemaligen Polizeireviers am Wiesenhüttenplatz. Dort, mitten im Rotlichtviertel, standen seinerzeit in gleicher Ordentlichkeit ein knappes Dutzend Maschinenpistolen hinter der großen Glasscheibe, die die heile Welt der Ordnungshüter von der feindlichen Außenwelt trennte und signalisierten allen Kunden, wer hier am längeren Hebel saß.

Der Präsident entscheidet sich für die Birkenholz-Pfeife und stopft sie mit viel Routine und mit noch mehr Hingabe.

„Wie geht es Ihnen", sagt er dabei unvermittelt, „nach einem Jahr Flughafen?"

Mein Gott, denkt der Kommissar und sagt: „Job ist Job. Den mache ich dort genauso wie anderswo."

„Ja, natürlich", erwidert der Präsident, während er sein Feuerzeug aus dem Sakko holt, „man hört ja auch nur Gutes von Ihnen. Ihr Boss meint, Sie sind sein bester Mann."

Arschloch, denkt der Kommissar und verzichtet auf eine Antwort. Es dauert eine Weile und ein feiner, würziger Geruch macht sich im Büro breit. Erinnerungen an Brasilien werden wach, an die Bar im Hotel Paraiso, wo alle Besucher Pfeife oder Zigarre rauchten und die Sicht noch schlechter war wie am zwanzig Meilen entfernten Rio Xingu, wo die Wälder brannten.

Wortlos serviert die Sekretärin Kaffee und als sie die Tür hinter sich geschlossen hat, sagt der Präsident: „Sie haben sich sicher gefragt, warum ich Sie einbestellt habe, so offensichtlich grundlos und aus heiterem Himmel." Der Kommissar nickt knapp und versucht sich mit einer freundlichen Miene. „Ich hätte es Ihnen ja dazu schreiben oder sagen können, aber ich denke, dass diese Angelegenheit nur uns beide etwas angeht und möglichst wenig davon nach außen dringen sollte." Mit einem Blick zum Zimmer seiner Sekretärin fügt er mit gedämpfter Stimme hinzu: „Das gilt auch innerhalb meines Hauses."

Der Präsident nimmt einen Schluck aus seiner Tasse und stopft die Pfeife nach. Dann stützt er seine Ellenbogen auf den Schreibtisch und sagt sehr bestimmt: „Damit wir uns nicht missverstehen: Die Geschichte heute hat nichts mit Ihrer Versetzung im vergangenen Jahr zu tun. Sie ist keine Wiedergutmachungsaktion. Ich habe mich diesbezüglich nicht zu korrigieren oder auch nur zu erklären. Sie haben die Regeln verletzt und darauf musste ich reagieren."

Längst hat der Kommissar die Maske aufgesetzt, diese Schablone aus entspannten Gesichtszügen, neutralem Blick und fehlender Mimik, die man nur schwer durchschauen kann, hinter der es aber jetzt heftig rumort. Es ist keine Wiedergutmachung, sagt der Chef, also ist es doch eine. Sie brauchen ihn wieder! Aber die Heimlichtuerei irritiert ihn. Keines seiner großen Verfahren, das er bei SD 11 bearbeitet hatte, war auf dieser Ebene angesiedelt gewesen: *top secret*, streng vertraulich, noch nicht einmal die Sekretärin durfte davon wissen.

„Ich möchte Sie mit einer neuen Aufgabe betrauen", wird der Präsident jetzt konkret. „Es ist zugegebenermaßen eine schwierige, eine sehr schwierige Aufgabe. Aber Sie sind auch nicht irgendwer." Das klingt bitter in den Ohren des Kommissars. „Man könnte vielleicht sogar sagen", fährt der Präsident fort, „das Verfahren ist auf Sie zugeschnitten – auch weil es Ihnen, sagen wir: weltanschaulich, keine Probleme bereiten dürfte."

Dann sagt der Präsident wie beiläufig: „Eine Terrorismus-Sache. Wenn Sie so wollen, die Fortsetzung Ihrer Flughafen-Tätigkeit. Allerdings eine andere Qualität." Der Präsident nimmt eine Laufmappe von einem Aktenstapel und schlägt sie auf. „Wir haben ein anonymes Schreiben bekommen mit einer Warnung vor einem bevorstehenden Anschlag."

Damit hat der Kommissar nicht gerechnet. Schon deswegen nicht, weil es genug Beamte gibt, die sich mit dem Anti-Terror-Kampf befassen. Überall sind innerhalb der vergangenen Jahre entsprechende Abteilungen eingerichtet worden, bei der Kripo, den Landeskriminalämtern, dem Bundeskriminalamt, innerhalb der Geheimdienste und des MAD. Schon wird gespottet, der Terrorismusbereich sei der einzige, wo auf einen Täter hundert Fahnder kämen. Es sind zudem die besten Köpfe, die dorthin abgeordnet wurden und jetzt auf Arbeit warten.

„Sie wundern sich sicher“, sagt der Präsident, der in der Maske seines Gegenübers einen Anflug von Verwunderung zu erkennen glaubt, „dass ich auf *Sie* zurückkomme. Das will ich Ihnen gerne erklären. Vorweg aber noch etwas Grundsätzliches und zwar zum Thema Terrorismus. Da sollte es zwischen uns keine Differenzen oder Missverständnisse geben. Denn wenn Sie den Fall übernehmen, dann haben Sie es allein mit mir zu tun und ich habe es nur mit Ihnen zu tun. Ansonsten ist niemand in die Sache involviert.“

Der Präsident klopft seine Pfeife aus und bestellt noch einmal Kaffee, diesmal auch für den Kommissar, von dem die Anspannung abgefallen ist wie eine lästige Haut und der seit langer Zeit wieder einmal ein Gefühl der Befreiung und Bestätigung erlebt.

„Sehen Sie, wir könnten uns jetzt augenzwinkernd verständigen über das besagte Thema. Der Polizeipräsident und der Mann vom Sicherheitsdienst Flughafen. Keine Frage, dass keiner von beiden auch nur *ein* gutes Haar am Terrorismus lassen würde. Aber wir sollten da schon konkreter werden. Ich jedenfalls möchte Ihnen sagen, was ich denke und warum ich das so sehe.“

Die Sekretärin öffnet einen Spalt weit die Tür und meldet sich zum Essen ab. Ihr Chef wünscht ihr einen guten Appetit und schiebt seinen Sessel ein Stück vom Schreibtisch weg. Dann legt er die Beine übereinander und lockert seine Krawatte.

„In diesem Haus“, fährt der Präsident fort, „reden wir offen über alles. Ich freue mich, wenn moderne gesellschaftliche Probleme auch polizeiintern kontrovers diskutiert werden. Diese Haltung hat mir viel Kritik eingebracht. Denn immer noch träumen einige ewig Gestrige in unserer Behörde vom alten Chorgeist und von bedingungsloser Kumpanei. Von der Polizei als letztem Bollwerk in der reißenden Flut des Verbrechens. Das führt dazu, dass diese Leute sich einigeln und auf diese Weise immun werden gegen alles, was dieses Bollwerk schwächen oder beschädigen könnte. Gemeint ist das moderne Denken und indem sie sich dagegen abschotten, bleiben diese Leute nach und nach auf der Strecke. Aber das ist mir egal. Hier weht ein liberaler Wind und das soll auch so bleiben."

„Vielleicht hätte man das auch in einer gewissen Weise nach außen dokumentieren sollen", wagt sich der Kommissar ein Stück weit aus der Deckung. Der Präsident stutzt einen Augenblick. „Sie meinen das neue Präsidium? Oh ja, da haben sie Recht! Es drückt alles andere als Offenheit aus. Aber das war vor meiner Zeit und ich hatte da nicht mitzureden. Angeblich stammt der Vorschlag für den Festungsbau aus Amerika. Sie wissen doch, Frankfurt ist mit Chicago verschwistert. – Wie dem auch sei", der Präsident rückt wieder näher an seinen Schreibtisch heran, „in Sachen Terrorismus hört meine Diskussionsbereitschaft auf. Und wissen Sie auch warum?" Der Präsident will gar keine Antwort. „Weil der Terrorismus Tabus bricht, die nicht gebrochen werden dürfen. Weil er die Axt an die Wurzeln unserer Zivilisation legt. Ich sage nicht Kultur, sondern ich sage Zivilisation. Und ich argumentiere nicht über die Opferzahlen, obwohl das schon eindrucksvoll genug wäre: Dreitausend in Manhattan, tausend in Genua und noch einmal soviel bei der A 380-Geschichte vor Hongkong. Und dann noch die vielen kleinen Anschläge, deren Opfer sich auch zu einer gewaltigen Zahl addieren. Nein, da bin ich fast ein Sympathisant von ATTAC, indem ich sage, so viele Menschen kommen weltweit innerhalb einer Woche auch im Straßenverkehr um und das nehmen wir klaglos hin. Zahlen sagen nicht alles und manchmal sagen sie gar nichts. Es ist ein Tabubruch, der den Terrorismus so gefährlich macht. Dinge tun, die man nicht tut. Die kein Mensch unter welchen Bedingungen auch immer tun darf."

„Ein interessanter Aspekt“, erwidert der Kommissar. „Ich hätte keine Probleme, das auch so zu sehen. Wobei man allerdings wissen muss, dass ich insoweit – die Juristen würden sagen: befangen bin. Die Anwälte von Al Kaida würden das jedenfalls so sehen.“

Der Präsident stutzt einen Moment. „Darf ich erfahren, wie Al Kaida den Befan- genheitsantrag begründen würde?“

„Nun, meine geschiedene Frau – Sie wissen, dass ich seit vergangenen Herbst geschieden bin? – meine geschiedene Frau ist zum Islam konvertiert.“ Er sagt stets konvertiert, wenn er das Ereignis schildert, spricht nicht davon , dass sie übergetreten sei oder zum Islam gewechselt habe, denn er will der Entscheidung seiner Frau einen intellektuellen Rahmen geben, will die Entscheidung als frei und wohlüberlegt darstellen, als echte Glaubensangelegenheit und nicht als Beleg für sein eigenes Scheitern, als das man sie ja in Verbindung mit der Scheidung sehen könnte. Mittlerweile kann er einigermaßen über das Ende seiner Ehe sprechen, zumal sie sich schon die letzten zehn Jahre nichts mehr zu sagen hatten und mit der Zeit auch die gegenseitigen Kränkungen zugenommen hatten. Die religiöse Eskapade seiner Ex kurz nach der Scheidung war ihm aber komplett in den Klamotten hängen geblieben. Auch jetzt, trotz des seriösen Kontextes und der nur kurzen Ansprache des Themas, hatten sich kleine Schweißperlen auf seiner Stirn gebildet. Noch grausamer war es ihm am Anfang an seinem Stammtisch in Sachsenhausen ergangen, wo die Kollegen vom Flughafen nach alter Polizistenmanier sehr direkt über die Beweggründe für den Positionswechsel der Geschiedenen spekulierten. Obwohl nicht ernst gemeint, hatten ihn diese Sprüche schon bald von dort ferngehalten.

Der Präsident kneift die Lippen zusammen. „Ehrlich gesagt, Herr Gronwald, die Situation überfordert mich vielleicht ein wenig. Soll man Ihnen da gratulieren oder soll man Ihnen Trost zusprechen?“

„Am besten weder das eine noch das andere“, antwortet der Kommissar, „aber Sie sollen es wissen, wenn wir über den Fall reden.“

„Gut, ich weiß es jetzt. Im Gegenzug kann ich Ihnen versichern, dass dieser Umstand an meiner Entscheidung, Ihnen den Fall anzutragen, nichts ändert.“

Der Präsident nimmt ein Blatt aus der Laufmappe und schiebt es über den Schreibtisch zum Kommissar hinüber. „Das ist der anonyme Brief, eine Kopie, das Original ist noch unter Verschluss. Lesen Sie es in aller Ruhe einmal durch.“

Das DIN-A 4-Blatt sieht auf den ersten Blick aus wie eine postmodern gekachelte Badezimmerwand. Es ist komplett beschrieben. Der Text besteht aus ausgeschnittenen Buchstaben oder ganzen Worten, die akribisch genau im Zeilenformat angeordnet sind. Die Zeilen wiederum sind zu Blöcken zusammengefasst, die durch Freizeilen voneinander getrennt sind. Das Ganze schimmert grau-beige, durchsetzt mit zahlreichen rötlichen Rechtecken.

Sehr geehrte Damen, sehr geehrte Herren!

Leider bin ich heute gezwungen, Ihre wertvolle Zeit in Anspruch zu nehmen. Das tut mir Leid, aber ich könnte mir vorstellen, dass sich die Lektüre für Sie lohnt, zumal Sie ja Ihr Geld mit diesen Sachen verdienen. Mir ist schon klar, dass Sie auf diese Weise mit sehr viel Unfug bedacht werden. Dies hier ist keiner. Meine Info sollten Sie ernst nehmen: Sie toppen den 11. September!

Die Gruppe: ♀♂♂
Ihre Profession: Studentische Nichtsnutze
Ihre Namen: Ketterle, Michel und Volhard

Der 11. September ist eine Bagatelle. Machen Sie aus diesem Vorgang keine Routine-Angelegenheit. Geben Sie dieses Schreiben nicht in den Umlauf. Handeln Sie verantwortungsbewusst und zielgerichtet. Setzen Sie Ihre besten Leute ein. Ein Zeitproblem sollten Sie nicht haben, aber Ihr Gegner ist stark. Glauben Sie bloß nicht, dass die Skala bei 3.000 endet. Nehmen Sie diese Mitteilung ernst. Ich melde mich nicht mehr, ich bin aus dem Schneider. Aber mich würde es schon interessieren, was Sie unternommen haben. Vielleicht lassen Sie es mich über eine Notiz in der Frankfurter Rundschau wissen.

Seien Sie herzlich gegrüßt und daran erinnert: Sie toppen den 11. September!

„Ein Meisterwerk", sagt der Präsident, als der Kommissar nach der Lektüre vom Blatt hochschaut, „handwerklich jedenfalls ein Meisterwerk."

„Kann man wohl sagen", erwidert der Kommissar, indem er anerkennend mit dem Kopf nickt. „Ein wirklich schönes Design und offenbar auch orthographisch weitgehendst in Ordnung."

„Kein einziger Fehler", bestätigt der Präsident, „und eine geschliffene Sprache. Das ist das Erstaunliche daran. Bei solchen Schreiben erwartet man doch eigentlich gebrochenes Deutsch."

„Und am Ende nicht diese Höflichkeitsformel, sondern Inch Allah!"

Der Präsident ist aufgestanden und geht im Zimmer auf und ab. „Das Ding gibt uns Rätsel auf. Zunächst einmal sorgt es für einen gewaltigen Ärger, wie alles was anonym ins Haus kommt. Denn es macht viel Arbeit, bei der letztlich nichts rum kommt. Ich muss Ihnen das ja nicht erzählen. Wie oft hatten Sie anonyme Anzeigen auf dem Tisch mit nur ganz vagen Angaben?" Der Kommissar winkt wortlos ab. „Sehen

Sie, und wie oft haben Ihre Nachforschungen tatsächlich zum Erfolg geführt? In den seltensten Fällen, darf ich vermuten. Die Staatsschützer hier im Haus haben schon gepasst. Das Ding gehört ihrer Meinung nach in den Reißwolf, zumal die Namen der Terroristen offenbar frei erfunden sind."

„Warum so unversöhnlich?"

„Ohne Begründung. Kollege Müller, der neue Vize von K 18 hat die Sache ins Lächerliche gezogen. Er könne sich vorstellen, dass ein Kunststudent das Schreiben als Teil seiner Diplomarbeit verfasst habe oder dass RTL oder ein anderer Klamauksender dahinter stecke."

„Dann sollten wir es wenigstens in unserem Kriminalmuseum ausstellen, im Schaukasten für Kurioses, Untertitel *Sprachgenie auf Abwegen."*

„Nein, nein", der Präsident schüttelt energisch den Kopf und nimmt wieder am Schreibtisch Platz. „Ich sehe das anders, ganz anders. So harmlos muss die Sache nicht sein. Eine zwingende Begründung dafür habe ich nicht. Aber irgendetwas in meinem Bauch sagt mir das."

„Ihre Intuition vielleicht?"

„Meine Intuition, meine Eingebung, mein sechster Sinn oder mein siebter Sinn, nennen Sie es, wie Sie wollen. Und lachen Sie wegen mir auch darüber, denn es steht einem Polizeichef ja nicht unbedingt gut zu Gesicht, wenn er sich in die Esoterik-Ecke begibt. Aber ich will es nicht riskieren, das Ding einfach zu entsorgen, ob in den Reißwolf oder in den Schaukasten."

„Und jetzt soll ich mich darum kümmern?"

„Sie sollen ermitteln, das tun, was Sie gelernt haben und auch perfekt beherrschen – manchmal nur am falschen Platz. Und Sie sollen möglichst schnell herausfinden ob an der Sache etwas dran ist."

„Aber ich weiß immer noch nicht, warum Ihre Wahl gerade auf mich gefallen ist", hakt der Kommissar nach, „eigentlich gehört das Verfahren doch zu K 18."

„Da sagen Sie etwas!“ Der Präsident lacht laut auf. „Die das Schreiben für das Produkt eines Kunststudenten halten. Meinen Sie, da kommt etwas bei rum?“

„Oder sie geben es an das BKA. Da sitzen doch die Spezialisten!“

„Habe ich in Erwägung gezogen. Aber dann bin ich vorsichtshalber noch mal im Ministerium vorstellig geworden. Zugegebenermaßen um mich abzusichern. Aber da wird immer noch in erster Linie taktisch gedacht. Der Spur sei in angemessener Weise nachzugehen, hieß es dort. Als ich gebeten habe, das doch ein wenig konkreter zu fassen, haben sie nur andere Sprechblasen nachgeschoben.“

„Mit wem haben Sie im Ministerium gesprochen?“

„Mit Udo Klein, mit wem sonst?“

„Mein Gott!“, rutscht es dem Kommissar heraus. Staatssekretär Klein hat ihm im vergangenen Jahr die Versetzungsurkunde ausgehändigt.

„So sind sie halt, die aus dem Ministerium“, bedauert der Präsident, „aber ihre chronische Unsicherheit eröffnet der Gegenseite auch wieder neue Chancen.“

„Die wären?“

„Man maskiert die eigene Position als wertneutralen Vorschlag und schon hat man sie da, wo man sie haben will.“

„Was haben Sie Udo Klein erzählt?“

„Zunächst die Geschichte aus meinem Bauch, als bewusster Angstmacher. Dann bin ich wieder einen Schritt zurückgegangen, habe ihm vorgeschlagen, die Sache auf kleiner Flamme zu kochen, in der Küche allerdings einen Fünf-Sterne-Koch zu beschäftigen. Udo Klein hat gestrahlt – und in diesem Augenblick waren Sie mein Mann.“

Der Kommissar nippt zeitschindend an seiner Tasse.

„Sie müssen sich hier nicht entscheiden“, beruhigt der Präsident seinen Gast. „Aber sagen wir: Morgen früh um neun erwarte ich Ihren Anruf. Sie sagen Sekt oder Selters. In beiden Fällen bleiben Sie am Flughafen. Bei Selters ändert sich dort für Sie gar nichts, bei Sekt ziehen Sie um in ein Büro im Gebäude 10.“

„Hier im Präsidium wäre kein Platz für mich?“

„Schon, aber wir wollen doch möglichst wenig Aufsehen erregen. Bleiben Sie mal schön am Flughafen. Wenn Sie den neuen Job übernehmen, sitzen Sie in einem Luxusbüro.“

„Ich denke über Ihr Angebot nach“, sagt der Kommissar.

„Und noch was, das hatte ich ganz vergessen. Mit dem Staatssekretär habe ich abgesprochen, dass der Fünf-Sterne-Koch ein Vierteljahr lang die Vergünstigungen des Sonderermittlers hat. Bodyguards, falsche Papiere und einen Finanzrahmen von 100.000 Euro, der bei Bedarf angepasst werden kann.“

Als der Kommissar die Wagenburg verlässt, kann er sich kaum mehr vorstellen, dem Präsidenten einen Korb zu geben. Aber auf Bodyguards wird er bestimmt verzichten.

Mimizan-Plage/Frankreich, Anfang Juni

Jens Berninger geht noch einmal durch alle Zimmer und vergewissert sich, dass keine Lampe brennt und dass die Platten des Elektroherds ausgeschaltet sind. Das macht er immer so, wenn er die Wohnung verlässt, auch wenn es nur für eine Stunde ist. Und jedes Mal ärgert er sich über seine übertriebene Vorsicht, denn er weiß, dass die Wissenschaft sein Verhalten als Zwangsneurose interpretiert, als Macke. Aber er weiß auch, dass es sich vielfach gar nicht rechnet, dagegen anzugehen, weil man mit ihr leben kann und seine Kräfte für wichtigere Dinge benötigt. Kurz vor einundzwanzig Uhr verlässt er mit seinem kleinen Peugeot, den er schon am Morgen beladen hat, den Hinterhof seiner Wohnung in der Landgrafenstraße im Frankfurter Stadtteil Bockenheim und fährt über den Alleenring Richtung Autobahn. Es ist ruhig auf den Straßen, denn es sind Ferien und die wenigen Pendler, die noch nicht an irgendwelchen Stränden dösen, sind schon zuhause.

Eine Viertelstunde später erreicht er das Frankfurter Kreuz. Die Sonne verschwindet gerade hinter den Taunusbergen und wirft ein letztes Licht auf die Türme der Niederräder Bürostadt. Auch auf der A 5 ist am Abend des 5. Juni wenig Verkehr. Jens Berninger bleibt auf der rechten Spur und macht es sich im Windschatten eines großen Lasters bequem. Hundertzehn wird er fahren, so schnell wie sein Vordermann, kein Deut schneller, denn er hat ein beruhigendes Zeitpolster. Drei oder vier mittlere Staus und genauso viele großzügige Pausen kann er sich leisten und er ist immer noch als erster am Ziel, in Mimizan-Plage, einem kleinen Städtchen an der französischen Atlantikküste, auf halbem Weg zwischen Bordeaux und Biarritz. Am frühen Nachmittag wird er dort eintreffen und sich umgehend ein heimeliges Plätzchen auf dem Campingplatz *Poulet Rouge* suchen, unter hohen Kiefern und weit weg von den Zelten und Wohnwagen der anderen Urlauber. Sie werden für sich sein, das ist wichtig, und da haben sie auch gute Karten, denn im Juni sind alle Franzosen noch in Paris und der große Platz am Fuß der mächtigen Düne ist nur zur Hälfte besetzt. Erst Anfang August, wenn die Urlauber aus dem Landesinnern über die Küsten herfallen, wird es hier unerträglich eng. Das ist dann nichts mehr für sie, denn ihr Thema geht niemanden etwas an.

Bei Mühlhausen wechselt Jens Berninger auf die Autobahn Richtung Dijon. Es ist jetzt Mitternacht durch und noch spürt er keinen Anflug von Müdigkeit. Anderthalb Stunden später, kurz hinter Besancon, meldet sich dann doch seine biologische Uhr, die er mit einer Dose Cola noch einmal kurz anhalten kann. Als er im Rückspiegel die Berge des Mont Risoux erkennt, die sich gegen den hellen Streifen der Morgendämmerung abheben, fährt er eine Raststätte an und versucht auf dem umgegeklappten Vordersitz ein wenig zu schlafen. Obwohl er hundemüde ist, will ihm das nicht gelingen. Sein Kopf ist viel zu sehr mit der kommenden Woche beschäftigt. Dann wird die Entscheidung fallen. Sie haben zwar schon viele Nächte lang über das Projekt gesprochen, aber einen verbindlichen Plan mit allen notwendigen Details gibt es noch nicht. Eigentlich steht noch gar nichts richtig fest, und manchmal hat Jens Berninger das Gefühl, dass das alles nur eine Schnapsidee ist, erdacht spät Nachts in einer Spelunke im Frankfurter Studentenviertel, und sie sich schon am zweiten Tag in einer der lauten Freiluftdiscos wiederfinden und von ihrem ursprünglichen Plan nichts mehr wissen wollen. Doch dann erinnert er sich schnell wieder daran, was sie zusammengebracht hat. Dinge, die man nicht hinnehmen kann, ohne ihnen zu antworten.

Irgendwann ist er eingeschlafen, aber nur wenig später hat ihn die Sonne wieder geweckt. Obwohl er beide Fenster weit nach unten gekurbelt hat, ist es schon um sechs Uhr brütend heiß in dem kleinen Wagen. Jens Berninger verzichtet auf die übliche Morgentoilette. Im Bistro trinkt er zunächst einen großen Pott Milchkaffe und danach noch einen kleinen Espresso, und dann ist er wieder munter. Das Angebot einer Gruppe französischer Fernfahrer einen Grappa mit ihnen zu trinken, lehnt er freundlich ab und versorgt sich stattdessen mit Baguettes und Käse, nachdem sein Essensvorrat, den er von zuhause mitgebracht hat, schon an der Grenze aufgebraucht war. Er muss weiter. Obwohl er gut in der Zeit liegt, ist er unruhig. Er will zuerst am Treffpunkt sein, will einen guten Platz aussuchen, wo die anderen problemlos ihre Wagen abstellen und ihre Zelte aufschlagen können. Er will einen perfekten Service bieten, will charmant und fürsorglich sein, wie das Alphatier im Wolfsrudel bei der Verteilung der Beute. Denn so fühlt er sich auch: als der Boss. Dafür gibt es gute Gründe. Er ist der älteste von ihnen, im August wird er dreiunddreißig, und auch der Plan stammt von ihm. Nicht nur deswegen trägt er den größeren Teil des Risikos. Wenn es schief geht, wird er alles auf seine Kappe nehmen. Er hat ja auch nichts mehr zu verlieren.

Hinter den Bergen des Zentralmassivs verschwinden die letzten Wolken vom Himmel. Die Klimagrenze, soviel weiß er von seinen früheren Frankreichaufenthalten. Die Luft ist staubtrocken geworden und noch ein gutes Stück heißer und riecht nach Lavendel und Müll. Nach einem kurzen Stau vor Bordeaux ist der Weg nach Süden frei. Eine halbe Stunde bleibt er noch auf der Autobahn, dann biegt er auf die parallel verlaufende Landstraße ab, die hautnah durch endlose und angenehm kühle Kiefernwälder führt, und genießt die letzten Kilometer seiner Fahrt.

Bei Anbruch der Dunkelheit werden sie komplett sein. So ist es jedenfalls ausgemacht. Linda wird, wie er sie kennt, sicher schon zwei, drei Stunden früher vor Ort sein. Sie ist kein Typ, der auf die letzte Minute kommt. Bully ist da ganz anders. Eher zu spät als zu früh und bestenfalls pünktlich. Jens Berninger hält diese Einstellung für ein Risiko, denn ihr

Projekt, wie immer es konkret aussehen mag, verlangt absolute Disziplin und dazu gehört eben auch die penible Einhaltung der Zeitvorgaben. Aber Bully kann diesen Mangel an anderer Stelle wieder ausgleichen. Beispielsweise bei der grundsätzlichen Verlässlichkeit. *Ja* heißt *ja* für ihn, ohne Einschränkung und ohne Abstriche. Er wird gewiss kommen, vielleicht erst um Mitternacht und wenn es ganz schlimm kommt, trifft er erst zum Frühstück ein. Aber patzen wird er nicht.

An den vierten Mann mag Jens Berninger gar nicht denken. Santos ist ein echtes Risiko. Er könnte sich in den Arsch beißen, dass er ihn mit ins Boot genommen hat. Schon am Anfang hatte er ein ungutes Gefühl. Irgendwie war Santos ein Angeber, der seine politischen Überzeugungen nur vorschob, um Linda zu imponieren. In Wirklichkeit war er ein mittelmäßiger Biologiestudent, der lieber in Markenklamotten als im schmutzigen Kittel durch das Institut lief und seine versiebten Prüfungen mit dem Hinweis auf die saublöden „Profs" entschuldigte. Aber als Linda ihn seinerzeit angeschleppt hatte, war sofort klar gewesen, dass sie sich in ihn verknallt hatte und ihn dabei haben wollte. Um Linda nicht zu vergrämen, hatte keiner etwas gesagt. Schon beim zweiten Treffen war Linda recht redselig gewesen und hatte dem Neuen ihre Pläne, jedenfalls im groben Rahmen, wissen lassen. Danach war er nur noch unregelmäßig gekommen, hatte Linda aber öfters am Institut besucht und hatte mit ihr zu Mittag gegessen.

Über längere Zeit war Santos' Status in der Gruppe unklar gewesen, und Jens Berninger hatte schon gehofft, dass er irgendwann gar nicht mehr auftauchen würde. Aber dann hatte Linda plötzlich darauf bestanden, dass sie ihn zu dem entscheidenden Treffen in Mimizan-Plage einladen. Und Bully und er waren wieder feige gewesen und hatten die Forderung kommentarlos abgenickt. Dem Boss läuft ein kalter Schauer über den Rücken. Solche Fehler darf man sich nicht erlauben, denkt er. Wenn sich die RAF, die ETA oder die Roten Brigaden das erlaubt hätten, wären sie wohl über die Gründungsversammlung nicht hinaus gekommen. Jetzt haben sie ein Problem, so oder so, aber vor allem, wenn er *nicht* kommt. Und Jens Berninger hat das untrügliche Gefühl, dass sie nur zu dritt sein werden.

Der Campingplatz *Poulet Rouge* liegt am südlichen Ende des Städtchens und man erreicht ihn von der D 626 über eine schmale, kurvige Stichstraße. Am Eingang füllt Jens Berninger ein Formular aus und zahlt zwanzig Euro für eine Woche Aufenthalt. Seinen Ausweis will die grell geschminkte Dame hinter dem Tresen gar nicht erst sehen. Dann geht es im Schritttempo durch die weitläufige Anlage. Das Areal ist erwartungsgemäß nur zur Hälfte belegt, und so findet der Boss nach kurzer Suche im östlichen Zipfel eine einsame Ecke, wo viel Platz ist für ihre Wagen und Zelte.

Hier werden sie sicher sein. Bei der Anmeldung hat er sich genau umgesehen. Im gesamten Eingangsbereich waren keine Videokameras zu sehen. Während die größeren Campingplätze im Landesinnern und auch an der Côte d'Azur nach einem Bericht von Le Monde schon seit Jahren komplett elektronisch überwacht werden, bleiben die kleineren Anlagen in den weniger prominenten Gebieten noch unbehelligt. Das war ein wichtiger Grund, das Treffen hierher zu legen. Um das Risiko früher Registrierung noch ein Stück weiter zu mindern reisen sie getrennt und aus unterschiedlichen Richtungen an. Linda kommt aus Paris, wo sie ihre Schwester besucht hat und Bully nimmt die Route über die Schweiz, wo er in Andermatt eine Woche lang Interesse am Bergwandern vorgetäuscht hat. Auf Nachfrage, woher Santos komme, hat Linda schnippisch gemeint, das gehe schon in Ordnung.

Die Müdigkeit kommt zurück. Nachdem Jens Berninger sein Zelt aufgebaut und es sich im Regiesessel bequem gemacht hat, fällt sie wie ein Räuber über ihn her. Tausend Kilometer und eine durchwachte Nacht fordern ihren Tribut. Er trinkt den Rest Cola aus seinem heimischen Vorrat und als das nicht hilft, kocht er eine große Kanne Kaffe. Nach drei Tassen kann er wieder denken. Die Sonne, die sich knapp über dem Horizont noch einmal unter einem dunklen Wolkenband hervorgezwängt hat, wirft ihr gleißendes Licht an den kahlen Kiefernstämmen vorbei auf den Platz. Ein Eichhörnchen klettert kopfüber von einem Baum herunter und bettelt bei dem Camper aus Frankfurt um ein Stückchen Brot. Über den Wipfeln der Kiefern kreisen schwarze Vögel und halten nach geeigneten Schlafbäumen Ausschau. Dieses Idyll wird sie nicht davon abhalten, ihr Projekt zu beschließen. Im Gegenteil, sie sind im Recht und dürfen sich dieses Ambiente leisten.

Es ist noch hell, als Jens Berninger auf ein surrendes Geräusch aufmerksam wird, das suchend näher kommt. Kein Zweifel, es ist Linda. Ihr zwanzig Jahre alter Diesel ist auch vom Motorengeräusch her unverwechselbar. Er steht auf und kommt ihr ein paar Schritte entgegen.

„Hi!“, ruft sie erleichtert durch das offene Seitenfenster.

„Linda!“ Jens Berninger drückt ihr einen Kuss auf die verschwitzte Wange. Dann dirigiert er sie in die Lücke vor seinen Wagen und hilft ihr beim Ausladen. Die beiden Autos bilden einen fast schon perfekten Sichtschutz in Richtung der immer gut besuchten Snackbar in der Platzmitte. Eigentlich überflüssig, aber dieses Stück Sicherheit gibt es zum Nulltarif. Sie bauen ihr Zelt gemeinsam auf und dann verschwindet Linda in der Dusche, einem kleinen, aber für französische Verhältnisse feinen Backsteinpavillon wenige Meter von der Bar entfernt.

Jens Berninger kocht derweilen neuen Kaffee und besorgt Käse- und Schinkenbaguettes. Aber dann bewahrheitet sich doch seine Befürchtung und Linda hat keinen Hunger und mag stattdessen Rotwein trinken. Jens Berninger weiß, wo das endet, ist aber machtlos. Schließlich sitzen sie vor den Zelten, reden wie vereinbart über Belangloses und warten. Als die Dämmerung kommt zündet Jens die Petroleumlampe an. Ihr mildes Licht macht Linda noch ein Stück interessanter und hübscher. Sie trägt kurze, mit einem Blumenmuster bedruckte Sporthosen und ein pinkfarbenes T-Shirt, das einen gefälligen Kontrast bildet zu ihren halblangen dunkelroten Haaren, die sie streng nach hinten gekämmt hat. Die verhältnismäßig breiten Lippen in ihrem schmalen Gesicht senden erotische Signale aus, die schon sehr früh auch bei Jens Berninger angekommen waren. Aber sie hatte alle seine Annäherungsversuche abgewiesen und sich stattdessen an den Spinner Santos geworfen. Nicht nachvollziehbar für den Boss, der sich seitdem mit der Feststellung tröstet, dass es solchen Frauen eben nicht besser ergehen dürfe. Jetzt sitzt sie mit über Kreuz geschlagenen Beinen in ihrem Campingstuhl, hat den Kopf zurückgelegt und hält die Augen geschlossen. Im künstlichen Licht der Petroleumlampe schimmert ihr Gesicht weich und zart. Nur bei Tageslicht und wenn man genau hinschaut, kann man die Falten erkennen, auf der Stirn und rund um ihre Mundwinkel, die eigentlich Narben sind und eine schlimme Geschichte erzählen.

Es ist kurz vor Mitternacht, als Bully aus seinem Wagen steigt und fluchend an den Tisch der beiden Wartenden kommt. Eine halbe Stunde lang will er auf dem Platz herumgekurvt sein und nach ihnen gesucht haben.

„Hätten wir für dich Hinweisschilder aufstellen sollen?“, blafft ihn Linda schließlich an und beendet damit das Stakkato seiner wilden Flüche.

Bullys Behausung besteht aus einem Mini-Iglu, das er sich in einem Bergsteiger-Laden gekauft hat, schweineteuer zwar, dafür aber einfach und schnell aufzubauen. Im Schein der Taschenlampe, die Linda ihm hält, hat er es in wenigen Minuten geschafft. Nachdem sie dann noch mit seinem Wagen die Trutzburg komplettiert haben, sitzen sie zu dritt am erstaunlich stabilen Klapptisch, an dem schon bald eine gespenstische Spannung die Gespräche erstickt. Irgendwann ist nur noch das plätschernde Geräusch des Weins zu hören, den sie in ihre Gläser gießen. Sie warten auf Santos und dieses Warten zerrt an ihren Nerven. Immer wenn Motorenlärm an ihre Ohren dringt, halten sie die Luft an, aber jedes Mal verliert er sich wieder in der Nacht.

„Hat er gesagt, wann er kommen wollte?“, fragt Jens Berninger unvermittelt in Richtung Linda.

„Spätnachmittags“, antwortet sie und in ihrer Stimme schwingt Resignation, „vor dem Dunkelwerden jedenfalls.“

„Darf man jetzt erfahren, welche Route er nehmen wollte?“

„Er kommt von Avignon“, antwortet Linda und es klingt so, als rechne sie immer noch mit ihm. „Vorige Woche ist er schon runter gefahren um an den Feierlichkeiten zum fünfzigsten Jahrestag der Verschwisterung mit Weilburg teilzunehmen.“

„Unser Weilburg?“

„Sicher, Weilburg an der Lahn. Er stammt von dort.“

Bully pfeift durch die Zähne. „Unter diesen Umständen wäre er für uns bestimmt eine Bereicherung, jedenfalls aus psychologischer Sicht.“

„Wieso?“

„Sagt dir Weilburg nichts? Ulrike Meinhof ist dort geboren und zur Schule gegangen.“

„Und daraus schöpfst du Mut?“

„Bedeutet es dir nichts? Kein Sinn für Tradition?“

„Sie hat als eine der ersten ins Gras gebissen – die große Chefin hat sich selbst erschossen.“

Danach ist es wieder still an den Zelten. Von der Bar dringt leise Musik herüber. Der Wind hat sich gelegt und der Duft nach frischem Harz und reifen Pollen legt sich dezent über den Platz. Von Zeit zu Zeit rufen sich Käuzchen geheime Botschaften zu und dann hört man die Wellen des Meeres, die mit der herannahenden Flut immer lauter an den Strand schlagen.

Avignon ist weit weg. Es kann viel passiert sein. Reifenpanne, Motorschaden, Unfall, Stau, das sind die Strohhalme, an die sie sich immer noch klammern, die aber nach und nach ihren Dienst versagen.

„Er kommt nicht mehr“, sagt Linda irgendwann mit tonloser Stimme und schaut dabei so schuldbewusst in die Runde wie ein Hund, der gerade auf den Teppich gepinkelt hat. Es ist danach wieder lange still am Tisch, bis Jens Berninger ihre Vermutung wiederholt. „Ich glaube auch, er kommt nicht mehr.“ Dabei versucht er jeglichen Vorwurf aus seiner Stimme zu nehmen. Bei aller Irritation freut es ihn, dass Santos gepatzt hat. Er weiß nichts Genaues über dessen Beziehung zu Linda, kann sich aber lebhaft vorstellen, dass er ohne eigenes Zelt gekommen wäre. Trotzdem, sie haben ein Problem und müssen möglicherweise die Karten neu mischen.

„Was weiß er?“, fragt Jens Berninger schroff über den Tisch. „Er hat einiges mitbekommen, fürchte ich jedenfalls.“

„Aber doch nur am Anfang, als wir ganz allgemein über das Projekt geredet haben“, korrigiert ihn Linda.

„Wann war er das letzte Mal bei unserem Treffen?“, hakt der Boss nach.

Bully überlegt kurz. „Soweit ich weiß, war das noch im April, als wir uns bei Molly getroffen haben. An diesem Abend gab es doch den Zoff mit dem Italiener.“

„Danach ist er nicht mehr erschienen – Club Voltaire, Schwarzer Stern ...?“

Bully schüttelt den Kopf. „Hat er seine Entschuldigungen nicht stets über dich ausrichten lassen, dass er zur Beerdigung seiner Oma müsste und zur Silberhochzeit seiner Eltern ...?“ Bully schaut Linda böse an.

„Ja natürlich“, antwortet diese genervt, „ich habe mich da schon gefragt, ob das stimmt und ob er vielleicht keine Lust mehr hat.“

„Aber trotzdem hast du ihn hierher eingeladen?“, provoziert Bully. „Weil verliebte Frauen halt chronisch optimistisch sind.“

„Blödmann!“, faucht Linda wütend zurück und schweigt dann für eine Weile.

„Was war bei Molly?“ Jens Berninger will Klarheit. „Um was ging es da?“
Bully hat das Gedächtnis eines Elefanten. „Um den Flugzeugträger.“
„Nur darum?“
„Nur darum. Weißt du nicht mehr, dass uns Santos an diesem Abend von seinem Urlaub in Nizza erzählt hat, als dort die USS-Competition vor Anker lag und die Matrosen Landgang hatten? Wie sie schon nach wenigen Stunden stockbesoffen überall in den Straßen lagen?“
Jens Berninger nickt. „Allerdings, der ganze Abend gehörte dem Schiff.“ Dann schaut er prüfend zu Linda hinüber, die die Frage schon ahnt. „Was hast du ihm noch erzählt, außerhalb unserer Treffen...?“
„Vergiss es!“ Linda macht eine abwiegelnde Handbewegung. „Nichts habe ich ihm erzählt. Wir haben uns kaum noch gesehen. Er hat mich zweimal versetzt. – Was allerdings noch wichtig sein könnte: Mehrfach wollte er von mir wissen, ob wir das ernst meinen. Das habe ich dann stets bejaht und da dürfte er sich mittlerweile auch sicher sein.“
„Und warum denkst du, dass er ausgestiegen ist?“
Linda zuckt die Achseln. „Kann man aussteigen ohne eingestiegen zu sein?“
„Du meinst ...?“
„Es war nicht sein Ding. Es ging um mich und als es nicht mehr um mich ging, war auch das Projekt für ihn nicht mehr von Interesse. Er war ein verdammt unpolitischer Mensch.“

Jens Berninger erinnert sich daran, dass auch die RAF in ihrer Anfangsphase einmal eine solche Lusche eingekauft hatte. Willi Sebelius, ein richtiger Proletarier. Den brauchte man zur Auflockerung der akademischen Reihen und zum Beleg dafür, dass es um die Sache der Arbeiterklasse ging. Kaum hatten ihn die Bullen das erste Mal festgenommen, plauderte er alles aus. Das kostete einem Teil des Führungsstabes die Freiheit. Solche Fehler darf man nicht machen.

Und jetzt ist er auch ihnen unterlaufen. Das macht ihn wütend. Aber daran scheitern soll ihr Projekt nicht.

„Wir machen das Ding", sagt er leise, aber bestimmt. „Santos ist nicht mit von der Partie, aber er ist dabei – als Risikofaktor. Und entsprechend müssen wir uns einrichten."

„Wie meinst du das?"

„Ganz einfach: Wir unterstellen, dass er gequatscht hat. Dass die Polizei jetzt alles weiß, was er weiß."

Linda leert ihr Glas in immer kürzeren Abständen. Mit jedem Schluck spült sie ein Stück Enttäuschung und einen Teil ihrer Schuldgefühle weg. Bald hat sie wieder ihre Normalform erreicht und ein dünnes Lächeln macht sich um ihren Mund breit.

„Was steht auf Mord?", fragt sie unvermittelt und fixiert dabei Jens Berninger durch das gelbe Licht der Öllampe.

„Du kennst die Antwort", gibt dieser kalt zurück.

„Ich möchte sie aber noch einmal hören", bettelt Linda.

„Lebenslang, okay?"

„Das ist aber keine Perspektive."

„Richtig, vor allem für den Täter nicht."

„Was rätst du ihm?"

Jens Berninger will die Diskussion nicht, zumal er ihren Sinn nicht erkennen kann. „Warum willst du das wissen?"

„Sag' ich dir später."

„Und warum fragst du gerade mich das alles?"

„Weil du der Rechtsanwalt bist!"

„Bin ich nicht. In Deutschland war ich das nie." Seine Worte kommen laut und hart und verraten, wie sehr ihn das alles noch verletzt. Bully hofft, dass Linda das Thema fallen lässt, aber die denkt gar nicht daran.

„Aber du hast im Büro von Rechtsanwalt Ziegler gearbeitet, noch während deiner ersten vier Semester Physik. Ihr habt nächtelang über seine schwierigsten Fälle diskutiert. Mordprozess Meinhagen, Mordprozess Schlatter, die Entführung vom kleinen Tengelmann. Er brauchte deinen Rat. Hast du das ausgeblendet?"

„Brotlose Kunst“, gibt Jens Berninger ärgerlich zurück. „Kein Vertrag, kein eigener Schreibtisch, nichts. Hin und wieder ein paar Scheine auf die Hand. Das war alles.“

„Aber du stehst für einen Teil seines Erfolges!“

Jens Berninger lehnt sich zurück und verzichtet auf eine Antwort. Er weiß zu gut, dass Linda Recht hat. Das zu bestreiten wäre ebenso peinlich, wie es zuzugeben.

„Also, was rätst du dem Mörder?“ Linda wird jetzt nicht mehr locker lassen und das weiß auch Jens Berninger.

„Vor oder nach der Tat?“

„Vor der Tat.“

„Dass er sich nicht erwischen lässt.“

„Du rätst ihm also zum perfekten Verbrechen!“ Während sie neuen Wein in ihr Glas gießt, fragt sie: „Gibt es das eigentlich? Gibt es das perfekte Verbrechen?“

„Was verstehst du unter dem perfekten Verbrechen?“

„Nun, sagen wir ...“ Linda kneift die Augen zusammen und simuliert Nachdenken, „sagen wir, ein Verbrechen, das praktisch nicht aufklärbar ist. Egal wie sich die Polizei anstellt, sie kann den Täter nicht ermitteln. – Reden wir von Mord. Gibt es den perfekten Mord?“

„Ich weiß es nicht.“

„Du hast doch mal erzählt, dass fast fünfundneunzig Prozent aller Morde von der Polizei aufgeklärt werden. Das heißt, fünf Prozent bleiben ungeklärt. Also. Fünf Prozent aller Morde sind perfekte Morde?“

Der Boss lässt sich provozieren, aber er wird es nicht bereuen, denn er wird irgendwann den Spieß umdrehen. „Wenn du auf die Aufklärungsquote abstellst, musst du noch weiter ausholen. Die Rechtsmediziner sagen, gut die Hälfte aller Tötungsdelikte wird gar nicht als solche erkannt. Nach dieser Logik wären also über die Hälfte der Morde perfekte Verbrechen.“

„Einverstanden – stimmt das denn nicht?“

„Gott bewahre! Willst du ein Verbrechen als perfekt bezeichnen, das nur deswegen nicht aufgeklärt wird, weil schlampige Notärzte, dumme Polizisten oder einfach nur

Zufälle im Spiel waren? Wir reden doch von einer Auszeichnung, oder nicht?“

„Und wann erteilst du das Prädikat perfekt?“

„Es muss mindestens ein ausgeklügelter Tatplan existieren, der den Ermittlern praktisch keine Chance lässt und die Tat muss handwerklich fehlerfrei ausgeführt werden. Dann könnten wir über das Prädikat reden. Aber mach dir keine allzu großen Hoffnungen. Wir reden über den Sechser im Lotto.“

„Welche Anforderungen stellst du an diese Kriterien?“

Jens Berninger muss jetzt Dinge sagen, die den anderen nicht unbedingt in den Kram passen. Aber es ist wichtig, dass er sie mit diesen unbequemen Fakten konfrontiert. Sie sind ein probates Mittel gegen Blauäugigkeit und Naivität.

„Regel Nummer eins lautet: Dreh' das Ding stets allein, ganz allein.“

Linda hakt schnell ein: „Ist die Bande nicht erfolgreicher als der Einzeltäter? Fünf Schwerbewaffnete haben in der Bank doch mehr Überzeugungskraft als ...“

„... aber nur in der Bank! Unmittelbar danach schon nicht mehr. Das mit fünf Personen besetzte Fluchtauto ist leichter auszumachen als dasjenige in dem nur der Fahrer sitzt. Das Risiko, dass einer am Tresen plaudert oder mit der Beute prahlt, ist fünfmal größer als beim Einzeltäter.“

„Wir sind zu dritt!“

„Vielleicht sogar zu viert, wobei der vierte Mann auf der anderen Seite mitspielt.“

„Was ist noch wichtig?“

„Das Motiv. Es darf keins geben. Der Löwenanteil der Tötungsdelikte wird über das Motiv aufgeklärt. Habgier, Rache, Eifersucht, es wird selten ohne Grund getötet. Ein todsicheres Raster.“

„Haben wir denn ein Motiv?“, fragt Linda und lächelt spitzbübisch durch das fahle Licht der Tischlampe.

„Lass deine blöden Witze“, meldet sich Bully verärgert zurück. Die ganze Zeit hat er zusammengesunken in seinem Stuhl gesessen, ab und zu an seiner Zigarette gezogen und ein paar Mal an seinem Glas genippt. Beim Thema Motiv ist er wieder wach. „Es stellt sich die Frage ob wir die Motive im Dunkeln halten können."

„Oder könnte man nicht sagen, unsere Motive sind Allerweltsmotive, Motive, die alle haben und die uns daher nicht verdächtig machen?", wirft Linda ein.

„Vergiss es!" Jens Berninger winkt ab. „Wenn sie uns auf die Spur kommen, weil Santos uns verpfiffen hat oder weil wir einen Fehler gemacht haben und die Dimensionen des Projekts nur andeutungsweise erkennen, haben wir ihre besten Leute am Hals. Kanada, Ecuador und Miami sind dann offene Bücher für sie."

„Es sieht also nicht gut aus", konstatiert Bully gereizt, „identifizierbare Gründe, drei Täter, vielleicht hast du ja noch etwas Mutmachendes im Gepäck?"

Das will er nicht, dass sie resignieren. Daher hält Jens Berninger sofort dagegen. „Wir müssen an diesen Dingen nicht scheitern. Wenn wir uns entsprechend einrichten, schaffen wir diese Hürden spielend. Abgesehen davon, warten die größten Stolpersteine im Labor – und vor Ort. Aber auch dort liegt es in erster Linie an uns, ob wir sie bewältigen."

Mitternacht ist längst vorbei, und auf dem Platz ist es still geworden. Der Wind hat wieder etwas zugenommen, aber es ist immer noch angenehm mild, so dass Pullis und lange Hosen im Koffer bleiben können. Linda ist, Gott sei Dank, auf Kaffe und Mineralwasser umgestiegen.

„Was heißt entsprechend einrichten?", fragt Bully, der neugierig geworden ist.

„Unsere Strategien auf ihre Maßnahmen abstellen", antwortet der Boss. „Wenn sie Verdacht schöpfen, werden sie uns beschatten und belauschen ..."

„... Die Telefone abhören, meinst du?"

„Sie haben noch viel mehr Möglichkeiten. Wanzen von der Größe eines Stecknadelkopfes, Richtmikrophone, Laserpuppies. Frag mal meinen Physikprofessor Weißbach, was seine Disziplin sich in den letzten Jahren alles ausgedacht hat um

Verbrecher zu fangen oder die Grundrechte auszuhebeln. Da gibt es nur eins: schweigen. Reden nur noch da, wo niemand zuhören kann."

„Du hast doch mal die Geschichte von dem Mafiamord in Bockenheim erzählt...", erinnert sich Linda.

„Was war da?", hakt Bully nach.

„Ziegler wurde einmal von einem Italiener mandatiert. Pedro Taurone, wohnhaft in Bockenheim, geboren in Sizilien. Beste Voraussetzungen für einen Mafioso, der er auch war. Er hatte ein Schreiben der Staatsanwaltschaft dabei, in dem es hieß, dass sein Telefon sechs Monate lang abgehört worden war."

„Getürkt, oder?"

„Nein, gar nicht. Das Schreiben war echt. Die Staatsanwaltschaft hatte das Telefon von Taurone ein halbes Jahr lang überwacht. Der stand nämlich in Verdacht, ein Mitglied der Konkurrenz erschossen zu haben. Nach der Strafprozessordnung muss der Betroffene nach Abschluss der Aktion davon informiert werden."

„Die Bullen haben sechs Monate lang...?"

„Jeden Tag, rund um die Uhr. Ziegler hat das Mandat angenommen..."

„...Gegen cash natürlich!"

„20.000 als Vorschuss, klar. Anwälte wollen ja auch leben und die Kanzlei kostet Geld. Taurone hat bar bezahlt ohne zu murren. Ziegler hat sich dann die Akten schicken lassen nebst Abhörprotokollen. Alle Telefonate waren auf Band aufgenommen und dann abgetippt worden. Vier dicke Leitzordner nur mit Texten von Telefongesprächen. Über zweitausendmal war von dem Anschluss aus telefoniert worden oder der Anschluss war angewählt worden. Aber es war kein einziges Wort gefallen, das auch nur annäherungsweise mit der Tat zu tun gehabt hätte. Für die Kripo war dennoch klar, dass Taurone geschossen hatte. Die Beweise reichten aber nicht ganz und so wurde das Verfahren eingestellt. Nur ein einziger einschlägiger Satz hätte das Mörderpuzzle komplettiert. Aber er fiel nicht."

„Und dieses Prinzip ist jetzt auch das unsere?“

Jens Berninger nickt wiederholt mit dem Kopf und dann huscht ein Lächeln über sein Gesicht. „Wir unterstellen, dass Santos den Bullen sein gesamtes Wissen offenbart hat und die Bullen angebissen haben. Ein Worst-Case-Szenario. Es ist jetzt unsere Geschäftsgrundlage. Im nächsten Schritt schaffen wir alle Datensätze, die mit dem Projekt zu tun haben, in Sonderspeicher in unseren Köpfen und schließen diese ab. Alles, was wir von dem Projekt wissen, ist aus dem Verkehr gezogen. Das Projekt gibt es in den offenen Speichern unserer Hirne nicht mehr. Wir sind Studenten und betreiben unsere akademische Karriere. Wir haben keine Vergangenheit, weder in Kanada, noch irgendwo im Regenwald. Erst wenn wir uns innerhalb geschützter Räume befinden, werden die Speicher wieder geöffnet.“

„Wo sind diese Refugien?“, fragt Linda.

„Hier zum Beispiel“, antwortet der Boss, „am Zelt oder morgen, wenn wir am Strand allein sind.“

„In Frankfurt sind unsere Spielräume allerdings enger.“

„Darüber müssen wir reden – und auch über das Passwort, mit dem wir uns vergewissern, dass die sicheren Räume auch aktuell sicher sind.“

„Zum Passwort hätte ich eine Idee“, sagt Bully, während er eine Flasche Wein entkorkt. „Bandido!“

Die beiden anderen benötigen eine ganze Weile, bis es *klick* gemacht hat.

„Du willst mit ihnen spielen, nicht wahr?“, feixt Jens Berninger, „willst ihnen eine Chance geben?“

„Eine kleine, warum nicht? Ich kann mir kaum vorstellen, dass sie dahinter kommen.“

„Was glaubst du, machen sie damit?“, fragt der Boss wieder ernst zurück. „Wenn sie diesen Begriff uns zuordnen können, geben sie ihn zusammen mit drei, vier weiteren täterbezogenen Merkmalen, wie es offiziell heißt, in einen Sprachcomputer und dann sind wir geliefert. Die Disziplin heißt forensische Spracherkennung und feiert schon seit geraumer Zeit große Erfolge.“

Linda kommt zum Thema zurück. „Genügt das denn, Maul halten und business as usual? Irgendwann fällt ihnen auf, dass es uns nicht nur in Frankfurt gibt und dann haben wir gelitten.“

„Du scheinst immer noch vom perfekten Verbrechen zu träumen“, weist Jens Berninger sie schroff zurück. „Schmink dir das endlich ab! Wir können Risiken nur klein halten, aber nicht gänzlich ausschalten. - Andererseits sind wir mit unserer Kunst doch noch gar nicht zu Ende“, fügt er beschwichtigend hinzu.

„Was heißt das?“

„Halt noch tiefer in die Trickkiste greifen, noch mehr Register ziehen.“

„Und was verstehst du konkret darunter?“

Jens Berninger setzt die Brille ab und reibt sich über die Augen. Dann blinzelt er seine Tischnachbarn fragend an. „Wie fängt ein Bulle einen Bullterrier?“

Verdammt, denkt Bully, das sind jetzt die Folgen von 1200 Kilometern nonstopp, einer durchwachten Nacht und zwei Flaschen Rotwein, auf denen der Warnaufdruck fehlte. Linda versteht die Frage anders. Jens hat etwas Wichtiges zu erzählen und macht es spannend. Sie spielt das Spiel mit, ihm zuliebe, schon als Schadenswiedergutmachung. „Bitte die Frage noch etwas detaillierter.“

„Sagen wir, ein türkischer Rauschgifthändler wird im Bahnhofsviertel von einem Konkurrenten aus dem Kosovo erschossen und jetzt läuft der Kampfhund des Opfers frei rum. Was macht die Polizei?“

„Sie erschießt den Hund!“

„Nehmen wir an, es sind Tierschützer vor Ort, Prostituierte zum Beispiel, die in ihren Absteigen selbst Hunde halten, zwar nur Pudel oder Schoßhündchen, die aber die Hinrichtung eines Artgenossen ihrer Liebsten nicht hinnehmen würden.“

„Dann wird die Polizei sich etwas anderes einfallen lassen...“

„... und einen Hundefänger holen, völlig richtig. Der hat dann am Arm eine dicke Manschette aus Hartleder, und die hält er dem Pitbull provozierend vor die Nase. Und was passiert jetzt?"

„Zwischenfrage!" Bully ist sich nicht mehr sicher, dass der Boss nur Unfug redet. „Ist das eine Fortsetzungsgeschichte, die morgen beim Frühstück weiter geht oder..."

„Einen Augenblick noch, sie ist gleich zu Ende. Der Hund beißt in die Manschette, und er verbeißt sich darin. Beißen ist der Reflex, der mit Fressen und Kämpfen zu tun hat, beides existenzielle Dinge für den Hund. Der Arm ist Teil der Beute oder des Gegners, den der Hund nicht loslassen darf, wenn er überleben will. Man kann ihn jetzt gefahrlos von der Manschette abpflücken und in einen Sack stecken. - Der Türke tot, der Kosovare im Knast und der Hund im Tierheim – ein schönes Ende, nicht wahr?"

„Die Geschichte ist doch noch gar nicht zu Ende", feixt Linda. „Du musst uns noch sagen, was mit dem Hund im Tierheim geschieht."

„Spielverderber", blödelt der Boss zurück, „sie schläfern ihn ein."

„Wunderbare Story", sagt Bully mit einem Unterton von Verärgerung. Es stört ihn immer noch, dass er als trockener Chemiker in Sachen Humor mit dem Juristen und der Medizinerin nicht mithalten kann und zu deren Paradedisziplin, dem schwarzen Humor, keinen Zugang hat. „Nun erzählst du uns noch, dass das bei den Menschen ähnlich und daher für das Projekt von Nutzen ist."

„Mein Gott, hast du hellseherische Fähigkeiten", spottet Jens Berninger. „Genau richtig, den Reflex gibt es auch beim Menschen. Vor einigen Jahren haben sich ihn die Beamten vom Bundesgrenzschutz am Flughafen zunutze gemacht. Einem Nigerianer, der abgeschoben werden sollte, der sich in der Maschine aber partout nicht ordentlich in den Sitz setzen wollte und sich statt dessen steif machte, dem haben sie ein paar dicke, auf einen Gurt gezogene Wollsocken auf den Mund platziert, und anschließend haben sie mit den beiden Gurtenden den Kopf nach hinten gezogen."

„Brutal", sagt Linda angewidert.

„Kann man so sagen", gibt ihr Jens Berninger Recht, „er hat es ja auch nicht überlebt. Aber zuvor hat er das gemacht, was die Beamten von ihm wollten. Er hat sich in den Wollknebel verbissen, hat seine ganze Kraft, seine Aufmerksamkeit, seine Konzentration auf seine Kiefer konzentriert. Da war es nicht mehr schwer, ihn in den Sitz zu drücken."

„Wir haben also auch noch Gene vom Wolf?"

„Die Bullen haben bekanntlich besonders viele davon."

„In was verbeißen sie sich?"

„In eine andere Geschichte."

„Wer liefert sie ihnen?"

„Wir!"

Für Jens Berninger ist es eine Nacht voller Albträume. Einer davon weckt ihn schon kurz nach Sonnenaufgang. Das Dröhnen in seinem Kopf hat er sich angesichts der erheblichen Rotweinmengen schlimmer vorgestellt, dafür aber ist ihm speiübel und sein Magen brennt wie Feuer. Er ärgert sich über seine Disziplinlosigkeit, vor allem, weil ihm die Wirkung des exzessiv genossenen Rouge Landaise hinlänglich bekannt war. Seine zahlreichen Mittelmeer-urlaube gingen immer auch einher mit ausgedehnten Saufgelagen, und weil das Bier hier unten nicht zu trinken war und weil es die Einheimischen ja vormachten, war Rotwein das Getränk der Wahl. Konkret hieß das, wie auch in der vergangenen Nacht, Tischwein, der Liter zu zwei Euro, mit einem pH-Wert noch darunter. Für einen besseren, also auch verträglicheren Stoff, hatte es noch nie gereicht, auch seinerzeit nicht, als er stundenweise im Büro von Rechtsanwalt Ziegler ausgeholfen hatte und mit diversen Scheinen sein Bafög aufbessern konnte. Seine finanzielle Situation war auch deswegen prekär, weil er für sein Physikstudium vom Staat kräftig zur Kasse gebeten wurde. 2.000 Euro waren jeweils zu Semesterbeginn fällig, denn er wurde wegen seines abgeschlossenen Jurastudiums als Abbrecher eingestuft und entsprechend bestraft.

Säurebindende Lutschtabletten gehörten daher zu seiner Standardausrüstung, wann immer er sich im Sommer auf den Weg in den Süden machte. Auch jetzt hat er das Medikament schnell zur Hand, zerkaut es hastig und spült die Bruchstücke mit einem Schluck Mineralwasser hinunter. Dann duscht er, fröstelnd, aber schon auf dem Weg der Besserung, versorgt sich mit frischen Klamotten und überzeugt sich davon, dass Linda und Bully noch fest schlafen.

Heute Morgen wird er sich das Frühstück einmal servieren lassen. In der kleinen Bar neben der Duschanlage sitzen die ersten Gäste schon mit schimmernden Augen vor riesigen Calvadosgläsern und würfeln die nächste Runde aus. Jens Berninger bestellt sich ein kleines Frühstück mit Milchkaffee und als er das noch warme Croissant mit Butter bestreicht, merkt er, dass seine Hände zittern. Einen Moment ist er unsicher. Angst oder Entzug? Er entscheidet sich für die zweite Alternative und ist wieder beruhigt. Seine gesundheitliche Zukunft interessiert den ehemals leidenschaftlichen Jogger nicht mehr. Andere Perspektiven sind für ihn wichtiger geworden.

Nach einem abschließenden Espresso schlendert er über einen schmalen Fußweg aus roten Verbundsteinen hinunter zum Meer. Die Flut ist auf dem Rückzug und hat schon einen mehrere hundert Meter breiten Streifen aus weißem Sand freigelegt, der wie mit einem Spachtel gezogen in der Sonne glänzt, dünn gesprenkelt mit toten Quallen und faustdicken Ölklumpen. Noch immer spülen die großen Tanker auf hoher See ihre Tanks und verschmutzen Wasser und Küsten. Aber das interessiert die politisch Verantwortlichen nicht mehr. Es sind Kollateralschäden, die es hinzunehmen gilt. Sie haben es sich auf dem Pferd mit Namen Globalisierung und Fortschritt bequem gemacht. Dass sie mittlerweile gar nicht mehr absteigen können, scheint ihnen nur Recht zu sein. Auch die Urlauber haben sich inzwischen mit den

Missständen arrangiert. Alle führen sie große Flaschen Nitroverdünnung bei sich, mit der sie sich abends die ölverschmutzten Füße reinigen.

Zu der frühen Stunde ist der Strand noch menschenleer. Jens Berninger läuft ein Stück in Richtung des offenen Meeres und orientiert sich dann in nördliche Richtung. Ein diesiger Horizont verspricht schönes Wetter für viele Tage. Am anderen Ende von Mimizan-Plage, unmittelbar an der großen Düne, weiß er ein kleines Café. Dort wird er sich ein zweites Frühstück genehmigen und dann über den Markt zurück zum Campingplatz laufen, wo die beiden anderen wohl immer noch in den Federn liegen.

Sie werden ihr Projekt realisieren. In den kommenden Tagen werden sie die Details festlegen und einen Zeitplan aufstellen. Alles muss stimmen, sonst werden sie scheitern, selbst wenn Santos dichthalten sollte. Aber er ist optimistisch. Denn sein Team ist gut. Linda erscheint mit ihren vierundzwanzig Jahren zwar noch etwas jung, und sie verlässt hin und wieder auch mal den Pfad der strengen Logik, aber sie ist von ihrer Mission überzeugt. Sie wird nicht abspringen, sondern ihren Weg konsequent zu Ende gehen. Dass sie in der vergangenen Nacht so sehr auf dem perfekten Verbrechen herumgeritten ist, hat ihn allerdings irritiert. Eine Zeit lang war er der Auffassung gewesen, dass sie ihr Hauptaugenmerk auf ihr persönliches Risiko gerichtet hatte und die Sache selbst in den Hintergrund getreten war. Aber dann war dieser Verdacht wieder verflogen.

Den besten Fang haben sie zweifelsfrei mit Bully gemacht. Ein Multitalent. Nach dem Abitur hat der Sohn wohlhabender Eltern aus Bad Homburg bei der Firma Aventis eine Lehre zum Chemielaboranten gemacht um danach ein Jahr lang bei Schering in Marburg im Pharmabereich zu arbeiten. Anschließend erneuter Wechsel zu Aventis in die Genforschung. Das Handtuch fliegt auch hier nach etwa zwei Jahren. Bully will mehr von der Chemie wissen und bewirbt sich um einen Studienplatz an der Frankfurter Universität –

mit Erfolg. Der Siebenundzwanzigjährige studiert das Fach gegenwärtig im siebten Semester, und er ist begeistert bei der Sache, obwohl auch er auf Grund seiner abgeschlossenen Berufsausbildung die hohen Studiengebühren bezahlen muss. Er war sogar schon erfolgreich. Im vergangenen Semester hat er für eine Studie über die Reaktionsmechanismen freier Radikaler den *Chemical Award* des Verbandes der Chemischen Industrie erhalten. Das ist genau der Typ, den sie brauchen. Theoretiker und Praktiker in Personalunion, fit am Schreibtisch und im Labor. Und genauso entschlossen wie Linda und er.

Das kleine Café an der Düne hat gerade geöffnet. Jens Berninger setzt sich an einen der kleinen Tische auf der Terrasse und bestellt eine Cola. Der frische Seewind hat seinen Kopf wieder klar gemacht. Sie sind zu dritt, diszipliniert und jeder auf seine Art schon ein Experte und sie ergänzen sich hervorragend. Beste Voraussetzungen für eine erfolgreiche Arbeit. Die Spezialisten der Gegenseite mögen immer noch glauben, dass das Inferno nur von Weltklasseleuten im Professorenrang mit jahrzehntelanger Berufserfahrung und Millionenbudgets realisiert werden kann. Das ist ihnen nur recht, denn von diesem Irrtum werden sie profitieren. Die Rahmenbedingungen für ihren Erfolg wird er ihnen in den nächsten Tagen immer wieder vor Augen führen: Nur eine falsche Spur ist eine gute Spur. Ansonsten: keine Spuren hinterlassen. Notizen, Aufzeichnungen, einschlägige Eintragungen im Terminkalender sind grundsätzlich tabu. Die wichtigen Dinge werden im Kopf gespeichert, es heißt wieder auswendig lernen. Ebenfalls tabu: Gespräche über das Projekt außerhalb der sicheren Räume. Auch keine Andeutungen oder entsprechende Mimik.

Kurz vor Mittag verlässt Jens Berninger das Café und macht sich auf den Weg zur Markthalle, wo er etwas zum Mittagessen besorgen will. Der weite Strand hat sich mittlerweile gut gefüllt und auf der Hauptstraße fährt Auto hinter Auto, obwohl die Hauptsaison noch nicht begonnen hat.

Selbst auf den Bürgersteigen ist schwer vorwärts zu kommen. Es wird immer schlimmer. Als er vor fünf Jahren das erste Mal hier war, gab es gerade einmal zwei Ampeln im Ort, jetzt sind es schon zehn. Bald wird auch diese Gegend ruiniert sein und dann zieht die Horde weiter. Im Norden Galiziens soll es noch ein paar kleine unberührte Fischerdörfer geben...

In der ausladenden Markthalle im Zentrum drängeln sich die Menschen um die zahlreichen Stände, an denen es alles zu kaufen gibt, was essbar ist. Vor allem Fisch ist reichlich im Angebot, von der kleinen Sardine bis zum zentnerschweren Thunfisch. Noch herrscht kein Mangel an den Früchten des Meeres, aber die Fischer müssen schon sehr weit hinaus fahren um ihre Netze zu füllen. Vielleicht geht es ihnen bald wie ihren Kollegen an der Nord- und Ostsee. Über die Hälfte haben aufgeben müssen, nachdem im letzten Jahr die Kabeljau- und Schollenbestände komplett zusammengebrochen sind. Jens Berninger entscheidet sich für in Olivenöl und Knoblauch eingelegte Lammkotelettes. Wein werden sie am platzeigenen Kiosk kaufen, wenn sie denn wieder Appetit darauf haben und frische Baguettes gibt es dort auch.

Auf dem Rückweg überfällt ihn wieder dieses merkwürdige Gefühl, mit dem er es schon auf der Hinfahrt irgendwo im Zentralmassiv zu tun hatte. Überfordert zu sein, sich überschätzt zu haben, sich etwas vorgenommen zu haben, das die eine oder andere Nummer zu groß für ihn und auch für die Gruppe ist, unfähig zu sein, die Konsequenzen des Unternehmens zu verantworten. Al Kaida hat es da leichter. Ein Riesenapparat, zuarbeitende Hände und mitdenkende Köpfe wo man hinschaut. Und über allem einer, der die tapferen Attentäter für ihren Mut belohnt, mit einem ewigen Leben und Jungfrauen bis zum Abwinken. Das alles steht ihnen nicht zur Verfügung.

Das Gefühl allein zu sein stellt sich ein, auch Angst macht sich breit und damit verbunden der Wunsch, alles aufzugeben. Aber dann schlägt die Erinnerung zurück, gibt den Blick frei auf die erlittenen Demütigungen, die beschädigten Seelen und die verlorenen Hoffnungen. Fokussiert sie auf das grenzenlose Leid, das die Täter ihren Opfern zugefügt haben und noch zufügen werden. Und damit kehrt die Wut zurück, archaisch wild, hemmungslos und destruktiv, aber ohne Selbstmitleid und Schuld, denn sie ist sich bewusst, dass sie keine andere Chance hat, zu ihrem Recht zu kommen.

München, 6. Juni

Kennengelernt hatten sie sich anlässlich einer Veranstaltung des Bundeskriminalamtes. *Fallanalyse und Täterprofil* hieß das Seminar, mit dem die Wiesbadener Spezialisten eine Disziplin vorstellten, die in den Vereinigten Staaten bereits große Erfolge feierte und dort unter dem Kürzel *Profiling* lief. In Amerika hatte man schon seit langem ungeklärte Tötungs- und Sexualverbrechen einem besonderen Verfahren unterzogen. Dazu wurden die fraglichen Fälle zunächst detailgenau rekonstruiert um anschließend die einzelnen Merkmale zu hinterfragen. Eigentlich ein alter Hut, kriminalistisches Handwerkszeug. Neu aber war, dass man auch den Nebensächlichkeiten volle Aufmerksamkeit schenkte und massiv auf die sogenannten Begleitwissenschaften setzte: Psychologie, Graphologie, Linguistik, Anthropologie, Statistik. Das Sonderwissen dieser Disziplinen erlaubte oft überraschende Einblicke in die Blackbox der Mörder und Vergewaltiger. Wenn in einer Großstadt binnen weniger Tage an Schwulentreffs und im Pennermilieu mehrere Männer erschlagen werden, weiß der Kriminalist alter Schule, dass eine Serie begonnen hat. Der Profiler, der die Datensammlungen kennt, weiß entscheidend mehr. Die Statistik sagt ihm, dass der Täter höchstwahrscheinlich krank ist und katholisch und entweder in seinem unmittelbaren persönlichen Bereich oder im familiären Umfeld ein sexueller Makel existiert. So wie in dem Fall, der sich Anfang der 90er Jahre des vergangenen Jahrhunderts in der Mainmetropole ereignete: Die wilde Ehe der Schwester führte bei dem tiefreligiösen Bruder zur Paranoia, die sich als Ventil den noch schlimmeren Sünder suchte: den Schwulen. Acht tote Männer waren am Ende zu beklagen. Die Festnahme des Täters erfolgte allerdings eher zufällig; Profiler gab es seinerzeit noch nicht.

René Gronwald, damals noch als Oberkommissar im Raubdezernat tätig, war vom Präsidium zur, wie es hieß, orientierenden Beobachtung nach Wiesbaden geschickt worden. Auf der Leitungsebene ahnte man, dass da etwas im Kommen war und wollte mit von der Partie sein. Bei den anderen Teilnehmern des Seminars handelte es sich überwiegend um Kripoleute, die es zuhause mit kniffligen Fällen zu tun hatten und bei der Suche nach den Mördern und Vergewaltigern nicht weiter kamen.

Der junge Kommissar aus Lüneburg war dem Spion vom Main schon am ersten Tag aufgefallen, weil er die Referenten mit Fragen löcherte. Abends an der Bar hatte er den Kollegen dann gezielt auf dessen gesteigertes Interesse am Profiling angesprochen und von einem interessanten Fall erfahren, der dem engagierten Niedersachsen schon viele schlaflose Nächte beschert hatte. Drei Schüler eines Internats, zwischen fünfzehn und siebzehn Jahre alt, waren im Abstand von nur wenigen Monaten umgebracht worden. Der unbekannte Täter hatte ihnen jeweils beim Joggen in den einsamen Wäldern aufgelauert und mit einem Dolch gezielt ins Herz gestochen. Dann hatte er den bereits toten Schülern mit einem schweren Gegenstand den Schädel zertrümmert und den Kopf abgeschnitten.

Die Morde hatten in der Bevölkerung große Empörung ausgelöst und die Medien verlangten nach einem schnellen Fahndungserfolg. Doch die Polizei kam keinen Schritt voran. Die wenigen Hinweise aus der Bevölkerung erwiesen sich als unbrauchbar und so wurde die *Soko Internat* ein halbes Jahr nach dem letzten Verbrechen aufgelöst und der Fall zu den Akten gelegt. Aufgeben wollte Matthias Bruch, Leiter der Sonderkommission, aber noch nicht. Zu groß waren seine Betroffenheit und auch sein verletzter Stolz, dass er die Sache auf sich hätte beruhen lassen können. Als er im Rundbrief des BKA von der Profiler-Tagung in Wiesbaden las, witterte er eine neue Chance. Sein Vorgesetzter zeigte sich großzügig und ermöglichte ihm die Teilnahme –, und das sollte sich bezahlt machen. Ein Referent der New Yorker

Mordkommission gab die entscheidenden Tipps. Ihn hatte Hauptkommissar Bruch beim Kaffe auf seine Fälle angesprochen. Der Profi von der amerikanischen Ostküste, Mitglied der berühmten Profilerorganisation *Vidoq-Society* hatte allerdings einige ergänzende Fragen.

Das Internat?

Rettungsanker für betuchte Eltern, die ihre Kinder unbedingt zum Abitur führen wollen. Cash ist hilfreich, aber alle schaffen es trotzdem nicht.

Die Stiche?

Immer nur einer, zielgenau in den Herzmuskel.

Der Kopf?

Schädel total zertrümmert, postmortal.

Wie abgetrennt?

Mit einem einzigen, nicht abgesetzten Schnitt.

Die Leichname wurden nicht versteckt?

Nein, sie waren vom Täter nur wenige Meter vom Tatort entfernt am Waldrand abgelegt worden.

Der Amerikaner musste nicht lange überlegen. „Ich mache Ihnen einen Vorschlag“, hatte er in einem exzellenten Deutsch gesagt, „aber denken Sie dabei immer daran, Profiling ist keine Wissenschaft im üblichen Sinn. Wir sind stets auch ein bisschen ... Künstler. – Wer Körperteile mit einem einzigen Schnitt, also professionell abtrennt, ist entweder Metzger, Arzt oder Rauschgifthändler. Metzger und Arzt, das ist Ihnen klar, und Dealer müssen manchmal tote Bodypacker entsorgen, denen am Zielort auf der Toilette beim Ausscheiden der geschluckten Kokainbömbchen eines davon geplatzt ist. Dealer spielen in Ihrem Fall offensichtlich keine Rolle. Die zielgerichteten Stiche ins Menschenherz weisen eher auf einen Arzt hin, der dessen Position besser kennt als ein Metzger. Die Schläge auf den Kopf meinen vielleicht die Intelligenz, zumal es sich jeweils um gute Schüler handelte. Die nicht versteckte Leiche: Schaut her, so geht es all denen, die ..., oder etwas anders: Schau her, mein Sohn oder meine Tochter, so geht es halt denen, die ...“

Matthias Bruch hatte verstanden. Der Mörder ein Arzt, dessen Sohn oder Tochter trotz intensiver Hilfestellung im Internat gescheitert war und der sich jetzt an den Klassenbesten schadlos hielt. Eine Woche später hatten sie ein Geständnis. Der Augenarzt aus Hannover war beliebt und erfolgreich. Er operierte den Grauen Star so perfekt wie kein anderer. Seinen Urlaub verbrachte er jeweils in Indien, wo er blinden Kindern eine neue Zukunft gab – ohne Bezahlung. Seine Zukunft war jetzt ruiniert, sein Sohn lernt indes Schreiner, glücklich mit dem Medium Holz, aber unglücklich mit dem Vater in der Haftanstalt Celle.

René Gronwald ist mit dem Kollegen aus Lüneburg in Kontakt geblieben. Sie haben hin und wieder miteinander telefoniert und sich ausgetauscht. Im vorvergangenen Jahr hatte ihn Matthias Bruch mit der Mitteilung überrascht, dass er aus dem Polizeidienst ausscheiden und sich selbstständig machen wolle. *Zentrum für Linguistik* werde er seine Firma nennen, die sich vor allem um die Analyse von schriftlich fixierten Texten kümmern wolle.

Matthias Bruch ist jetzt sein Mann. Er findet ihn übers Internet. Der Ex-Kommissar ist in München sesshaft geworden. In dem fünfstöckigen Bürohaus am Stachus residieren die Gewinner, fast ausnahmslos Rechtsanwälte und Ärzte. Der Spezialist für die Schriftanalyse hat sich im obersten Geschoss eingerichtet. Nach zwei elektronisch gesicherten Türen steht der Kommissar vor der Sekretärin.

„Herr Gronwald? – Eine Sekunde."

Sie drückt einen Knopf und strahlt den Besucher an. Dann öffnet sich die gegenüberliegende Tür und der ehemalige Leiter der *Soko Internat* kommt mit schnellen Schritten und ausgestreckter Hand auf seinen Gast zu.

„Kommissar Gronwald", sagt er freundlich, „mittlerweile sicher schon Hauptkommissar Gronwald oder sogar schon ..."

„Nein, nein", wehrt der Besucher ab und erinnert sich kurz daran, dass vor wenigen Monaten nicht seine Beförderung sondern seine Degradierung zum Oberkommissar zur Debatte gestanden hatte. Aber irgendwie haben sie schon lange nicht mehr miteinander telefoniert. „Lassen Sie es beim Hauptkommissar."

Sie schütteln sich die Hände.

„Wiesbaden – wie lange ist das jetzt her?"

„Zehn Jahre", antwortet René Gronwald und verkneift sich den Satz über die Vergänglichkeit der Zeit.

„Zehn Jahre, mein Gott. Aber es ist ja auch viel geschehen seitdem. Letzten Monat ist Doktor Herbstein aus der Haft entlassen worden."

„Der Mörder der Internatsschüler?"

„*Doktor Star*, hat ihn die Boulevardpresse genannt. Kommen Sie." Matthias Bruch nimmt seinen Gast am Arm. „Wir gehen in mein Büro." Als die Tür ins Schloss gefallen ist, sagt er: „Fünfzehn Jahre hat er bekommen und jetzt waren zwei Drittel rum."

„Also keine nachträgliche Sicherungsverwahrung?"

„Er hat eine Therapie gemacht und ist nicht mehr gefährlich – meint die Strafvollstreckungskammer. Die örtlichen Zeitungen haben sich fast überschlagen."

Das Arbeitszimmer des Ex-Kommissars ist klein aber fein. Viel Aluminium und Glas aber noch mehr Holz, rotschimmernde Kirsche und silberglänzende Esche. Das Mobiliar ist handgefertigt und stammt offensichtlich aus irgendeinem teuren Designerschuppen im nahen Italien. Deutlich mehr Luxus als im Büro des Polizeipräsidenten. Was man nicht sieht: Der Besitzer hat nur einen Bruchteil des ursprünglichen Kaufpreises bezahlt. Die gesamte Einrichtung stammt aus der Konkursmasse des Knaust-Verlags, der sich an dem Werk eines angeblichen Starautors verhoben hatte. Sich in allen Situationen rational verhalten, das haben sie ihm bei der Polizei eingebläut, immer und immer wieder, und das wird er für sein ganzes Leben beherzigen. Sparsamkeit ist ein Teil dieser Strategie. Dass er mittlerweile im Geld schwimmt, macht sie nicht entbehrlich.

„Wie kam es, dass Sie der Polizei den Rücken gekehrt haben, ich habe Sie so wahnsinnig motiviert in Erinnerung. Ein Vorzeigepolizist, habe ich seinerzeit gedacht."

„Da haben Sie sicher nicht ganz Unrecht", erwidert der so Gelobte, während er angestrengt überlegt, wie er das sensible Thema am schonendsten bedienen kann, „aber wer diesen Polizisten vorzeigt, ist gut beraten, dessen Gehaltskonto mit einer dicken schwarzen Folie abzudecken."

Matthias Bruch bittet seinen Gast an den kleinen Tisch in der Raummitte. „Sie nehmen es mir nicht übel, Herr Gronwald, wenn ich das so deutlich sage. Aber mit der Polizei kann man es ja machen. Die Beamten sollen belastbar und flexibel sein, also jederzeit bereit sein, Überstunden zu machen, sie sollen kreativ arbeiten, sich in jeder Situation gut benehmen und hin und wieder auch mal den Kopf hinhalten. Dafür gibt es dann bestenfalls die Besoldung eines Lehrers. Bei der Berentzen-Entführung ist mir das so richtig klar geworden..."

„Stimmt, Sie haben die Ermittlungen geleitet!"

„...Nachdem ich von der Mordkommission zum Sonderdezernat Erpressung und Menschenraub gewechselt hatte. Die Familie des Entführten hatte eine Detektei mit der Suche nach den Tätern beauftragt. Zugegeben, die Jungs waren nicht schlecht, aber die bessere Arbeit hat die Polizei geleistet. Am Ende gingen zwei Millionen an die Detektive und wir gingen leer aus. Die Behördenleitung hat uns noch gewarnt, weil sie wusste, dass die Berentzens großzügig waren. Wenn wir nur eine Flasche Wein annähmen, hätten wir ein Verfahren am Hals."

„Dann haben Sie die Pferde gewechselt?"

„Sagen wir so, ich bin vom Zirkuspony auf ein gutes Reitpferd umgestiegen. Vorher habe ich allerdings noch eine Reihe von Lehrgängen und Seminaren besucht, drei allein im BKA. Die Wiesbadener haben das Thema ja hochgekocht, kultiviert, sagen sie dazu. – Und nicht zu vergessen, die Literatur. Über Profiling ist viel geschrieben worden, das meiste kommt aus den Vereinigten Staaten. Ich musste noch mal einen Englischkurs belegen."

„Aber Ihre Firma beschäftigt sich laut Internet ausschließlich mit Sprach- und insbesondere Schriftanalysen. Das klassische Profiling ist nicht mehr Ihre Sache?"

„Was heißt schon klassisches Profiling?" Der Exkommissar verzieht missmutig das Gesicht. „Was Sie meinen ist doch hauptsächlich in den Medien zuhause. Das wissen sie doch genau- so gut wie ich. Vor allem das Fernsehen hat sich dem Thema verschrieben. Die Privaten strahlen allein zwei Profilerserien aus und immer häufiger greifen auch die Öffentlich-rechtlichen in diese Trickkiste. Profiling ist zur Wunderdisziplin entartet, jedenfalls in den Augen der Öffentlichkeit. Der Profiler entdeckt irgendeine Kleinigkeit neben der Leiche, einen Brotkrümel meinetwegen, und entwickelt daraus eine Kausalkette mit gänzlich überraschenden Verknüpfungen. Der Täter ist am Ende nicht der Bäcker, auch nicht die Teigwaren-Fachverkäuferin, sondern die Omi, die den Fehler gemacht hat, vor dem Mord noch die Tauben zu füttern."

René Gronwald amüsiert sich über die humorvolle Verbrämung der Enttäuschung seines Gegenübers. Er ist sich ziemlich sicher, dass Matthias Bruch nach seinem Erfolg in der Internat-Mordsache große Hoffnungen in das amerikanisch ausgerichtete Profiling gesetzt hatte. Diese Hoffnungen wurden wohl enttäuscht. Und dafür revanchiert er sich jetzt mit harscher Kritik.

„Nein, nein, Herr Gronwald. Profiling ist Knochenarbeit und ist auch nur in wenigen Fällen angesagt. Bei neun von zehn Tötungsdelikten verrät schon das – offenliegende – Motiv den Täter. Da ist kein Profiler mehr vonnöten. Und wo er zum Zuge kommt, präsentiert er seine Ergebnisse immer im Konjunktiv. Da ist nichts Zwingendes, Verbindliches. Es könnte so sein oder genauso gut auch anders herum. Profiler-Erfolg ist Glückssache. Darf ich es mal drastisch formulieren?" Matthias Bruch senkt seinen Kopf und dämpft seine Stimme. „Das hat ganz viel mit Zockerei zu tun."

Mein Gott, jetzt malt er aber schwarz, denkt René Gronwald. Dabei muss sich die Disziplin doch gar nicht verstecken, sondern sich nur vor allzu großen Ansprüchen in Acht nehmen. Aber was kann sie tun gegen die Macht der Medien, die den Profiler als Quotenmacher entdeckt haben? Den Ex-Kommissar wird er heute nicht mehr umstimmen können.

„Wissen Sie, an was mich das Profiling erinnert? – An die Methode der Evolutionsbiologen. Die gleichen Schwächen! Jedes Phänomen kann so oder so erklärt werden. Ein Wissenschaftler aus Princeton sagt, Menschen hätten ein Gen, das ihnen den Inzest verbietet und beruft sich auf Erfahrungen aus dem israelischen Kibbuz. Kinder aus ein und demselben Kibbuz heiraten selten untereinander. Und das liege daran, dass das lange und enge Zusammenleben von klein auf den Kindern signalisiere, bei den anderen handele es sich um ihre Geschwister. Der Kollege aus Harvard lacht sich tot. Der Heiratsverzicht sei einzig und allein Folge des guten gegenseitigen Kennens. Der angebliche Märchenprinz sei längst schon als Protzkopf und die Märchenprinzessin als Heulsuse enttarnt. Heiraten würden Menschen aber nur auf der Grundlage von Illusionen."

„Aber gänzlich haben Sie Ihrer Disziplin ja nicht den Rücken gekehrt. Was Sie machen, Sprachanalyse und Autorenerkennung, sind doch Teil des Profiling."

„Ein klein bisschen seriöser, wenn ich mir das erlauben darf." Matthias Bruch wiegt bedächtig den Kopf um zu unterstreichen, dass er sich diesen Satz gut überlegt hat. „Der individuelle Stil, der sich in einem Schriftstück wiederfindet, ist Ausdruck der individuellen Sicht des Verfassers. Man hat schon den Begriff des sprachlichen Fingerabdrucks gebraucht. Vielleicht übertrieben, aber Schrift und Sprache sind viel konkreter als ein postmortal zertrümmerter Schädel."

„Obwohl er Ihnen seinerzeit zur Aufklärung Ihres Falles verholfen hat?"

„Zufall, das war reiner Zufall! Der Amerikaner hatte ganz einfach Glück und damit ich auch. Die Autorenerkennung ist besser dran.“ Matthias Bruch senkt erneut die Stimme. „Glauben Sie mir, ich stecke bis zum Hals in Aufträgen. Drohbriefe, Erpresserbriefe, Schmähbriefe, Liebesbriefe. Privatleute, Kleinbetriebe, Konzerne, Schulen, Universitäten. Sie alle wollen von mir wissen, wer dahinter steckt und wie es gemeint ist. In dem Geschäft kann man nur bestehen, wenn man gut ist, wenn man Erfolge vorweisen kann.“ Dann läuft ein breites Grinsen über sein Gesicht. „Die Profiler der hiesigen Kripo würden als Sachverständige ganz schnell auf die Nase fallen.“

Der Ex-Kommissar aktiviert die Beamer-Tastatur, die am Kopfende des Tisches steht. Kurz darauf erscheint auf einer Leinwand an der gegenüberliegenden Raumseite das anonyme Schreiben, das René Gronwald dem Schriftspezialisten vor einer guten Woche zugeschickt hat. Fünffach vergrößert und gestochen scharf macht es zusätzlich Eindruck.

„Da kommt man ins Staunen, nicht wahr?“

„Unser Präsident hat es ein Kunstwerk genannt“, erwidert René Gronwald, „wenn man vom Inhalt absehe.“

„Aber gerade der macht es ja so interessant und wertvoll. Ohne Inhalt wäre es nur eine Vorlage für eine Tapete.“

„Sie haben von KI die technisch-biologischen Untersuchungsergebnisse bekommen?“

„Keine verwertbaren Spuren am Objekt und am Umschlag, weder Fingerspuren noch Material, das sich für eine DNA-Bestimmung eignet. Zum Aufkleben der Buchstaben wurde herkömmlicher Kleber benutzt.“

„Ist das für Sie schon wichtig?“

„Dass der Absender die Briefmarke nicht angeleckt und im Übrigen die Sendung überfrankiert hat, ist schon von Belang. Dazu komme ich noch. Zunächst eine Klarstellung zu meinem Auftrag. Sie stellen die drei angeblichen Attentäter in den Mittelpunkt Ihres Interesses. Das kann ich verstehen, aber ich beschäftige mich mit der Autorenerkennung, mir geht es also um die Person, die das Schreiben verfasst hat, um den Wahrheitsgehalt der Mitteilung und selbstverständlich auch um die dahinter stehenden Motive. Damit sollten wir anfangen."

„Einverstanden", antwortet René Gronwald, „Sie sind der Spezialist."

Der Profiler der etwas anderen Art nimmt den Pointer zur Hand und setzt sich in Position. „Beginnen wir einfach mit der Frage, ob es sich bei der Information um einen Scherz handelt, um groben Unfug wird man besser sagen, oder ob es der Absender ernst meint. Da fällt zunächst die antiquierte Form der Mitteilung auf. Der Text setzt sich aus ausgeschnittenen und aufgeklebten Buchstaben zusammen. Vorbild: Der klassische Kriminalfilm der 50er und 60er Jahre – Perry Mason oder Edgar Wallace. In Ermangelung von Schreibmaschinen und zur Verhinderung einer Identifizierung über die Handschrift hat man – nicht nur im Film! – auf diese Methode zurück gegriffen."

„Das hat sich heute allerdings erübrigt."

„Man hätte ein solches Schreiben völlig anonym verfassen können, etwa auf einem öffentlich zugänglichen PC. Stattdessen hat der Verfasser diese Methode gewählt. Eine filigrane Arbeit. Die Buchstaben sind ausgestanzt und auf den zehntel Millimeter genau auf Linie gelegt." Matthias Bruch zoomt den Text näher heran. Die papierenen Rechtecke liegen wie maschinell geordnet. „Er muss irgendein Hilfsmittel benutzt haben. Aber es hat ihn viel Zeit und Konzentration gekostet. Wer so arbeitet, will unbedingt ernst genommen werden. Form und Inhalt korrespondieren in der Regel miteinander. Scherzbotschaften kennen keine solch geometrisch-mathematische Form."

„Es könnte doch aber auch sein, dass der Verfasser uns genau mittels dieser Logik hinters Licht führen will."

„Völlig richtig. Sie sprechen einen ganz wesentlichen Aspekt unserer Arbeit an. Wir reden in diesem Zusammenhang von Verstellungsintention. Die Gefahr, dass wir auf diese Weise ausgetrickst werden, ist hier aber nicht allzu groß.

Denn die Perfektion des Schriftbildes steht ja nicht allein für die Ernsthaftigkeit der Botschaft. Da sind ja noch die beiden Fünfziger- Briefmarken auf dem Umschlag. Wer einen Brief in dieser Weise überfrankiert, will, dass der Brief unbedingt beim Adressaten ankommt. Scherz und Unfug bedienen sich auch dieser Modalitäten nur ausnahmsweise."

„Es wäre aber auch hier wieder denkbar..."

„... behalten Sie das immer im Kopf. Deswegen arbeiten wir stets mit sogenannten Befundkonstellationen, beziehungsweise Befundkomplexen. Ein Indiz allein bringt uns nichts. Also: Der Informant hat viel Arbeit in sein Werk gesteckt und dafür gesorgt, dass es sicher den Empfänger erreicht. Wir wollen jetzt mehr von ihm wissen. Dazu habe ich die Herkunft der verwendeten Buchstaben ermittelt."

„Wie geht das?"

„Indem man die Buchstaben elektronisch vermisst und, mit dem Farbhintergrund kombiniert, mit einem Suchprogramm konfrontiert."

„Eine solche Software gibt es schon?"

„Ich habe sie selbst aufgebaut. Etwa fünfhundert Verlage nebst ihren Druckereien haben mitgemacht."

„Eine Heidenarbeit!"

„... die sich aber lohnt. Die Fälle mit den aufgeklebten Buchstaben sind auch heute noch zahlreich. Meist stecken dahinter aber Dummköpfe, die kaum schreiben können und auch keinen Zugang zu einem PC haben."

„Die Buchstaben dürften in diesen Fällen aus der BILD stammen?"

„... und aus der BUNTEN. Und auf dem verschmierten Kleber sieht man schon mit bloßem Auge die Fingerabdrücke. Hier ist das allerdings ganz anders."

„Die Buchstaben stammen – aus dem SPIEGEL!"

„Eindeutig nein!" Matthias Bruch geht zum Schrank hinter seinem Schreibtisch und kommt mit einem Bündel rot eingebundener Hefte zurück. „Sehen Sie!" Er legt die Hefte vor den Kommissar auf den Tisch. „SCIENCE! Die Buchstaben sind aus diesen drei Heften der deutschen Ausgabe von

SCIENCE ausgeschnitten worden. Nummer zwölf vom vergangenen Jahr und die dreiundzwanzig und sechsundzwanzig aus diesem Jahr.“

„Wer liest denn SCIENCE? Das ist doch der Rolls Royce unter den Wissenschaftsblättern.“

„Es ist die Bibel der Naturwissenschaftler! Das was für uns der KRIMINALIST ist und für die Juristen die NEUE JURISTISCHE WOCHENSCHRIFT.“

„Dann wird sie auch nur in einschlägigen Kreisen gelesen?“

„Ich habe mich beim Verlag kundig gemacht. Neunzig Prozent der Abonnenten sind Physiker, Chemiker und Mathematiker mit Diplom. Acht Prozent verteilen sich auf andere Naturwissenschaften wie Biologie oder Meteorologie und die restlichen zwei Prozent sind Studenten dieser Fächer.“

„Wie interpretieren Sie diesen Umstand?“

„Er stützt die Wahrheitsthese. – Sehen Sie, der Informant behauptet, drei Studenten der Naturwissenschaften bereiteten einen Anschlag vor....

„Stopp! Im Schreiben ist nur von drei Studenten die Rede. Die Fachrichtung haben Sie jetzt dazu gemacht.“

„Entschuldigung, Sie haben Recht. Aber es sind sicherlich Naturwissenschaftler. Der Verfasser hat ihnen Namen gegeben...“

„...mit denen wir nichts anfangen konnten.“

„Ketterle, Michel und Volhard. Unser Computer hat sie schnell geoutet. Es sind die Namen der letzten deutschen Nobelpreisträger in Physik, Chemie und Medizin. Diese Hinweise sind eindeutig. Der Verfasser ist offenbar selbst ein Naturwissenschaftler. Für seine akademische Bildung spricht im Übrigen sein fehlerfreies Deutsch und seine geschliffene Sprache. Als Anhaltspunkt für seine naturwissenschaftliche Ausrichtung könnte man die Verwendung entsprechender Symbole, etwa für weiblich oder männlich, sowie der Rückgriff auf die tabellarische Darstellungsform heranziehen. Insofern besteht eine fachliche Nähe, die es plausibel erscheinen lässt, dass der Informant tatsächlich an die Informationen über den geplanten Anschlag gekommen ist."

„Die drei haben sich bei ihm Rat holen wollen oder Sprengstoff oder der Informant ist ein Kommilitone der Terroristen und hat im Labor zufällig von deren Plänen gehört."

Der Kommissar entdeckt neu die Lust am Kombinieren.

„Bleiben Sie einmal bei Ihrer letzten Alternative." Der Profiler fixiert den Gast mit einem neugierig machenden Blick. „Es sind Kommilitonen, aber..."

Große Augen provozieren eine Antwort.

„Natürlich", erwidert René Gronwald nach kurzer Überlegung, professionell beherrscht, „sie haben das Ding gemeinsam ausgeheckt und dann ist es dem vierten Mann zu heiß geworden und er ist abgesprungen."

„Das ist die plausibelste Version des Geschehens!" In der Stimme des Profilers schwingt ungeschminkter Stolz. „Ein Informant, der zufällig von dem Attentatsplan hört, hat keine Probleme, die Täter beim Namen zu nennen, und vielleicht gibt es ja auch gute Gründe, sich selbst zu outen, etwa um eine Belohnung zu kassieren. Und zudem ist es schon nicht sehr wahrscheinlich, dass ein Vierter gewissermaßen nebenbei von einem doch offenbar groß angelegten Attentat erfährt. Unser Schreiben verrät, dass der Verfasser sich in einer für ihn schwierigen Lage befindet. Einerseits will er den Anschlag verhindern und andererseits will er die Täter nicht ans Messer liefern."

„Zwei widersprüchliche Intentionen", wirft der Kommissar ein. „Er kann den Anschlag doch wohl nicht verhindern ohne die Freunde zu opfern."

„Damit können unsere Psychologen ganz gut umgehen..."

„...denen Sie ja nicht mehr allzu viel zutrauen..."

Matthias Bruch lächelt einsichtig und rudert wieder ein Stück zurück.

„... die ich allerdings gänzlich auch nicht missen möchte. Vor allem dann nicht, wenn sie nachvollziehbare Ergebnisse liefern."

„Das tun sie in diesem Fall?“

„Sie sagen, dass Menschen unlösbare Widersprüche dadurch lösbar machen, dass sie sie verdrängen. Eine alte Strategie und jeder von uns hat sie schon x-mal selbst praktiziert. Sie dient nicht der Problemlösung an sich, sondern ermöglicht ganz einfach nur das Weiterleben. Im Fall der sogenannten Identifizierung mit dem Aggressor verhält es sich ähnlich. Wer sich nicht wehren kann und wer nicht fliehen kann, schlägt sich einfach auf die Seite des Angreifers. Auch nur ein Überlebenstrick, allerdings einer der problematischen Art.“

„Ich weiß“, antwortet René Gronwald, dem die akademische Note ihres Gesprächs ein Stück Selbstbestätigung bedeutet. „Viele Menschen, die in der Nähe des Flughafens wohnen, erklären den Fluglärm für vernachlässigbar. Sie sind ortsgebunden, können also nicht wegziehen, und sie wissen aus Erfahrung, dass jedwede Form des Protestes erfolglos ist und dann machen sie aus hundert Dezibel ein Blätterrauschen, das sie allerdings nicht schlafen lässt.“

„Was ich Ihnen bisher gesagt habe, bringt Sie allerdings noch nicht entscheidend weiter, wenn ich das richtig sehe?“

„Die Attentäter. Was ist mit ihnen?“

„Fast vergessen. Es sind ein Physiker, ein Chemiker und eine Medizinerin, soweit waren wir schon und viel weiter kommen wir auch nicht, fürchte ich. Was würden Sie denn machen, wenn Sie der polizeilichen Logik folgten?“

„Observieren“, antwortet der Kommissar lakonisch, „vor allem in der Mensa und auf dem Campus und dabei auf Dreiergruppen achten.“

Matthias Bruch lacht laut gegen die Projektionswand. „Das haben Sie jetzt nicht ernst gemeint, bei 40.000 Studenten! Ich möchte Ihnen einen anderen Vorschlag machen.“ Er geht vor zur Wand und sucht mit dem Pointer die Zeilen ab. Ganz unten wird er fündig. “Sehen Sie hier. *Mich würde es schon interessieren, was Sie unternommen haben. Vielleicht lassen Sie es mich über eine Notiz in der Frankfurter Rundschau wissen.* Diese Sätze sind ungemein wichtig für uns.“

„Warum?“
„Weil sie seine Achillesverse bloßlegen.“
„Und die heißt?“
„Raten Sie mal!“
René Gronwald spielt das Spiel mit. „Neugierde vielleicht?“
„So ähnlich jedenfalls. Wissen wollen, wie es weiter geht. Der Informant sitzt auf heißen Kohlen. Und das ist unsere Chance, an ihn heran zu kommen. Wir bauen eine Falle, in die ihn seine Neugierde lockt. Eines sollte Ihnen klar sein, Herr Gronwald...“ Das Gesicht des Profilers lässt keinen Zweifel erkennen. „An die Attentäter kommen Sie nur über den Verfasser des Schreibens heran. Er muss Ihnen die Karten auf den Tisch legen. Wie Sie das schaffen, weiß ich nicht.“
„Und wie sieht die Falle aus, die wir dem Schreiber stellen?“
„Ich könnte mir eine Veranstaltung vorstellen, von der er sich die fraglichen Informationen verspricht. Er wird sie besuchen. Sie brauchen dann nur noch die Teilnehmer zu identifizieren. Der Physik- oder Mathestudent, der auch SCIENCE abonniert hat, ist ihr Mann!“
„Halten Sie es für wahrscheinlich, dass er kommt? Vielleicht riecht er den Braten und schickt einen Freund oder besorgt sich anonym das Begleitmaterial.“
„Da unterschätzen Sie aber die Kraft der Neugierde! Das will er alles mit eigenen Ohren hören und mit eigenen Augen sehen. Informationen aus zweiter Hand genügen ihm nicht. Letzten Endes geht er ja auch kein besonderes Risiko ein – anders als es bei den drei Attentätern der Fall wäre. Die kommen sicher nicht und treten auch sonst bei dieser Veranstaltung nicht in Erscheinung.“
Jetzt ist alles gesagt, das Wesentliche jedenfalls. Während sie schweigend noch einmal das Info-Schreiben auf sich wirken lassen, dessen bezaubernde Ästhetik so irritierend mit dessen böser Botschaft kontrastiert, hat der Frankfurter Kommissar noch eine letzte Frage.

„Ist Ihnen eigentlich aufgefallen, dass wir von dem Verfasser des Schreibens stets in der männlichen Form gesprochen haben? Kann es nicht auch eine Frau sein? Unter den Attentätern ist ja auch eine."

„Unwahrscheinlich", antwortet der Profiler, „der Informant ist männlich – sagt der Computer."

„Wie schafft er das?"

„Bei Texten dieser Art gibt es markante Unterschiede, je nach dem ob sie von Männern oder von Frauen verfasst wurden. Wortwahl, Satzbau, Grammatik, ja das ganze Design eines solchen Schreibens differiert. Der Computer hat keine Probleme mit der Zuordnung."

„Weiß man woran das liegt?"

„Die alte Kiste. Die Hirne von Männern und Frauen sind komplett unterschiedlich organisiert."

Sie werden in die Stadt fahren und irgendwo etwas bayerisches essen. Danach wird sich René Gronwald umgehend auf den Heimweg machen. Bei 180 auf der linken Spur, wenn sein Hirn genau so schnell dreht wie der Motor seines Audi-Dienstwagens, wird er eine Veranstaltung entwerfen, die dem Informanten zum Verhängnis wird. Was danach kommt, wie er ihn zum Reden bringt, das interessiert ihn im Augenblick noch nicht. Step by step, lautet sein Motto, alles der Reihe nach. Damit ist er in der Vergangenheit immer gut gefahren.

„Sie schicken Ihre Rechnung an das Präsidium in Frankfurt", sagt der Kommissar, nachdem er sich von der Sekretärin verabschiedet hat.

„Ich werde Ihnen keine Rechnung schicken", entgegnet der Profiler höflich.

„Wieso nicht?", fragt René Gronwald erstaunt. „Ich habe einen großen Etat. Da müssen Sie sich keine Gedanken machen."

„Und ich habe Schulden", erwidert der Profiler im Hinausgehen. „Bei der Polizei. Ihr verdanke ich alles. Es ist Zeit, dass ich mich revanchiere."

Frankfurt am Main, 9. Juni

Wenn er sagen sollte, wann er zum ersten Mal an die Möglichkeit gedacht hatte, müsste er passen. Diese Entwicklungen verlaufen schleichend wie der chronische Kopfschmerz. Die ersten Symptome werden nicht ernst genommen und wieder vergessen oder verdrängt, bis das Phänomen so mächtig ist, dass es nicht mehr zu leugnen ist. Mechanismen dieser Art funktionieren sehr lange. Bei der chronologischen Rückabwicklung der Geschichte ist man dann klüger und wundert sich über die eigene Gutgläubigkeit. Eigentlich hätte ihm schon ihre dritte Weigerung in Folge, bei ihm zu übernachten, misstrauisch machen müssen. Sie war kein Migränetyp und hatte selbst in der Schwüle des brasilianischen Regenwalds oder in der verrauchten Bar ihres Hotels nie über Kopfschmerzen geklagt. Aber plötzlich gehörten diese Beschwerden zu ihrem Alltag und standen immer wieder gemeinsamen Unternehmungen im Weg.

Gut, er hatte zur gleichen Zeit heftig mit seiner Scheidung zu kämpfen. Auch die einvernehmliche Auflösung einer kinderlosen Ehe begreifen die meisten Betroffenen als Niederlage, Männer mehr noch als Frauen. Und selbstverständlich sträubt man sich in dieser Situation, Dinge zur Kenntnis zu nehmen, die auch die Alternative als verloren, zumindest als unsicher, ausweisen. Als Annette Basler sich dann auch immer häufiger im Institut verleugnen ließ und selbst nicht mehr bei ihm anrief, war das Kriminalistenhirn des René Gronwald schlagartig wach geworden. Am gleichen Abend noch hatte er sie in ihrer Sachsenhäuser Wohnung aufgesucht und zur Rede gestellt. Erstmals nahm der Kommissar zur Kenntnis, wie kalt sie war und wie sehr sie auf räumlichen Abstand zu ihm achtete. Die Beziehung werde ihr zu anstrengend und lasse ihr zu wenig Raum für eigene Initiativen, erklärte sie ihrem schockierten Liebhaber, der stets stolz darauf gewesen war, dass sie eine moderne Beziehung führten, ohne gemeinsame Wohnung, mal zusammen hier oder dort und dann auch wieder tagelang jeder für sich allein.

René Gronwald verstand das alles nicht und war anfänglich auch viel zu verletzt um noch lange Diskussionen um das Ende dieser Liebe zu führen. Die hatte er im Übrigen viele Jahre lang mit seiner Ex geführt, ohne dass sie einem von beiden etwas gebracht hätten. Vielleicht ist sie bindungsunfähig, hatte der Kommissar gedacht, kalt im Grunde ihres Herzens und kommt, wenn überhaupt, ausschließlich mit sich allein klar. Aber wenn sie zusammen schliefen, hatte er nie diesen Eindruck gehabt und auch die zahlreichen Ausflüge und Kneipenbesuche sowie die Abende zuhause auf der Couch vor dem Fernseher waren stets harmonisch verlaufen. Dann wieder beschlich ihn der Verdacht, dass die Diskrepanz innerhalb ihrer sozialen Wertigkeiten die entscheidende Rolle gespielt haben könnte. Der Kommissar und das Mädchen – das passte. Aber der Kommissar und die Ärztin? Die promovierte Medizinerin und der Absolvent der Polizeischule und BWL-Abbrecher?

Drei Wochen hatten sie danach keinen Kontakt mehr miteinander. Jeden Abend hatte René Gronwald mit der Flasche, in der sich anfänglich Bier, später dann Gehaltvolleres befand, vor dem Telefon gesessen und auf ihren Anruf gewartet – der nicht kam. Zu seinem Geburtstag im Februar hatte sie ihm überraschenderweise eine Karte geschrieben mit einem längeren Text, der ohne Standardsätze auskam und ein gewisses Maß an Wärme ausstrahlte. Die kleine Aufmerksamkeit weckte beim Kommissar wieder neue Hoffnungen und machte ihm zugleich deutlich, wie stark seine Bindung zu Annette Basler immer noch war. Wenig später hatte er ihr von einer Dienstreise nach Amsterdam eine Karte ins Institut geschickt, aber darauf erfolgte keine Reaktion – bis vor vielleicht zwei Wochen. Abends um zehn hatte beim Kommissar das Telefon geklingelt und dann war Annette Basler am anderen Ende der Leitung gewesen. Fast eine halbe Stunde lang hatte sie ihm von einer spektakulären Leichenöffnung erzählt. René Gronwald war so überrascht gewesen, dass er am Ende des Gesprächs gar nicht mehr wusste, was sich im Sektionsraum konkret abgespielt hatte. Die anfängliche Freude über den Anruf wich schnell der Einsicht, dass er halt nur Mittel zum Zweck gewesen war. Sie brauchte jemanden zum Zuhören, irgendjemanden, an dem sie ihr Mitteilungsbedürfnis befriedigen konnte. Aber dann meldete sich doch wieder sein Realitätssinn zurück. Immerhin hatte sie *ihn* angerufen, nicht ihre Eltern oder ihren Bruder und nicht den Toxikologen aus dem Institut, der sie seit einiger Zeit umgarnte. Dass ein anderer Mann im Spiel sein könnte, daran hatte René Gronwald bis dahin keinen Gedanken verschwendet.

Jetzt hatte *er* etwas zu erzählen. Er würde sie ganz einfach zum Essen einladen, ins Salvatore, wo es selbstgemachte Pasta gibt und wo sie viele Abende schon – am Anfang sogar händchenhaltend – verbracht hatten. Soll sie ihm doch wieder einen Korb geben, er muss endlich lernen, damit umzugehen.

Sie gibt ihm keinen Korb, sondern sagt spontan zu. Ob er sie im Institut abholen kann, so gegen achtzehn Uhr?

René Gronwald muss sich überwinden um nicht auf die Sekunde genau pünktlich zu sein. Denn das war ihr immer ein Dorn im Auge gewesen: seine Genauigkeit, seine Akkuratesse, sein Perfektionismus. Alles Verhaltensweisen, die nach ihrem Dafürhalten für wenig Selbstbewusstsein sprachen. Dabei war René Gronwald immer stolz auf seine preußischen Tugenden gewesen und verstand ihre Laxheit und ihr Laisser-faire als bedauerlichen Mangel an Disziplin und Kontrolle.

Bei Annette Basler wird es heute etwas länger dauern. René Gronwald erreicht sie im toxikologischen Labor, wo sie Blutproben untersucht. Ein eiliger Auftrag, der zudem mit hundertprozentiger Genauigkeit erledigt werden muss. Die

Proben stammen von prominenten Messegästen, einem Staatssekretär im Bundeswirtschaftsministerium und einem Repräsentanten der Deutschen Bank, die – offenbar unter Alkoholeinfluss – einen Unfall verursacht und den aufnehmenden Polizeibeamten Geld angeboten hatten, falls diese auf eine Blutentnahme verzichteten.

„Du weißt doch, immer wenn Messe ist, machen wir hier Überstunden“, entschuldigt sie sich bei ihrem Besucher und weist ihm den Schemel neben dem Kaffeeautomaten zu.

„Kommt wenigstens was dabei raus?“, fragt der Kommissar, der sich über die Umgänglichkeit von Annette Basler wundert.

„Wie es aussieht schon“, erwidert die Ärztin mit Blick auf den Monitor des Massenspektrometers. „Beide über zwei Promille und identische Kontrollwerte. Dazu noch ein Schmankerl, der vor allem die Medien interessieren dürfte.“

„Ein Schmankerl in Form von ... Kokain?“

„Speed – eine ganz neue Stoffgruppe. Erst seit einem halben Jahr bei uns auf dem Markt. Ein echter Renner. Mit Alkohol kombiniert stellt er sogar Crack in den Schatten.“

„Damit wird es eng für die beiden, insbesondere für den Fahrer.“

„Wenn sie ihn denn hätten!“

„Das alte Lied im Saufgeschäft.“ René Gronwald lacht. „Es steht nicht fest, wer den Wagen gefahren hat?“

Annette Basler nickt. „Die beiden Protagonisten der freien Marktwirtschaft beschuldigen sich gegenseitig, am Steuer gesessen zu haben.“

Zwei Stunden später brechen sie auf. Beim Italiener im Oeder Weg gibt es noch zahlreiche freie Tische. Sie essen ihr Lieblingsgericht und für Salvatore, den Wirt, sieht es so aus, als sei nichts geschehen. Beim Hinausgehen wird er sie fragen, wo sie denn so lange waren und Annette Basler wird geistesgegenwärtig antworten, dass das mit ihrem Job zu tun hatte.

„Das hätte ich nicht gedacht.“ Die Ärztin hält mit ihrer Überraschung nicht hinterm Berg. „Ich hätte gewettet, dass sie mit dir für alle Zeiten fertig sind.“

„Sie werden es sich gut überlegt haben.“

„Und gute Gründe gefunden haben, über ihren eigenen Schatten zu springen. Sie halten das Ding für brisant – was ihnen der Profiler ja zwischenzeitlich bestätigt hat.“

„Ich hatte zunächst den Verdacht, sie wollen mir einen zweiten Schlag versetzen, mich endgültig fertig machen, indem sie mich auf einen Fall ansetzen, bei dem ich schon von vorne herein zum Scheitern verurteilt bin. Wenn ich nach einem Vierteljahr den Schlussbericht abgebe, der eine einzige Offenbarung darstellt, bin ich der dumme August. Dann können sie endlich auch einmal über mich lachen. Bisher war das ja noch nicht der Fall.“

Annette Basler schüttelt den Kopf, während sie den Wein in ihrem Glas kreisen lässt. „Das glaube ich nicht, so wie du mir die Sache geschildert hast. Es sieht eher danach aus, dass sie mit deiner Hilfe punkten wollen. Aber wenn ihnen das gelingt, stehst du auch auf dem Treppchen, und zwar ganz oben. In dieser Richtung musst du dir keine Sorgen machen.“

René Gronwald schaut skeptisch zum Tresen hinüber, wo sich die ersten Nachtschwärmer eingefunden haben. Er will sich nicht anmerken lassen, dass ihm die Einschätzung seiner Begleiterin gut tut.

„Bruchs Idee, beim Informanten anzusetzen, hat etwas für sich“, sagt René Gronwald, nachdem sie sich eine Weile schweigend gegenüber gesessen haben, „es ist halt nur die Frage, wie die Falle aussieht, in die ich ihn locken soll.“

„Hatte er keine Idee?“

„Er hat beispielhaft von einem Vortrag gesprochen, den wir organisieren.“

„Nein, nein“, die Ärztin schüttelt missmutig den Kopf, „Vorträge haben sich überlebt, sind nur noch akademische Selbstbeschäftigung und locken keinen Hund mehr hinterm Ofen hervor.“

„Ich glaube, er hat auch noch die Podiumsdiskussion erwähnt..."

„Ebenfalls nicht mehr die letzte Auskunft." Ihre Stimme klingt gereizt. „Auch das ist ein Auslaufmodell. Die Einschaltquoten sinken laufend und demnächst haben die Sender etwas Neues entdeckt. Mir schwebt da etwas anderes vor." Sie gießt den Rest Wein in ihr Glas und ruft nach dem Kellner. „Etwas nach dem Muster eines echten Streitgesprächs. Wo die Teilnehmer die Gewähr bieten, dass es Zoff gibt und die Karten aufgedeckt werden. Dazu, und das ist der noch wichtigere Punkt, ein Titel, der dem neugierigen Informanten die Veranstaltung zu einem *Muss* macht."

Der Kellner kommt mit der neuen Flasche und schenkt beiden die Gläser voll. *„Mitten in unserer Stadt* etwa und kleiner darunter: *Hochschulen als Brutstätten des Terrors?"*

„Nicht schlecht, würde ich spontan sagen." René Gronwald nickt zustimmend mit dem Kopf. „Und auf das Podium muss auf jeden Fall der Polizeipräsident, an den der Informant das Schreiben adressiert hat."

„Und dazu die Flaggschiffe des investigativen Journalismus."

„Ist diese Spezies denn überhaupt noch im Land vertreten?"

„In Restbeständen." Die Ärztin lächelt bitter. „Sie leben in Reservaten, die der WDR und der HR eingerichtet haben."

„Um ehrlich zu sein", räumt der Kommissar ein, „mir fällt auf Anhieb kein einziger Name dazu ein."

„Es handelt sich bei ihnen ja auch zumeist um stille Helden", entgegnet Annette Basler, „die bestenfalls im Kleingedruckten in Erscheinung treten, obwohl sie die Hauptarbeit tun. Wie bei uns übrigens. Wir finden die Kugel im Brustkorb des Opfers und unser Chef präsentiert aus Gran Canaria zugeschaltet in der Tagesschau den spektakulären Mord."

„Soll ich dir sagen, wie es bei uns ist?", fragt René Gronwald augenzwinkernd zurück.

„Wahrscheinlich so ähnlich."

Der Kommissar schüttelt den Kopf. „Genauso! Der kleine Polizeimeister überwältigt den Bankräuber und auf der Pressekonferenz glotzen der Polizeipräsident, sein Pressesprecher und der Staatanwalt in die Kameras. Der kleine Polizeimeister ist nicht dabei. Geht ja auch gar nicht. Er hat Schichtdienst. Sitzt im Streifenwagen auf dem Weg zum nächsten Überfall oder holt Schlaf nach."

„Aber No-Name-Journalisten nützen uns nichts!" Annette Basler kommt zum Thema zurück. „Wir wollen den Informanten locken. Dazu benötigen wir attraktive Köder. Das sind nun mal bekannte Namen, die für Seriosität und Sachkunde bürgen und gleichzeitig für jede Überraschung gut sind."

„Vielleicht ist unser Informant ja viel gebildeter, als wir glauben und kann zwischen den Zeilen lesen, beziehungsweise kennt die Szene der stillen Helden."

„Das ist dünnes Eis", relativiert die Ärztin die Hoffnung des Kommissars. „Aber mir fallen gerade zwei Namen ein, die ich letzte Woche in der FAZ gelesen habe. Gert Monheim und Sonja Nikisch. Er hat lange *die Story* gemacht und sie den *Monitor*. Jetzt haben sie zusammen ein Buch geschrieben, *Inflation der Skandale* oder so ähnlich. Das sind bekannte Namen und sie stehen für investigativen Journalismus."

„Monheim, Nikisch – richtig, jedenfalls an ihn kann ich mich jetzt erinnern. Er hat den Film über den Baulöwen Schneider gemacht. Spitze! Ob sie kommen?"

Annette Basler lacht laut auf. „Autoren kannst du überall hin locken. Du musst ihnen nur versprechen, ihr Buch vorzustellen"

Draußen hat jetzt die Heilsarmee Stellung bezogen. Gut ein Dutzend Männer und Frauen machen Musik und singen dazu. Es sind christliche Lieder, deren Text man auch im Lokal verstehen kann. Anschließend gehen die Soldaten des Herrn, die wie Pfadfinder uniformiert sind, in die umliegenden Kneipen und bitten um Spenden. Und alle geben etwas. Die brutale Stadt, die eigentlich für diese Dinge nicht zu haben ist, kapituliert vor dem Selbstbewusstsein einer Hand voll Überzeugungstäter.

„Lass mal stecken", sagt René Gronwald, als der Klingelbeutel an ihren Tisch kommt, „ich gebe was für dich mit." Dabei kramt er aus seinem Sakko einen Zehn-Euro-Schein hervor.

„Danke", kommt es barsch zurück, „ich kann selbst zahlen." Mit einem Mal ist die alte Kälte wieder zurück und die deprimierende Distanz.

Nach dem Abzug der Gotteskrieger ist es noch lang still am Tisch der beiden Königskinder. Annette Basler scheint es zu genießen, einmal mehr erfolgreich auf den neuen Grenzverlauf gepocht zu haben. Die Enttäuschung ihres Gegenüber, die diesem offen ins Gesicht geschrieben steht, interessiert sie offenkundig nicht.

„Wir brauchen allerdings noch eine Pressekampagne im Vorfeld der Veranstaltung", sagt René Gronwald schließlich mit tonloser Stimme, „die den Grund für dieses Engagement abgibt. Warum ist der hausinterne Terrorismus plötzlich ein Thema?"

„Weil es Hinweise darauf gibt", antwortet Annette Basler, „weil Geheimdienste entsprechende Informationen erhalten haben. Aber auf keinen Fall dürfen diese Dinge in Verbindung gebracht werden mit dem anonymen Schreiben. Die Attentäter müssen gutgläubig bleiben. Sie müssen sich in Sicherheit wiegen. Nur der Informant muss hoffen dürfen, dass seinem Anliegen in der Veranstaltung Rechnung getragen wird und er etwas über das Schicksal seines Schreibens erfährt."

„Das wird eine Gratwanderung. Den Informanten wecken und die Attentäter schlafen lassen – und alle liegen in ein und demselben Bett."

„Ich sehe da noch ein ganz anderes Problem. Nämlich Zeitungen oder Sender zu finden, die das Spiel mitspielen. Denn das Spiel heißt Falschmeldungen platzieren."

„Du hast Recht!“ René Gronwald beißt sich verärgert auf die Unterlippe. „Die Terrorgefahr an Erkenntnissen der Geheimdienste fest zu machen und das anonyme Schreiben zu unterschlagen, wäre *political not correct.* Allerdings...“, René Gronwald sinniert einen kurzen Augenblick, „eine Falschmeldung im klassischen Sinn, nach Art der Bildzeitung wäre es auch wieder nicht.“

„Mach dir keine Illusionen“, blockt ihn Annette Basler barsch ab. „Kein seriöser Journalist steigt da ein. Seit Watergate und Spendenaffäre haben die doch alle einen Dünkel, fühlen sich nicht nur als vierte Gewalt im Staat, sondern als Vorzeigegewalt. Mit absoluter Zuverlässigkeit bedanken sie sich für die Privilegien, die ihnen der Gesetzgeber eingeräumt hat. Vergiss sie!“

„Geht nicht!“ René Gronwald gibt sich aufsässig. „Ohne aktuellen Bezug und ohne den Wichtigkeitsstempel der Rundschau oder der FAZ fehlt es dieser Veranstaltung am notwendigen Feedback.“

Annette Basler nippt in immer kürzeren Abständen an ihrem Glas und rutscht nervös auf ihrem Stuhl hin und her. Ihre unruhigen Augen verraten eine große Anspannung.

„Einen könnte es allerdings geben“, sagt sie schließlich, „der den Einsatz wagen würde.“

Der Kommissar schaut überrascht hoch.

„Mein Bruder“, antwortet sie auf den fragenden Blick ihres Gegenübers.

„Thorwald?“

Sie nickt. „Er ist diese Woche in Frankfurt und wohnt im Marriot. Ich bin für morgen mit ihm verabredet. Vielleicht hat er ja schon heute Abend Zeit.“

Sie holt einen Zettel aus ihrem Portemonnaie und tippt eine Nummer in ihr Handy.

„So spät noch?“, fragt René Gronwald.

„Du weißt doch, Journalisten kennen kein früh oder spät.“

Sie erreicht ihren Bruder im Foyer des Hotels. Er wird seine arabischen Gäste noch verabschieden und dann ins *Salvatore* kommen. Nein, es macht ihm nichts aus. Er hat den ganzen Abend Mineralwasser getrunken und freut sich auf ein Bier. Und ein bisschen was zwischen die Zähne wäre ihm ebenfalls Recht. Der Termin morgen bleibt selbstverständlich stehen. Er freut sich, dass sie sich zweimal sehen. Bis in einer halben Stunde.

„Wir dürfen ihn nicht belügen", sagt Annette Basler, nachdem sie ihr Handy wieder verstaut hat, „er hat einen Anspruch auf die Wahrheit. Nur so kann er sein Risiko exakt kalkulieren."

Dann beugt sie sich über den Tisch bis sich ihre Köpfe fast berühren und legt ihre Hand schüchtern auf die des Kommissars.

„Darf ich dich um etwas bitten?"

„Gerne", antwortet René Gronwald, dem es nicht gelingt, seine Irritation zu verbergen.

„Wenn mein Bruder kommt – bist du ein bisschen zärtlich zu mir, und darf ich es auch zu dir sein?"

„Selbstverständlich, wenn du das möchtest", erwidert der Kommissar ohne zu überlegen.

Der Nachrichtenmann, der kurz nach dreiundzwanzig Uhr an ihren Tisch kommt ist um ein paar Jahre älter und einige Kilo leichter als seine Schwester. Von den dreißig Berufsjahren bei der Nachrichtenagentur Reuters ist einiges in seinen Kleidern hängen geblieben und das sieht man auch. Der hagere Mann ist viel herum gekommen in dieser Zeit aber nicht überall war es schön. Bagdad, Riad, Rangun, Soweto, vieles was als Nachricht taugte war mit bitteren Erfahrungen, oft auch mit Lebensgefahr verbunden. Jetzt sitzt er in der Firma am Schreibtisch, ziemlich weit oben sogar und andere machen den schwierigen Job. René Gronwald kennt ihn aus Erzählungen von Annette, hat ihn sich aber etwas anders vorgestellt, weniger seriös und etabliert.

Thorwald Basler trägt Anzug und Krawatte und ist glatt rasiert. Aber das erste Pils trinkt er ex und auch beim zweiten muss er nur zweimal ansetzen. Keine Frage, dass die Küche, obwohl sie offiziell schon seit einer Stunde geschlossen ist ihm noch einen Salat macht. Der Wirt ist stolz auf seine Gäste, hinter denen er, ohne Genaueres zu wissen, wichtige Personen vermutet.

„Ein Treffen der Geschäftsleitung mit den Chefs der Ländervertretungen, hat mir Ihre Schwester erzählt. Da dürften wichtige Dinge zur Debatte stehen?“, beginnt René Gronwald das Gespräch, ohne dass ihn die Antwort wirklich interessieren würde.

Thorwald Basler räuspert sich ein paar Mal und der Kommissar hat für einen Augenblick das Gefühl, dass er die Frage nicht mag.

„Es geht wie überall um kaufen und gekauft werden.“

„Also kaufen, aus der Sicht von Reuters. Dass Ihr Unternehmen verkauft wird, kann man ja wohl ausschließen.“

„Vergangene Woche war es noch ausgemachte Sache.“

Der Kommissar runzelt die Stirn. „Wer hat denn das Zeug, Sie zu übernehmen?“

„Honkong News .“

„Mein Gott! Kriegen die Chinesen den Rachen denn nicht irgendwann mal voll? Aber Sie sprachen von letzter Woche. Ist die Kuh mittlerweile vom Eis?“

„Nun, wir haben unsererseits gekauft ...“

„Wen?“

„......United Press… und sind jetzt so fett, dass China sich an uns verschlucken würde.“

„Der Kauf von UP ist schon über die Bühne gegangen?“

„Gerade eben. Die Tinte ist noch feucht.“

Sie stoßen auf die gute Nachricht an. René Gronwald ist mit seinem Stuhl ein Stück näher zu Annette Basler gerückt. Jetzt legt der Kommissar seinen Unterarm auf ihre Schulter und streichelt ihre Wange und genießt in vollen Zügen sein virtuelles Glück. Er könnte sie jetzt in den Arm nehmen und leidenschaftlich küssen. Sie würde sich nicht wehren, sondern das Spiel mit der gleichen Hingabe mitspielen. Dem Kommissar ist mittlerweile klar geworden was hinter dieser Inszenierung steckt. Annette Baslers Familie weiß noch nichts vom Ende der Beziehung zwischen ihrer Tochter und dem Kommissar. Die Ärztin hat ihren Eltern und ihrem Bruder die Nachricht erspart, weil sie weiß, wie sehr sie sich alle um sie sorgen, vor allem im Hinblick auf ihren Familienstand, und wie sehr sie die Mitteilung vom erneuten Alleinsein ihres Nesthäkchens schmerzen würde. Die heutige Vorstellung gilt ihrem Bruder und sie muss perfekt sein, denn Brüder haben einen feinen Blick für die Nöte ihrer Schwestern und Thorwald wäre der erste, der die schlimme Nachricht auf den Weg nach Böblingen zu ihren Eltern bringen würde. Während René Gronwald seiner Geliebten zärtlich über die blonden Haare streichelt, die sie heute glatt nach hinten gekämmt und zu einem Pferdeschwanz gebunden hat, beschließt er, die Idee, sie in den Arm zu nehmen und zu küssen, im Laufe des Abends noch wahr werden zu lassen. Wieso soll er seine Chance nicht nutzen? Und ist sie ihm das nicht schuldig dafür, dass er in ihr verlogenes Spiel eingewilligt hat?

Sie kommen zum Punkt. Der Kommissar und die Ärztin schildern Thorwart Basler die Vorgänge um das anonyme Schreiben an die Polizei und den Plan, den Verfasser über den Pfad der Neugierde zu identifizieren. Abschließend wollen sie wissen, ob Thorwald Basler bereit ist, eine Falschnachricht zu lancieren.

Wie aus Kreisen westlicher Geheimdienste verlautete, sollen Anhänger des islamisch-fundamentalistischen Spektrums an westdeutschen Universitäten mit dem Aufbau eines neuen Terror-Netzwerkes begonnen haben. Speziell genannt wurden die Lowen-Universität in Amsterdam und die Johann-Wolfgang-Goethe Universität in Frankfurt am Main. Die Pläne des möglicherweise von Al Kaida gesteuerten Netz-

werks sollen zudem auf eine neue Dimension terroristischer Gewalt hinweisen...

So in etwa, aber auch nicht viel anders, sollte sie lauten. Die Erwähnung der Frankfurter Universität und der Hinweis auf die neue Dimension der geplanten Attentate sollten – in Verbindung mit der später bekannt zu gebenden Teilnahme des Polizeipräsidenten an dem Streitgespräch - den Informanten wach machen, während die Positionierung des Problems in der Al Kaida-Ecke sowie die Netzwerk-Konstruktion die Terroristen in dem Glauben bestärken sollte, ihr Projekt sei nicht gemeint.

„Wir wissen, was wir Ihnen da zumuten", sagt René Gronwald und ist froh, die Karten offen gelegt zu haben. Thorwald Basler überlegt lange. Er weiß, dass er sich die Pause leisten kann, denn im Grunde wollen sie ihn zu einer Regelverletzung veranlassen, für die seine Sparte grundsätzlich nicht zu haben ist. Er ist ihnen nichts schuldig und doch hat er das Gefühl, an einem Schaltpult zu sitzen, an dem über ein viel komplexeres Thema entschieden wird. Sein Blick wandert unruhig durch das Lokal und bleibt von Zeit zu Zeit an seiner Schwester und am Kommissar kleben. Die beiden sitzen schweigend noch enger nebeneinander und turteln in alter Eintracht, aber mit neuen Absichten.

Eine Ewigkeit bleibt es still am Tisch, während es im Lokal immer lauter wird. Dann löst der Reuters-Mann die Spannung. Er nimmt den Kommissar ins Visier.

„Wissen Sie, aus was Nachrichten bestehen?"

René Gronwald schüttelt den Kopf. „Eine Frage, mit der ich nichts anfangen kann."

„Müssen Sie ja auch nicht", entgegnet Thorwald Basler. „Nachrichten, so heißt es in unserem Genre, bestehen aus Meinungen, Gerüchten und Lügen."

„Nicht aus Fakten?"

Der Nachrichtenmann lacht. „Das *sind* die Fakten! So kommen sie daher: als Meinungen, Gerüchte, Lügen."

„Ich fürchte, ich kann Ihnen da nicht ganz folgen."

„Macht auch wieder nichts", erwidert der Nachrichtenmann, „gehört alles zur internen Journalistenkultur. Denken Sie nur einmal an den Bürgerkrieg im Sudan. In der Tagesschau sehen Sie den Afrika-Korrespondenten der ARD, wie er vor einer Negerhütte steht und von der nur wenige Kilometer entfernten Front erzählt, hinter der sich schwer bewaffnete Rebellen sammeln, die bis zum Ende der Trockenzeit das ganze Land unter ihre Kontrolle gebracht haben werden."

Der Kommissar lacht und zieht Annette Basler noch etwas näher an sich heran. „Ich kann mir denken, was Sie meinen."

„Sehen Sie!" Thorwald Basler bewegt vielsagend den Kopf. „Der Reporter war nie an der Front. Dass sie ein paar Kilometer entfernt verläuft, ist ein Gerücht, das die Dorfbewohner verbreiten. Ebenfalls unbekannt ist die gegnerische Truppenstärke. Es steht noch nicht einmal fest ob sich überhaupt Rebellen in der Gegend aufhalten. Vielleicht sind es nur bewaffnete Viehdiebe. Der Ausgang des Konflikts ist eine ganz persönliche Meinung des Berichterstatters, die dieser allerdings als Fakt darstellt. Und wenn er dann noch sagt, dass er seit drei Tagen nicht geschlafen hat, ist das auch noch gelogen. In der Tagesschau wird uns das alles als Nachricht verkauft, als etwas Authentisches."

„Sie sind ein harter Kritiker in eigener Sache."

Thorwald Basler macht eine beschwichtigende Handbewegung.

„Ich habe sicher kein Interesse daran, meinen Berufsstand zu desavouieren. Ich sitze ja im gleichen Boot. Und selbstverständlich gibt es massenhaft Kollegen und Kolleginnen, die sorgfältig recherchieren und glasklare Fakten präsentieren. Sonst wären sicherlich die zahlreichen geschickt in Szene gesetzten Skandale um Minister und Vorstände nicht an dic Öffentlichkeit gekommen. Nehmen Sie mal den Wirtschaftsminister. Die Leute von TAKTIK haben ihn monatelang nicht aus den Augen gelassen. Ihre Ergebnisse, dass er privat Rüstungsgüter an die Militärregierung in Ägypten verkauft hat, haben sogar die Justiz überzeugt..."

„Gleichzeitig steht TAKTIK aber im Verdacht, sich gegen Cash der Energiewirtschaft dienstbar gemacht zu haben."

„Genau deswegen habe ich dieses Beispiel gewählt. Der Journalismus hat mindestens zwei Gesichter. Wenn sie von Ägypten reden und gerade in Lobeshymnen ausbrechen wollen, denken sie gleich darauf an den Sudan."

Annette Basler hat lange geschwiegen. Jetzt meldet sie sich zu Wort. „Offenbar haben wir beide einen komischen Beruf", sagt sie zu ihrem Bruder hingewandt. „Ich mache als Ärztin mit Leichen rum und du hast dich als Journalist mit der Lüge eingelassen. Der einzige, der einer seriösen Tätigkeit nachgeht, ist offenbar der Kommissar." Im selben Augenblick drückt sie ihrem Bewunderer einen Kuss auf die Wange. Es ist immer noch das teure Zeug von Lacombe, denkt René Gronwald, das seine Sinne betört.

„Machen wir es kurz", sagt Thorwald Basler schließlich, „ich stehe zur Verfügung. Herr Gronwald mailt mir den gewünschten Text und ich bringe ihn in die Endfassung. Dann geht er über den Ticker, wie wir immer noch sagen. Wann solle es losgehen?"

„Sobald als möglich."

„Dann warte ich also auf Ihren Text."

„Und Ihr Risiko. Was setzen Sie aufs Spiel?"

„Das darf Sie jetzt nicht mehr interessieren. Gehen Sie einfach davon aus, dass wir unsere Möglichkeiten haben."

Am frühen Morgen verlassen sie Salvatores Lokal. Thorwald Basler ist einverstanden, dass ihn der Kommissar zum Hotel bringt. Er wundert sich allerdings, mit welcher Selbstverständlichkeit der Polizist sich hinter das Steuer setzt. Auf der Rechnung standen allein drei Flaschen Merlot, an denen sich ausschließlich seine beiden Gastgeber gütlich getan hatten, und zum Abschied hatte der Wirt noch eine Runde Grappa spendiert, doppelte, wie es die sizilianische Gastfreundschaft vorschreibt. Aber dann fiel ihm die Geschichte von den Krähen und deren Hackverhalten ein, und er war mit den Dingen insoweit wieder im Reinen.

Am *Marriot* wendet René Gronwald den Wagen und fährt über die Friedensbrücke hinüber nach Sachsenhausen. Es herrscht immer noch reger Verkehr auf den Straßen, die ins Amüsierviertel führen, wo es mittlerweile mehr englische Pubs und türkische Dönerbuden gibt als Apfelweinkneipen und wo zudem nicht nur Alkohol die Gäste fröhlich macht.

Ohne ihren Bruder fühlt sich der Kommissar wieder der Unberechenbarkeit seiner Mitfahrerin ausgeliefert. Der Gedanke, sie noch einmal in den Arm zu nehmen, verliert Ampel für Ampel an Authentizität. Als er vor ihrer Wohnung anhält und gerade den Motor ausstellen will, hat Annette Basler schon die Beifahrertür geöffnet.

„Tschüss", sagt sie knapp, während sie sich sportlich-elegant nach draußen katapultiert, „wir hören voneinander." Gleich darauf erscheint ihr Kopf noch einmal an dem offenen Fenster der Beifahrertür.

„Danke!"

Ihre Worte klingen so freundlich und so ehrlich, aber sie kommen gleichzeitig von ganz weit her, pochen heftig auf Autonomie und weisen jede Verantwortung von sich.

Auf dem Weg nach Hause wartet der Kommissar ängstlich auf den großen Katzenjammer. Der aber kommt nicht. Stattdessen umgibt ihn mit einem Mal ein wohliges und wärmendes Gefühl, das mit spontanem Glück zu tun hat. Irgendetwas ist geschehen zwischen ihnen beiden, das mehr war als die routinierte und kalte Abwicklung eines Bluffs.

Frankfurt am Main, 18. Juni

Eine Viertelstunde vor Beginn der Veranstaltung ist der große Hörsaal im Gebäude des physikalischen Instituts fast vollständig besetzt. Etwa dreihundert Besucher haben sich in die engen Stuhlreihen gezwängt und sind für René Gronwald der Beleg dafür, dass die Werbung gut funktioniert hat. Gleichzeitig bedeutet der gute Besuch aber auch einen hohen Arbeitsaufwand im Hinblick auf die Identifizierung des Informanten, was allerdings das Projekt nicht grundsätzlich gefährden kann. Denn der Kommissar hat viel Arbeit in die Konstruktion der Falle investiert. Zwar hatte es am Anfang ein Problem gegeben. Der Direktor des physikalischen Lehrstuhls hatte sich demonstrativ quergelegt, obwohl die von Thorwald Basler lancierte Falschmeldung über Terroristen-Aktivitäten an der Frankfurter Universität von den Sendern und Zeitungen gierig aufgegriffen worden war und innerhalb kürzester Zeit den Status eines Medienereignisses erlangt hatte. Offenbar wollte er die Universität soweit wie möglich aus der ganzen Sache heraushalten. Aber René Gronwald war es schließlich doch gelungen, den Chef für die Terroristenjagd zu begeistern, indem er ihm die Prominenz vor Augen geführt hatte, die er zwangsläufig in Anspruch nehmen könnte, wenn das Projekt erfolgreich verlaufe.

Gert Monheim und Sonja Nikisch hatten erwartungsgemäß ihre Teilnahme gegen ein mittleres Honorar und die Vorstellung ihres Buches zugesagt und nach einigem Hin und Her waren auch Dagobert Lindsey und der einheimische Terroristen-Matador Dieter Matschke bereit, auf dem Podium Platz zu nehmen. Die 25.000 Euro Reise- und Unterbringungskosten der Teilnehmer nebst Honorare übernahm die Polizei, wo es einen Haushaltsposten *Verschiedenes* gab, der Eventualitäten dieser Art diente und aus dem zuvor im Wesentlichen Rauschgift-Ködergeschäfte finanziert worden waren. Der Polizeipräsident hatte zwar zweimal geschluckt, als er von den Kosten erfuhr, aber gleich darauf sein okay gegeben. Er war im Übrigen der Einzige auf dem Podium, der neben dem Unichef in die Sache eingeweiht war. Allen hatte der Kommissar, der im Vorfeld der Veranstaltung als No-Name-Organisator aufgetreten war, eingebläut, dem Titel der Veranstaltung: *... ein Streitgespräch* gerecht zu werden und authentische Spannung zu liefern.

Für René Gronwald ist die Veranstaltung selbst tabu. Er darf nicht in Erscheinung treten, vor allem um eine spätere Observation nicht zu gefährden. Er verfolgt die Veranstaltung aus einem Nebenraum. In der Trennwand gibt es zahlreiche für die Versorgungsleitungen vorgesehene Öffnungen und hinter einer solchen hat der Kommissar die Videokamera postiert. Ein fast idealer Standort, denn das Weitwinkelobjektiv kann den gesamten Hörsaal in den Blick nehmen. An der Decke des Flurs vor dem Veranstaltungsraum hat René Gronwald eine zweite Kamera installiert. Der Profiler hatte dazu geraten. Er war sich sicher, dass ein Informant, der sein Schreiben mit einem Euro überfrankiert, um sicherzustellen, dass es ankommt, auch im Hinblick auf andere wichtige Dinge kein Risiko eingeht. „Er wird schon lange vor Beginn der Veranstaltung anwesend sein“, vermutete Matthias Bruch, „und unruhig vor der noch geschlossenen Tür auf und abgehen.“

Die Veranstaltung beginnt relativ pünktlich um zwanzig nach acht. Herbert Stelz vom Hessischen Rundfunk ist als Moderator gewonnen worden und beginnt mit einem Zitat aus der ZEIT: *Kommt der freie Geist, den die Aufklärung vor über zweihundert Jahren aus der Flasche gelassen hat, wieder an den Ort seiner Entstehung zurück, an die Hochschulen zum Beispiel, wie die Erdkröte an den Tümpel ihrer Jugend, allerdings mit anderen, mit bösen Vorzeichen versehen? Die Universität, wo Düngemittel entwickelt, Glühbirnen erfunden und Antibiotika entdeckt wurden, wo umfassend zum Segen der Menschen geforscht und gearbeitet wurde, gebiert sie jetzt Monster, die diese Errungenschaften wieder infrage stellen?*

Danach sagen sie alle etwas über den Terrorismus. Die Teilnehmer auf dem Podium reden überwiegend über seine Ursachen: Armut, Unrecht, missbrauchter Glaube, Leidenschaft am Verbrechen. Aber dann bringen viele Fragen aus dem bunt zusammen gesetzten Publikum das Motto der Veranstaltung ins Spiel: Terrorismus in Frankfurt, an der hiesigen Universität? Grundsätzlich ist das gut vorstellbar, sagt Dagobert Lindsey, der Chef des *Instituts of Violence and Terrorism*, denn die Universitäten böten beste Voraussetzungen. Gerade die naturwissenschaftlichen Disziplinen mit ihren mittlerweile gut ausgebauten Laboratorien böten Forschungs- und Arbeitsmöglichkeiten zur Bewältigung der technischen Herausforderung moderner Anschläge. Es käme hinzu, dass ausländische Studenten, auch solche aus potentiellen Terrorismusländern, massenhaft Zugang zu deutschen Hochschulen hätten, wo eine effektive staatliche Kontrolle nicht existiere. Als dann die Monitor-Frau ein Dossier des Verfassungsschutzes ins Spiel bringt, das dort als *streng vertraulich* unter Verschluss gehalten werde und aus dem sich konkrete Hinweise auf terroristische Zellen in Frankfurt und Offenbach ergäben, interveniert der Polizeipräsident. „Alles soweit richtig", sagt er beschwichtigend, „gar keine Frage." Sie haben zahlreiche Hinweise auf terroristische Aktivitäten an den Hochschulen der Stadt. Sie nehmen sie alle ernst und sie unterziehen sie einer gewissenhaften Prüfung. Aber sämtliche Hinweise – neben polizeilichen und nachrichtendienstlichen Informationen auch die bekannten anonymen Anrufe und Schreiben – hätten sich als nicht substantiiert erwiesen. In keinem Fall habe man einen ernsten Hintergrund entdecken können.

Die Presse macht Aufnahmen. Über ein halbes Dutzend Fotografen bezieht vor dem Podium Position und fotografiert in den mittlerweile prall gefüllten Hörsaal. Blitzlichter dann auch in die andere Richtung.

Gert Monheim versucht noch, den Polizeipräsidenten der Verharmlosung zu überführen, indem er feststellt, dass die Polizei zu solch verbindlichen Einschätzungen gar nicht in der Lage sei, aber Achim Schmidt-Fellinger lässt sich von seinem Standpunkt nicht abbringen.

Als die Besucher gegen zweiundzwanzig Uhr beginnen, nachhause zu gehen, hat sich Enttäuschung breit gemacht. Die meisten hatten sich mehr an Informationen erhofft, Überraschendes, Schockierendes vielleicht, eigentlich war das Podium dafür auch richtig besetzt gewesen. Aber ein informatives Streitgespräch, wie angekündigt, war daraus nicht geworden, eher ein Sammelsurium von schlecht belegten Vermutungen und deren nur teilweise überzeugenden Dementis. René Gronwald interessierte das alles nicht. Er will niemanden informieren, er ist auf der Jagd. Und hat am Ende der Veranstaltung das untrügliche Gefühl, dass die Falle zugeschnappt ist. Wer im Käfig sitzt, wird er schon morgen erfahren. Dann haben die Mitarbeiter der Sonderabteilung FACE des physikalischen Instituts die Videoaufnahmen ausgewertet.

Frankfurt am Main, 20. Juni

Der Anruf des Präsidenten erreicht den Kommissar auf dem Weg zur Universität.

„Schon was gehört?"

„Noch nicht, aber ich bin gerade unterwegs ins Institut. Um zehn wollen sie die Ergebnisse präsentieren."

„Dann sage ich Ihnen jetzt schon mal etwas Interessantes. Ich habe heute Morgen Post bekommen..."

„Unser Mann hat sich wieder gemeldet?"

„ Mit nur zwei Sätzen: *Nehmen Sie bitte meinen Hinweis ernst! Sonst zahlen Sie einen hohen Preis*. Im Übrigen wie gehabt. Ausgeschnittene Buchstaben, feinsäuberlich aufgeklebt, der Brief überfrankiert. Vom Inhalt erkennbar eine Reaktion auf meine abwiegelnden und Entwarnung signalisierenden Äußerungen."

„Wann wurde der Brief abgestempelt?"

„Gestern Mittag im Briefezentrum. Es lässt sich leider nicht feststellen, wo er eingeworfen wurde."

„Die Zeitungen berichten erst heute über die Veranstaltung. Rundfunk und Fernsehen haben gestern nichts gebracht. Wir dürfen also davon ausgehen, dass der Informant die Veranstaltung besucht hat."

„Es sei denn, er hat sich über Dritte informiert."

„Das wiederum würde bedeuten, dass Bruch mit seiner These von der gewaltigen Kraft der Neugierde falsch liegt – eher unwahrscheinlich."

Das Videozimmer des physikalischen Instituts ist wie geschaffen für konspirative Treffs. Klein, fensterlos, mit schalldichten Türen und Platz für viel Technik. Die drei jungen Männer in den weißen Kitteln verströmen Zuversicht, und der Dekan des Fachbereichs signalisiert mittels

Dauerlächeln und übertriebener Freundlichkeit, dass sie einen Erfolg zu feiern haben.

„Bevor ich das Wort an die drei Herren weitergebe“, sagt er, nachdem die Tür geschlossen ist und sie Platz genommen haben, „will ich Ihnen zunächst noch ein paar orientierende Sätze mitgeben. Sie haben Ihre Karten aufgedeckt und nun decken wir unsere auf.“

Er drückt einen Knopf, dann wird das Licht schwächer und auf der stirnseitigen Wand erscheint ein kurzer Text*: Visual Reknowing Projekt FACE –established by Johann-Wolfgang-Goethe Universität – Physikalisches Institut.*

„Das ist der Name des Projektes, das die Herren hier seit etwa vier Jahren betreuen und dessen erfolgreicher Abschluss es uns heute ermöglicht, Ihnen bei Ihrem bewundernswerten Einsatz gegen den weltweiten Terrorismus zu helfen. *FACE*, es geht um die Identifizierung von Menschen anhand beliebiger Aufnahmen mit Hilfe der Fotos in ihren Ausweisen. Das folgende Bild ist ein Schnappschuss einer Einkaufsstraße, auf der zahllose Menschen auf der Suche nach Schnäppchen durcheinander wuseln.“

Der Beamer zeigt Frankfurts Einkaufsmeile Zeil, aufgenommen von der Konstabler Wache aus, Richtung Westen, an einem Tag, an dem es dort irgendetwas verdammt günstig zu kaufen gibt.

„Es ging uns nicht darum, die frontal und groß abgebildeten Personen im Vordergrund zu identifizieren.“ Der rote Haken des Laserpointers huscht über die Einkäufer in der ersten Reihe. „Das kann die herkömmliche Technik vielleicht auch schon – sondern um die Nobodys im Hintergrund.“ Der rote Haken umkreist die dunkle Masse im oberen Bildbereich. „Selbst wenn wir sie vergrößern“ – ein leises Surren begleitet den Zoom-Mechanismus – „sehen wir sie eigentlich nicht viel besser. Die Personen sind unscharf abgebildet oder nur zum Teil oder aus einem ungünstigen Winkel – wie nicht anders zu erwarten bei einem Schnappschuss der Beliebigkeit. Das war unsere Zielgruppe. Sie wollten wir identifizieren: schlecht fotografierte Objekte der Gattung Mensch.“

„Das hört sich ganz so an, als ob die Polizei hinter dem Projekt steckt. Die Überwachungskameras an öffentlichen Plätzen liefern ja kein besonders gutes Material.“

„Da sind Sie schon ganz nah dran“, lobt der Chef, „der Innenminister ist involviert, aber nur als Trittbrettfahrer. Sie werden gleich sehen, wer federführend an dem Projekt beteiligt war. Ich denke aber, jetzt macht Herr Sattler einmal weiter.“

„Danke!“ Der Mittdreißiger mit dem blütenweißen, akkurat geschlossenen Kittel dreht das Licht wieder heller. „Es ging in der Tat um eine etwas komplexe Angelegenheit. Der Forschungsauftrag lautete, ein Verfahren zu entwickeln, das es ermöglicht, Personen aus der allgemeinen Videoüberwachung möglichst schnell und anhand ihrer Passfotos zu identifizieren. Das klingt nicht besonders aufregend, aber in den beiden letzten Vorgaben steckt enorm viel Brisanz.“

René Gronwald nickt und schaut hinüber zum Dekan, der jetzt wieder das Wort ergreift. „Für Sie, Herr Kommissar, sind sicherlich spätestens an dieser Stelle alle Zweifel beseitigt. Auftraggeber war das Verteidigungsministerium, dem sich das Innenministerium später angeschlossen hat. Beide wollten allerdings den Quantensprung in Sachen Kontrolle und Überwachung.“

„Was vorher da war“, ergänzt der ältere der anwesenden Mitarbeiter, „genügte den Ministerien längst nicht mehr. Zu hohe Anforderungen an das Bildmaterial, auch in Bezug auf seine Aktualität, und vor allem die lange Bearbeitungsdauer. Was sie suchten war ein System zur minutenschnellen Identifizierung einer kompletten Menschenansammlung.“

„Eine Videokamera“, legt der Dekan nach, „kombiniert mit einem Rechner, der die aus den Passfotos entnommenen fotometrischen Daten einer bestimmten Personengruppe enthält und mit einer Software ausgerüstet ist, die es erlaubt, diese Daten den aktuellen Bildern zuzuordnen. Eine Videokamera, die nicht nur Menschen aufnimmt, sondern – um wenige Sekunden versetzt – auch deren Identität preisgibt."

Orwell, denkt René Gronwald, ein Hellseher! Als Polizist im Rauschgiftdezernat hat er auch schon von leistungsfähigen Überwachungssystemen geträumt, aber jetzt wird es ihm mulmig.

„Man könnte also theoretisch die fotometrischen Daten aller Inhaber deutscher Ausweise oder Pässe in das System eingeben ..."

„Warum auf Deutschland beschränkt?" Der Dekan lächelt weise und die Männer in weiß tun es ihm nach. „Sie wissen, was ich meine?"

René Gronwald weiß was der Dekan meint. Sie sind dabei, die Daten der europäischen Union und all das, was befreundete Staaten, natürlich auch im eigenen Interesse, zur Verfügung stellen, in das System einzugeben. Jetzt dämmert es ihm und er kommt sich als Polizist belämmert vor, dass er da nicht früher bösgläubig geworden ist, als die Einführung der neuen Personalausweise und Reisepässe mit den irritierenden Anforderungen an die Lichtbilder auf die Tagesordnung des Bundestages gesetzt wurde.

„Das System ist bereits einsatzbereit?"

„Heute Morgen hat es seine Feuertaufe bestanden." Die Gastgeber lachen erleichtert. „Als Sie bei mir vorgesprochen haben, war ich zunächst ja noch skeptisch. Aber irgendwann fiel mir ein: Das ist die Bühne für unseren Abschlusstest! Das Audimax voller Zuhörer, gute Aufnahmen im Vordergrund und ungenaue, verwischte, unvollständige von den hinteren Reihen, das gibt nicht nur geeignetes Bildmaterial, wir haben auch schon die Daten unserer Studenten eingelesen, die den Löwenanteil der Zuhörer stellen werden. Dazu haben Sie es auch eilig, wenn ich Sie richtig verstanden habe. Es muss also alles möglichst schnell gehen. Echtbedingungen also."

„Sie haben die fotometrischen Daten der gesamten Studentenschaft erfasst?"

„Im automatisierten Verfahren, das die Herren hier ebenfalls entwickelt haben. Für 41.000 Studenten haben wir ein Vierteljahr benötigt. Mit mehr Manpower geht es noch viel schneller.“

„Das alles war ja wohl auch nur möglich, nachdem die Ausweise der Frankfurter Studenten mit einem dreidimensionalen Lichtbild ausgerüstet waren.“

„Wir haben das im Rahmen unseres Projekts angeregt, als wir sahen, wie sehr das die Identifizierung erleichtert. Berlin ist dann in Wiesbaden vorstellig geworden und das Kultusministerium hat das sogleich an der größten Universität des Landes umgesetzt – getarnt als Probelauf der *Aktion fälschungssicherer Studentenausweis.* – Aber jetzt lassen Sie sich mal überraschen! Herr Gerhard, - machen Sie das?“

Der dritte Mann in weiß setzt sich vor das Schaltpult. „Ich zeige Ihnen zunächst die Aufnahmen der Flurkamera. Alles im Zeitraffer. Sie waren ja wohl der Meinung, dass der Informant früh kommt. Sie sehen jetzt die Abläufe zwischen 19.20 und 19.45 Uhr.“ Zappelmännchen huschen über die Bildfläche. Um 19.21 Uhr kommt der erste, bis 19.45 Uhr haben sich dann dreiundfünfzig Personen im Eingangsbereich des noch nicht geöffneten Hörsaals eingefunden. „Von dreizehn dieser Personen hat unser Computer Daten gespeichert und diese dreizehn hat er auch identifiziert. Es sind alles Studenten der hiesigen Universität.“

Eine Namensliste überblendet die laufenden Bilder.

„Nun die Bilder aus dem Hörsaal, normale Geschwindigkeit. Genau dreihunderteinundzwanzig Zuhörer waren gekommen. Wir haben sie alle gecheckt, es hat genau acht Minuten gedauert.“ Dr. Gerhard sagt das nicht ohne Stolz. „Einhundertdreiundfünfzig, etwa die Hälfte, waren Studenten und im System erfasst. Selbstverständlich gehören die dreizehn aus dem Flur dazu, sie sind sämtlich in die Veranstaltung gegangen.“

Dann erscheint wieder eine Namensliste, viel umfangreicher als die erste und diesmal mit den persönlichen Daten der Erfassten versehen.

„Wir haben jetzt überlegt, wie wir den Kreis der Verdächtigen weiter einengen können. Dabei kam uns die Idee, die Tatsache zu nutzen, dass die Presseleute Fotos gemacht haben."

Der Film zeigt ein halbes Dutzend Fotografen, die sich vor dem Podium verteilen und ins Publikum fotografieren. Zwölfmal huschen Blitzlichter über die Zuhörer.

„Die Arbeit, die wir jetzt tun mussten, ist leider noch nicht automatisiert: Schauen, wer sich angesichts der Fotoaufnahmen auffällig verhalten hat. Der Herr Kommissar hatte uns ja informiert, dass der Gesuchte einerseits neugierig, andererseits aber auch vorsichtig sei. Das ist dann dabei heraus gekommen."

Der Film stoppt. Die Zuhörer sind in ein grelles Licht getaucht.

„In diesem Augenblick hat der Fotograf vorne links auf den Auslöser gedrückt. Insgesamt siebenundzwanzig Personen halten sich die Hand vors Gesicht oder wenden sich ab."

Der Pointer markiert einige von ihnen.

„Siebzehn dieser siebenundzwanzig verstecken sich bei allen Aufnahmen, die gestern Abend vom Publikum gemacht wurden. Davon wiederum hatten wir fünf im System, das waren also Studenten, davon wiederum waren zwei von der Flurkamera als Frühkommer festgehalten worden. Und von diesen beiden studiert einer Naturwissenschaften."

Der Triumph in den Köpfen der erfolgreichen Wissenschaftler lässt die Luft knistern. Auf der Leinwand sieht man jetzt das vergrößerte Bild eines der Besucher, und daneben das Foto aus seinem Studentenausweis. Darunter der Name: Ole Henrik Schimpf, genannt *Santos*.

„Er stammt aus Heilbronn und studiert im vierten Semester Biologie", ergänzt Dr. Gerhard.

„Sie kennen sogar seinen Künstlernamen?"

„Haben wir, so gut es ging, nachrecherchiert", erläutert der Dekan, „Berliner Sonderwünsche."

„Gut bezahlte allerdings", fügt Dr. Sattler hinzu und lacht vielsagend.

Der erste große Schritt ist getan. Der Jäger ist zufrieden, aber glücklich ist er nicht.

„Technisch-logistisch eine Meisterleistung“, sagt der Dekan, der ein Gefühl für die Ressentiments seines Gastes hat, „aber mit erheblichen Nebenwirkungen verbunden.“

„Rechtsstaatliche meinen Sie?“

„Was sonst? Die Privatsphäre des Menschen schrumpft immer mehr. Wir werden gläsern, stehen unter ständiger Beobachtung, laufen an der immer kürzer werdenden Leine des Staates. Die Isotopenanalyse kann demnächst an einem einzigen Haar zurückverfolgen, wo der betreffende sich in den vergangenen Monaten aufgehalten hat. Und irgendwann ist es möglich einen Menschen über eine DNA-Probe komplett zu charakterisieren.“

„Nicht so gut“, sagt der Kommissar.

„Soll ich Ihnen etwas sagen?“, erwidert der Dekan, „das hält niemand mehr auf. Wir reizen unsere technischen Möglichkeiten aus, selbst wenn es uns den Kopf kostet.“

Westjordanland, 20. Juni

Der Zirkus heißt Jaceerat al Hath, was soviel bedeutet wie Insel des Glücks. Für die Menschen im besetzten Westjordanland ist er das auch. Vor allem für die Kinder. Wenn silberglänzende Seelöwen bunte Bälle auf der Nase jonglieren, zottelige Schimpansenbabys auf den Händen durch die Manege watscheln oder Clown Isidor über die eigenen Beine stolpert, vergessen sie für ein paar Stunden das Elend ihrer Gefangenschaft.

Die EU hat das Projekt ins Leben gerufen, als Antwort auf den überraschenden Rückfall der israelischen Regierung in die Politik der Abschottung und der Konfrontation gegenüber den palästinensischen Nachbarn. Zahlreiche Organisationen aus allen Teilen der Welt haben sich angeschlossen und kräftig Finanzhilfe geleistet. Herausgekommen ist ein Zirkus mit hohem Unterhaltungswert und einer simplen Botschaft: Frieden ist die normalste Sache der Welt. Die eine Hälfte der Künstler kommt aus Israel, die andere aus den besetzten Gebieten und den arabischen Anrainerstaaten. Und genauso ist das Publikum zusammengesetzt. Israelische und palästinensische Eltern mit ihren Kindern, im Lachen vereint. Die Bilder dieser friedlichen Koexistenz gehen um die Welt und blamieren die politischen Eliten. Und wecken neue Hoffnung.

El Funduq, ein kleines Städtchen auf der Westbank, zehn Kilometer westlich von Nablus. Ein heißer Julitag. An sich wollte der Zirkus während des Hochsommers pausieren, aber schon die Ankündigung dieser Maßnahme führte zu einem Sturm der Entrüstung. Der Kompromiss sah schließlich so aus, dass in den heißen Monaten die Nachmittagsvorstellung entfällt und nur am Abend, wenn die Temperaturen einigermaßen erträglich geworden sind, gespielt wird.

Schon eine Stunde vor Beginn der Veranstaltung sind alle Bänke besetzt. Fast zweitausend Besucher, mehrheitlich Kinder, warten unter dem riesigen Zeltdach auf den Zirkusdirektor, der wie stets mit einer tiefen Verbeugung die Manege freigeben wird. Frieden auch draußen, zwischen den Wagen. Kein Wachpersonal, kein Security-Service, noch nicht einmal eine Eingangskontrolle. Alle spielen sie vabanque, aber das wissen sie und das wollen sie auch. Frieden braucht Mut.

Es ist kurz vor dreiundzwanzig Uhr. Die Eselsnummer leitet das Finale ein. Ali, Ahmet und Jussuf, Hirtenjungen aus dem Golan, lassen ihre Tiere mit allen Vieren auf einmal in die Luft springen und mit gebleckten Zähnen komische Töne machen. Dann laufen sie auf dem schmalen Sims, der die Manege vom Zuschauerraum trennt, im Kreis und wer von den jungen Besuchern will, darf nun eine Runde lang auf ihnen Platz nehmen. Ab dem fünften Durchgang wird zugeladen. Am Ende sitzen drei oder sogar vier Kinder auf jedem Esel. Ahmet sucht Blickkontakt zu Ali und Jussuf. Als beide nicken, drückt der Jüngste der Dreien den Knopf der Fernbedienung, die er an seinem Körper trägt. Augenblicklich explodieren in den Mägen der Esel mehr als zehn Kilogramm Sprengstoff. Über sechzig Menschen sind sofort tot, genauso viele sterben an den Folgetagen. Die Bilder von CNN zeigen zerfetzte Körper und blutbesudelte Menschen, die schreiend aus dem brennenden Zelt rennen.

Frankfurt am Main, 21. Juni

Das Arrangement der mächtigen Rotbuchen und turmhohen Robinien auf dem hügeligen, von einem kleinen Bach durchflossenen Wiesengelände erinnert an perfekt modellierte Kunstnatur in einem Hollywoodstudio. Aber es ist ein Stück Frankfurter Wirklichkeit. Die Stadt, die traditionell kein Verhältnis zu Bäumen hat und seinerzeit sogar ihren Bannwald dem Flughafen zum Fraß vorgeworfen hatte, macht zwischen Alleenring und Bockenheimer Landstraße, auf den achtundzwanzig Hektar des Grüneburgparks, eine Ausnahme. Und dort demonstrieren die Bürger ihre überraschende Liebe zur Natur. An schönen Sommertagen zieht es zahllose Besucher hierher. Sie liegen dann auf dem kurz gehaltenen Grün, spielen Fußball oder werfen sich Kult gewordene Frisbee-Scheiben zu. Dazwischen Hunde ohne Ende, alle Rassen und Größen, aber friedlich und fair im Umgang miteinander, was zu tun haben könnte mit dem Fehlen der Pitbulls und Rottweiler, die woanders zuhause sind.

Mit dem Lärm der Flugzeuge, die in nur wenigen hundert Meter Höhe die Abflugroute Nord bedienen, scheinen sich die Menschen hier arrangiert zu haben. Und auch der aggressive Krach, den die Ausfalltraßen am Rande des Parks in die Anlage werfen, ist kein Thema mehr. Die Stadt muss viele Kompromisse machen.

Der Grüneburgpark ist halbsicheres Gelände. Darüber haben sich Jens Berninger, Burkhard Liefers und Linda DeVries in Mimizan verständigt. Halbsicheres Gelände ist unsicheres Gelände. Hier darf nur dann über das Projekt gesprochen werden, wenn es unbedingt erforderlich ist. Ausschließlich in einem Notfall, was immer das sein mag. Und selbst dann müssen sie ihre Botschaften verklausulieren. Für Klartext gibt es die sicheren Bereiche. Es sind die Feldfluren am

Rande der Wetterau oder westlich der Autobahn 5, im Bereich des Homburger Kreuzes, wo ausgeräumte Landschaften den Lauschern keine Chance lassen.

Überall sonst ist das Projekt tabu. Auf dem Campus, in der U-Bahn, in der Kneipe, auch zuhause – kein Wort, auch kein Wort, das nur Eingeweihte verstehen. Denn dazu gehören im Zweifel auch die Fahnder. Jens Berninger hat wiederholt vorgeschlagen, sich in diesen Bereichen vorzustellen, dass es das Projekt gar nicht gibt. Es ganz einfach von der Festplatte ihres Großhirns zu löschen. Linda war als Erste klar geworden, dass so etwas nicht funktionieren konnte. Das Thema, das sie seit Monaten fest im Griff hatte, war nicht zu eliminieren, an welchem Ort oder zu welchem Zeitpunkt auch immer. Der Boss hatte das sehr schnell ebenso gesehen und eine andere Eselsbrücke vorgeschlagen: Sie sollten unterstellen, dass Santos geplaudert hatte und nun die ganze Meute hinter ihnen her war. Überall Observationsbeamte, Mikros und Wanzen. Selbst der japanische Tourist, der nach dem Weg zur Paulskirche fragt, ist nicht echt. Angst kann hilfreich sein, darüber waren sie sich schließlich einig geworden.

Die Küste bei Mimizan-Plage war ein sicherer Bereich gewesen. Abgesehen von dem äußerst geringen Risiko, aufgrund der hypothetischen Plauderei des vierten Mannes schon ein paar Tage später und tausend Kilometer von Frankfurt entfernt, in einem vergessenen Nest am Atlantik, die Beamten vom BKA am Hals zu haben, bot der kilometerlange, menschenleere Strand die Abgeschiedenheit, die sie benötigten um die Dinge beim Namen zu nennen. Keine Technik, da waren sie sich sicher, wäre in der Lage gewesen, die Gespräche, die sie auf den endlosen und einsamen Sandflächen geführt hatten, mitzuhören. Ein gewaltiger Irrtum, der aber folgenlos bleiben sollte.

An der Atlantikküste hatten sie alles klar gemacht. Detailgenau das weitere Vorgehen geplant, die Arbeiten verbindlich aufgeteilt. Alternativen beraten für alle erdenklichen Fälle. Dass hohe Hürden zu überwinden sind, wissen sie. Aber ihre Karrieren machen sie siegessicher. So sehr, dass sie die Konsequenzen eines eventuellen Scheiterns ausgeblendet haben. Lindas Versuch, über die juristischen Risiken ihres Projekts zu reden, wurde als rotweinbedingter Fauxpas bewertet und kein zweites Mal mehr unternommen.

Sie treffen sich am Kiosk unmittelbar hinter dem Eingang und schlendern gemütlich in Richtung des Botanischen Gartens, der sich im Westen an den Park anschließt. Vor einer knappen Woche sind sie sukzessive aus Frankreich zurückgekommen und treffen heute zum ersten Mal wieder zusammen.

„Afrika hat sich gemeldet“, sagt Linda eher beiläufig.

„Das Hospital im Regenwald?“

Linda nickt. „Um es genauer zu sagen: in Ost-Kongo, an der Grenze zu Ruanda. Das Städtchen heißt Monolutu.“

„Gute Nachrichten?“

„Das kommt auf den Standpunkt an.“

„Sie nutzen dir jedenfalls für deine Dissertation?“

„Nicht nur“, antwortet Linda und spielt ein wenig mit dem Risiko.

„Um was geht es?“, mischt sich Bully ein.

„Das weißt du doch ganz genau“, erwidert Linda ärgerlich. „Bei Molly habe ich davon erzählt.“

„Dann habe ich es eben vergessen, entschuldige.“ Bully blufft für die virtuelle Galerie. Als Linda ihre Komplizen vor einigen Wochen von der Geschichte informiert hat, haben sie die Korken knallen lassen. Das größte Hindernis schien ein Stück kleiner geworden.

„Eine Virusepidemie in einem Krankenhaus der *Ärzte ohne Grenzen*.“

„Muss mit HIV zu tun haben, wenn du dich dafür interessierst.“

„Ja und nein. Das Krankheitsbild weist zunächst nicht auf Aids hin. Es handelt sich vielmehr um eine akute Infektion. Zudem ist die Mortalitätsrate niedrig."

„Und welche Parallelen gibt es zu Aids?"

Ein zerkauter Tennisball rollt vor ihre Füße und kurz darauf erscheint ein schwarzer Pudel, der ihn für sich beansprucht. Linda ist schneller und dann zanken sich die beiden minutenlang um die Beute. Schließlich wirft Linda den Ball in hohem Bogen in Richtung der Hundebesitzerin, die mit zufriedenem Blick die Aufmerksamkeit genossen hat, die ihrem Liebling von unbekannter Seite zuteil geworden war.

„Die Viren scheinen komische Sachen zu machen."

„Machen das nicht alle Viren?"

„Könnte man sagen. Wenn man bedenkt, dass sie ihren Wirt dazu überreden, den eigenen Mörder zu vermehren."

„Aber du meinst etwas anderes."

„Das Immunsystem der Patienten reagiert so sonderbar. Die Ärzte in Monolutu haben mir vorgestern einen detaillierten Bericht geschickt. Mehr als ungewöhnlich, was da abgeht. Man könnte meinen, die Viren ziehen eine zusätzliche Show ab."

„Wie sieht die aus?"

„Aufblasen, einrollen, bewaffnen, tarnen, verstecken ..."

„Kunststücke nach Aids-Manier also."

Linda deutet ein kurzes Kopfnicken an. Eines dieser Kunststücke könnte für ihr Projekt von entscheidender Bedeutung sein. Die drei wissen das. Eine Option an die sie glauben.

„Ich will versuchen, mehr darüber zu erfahren – und zwar vor Ort."

„Du reist in den Kongo?", fragt Bully mit gespielter Überraschung.

„Das Hospital hat mich eingeladen. Meine Maschine geht übermorgen."

„Den Flug bezahlt doch hoffentlich das Institut!"

„Von wegen. Professor Mühlbach hat sich stur gestellt. Die Reise sei nicht notwendig. Ich könnte mir genauso gut die Befunde schicken lassen."

„Unfug, oder?“

„Absolut! Ich muss mich doch am Krankenbett informieren können. Ferndiagnosen können doch nur falsch sein.“ Linda tritt wütend gegen einen Sektkorken, den die Reinigungskolonne am Morgen übersehen hat.

„Geben wenigstens deine Eltern was dazu?“

„Schon, aber die Reisekosten sind kein Thema. Halt ein Billigflug für fünfhundert Euro mit viermal umsteigen: Kairo, Lagos, Khartum, Brazzaville. Im Sudan dazu noch einen Tag Aufenthalt.“

„Was?“, entfährt es Bully, „da ist doch Krieg. Die Rebellen stehen dreißig Kilometer vor der Hauptstadt!“

„Halb so wild. Ich werde von der Botschaft betreut. Wenn es hart auf hart kommt, kann ich dort bleiben.“

„Sicher?“

„Mühlbach hat alles arrangiert. Er kennt den Chef dort unten.“

Am südlichen Ende des Parks, unmittelbar vor dem Übergang in den Botanischen Garten, machen sie kehrt. Ihr Ziel ist jetzt die große Wiese im Zentrum der Anlage. Dort setzen sie sich auf das kurz gehaltene Gras. Dass man sie hier von allen Seiten sehen kann, wissen sie. Dass man sie als Clique outet, stört sie wenig. Es wäre sowieso nicht zu verhindern. Andererseits sind sie hier ein gutes Stück weg von den Richtmikrofonen ihrer Verfolger. Das freie Feld im Radius von zweihundert Metern beruhigt sie. Die archaische Logik der Fluchtdistanz, seit der Steinzeit noch in den Köpfen, obwohl von der Technik längst abgelöst.

„Auch eine Meinung zu El Funduq?“ Jens Berninger wechselt das Thema und schaut Bully von der Seite an.

„Bei seinem Nachrichtenkosum weiß er möglicherweise noch gar nichts davon“, spöttelt Linda aus dem Hintergrund.

Bully überhört die Spitze. „Ein Schritt nach vorne“, erwidert er.

„Bitte?“

„Aus ihrer Sicht jedenfalls. Jetzt ist Hightech im Spiel.“

„Der Esel als Hightech-Produkt!“ Linda provoziert mit Berechnung. „Du hältst nicht viel von ihnen?“

„Nun mal Klartext“, unterbricht der Boss das Geplänkel. „Was meinst du damit?“

„Sprengstoff, Zündmechanismus, Applikation – nichts ist mehr wie früher.“

„Dann war es kein Dynamit?“

„Dick Rooney hat auf CNN geplaudert. Eine komplette Neuentwicklung. Fünfzehnmal stärker als Dynamit.“

„Wo geklaut?“

„Selbst entwickelt. In einem primitiven Keller irgendwo im Westjordanland.“

„Sagt Rooney ...“

„...und zeigt Fotos vom Labor. Einfachste Ausstattung. Aber offenbar kommt es auf etwas anderes an.“

„Was ist mit dem Zünder?“

„Das weiß man noch nicht. Aber da müssen sie sich auch etwas ausgedacht haben. Herkömmliche Impulse schaffen es nicht durch den Eselsbauch.“

„Du hast noch die Applikation erwähnt ...“

„Mit Sicherheit das geringste Problem. Obwohl sie den Sprengstoff nicht verfüttern konnten. Die Tiere hätten die Pellets zermahlen.“

„Also Magensonde, wie bei unseren Rauschgift-Schluckern.“

Bully nickt. „Roony jedenfalls ist sich sicher. Dafür bräuchten sie in Palästina noch nicht einmal einen Veterinär.“

„Hightech.“ Jens Berninger schaut nachdenklich in die Kronen der Rotbuchen am Rande des Parks. „An ihrer negativen Bilanz ändert das allerdings nichts. In El Funduq gab es mehr Tote unter den palästinensischen Besuchern als unter den Israelis. Wie ja auch nicht anders zu erwarten war.“

„Sie interessieren sich nicht so sehr für die Opfer aus den eigenen Reihen. Selbstmordattentäter werden sogar als Helden gefeiert.“

„Obwohl sie doch nur ein Schnäppchen gemacht haben.“

„Wie meinst du das?“ Bully schaut Linda überrascht an.

„Ganz einfach. Kaum ist der Sprengstoffgürtel explodiert, sind sie im Paradies. Das Ding rechnet sich doch."

Bully lächelt dünn mit zusammen gekniffenen Lippen. „Du tust ihnen Unrecht."

El Funduq ist auch ihr Thema. Sie können daraus noch einmal lernen. Und Bestätigung erfahren für ihre Logik, die ganz anders aussieht. Deshalb hat Jens Berninger das Zirkus-Attentat aufs Tapet gebracht. Auch um Bully zu testen, der sich merkwürdig schizophren verhält, wenn Palästina ins Spiel kommt.

„Ihre einzige Großtat war und bleibt der 11. September", sagt Jens Berninger und er sagt es mit einem drohenden Unterton, wobei er Bully aus den Augenwinkeln mustert. „Zwei ausgebuchte und voll getankte amerikanische Flugzeuge in die Twin-Towers steuern. Fast gleichzeitig. Und die Türme fallen um. Ein knappes Dutzend eigene Opfer und dreitausend tote Ungläubige. Gestern dann die Eselsnummer. Bei allem Verständnis für deine Hightech-Phantasie, aber ich sehe da nur Dilettantismus."

„Bei der beschissenen Bilanz ", setzt Linda nach, „sollte man besser von Rückschritt sprechen."

Der Boss gibt ihr kopfnickend Recht. „Und die wird morgen noch schlechter aussehen, wenn die Israelis Rache genommen haben."

„Mag sein", erwidert Bully kleinlaut. Der Nahe Osten ist ein bedeutender Faktor in seiner Karriere. Dass man ein ganzes Volk über Jahrzehnte hinweg quält und demütigt, vor den Augen einer untätigen Welt, das hat ihn wütend gemacht. Aber jetzt hat ihm seine Empörung einen Streich gespielt. Er beklatscht den Unfug, auf den sich die Unterdrückten eingelassen haben und ignoriert den negativen Zahlenspiegel ihrer Attentate. In Wirklichkeit weiß er es natürlich besser. Der Boss, Linda und er werden es ja auch anders machen, perfekter und gründlicher. Mit der Konsequenz des Naturwissenschaftlers werden sie ihr Projekt durchziehen. Ihre Bilanz wird die Welt verändern.

Ein besonders lautes Flugzeug unterbricht die Unterhaltung. Jens Berninger mustert unauffällig den baumbestandenen Wiesensaum im Eingangsbereich des Parks. Platz für tausend Lauscher. Aber die wären heute selbst bei Einsatz bester Technik nicht auf ihre Kosten gekommen. Was hätten sie schon erfahren? Dass Linda nach Afrika fahren wird, wo eine zugegebenermaßen merkwürdige Epidemie ausgebrochen ist. Es gehört zu ihrem Job. Lindas Arbeit am Institut ist die perfekte Tarnung. Die Diskussion über das Zirkus-Attentat. Die halbe Welt redet darüber. Nicht unbedingt so wie es die Gruppe tut, aber Studenten dürfen das.

„Warum haben sie den Sprengstoff in die Esel gepackt“, fragt Linda. „Hätten sie ihnen die Bombe nicht umhängen können?“

Bully zuckt mit den Achseln. „Vielleicht weil die Tiere keine Sättel getragen haben.“

„Oder man hat bewusst auf den Ekelfaktor gesetzt“, spekuliert der Boss, „nichts macht mehr Sauerei als eine inkorporierte Bombe.“

Ein Händler nähert sich schleichend der Gruppe. In seinem Bauchladen hat er Süßigkeiten und Eiscreme. Sie lehnen dankend ab.

„Man kann es drehen und wenden wie man will, aber die Dinge ergeben keinen Sinn.“

„Sollten sie das denn?“, fragt Bully spitz.

Linda ignoriert die Frage. „Ihre negativen Bilanzen könnte ich ihnen noch nachsehen, wenn sie mit ihren Aktionen etwas bewegen würden. Aber Pustekuchen. Gewalt und Gegengewalt in einer Spirale ohne Ende.“

Da ist sie wieder, die alte Diskussion. Sie haben sie *vor* Mimizan geführt und ganz besonders intensiv *in* Mimizan und sie werden sie noch lange *nach* Mimizan führen – sicher auch dann ohne Konsens. Für Linda müssen die Dinge Sinn machen. Einem Zweck dienen. Wenn der wichtig genug ist, heiligt er jedes Mittel. Jens Berninger und Burkhard Liefers haben das alles schon hinter sich. Dem Boss geht es nicht mehr um Sinnhaftigkeit. Was ihm allein noch wichtig ist:

Was unterm Strich steht. Die Bilanz muss stimmen. Das Geschäft selbst hinterfragt er nicht mehr.

Diese Differenzen stören die Harmonie der Gruppe jedoch nicht. Noch nicht. Denn Linda glaubt fest, dass das Projekt in ihrem Sinn legitimierbar ist. Der Boss fürchtet allerdings, dass diese Überzeugung nicht ewig hält. Linda, die Tierschützerin, macht zuviel aus dem Bauch heraus. Gefühle sind nicht gut für das Projekt. Ganz entfernt ahnt Jens Berninger, dass ihnen irgendwann ein gewaltiges Problem ins Haus stehen könnte. Sicher noch nicht morgen und auch noch nicht übermorgen. Aber spätestens am Tag X, wenn sie es am allerwenigsten brauchen können.

Gegen siebzehn Uhr trennen sie sich. Die beiden Männer gehen zurück zur Universität, wo sie an ihren Laborprogrammen weiter arbeiten und Linda macht sich auf den Heimweg. Eine halbe Stunde später wird sie aus den Nachrichten erfahren, dass israelische Kampfhubschrauber den Friedhof in Ramallah angegriffen haben, wo gerade die Zirkus-Attentäter beigesetzt wurden. Von Dutzenden von Toten wird die Rede sein und von zahllosen Verletzten.

Frankfurt am Main, 22. Juni

„Mach ja keine Dummheiten!“ Annette Baslers Stimme klingt hart und fürsorglich zugleich. „Brasilien sollte dir eine Warnung gewesen sein. Noch eine Regelverletzung und du bist fällig – selbst wenn du den Plot aufdeckst.“

„Es kommt immer auch auf das Handling an. Geschick ist alles.“

„Lade ihn doch ganz einfach vor und frage ihn nach den Attentätern.“

„Und darauf nennt er mir ganz spontan deren Namen?“

„Muss er das nicht? Als Zeuge hat er doch die Wahrheit zu sagen.“

Ganz schön naiv, denkt René Gronwald. „Aber er steckt doch mit in dem Schlamassel drin. Selbst wenn ich ihn als Zeuge ansehe, muss ich ihn belehren, dass er sich nicht selbst zu belasten braucht. Was meinst du was er dann macht? Er grinst sich einen und ist Sekunden später schon auf dem Heimweg.“

„Die Nichtanzeige geplanter Verbrechen ist doch strafbar. Kannst du ihm nicht damit kommen?“

„Dazu müsste ich ihm nachweisen, dass er davon weiß. Im Klartext: dass er der Verfasser des anonymen Schreibens ist. Das kann ich aber nicht.“

„Die Argumentation von Bruch – ist sie nicht überzeugend?“

„Für mich schon“, antwortet der Kommissar, „und ich mache unserem Profiler auch das größte Kompliment. Alles wunderbar schlüssig. Ein faszinierendes Indiziengebäude, das er da errichtet hat. Leider besteht es ausschließlich aus Konjunktiven. Selbst die tragenden Teile sind Vermutungen und bestenfalls Wahrscheinlichkeiten. Juristisch hält das nicht.“

„Aber dich hat es doch überzeugt!“

„Darauf kommt es nicht an. Ich bin Bulle und diejenigen, die zu entscheiden haben, sind Juristen. Da wird anders gedacht.“

„Warum bleiben wir schon wieder an den Paragraphen hängen“, sagt Annette Basler nach einer kleinen Pause. „Damit haben wir doch schon einmal Schiffbruch erlitten.“

„Mach einen anderen Vorschlag.“

„Einverstanden, wir reden über den Verrat.“

„Über den Verrat?“

„Über die Psychologie des Verrats.“

„Verrat als wissenschaftliche Disziplin?“

„Er bietet sich geradezu an. Einerseits eine hochattraktive Angelegenheit und andererseits komplett negativ besetzt. Solche Widersprüche reizen die Wissenschaft.“

„Ich fürchte du überhöhst das Thema.“

Annette Basler schüttelt den Kopf. „Die Geschichte der Menschen ist die Geschichte des Verrats. Von Judas bis zu dem Zimmermädchen, das den One-Night-Stand des Außenministers im Adlon gepetzt hat. Es gibt ihn sogar in der professionellen Ausführung...“

„... als Spionage.“

„Tausend Bücher und Filme beschäftigen sich mit ihm. Das sollten wir ebenfalls tun.“

„Aber was macht den Verrat so attraktiv? Es muss etwas sein, womit wir Santos ködern können.“

„Es gibt den Verrat aus Rache. Aber der spielt hier sicher keine Rolle.“

„Dann betrachten wir doch mal die Geschichte im Adlon. Warum hat das Zimmermädchen wohl den prominenten Gast an die Bildzeitung gemeldet?“

„Weil man es dafür bezahlt hat!“

„Ein guter Grund bei einem Stundenlohn von drei Euro. Aber sie soll angeblich weder etwas verlangt noch etwas bekommen haben.“

„Rache und Belohnung“, sagt Annette Basler schließlich, „mögen gute Gründe für den Verrat sein. Aber sie treffen nicht in sein Herz.“

„Was sonst schafft das?“

„Verrat ist soziale Handlung, sagt die Wissenschaft. Der Verräter setzt sein Sonderwissen ein, um Wichtigkeit und Macht zu erlangen, attraktive Posten im täglichen Leben. Je nach Bedeutung seines Informationsvorsprungs verfügt er über ein gewaltiges soziales Kapital. Er kann die anderen zappeln lassen, seine strategische Überlegenheit genießen, sich im Glanz seiner Wichtigkeit sonnen.“

„Und in dem Augenblick, wo er sein Wissen preisgibt...“

„...fallen ihm die Profiteure seiner Tat um den Hals und er kann im Meer ihrer Sympathie baden...“

„... Aber das war es dann auch. Der Verräter hat sein Kapital verspielt. Er ist unwichtig geworden. Und genau in diesem Moment werden die negativen Komponenten des Verrats aktuell. Die Profiteure verachten ihn, denn er ist mit einem Mal ein fieser Verräter. Und fordern seinen Kopf.“

„Das Zimmermädchen lebt noch!“

„Aber es putzt wieder Kloschüsseln und stand nur zehn Minuten im Zentrum des journalistischen Interesses. Die Boulevardpresse ist längst weiter gezogen.“

„Bleiben wir bei unserem Fall. Wenn der Profiler Recht hat, will Santos den Anschlag verhindern ohne seine ehemaligen Kumpane zu verraten. Er selbst will ebenfalls anonym bleiben. Von daher ist Santos nicht der klassische Verräter. Aspekte sozialer Machtausübung und persönlicher Vorteilssuche spielen bei ihm keine Rolle.“

„Aber genau das müssen wir ins Spiel bringen. Um ihm den Verrat schmackhaft zu machen. Gegenwärtig hat er sich ja noch für seine Kumpel entschieden. Irgendwie verständlich, alte Freunde, viel gemeinsam erlebt und so fort. Diese Mechanismen hebeln wir aus mit Hilfe der psychologischen Komponenten, die der Verrat in Petto hat. Wir machen ihn heiß auf den Dank und die Anerkennung, die er von überall her erfährt – wenn er auspackt. Er wird im gepanzerten Dienstwagen gefahren, von Bodyguards mit Uzzies unter den langen Mänteln begleitet. Der Polizeipräsident fragt ihn höchstpersönlich was er trinken möchte. Er ist ein erstes Mal wichtig. Er ist der King."

Frankfurt am Main, 23. Juni

Das Biologische Institut der Universität ist in einem lang gestreckten zweigeschossigen Gebäude an der Siesmeyerstraße untergebracht, ganz in der Nähe des Botanischen Gartens. Knapp tausend Studenten sind im Studiengang eingeschrieben, der neun Semester nebst einem viermonatigen Praktikum umfasst. Dass die durchschnittliche Studiendauer dreizehn Semester beträgt, verwundert Insider nicht. Denn auf die Absolventen warten Arbeitslosigkeit oder nur mäßig bezahlte Jobs. Dabei hat sich die Disziplin in den letzten Jahren ein modernes Image zugelegt. Statt wie zuvor Blümchen zu bestimmen und Schmetterlinge zu zählen, sind Molekularbiologie, Genforschung und vor allem die zahlreichen Facetten der Biotechnologie angesagt. Moderne zukunftsorientierte Themen, in die die Wirtschaft verstärkt investiert, aber auch hier haben Rationalisierung und Fusionen die Beschäftigtenzahlen stagnieren lassen.

René Gronwald hat seinen Wagen auf einem der für die Professoren reservierten Parkplätze am Kopfende des Instituts geparkt und sitzt Zeitung lesend hinter dem Steuer. Von hier aus hat er den Eingang zu den Hörsälen im Blick. Für Santos steht heute eine Klausur auf dem Programm. Die Chancen, ihn zu Gesicht zu bekommen, stehen daher gut. Bei der Identifizierung sollte es keine Probleme geben. Die Mitarbeiter von FACE haben die Videobilder von Santos am PC nachrecherchiert und so ein scharfes Bild der Zielperson geschaffen, das sich der Kommissar detailgenau eingeprägt hat.

Es ist Viertel vor vier und allmählich kommt Leben in den Eingangsbereich des Instituts. Von allen Seiten nähern sich Studenten, die meisten mit Rucksäcken über der Schulter, huschen über die Treppenstufen und verschwinden hinter der großen Holztür. René Gronwald erkennt Santos schon von weitem an seinen langen schwarzen Haaren, die er zu einem

Zopf zusammen gebunden hat, seinem Vollbart und seiner athletischen Figur. Santos fährt mit seinem Rad über den Gehweg der Siesmeyerstraße und er tut dies ohne erkennbare Eile, obwohl es mittlerweile schon sechzehn Uhr durch ist. Nachdem er sein Rad an den Metallzaun am seitlichen Ende des Parkplatzes angekettet hat, betritt er als vorläufig Letzter das Gebäude. Die Klausur im Fach Biochemie ist auf drei Stunden angesetzt und daher heißt es jetzt warten.

Wenn René Gronwald ehrlich sein soll, hat er sich über Annette Baslers belehrende Art am Telefon geärgert. Sie scheint immer noch nicht verstanden zu haben, dass ein erfolgreicher Polizist ein Grenzgänger ist. Einer, der auf dem schmalen Grat zwischen Recht und Unrecht wandelt. Der offen ist für alle Möglichkeiten, die sich ihm bieten. Der sich im Zweifel nicht für die sichere Seite entscheidet, weil er weiß, dass er damit zwar rechtlich ohne Risiko arbeiten kann, gegenüber dem Verbrechen aber die entscheidenden Zehntel verloren hat. Zocker hatten sie ihn deswegen auf seiner ehemaligen Dienststelle genannt. Das hat er nie angenommen, genauso wenig wie den Titel Hunter, der ihm zwar schmeichelte, der ihm aber viel zu pauschal war. Klar, er verfügte über die Hartnäckigkeit eines Jägers, auch über dessen Konsequenz und Ausdauer. Aber er sah sich als ein Jäger, der die Regeln beachtete. Zu viele seiner Zunft hatten nur das Ziel vor Augen, der Weg dorthin interessierte sie nicht. Diese Spezies war ihm zuwider. Er konnte einen Jagderfolg nur feiern, wenn die Beute eine Chance hatte. Dafür gab es die Regeln der Strafprozessordnung und des Polizeirechts. Ihre Einhaltung garantierte den fairen Kampf.

Dass er sich im Lauf der Jahre Stück für Stück von dieser Position entfernt hatte, was seine tägliche Arbeit anbelangte, war ihm kaum bewusst geworden. Dass die Regeln, denen er sich verpflichtet fühlte, seine eigenen waren, die nur allzu oft im Widerspruch zu den gesetzlichen Inhalten standen, bemerkte er nicht mehr. Und wenn es ihm zufälligerweise einmal auffiel, hatte er umgehend irgendeine Rechtfertigung zur Hand. Seine Eskapaden vor einem Jahr in Brasilien, wo er ohne jegliche Legitimation Ermittlungen durchgeführt hatte, findet er immer noch in Ordnung, seine daraufhin erfolgte Versetzung hält er heute noch für glattes Unrecht. Und dass er erst über eine Wanze, die er illegal im Büro des Chefchemikers der inkriminierten Firma angebracht hatte, an die entscheidenden Informationen gelangt war, sieht er auch im Nachhinein nicht als Problem. Auch jetzt liebäugelt er wieder mit dem Regelverstoß, während er gleichzeitig nach Rechtfertigungen dafür sucht. Ganz Unrecht hat Annette Basler nicht, signalisiert ihm sein Instinkt, wenn sie ihm rät, zunächst die risikofreie Karte zu spielen und den mutmaßlichen Informanten ganz offen nach den Attentätern zu fragen. Dass der unter dem Eindruck dieser überraschenden Konfrontation seine ehemaligen Kumpane verpfeift, erscheint nicht ausgeschlossen. Noch günstiger erscheint ihm, entsprechend dem Vorschlag der Ärztin, auf die Psychologie des Verrats zu setzen. Letztlich aber bleibt er mehr als skeptisch. Zu lange schon ist er im Geschäft, um ernsthaft an diese Dinge zu glauben. Belohnungen ziehen nicht, jedenfalls nicht unter Freunden, das zeigt der kriminalistische Alltag. Nur astronomisch hohe Summen können hier etwas bewegen. Saddam Hussein soll für fünfunddreißig Millionen Dollar verpfiffen worden sein. Das kann der Kommissar nicht bieten. Und auch von der Verlockungsthese, die ihm Annette Basler schmackhaft machen wollte, hält er nicht viel. Nach seiner polizeilichen Erfahrung funktioniert Verrat nur innerhalb von Zwängen. Die kleinen Dealer, die sie festgenommen hatten, allesamt selbst abhängig, plauderten erst wenn der Entzug einsetzte und ihr Körper laut nach dem nächsten Schuss rief. Die korrupten Bauamtsleiter oder Wirtschaftsbosse waren erst dann bereit auszupacken, wenn man sie mit dem Risiko der Untersuchungshaft konfrontiert hatte, mit dem Abstieg von der Villa im Vordertaunus in die Besenkammer im Hessischen Ried. Für viele auch deswegen eine beängstigende Vorstellung, weil auch sie am Stoff hingen, der diesmal aus der Flasche kam. Das ist hier anders. Der Kommissar muss weiterdenken. Aber alles was ihm jenseits dieser Möglichkeiten einfällt, führt ihn sogleich auf dünnes Eis.

Gegen halb fünf verlassen die ersten Kommilitonen das Institut, Resignation in den Gesichtern. Die Aufgaben zu schwer für sie. Es lohnt sich nicht, irgendetwas zu Papier zu bringen, es ist stets zu wenig oder das Falsche. Einige werden die Klausur wiederholen, neues Spiel, neues Glück. Für andere war es schon die letzte Chance.

Um neunzehn Uhr geht es ruckzuck. Dutzende Studenten quellen aus dem Gebäude. Santos ist auch jetzt wieder unter den Letzten. Er unterhält sich noch kurz mit einem Kommilitonen und radelt dann davon.

Observationen sind keine einfache Sache. Am besten geht das aus der Luft. Man sieht alles. Aber man wird auch von allen gesehen – und gehört. Helikopter sind laut. Jetzt Auto gegen Fahrrad. Auf Frankfurts Straßen ist Letzteres im Vorteil. Heute hat der Kommissar allerdings Glück. Es herrscht wenig Verkehr und so kann er dem gelben Mountainbike mühelos folgen. Als er Santos in die Sophienstraße einbiegen sieht, kann er sicher sein, dass die Zielperson auf dem Weg nach Hause ist. Er gibt Gas und fährt auf einem Umweg auf den Parkplatz des Wohnheims. Kurze Zeit später kommt Santos, schließt sein Rad in die Box neben dem Eingang und geht in das Gebäude.

Nun heißt es wieder warten. Wenn der Kommissar Pech hat, tut sich während der nächsten Stunden gar nichts. Dann sitzt Santos am Schreibtisch, vor dem Fernseher oder liegt mit einer Kommilitonin im Bett. Studenten haben alle Möglichkeiten. Wenn es ideal läuft verlässt der Biologe alsbald das Wohnheim und besucht eine der zahlreichen Kneipen in der Nähe, wo er ihn in der Anonymität des Tresens oder auf der Toilette ansprechen kann.

Einmal mehr hat der Kommissar Glück. Kurz vor neun erscheint Santos im Haupteingang. Dort wechselt er ein paar Worte mit einem Hausarbeiter und geht anschließend zu Fuß über die Grünanlage des Heims Richtung Frauenlobstraße

René Gronwald verlässt seinen Wagen. Jetzt muss er aufpassen, denn es sind nur noch wenige Personen auf der Straße unterwegs. Allerdings mindert das die Gefahr, dass er sein Objekt aus den Augen verliert. Santos läuft auf der Frauenlobstraße gemächlich Richtung Miquelallee, der Kommissar folgt ihm auf dem Gehweg der anderen Straßenseite im Abstand von vielleicht hundert Metern. Halb versteckt hinter einem Straßencafé taucht jetzt Ulis Pilsstube auf. Überraschend schnell nimmt Santos die vier, fünf Stufen zum Eingang und taucht dann durch eine Pendeltür in das Schummerlicht der Kneipe.

René Gronwald wechselt die Straßenseite und setzt sich an einen auf dem Bürgersteig stehenden Tisch des Cafés. Er hat es sich anders überlegt und wird heute ausschließlich sondieren. Von seinem Platz aus hat er den Eingang der Pilsstube im Blick. Das Café darf bis Mitternacht im Freien ausschenken. Genauso lang dauert es auch, bis Santos das Lokal verlässt und den Heimweg antritt. Der Kommissar trinkt seinen Kaffee aus. Im Pilsstübchen wird er jetzt noch ein paar dumme Fragen stellen.

Trotz der fortgeschrittenen Zeit ist die Kneipe noch gut besucht. René Gronwald begibt sich zielgerichtet an den Tresen und bestellt ein Pils. „Sagen Sie", fragt er im gleichen Atemzug den Wirt, einen bärtigen, leicht magersüchtigen Mittzwanziger, „ich bin auf der Suche nach Santos..."

„Eben weg", fällt ihm der Mann hinter dem Tresen mit einem bedauernden Achselzucken ins Wort. „vor fünf Minuten gegangen. Tut mir leid."

„Schade", erwidert der Kommissar, „kommt der öfters hierher?"

Der Wirt lacht. „Jeden Abend um neun. Nach dem können Sie die Uhr stellen!"

Frankfurt am Main, 24. Juni

Den einen oder anderen Beamten im Rauschgiftkommissariat wird er noch persönlich kennen. Die meisten werden ihm aber fremd sein, weil sie neu sind. Kurz nach seinem Weggang vor fünf Jahren hatten die Querelen begonnen. Komischerweise war es die Staatsanwaltschaft gewesen, die sich an der Arbeit der Rauschgiftfahnder gestoßen hatte. Um was es seinerzeit genau ging war nie richtig deutlich geworden. Aber es standen Vorwürfe im Raum, die Polizei agiere an der Staatsanwaltschaft vorbei, indem sie sie nicht über ihre Ermittlungen informiere und frisierte Akten vorlege. Darüber hinaus sollte festgenommenen Junkies Stoff angeboten worden sein für die Preisgabe ihrer Dealer. Alles sehr vage, aber irgendwann war die Atmosphäre vergiftet. Eine Reihe kleiner Staatsanwälte hatte sich in diesem Konflikt auf die Seite der Polizei geschlagen. Es waren vor allem die Staatsanwälte, die nicht nur am Schreibtisch über ihren Akten sitzen, sondern die Kriminalität vor Ort erleben wollten. Und dabei hautnah erfuhren, was Ermittlungstätigkeit im Drogenmilieu bedeutete: Immer die Hand an der Waffe, Türen eintreten, versiffte Absteigen durchsuchen. Die Klientel krank, verzweifelt, aggressiv. Ein Fass ohne Boden.

Den Ausschlag hatte schließlich ein nächtlicher Vorfall im Stadtteil Bornheim gegeben. Ein Kleindealer war den Beamten nach der Festnahme wieder entwischt und bei seiner Flucht aus dem vierten Stock seines Wohnhauses gestürzt. Der herbeigerufene Bereitschaftsstaatsanwalt war betrunken am Tatort erschienen und beim Verlassen seines Wagens zu Fall gekommen. Die Rauschgiftfahnder hatten den Fehler gemacht, den Vorfall an die Presse zu geben. Das wiederum nahm die Staatsanwaltschaft zum Anlass, reinen Tisch zu machen. Der größte Teil der Beamten von K 65 wurde versetzt. Gute Leute waren darunter, wie René Gronwald sich erinnern kann.

„Mein Gott, René!"
Frank Korte ist der alte Bulle geblieben. Immer noch hält der Oberkommissar nichts von der Dienstanweisung, dass die Waffe auch im Büro zu tragen ist, und wie eh und je herrscht auf seinem Schreibtisch ein wildes Durcheinander aus Akten, Tassen und Colaflaschen. Er kommt dem Terroristenfahnder mit ausgestreckten Armen entgegen. „Sag nur, du bist wieder da?"
René Gronwald schüttelt den Kopf. „Schön wär's", erwidert er höflich.
„Setz dich doch." Frank Korte zeigt auf den Stuhl vor seinem Schreibtisch. „Was zu trinken?"
„Danke, jetzt nicht."
Der Rauschgiftmann mustert lächelnd seinen Besucher.
„Heimweh?"
„Um ehrlich zu sein: Es ist eher Neugierde."
„Du willst wissen wie es hier weiter gegangen ist."
„Wenn man aus der Zeitung über euch nichts mehr erfährt..."
„Natürlich..." Frank Korte nickt verständnisvoll mit dem Kopf und weiß im selben Augenblick, dass sein Besucher etwas anderes im Schilde führt.
„Rauschgift ist nicht mehr das große Thema."
„Der Konsum steigt aber doch."
„Aber die Gesellschaft interessiert sich nicht mehr dafür. Kein einziger Krimi beschäftigt sich noch mit Drogengeschichten. Die Presse bringt unsere Mitteilungen als Einspalter, wenn überhaupt. Alles vorbei."
„Also herrscht jetzt Ruhe bei euch."
„In unserem Fall sollte man besser von einer trügerischen Ruhe sprechen."
René Gronwald hebt überrascht die Augenbrauen. „Was heißt das?"

Frank Korte schiebt seinen Stuhl zurück und hebt die Beine auf den Schreibtisch.

„Im neuen Präsidium gibt es ein Sonderregal für nicht zuzuordnendes Rauschgift."

„Fundsachen von der Szene...?"

„Alles was die Junkies weggeworfen haben, wenn die Schmiere kam. Du kennst das ja noch." Frank Korte macht eine abwiegelnde Handbewegung. „Zu deiner Zeit haben wir diesen Stoff noch behandelt wie jeden anderen. Dann kam von oben die Anweisung: Sonderbehandlung. Angeblich um Unregelmäßigkeiten vorzubeugen."

„Die Kollegen reißen sich den Stoff unter den Nagel. War das damit gemeint?"

„So wurde es jedenfalls im Haus verstanden. Und alle waren empört."

„Du auch?"

René Gronwald meint die Frage ernst und der Mann von K 65 versteht sie auch so.

„Ich habe mich immer schon gefragt, wie die Kollegen ihre Autos und Urlaube finanzieren. Der Dreier-BMW und die drei Wochen Karibik. Mit A 11 jedenfalls nicht."

„Weißt du es jetzt?"

„Das wäre zuviel gesagt. Aber ich bin ein Stück klüger geworden."

„In der Asservatenkammer?"

„Komm mit!" Frank Korte schwingt sich aus dem Sessel und sucht zwischen viel Papier nach seinem Schlüsselbund. „Jeder von uns hat problemlos Zugang zur Kammer", sagt er als sie das Büro verlassen.

Sie fahren mit dem Fahrstuhl in den Keller. Er muss möglicherweise gar nicht mehr fragen, schießt es René Gronwald durch den Kopf. Muss nicht riskieren, einen Korb zu bekommen. Obwohl er sich bei Frank Korte gute Chancen ausrechnet. Polizisten verstehen sich als Kumpel, Teil einer Gefahrengemeinschaft. Korte gehörte immer schon zu den besonders solidarischen Kollegen. Aber er kannte auch seine Grenzen – und respektierte sie.

Über einen langen, neonbeleuchteten Gang gelangen sie zu einer Stahltür. Frank Korte tippt einen Code in die Tastatur am Türrahmen. „Die Kombination kennen hier alle“, sagt er, und dann stehen sie in einem vielleicht dreißig Quadratmeter großen Raum, an dessen Wänden in Knie- und Kopfhöhe offene Regale umlaufen. Darauf liegen, dicht an dicht und zum Teil übereinander gestapelt, Gegenstände und Behältnisse unterschiedlichster Art. Koffer, Rucksäcke, Holzschnitzereien, Schuhe mit auffällig dicken Sohlen, ausgebaute Kraftstofftanks, alle mit gelben Zetteln versehen, auf denen Aktenzeichen vermerkt sind.

„Der Stoff und sein Versteck“, sagt Frank Korte lächelnd. „Es hat sich nicht viel geändert.“

Dann führt er seinen Besucher zu einem auffällig gestrichenen Regal an der Kopfseite der Kammer. Zahllose kleine Plastikbeutel bilden einen bunten Wirrwarr auf kaminrotem Grund.

„Da liegt das Problem. Die Fundsachen. Kleinmengen, die oftmals so klein nicht sind. Ohne Aktenzeichen. Ein Selbstbedienungsladen!“

„Sie wollten dem Missbrauch vorbeugen und haben ihn erst möglich gemacht?“

Frank Korte nickt wortlos.

„Was ist drin?“

„Fast ausschließlich Heroin. Nach drei Rekordernten in Afghanistan gibt es das Straßengramm mittlerweile für zwanzig Euro. Da kann Kokain nicht mithalten.“

„Hier räumen die Kollegen also ab.“

„Im vergangenen Januar habe ich mir einmal den Spaß erlaubt, die Packs auf dem Sonderregal zu zählen. Es waren einhundertsechzig. Einen Monat später...“

„...fehlte ein Teil.“

„Nicht wie du denkst. Es lagen sogar drei Behältnisse mehr auf den Brettern.“

„Aber?“

„Es gab zwischenzeitlich dreißig Neueingänge."
„Den Verlust der siebenundzwanzig Packs hat man nicht bemerkt. Der große Haufen bleibt immer ein großer Haufen und ist unverdächtig."

René Gronwald hat das Objekt seiner Wahl längst ausgespäht. Ein prall gefüllter, verschweißter Plastikbeutel. Die beige Farbe verrät seinen Inhalt: Heroin, vielleicht hundert Gramm. Derjenige bei dem man ihn findet, muss mit vier Jahren rechnen. Wenn er Pech hat und zu Richter Schwalbe kommt, werden es sechs und wenn dann noch Staatsanwalt Feldmeier die Anklage vertritt, sind es schnell acht Jahre.
„Warum liefern die Kollegen den Stoff überhaupt ab, wenn sie ihn anschließend wieder verschwinden lassen?" René Gronwald tätschelt die heimatlosen Packs wie alte Bekannte.
„Um unverdächtig zu erscheinen", erwidert Frank Korte. „Selbstverständlich haben sich die fraglichen Kollegen einen Teil des Stoffs vor Ort schon eingesackt."
„Wo geht die Reise hin?"
„Das kann ich dir genau sagen. Demnächst bedienen sie sich bei den offiziellen Funden. Da lassen sich, mit zweifellos höherem Risiko, Kilos abzweigen. Und am Ende wandert ein Teil des Stoffs in die eigenen Venen. Wenn die ersten Kollegen auf Entzug gehen, platzt die Bombe."
Der Kommissar spielt Wühltisch. Einzelne Packs betrachtet er aufmerksam von allen Seiten, knetet sie zwischen Zeigefinger und Daumen um sie danach an einen anderen Platz zurück zu legen. Vielleicht liegen die Schnäppchen ja ganz unten. Seine Hände tauchen tief in den Haufen der attraktiven Fundsachen und spiegeln eine Neugierde vor, die es nicht gibt. Irgendwann ist die Unordnung auf dem karminroten Regal perfekt. Die neue Unordnung.
„Ich zeige dir jetzt noch einmal unseren Fund von letzter Woche", sagt Frank Korte, während er sich dem seitlichen Regal zuwendet. Auf diesen Augenblick hat René Gronwald gewartet. Mit einer schnellen Handbewegung befördert er den beigefarbenen Plastikbeutel, den er anlässlich seiner

intensiven Befassung mit den Fundsachen auf dem Sonderregal in die zweite Lage befördert und somit dem Blick des flüchtigen Beobachters entzogen hatte, in die Tasche seiner Lederjacke.

„Die Geschichte, die in der Rundschau stand?"

„Der SPIEGEL bringt sie ausführlich in seiner nächsten Ausgabe. Schmuggler sind Spieler. Jetzt haben sie die Mantel-Variante neu aufgelegt. Mit speziell präpariertem Heroin." Der Oberkommissar zeigt auf einen mit einem Gürtel zusammengebundenen dunklen Baumwollmantel. „Eine Spezialchemikalie hat den Wirkstoff in Lösung gebracht. Damit getränkte Klamotten sind äußerlich unauffällig und für Drogenhunde nicht zugänglich. Der Mantel auf unserem Regal enthält vier Kilo hochreinen Wirkstoff. Seine Sicherstellung verdankt er dem Tipp eines konkurrierenden Syndikats."

Auf dem Weg nach oben fallen dem Hauptkommissar die Hütchenspieler aus dem Kosovo ein. Ein gutes Gefühl wenn man mit den Händen schneller ist als der andere mit den Augen. Dann erinnert er sich noch an einen Satz, den er erst jetzt in seiner ganzen Tragweite zu verstehen scheint. Dass Polizisten verhinderte Verbrecher sind.

Im vierten Stock sitzen sie sich noch eine halbe Stunde gegenüber. Frank Korte hat Kaffe gekocht. Dem Hauptkommissar zuliebe. Während sie sich alte Geschichten erzählen, rastert Frank Korte seinen Gast mit der Gründlichkeit einer Hightech-Kamera. Pupillen unauffällig, kein Zittern. Denkabläufe geordnet, würde er in ein Protokoll schreiben. Dann fällt der Satz, der die nostalgische Ruhe stört.

„Für wen brauchst du das Zeug?"

René Gronwald hat sofort begriffen, dass er im Keller doch nicht schnell genug war.

„Tut mir leid", sagt er, während er seine Beute resigniert auf den Schreibtisch wirft, „aber für mich ist es nicht."

„Sondern?"

„Für einen jungen Mann, der zu feige ist, einen Komplott zu verraten..."

Frank Korte wiegt skeptisch den Kopf. „Trotzdem verboten."

„Komplott, verstehst du?" Der Hauptkommissar hebt sich ein Stück weit aus seinem Stuhl. „Ein Riesending..."

„Natürlich." Frank Korte bleibt auf Distanz.

„Ich nenne dir jetzt einfach mal ein Stichwort: Terrorverdacht. Terror der übelsten Sorte. Sorry, dass ich nicht deutlicher werden darf."

„Der Zweck heiligt wieder einmal die Mittel?"

Frank Korte verspürt eine tiefe Enttäuschung. Sein Kollege hätte ihn fragen müssen. Andererseits ist er sich sicher, dass René Gronwald einen dicken Fisch an der Angel hat. Und er kann sich auch schon denken wie er den aus dem Wasser holen will.

„Steck' es wieder ein", sagt der Oberkommissar unvermittelt.

„Danke." René Gronwald verstaut den Beutel ein zweites Mal in seiner Lederjacke.

„Aber ich will es zurück haben."

„Dann musst du es dir schon holen." Der Dieb lächelt ohne Unrechtsbewusstsein. „Ich sage dir die Tage auch, wo du es findest."

Frankfurt am Main, 25. Juni

Hausmeister vergleicht René Gronwald immer wieder mit Blockwarten. Die Angst machenden Figuren aus dem Dritten Reich haben in den Hausverwaltern der Neuzeit überlebt. Der Kommissar hat während seiner Zeit bei K 65 viele von ihnen kennen gelernt. Die Drogenklientel war oft in Hoch- und Reihenhäuser zuhause, wo auch die modernen Blockwarte das Sagen hatten. Keinem von ihnen würde er zutrauen, eine linke Partei zu wählen. Die Hälfte ordnete er bedenkenlos der rechten Szene zu. Und doch waren sie ihm mit der Zeit lieb und teuer geworden, wenn auch nicht ans Herz gewachsen. Mit ihnen ließen sich nämlich glänzende Geschäfte machen. Dabei musste er selten ein falsches Spiel initiieren. Er konnte die Karten offen legen, sagen, dass es gegen den Mieter X oder Y einen Verdacht gab wegen Drogengeschichten und schon war die Tür offen. Ganz ohne Dietrich und Durchsuchungsbeschluss. Nur wenn faschistische Kreise ins Fadenkreuz geraten waren, manipulierte der Kommissar auch einmal die Vorzeichen und machte aus den Glatzköpfen eine linksradikale Vereinigung. Und die Hausmeister hielten dicht. Sie fühlten sich als Teil der Staatsgewalt, und die würden sie nie enttäuschen oder hintergehen.

Waldemar Lobowicz, den sie alle Lobo nennen, ist für das Studentenwohnheim an der Ginnheimer Landstraße zuständig. Kein leichter Job, denn in den beiden Türmen wohnen über siebenhundert Studenten aus vierzig Nationen. Lobo ist ständig mit der Reparatur defekter Kabel beschäftigt oder mit der Reinigung verstopfter Müllschlucker. Arbeits- und zeitaufwendig sind auch die zahlreichen Wohnungswechsel, die er abzuwickeln hat. Wenn es Zoff gibt, ruft man ebenfalls nach ihm. Dann muss er viele Sprachen verstehen und für alle Beteiligten Verständnis aufbringen. Das kann er gut.

Eigentlich fühlt er sich in dem multikulturellen Umfeld des Wohnheims wohl. Aber dann ist er auch wieder preußisch korrekt und hört auf die Stimme, die von oben kommt.

René Gronwald spricht ihn gegen zehn beim Bewässern der Rhododendren an, die die Böschung zum Parkplatz säumen. Der Kommissar macht es wichtig ohne zunächst konkret zu werden und sich auszuweisen. Gegenüber am Büdchen will man sich unterhalten, bei einer Cola und einer Rindswurst, die selbstverständlich der Kommissar bezahlt.

Waldemar Lobowicz beendet die Arbeit und dann gehen sie gegenüber zum Büdchen, das vormals *Wasserhäuschen* hieß und über dessen Theke jetzt *Imbiss* zu lesen ist. Sie stellen sich etwas abseits an einen Stehtisch. Nachdem sie schweigend ihre Wurst gegessen haben, bittet René Gronwald zunächst um Entschuldigung, dass er nicht alles sagen darf was er weiß. Dann stellt er sich als Beamter des Staatsschutzes vor. Sie haben einen schwerwiegenden Verdacht gegen einen Bewohner der Ginnheimer Landstraße. Es geht um die Mitgliedschaft in einer terroristischen Vereinigung. Alles noch sehr unverbindlich und wenig konkret, das will der Kommissar im Vorfeld ganz deutlich machen und daher gibt es weder einen Haftbefehl noch einen Durchsuchungsbeschluss. Trotzdem würde er gerne einmal einen Blick in das fragliche Zimmer werfen.

Der Hausmeister hört aufmerksam zu und ist schnell dabei anzubeißen. René Gronwald macht es ihm leicht. Sie sind bei ihrer wichtigen und gefährlichen Arbeit auf die Unterstützung von außerhalb des Apparats angewiesen, von Menschen, die den Mut haben – er sucht eine zeitlang nach dem richtigen Wort – auch unkonventionelle Dinge zu tun. Nichts Verbotenes im eigentlichen Sinn, sondern eher etwas, das unter die Rubrik Zivilcourage fällt. Es gehe tatsächlich auch nur darum, sich einen oberflächlichen Eindruck von der Wohnung zu verschaffen und er, der Hausmeister, dürfe selbstverständlich dabei sein. Aber was heißt dürfe, der Kommissar legt Wert darauf, dass er dabei ist, um sich davon zu überzeugen, dass nichts Unrechtes geschieht.

Klar doch, sagt der Hausmeister, der ganz in seinem Element ist, selbstverständlich übernimmt er die Verantwortung. Aber es müsse sicher gestellt sein, dass niemand etwas davon mitbekommt. Seine Vertrauensstellung im Wohnheim dürfe unter der Aktion nicht leiden. Das werde er entsprechend einrichten, erklärt der Kommissar. Morgen oder übermorgen werde die Aktion voraussichtlich steigen und wenn sie sich wider Erwarten zerschlagen sollte, sage er Bescheid.

Als sich der Kommissar verabschiedet, weiß er, dass Lobo sein Mann ist. Sie werden schon bald wieder miteinander zu tun haben.

Frankfurt am Main, 26. Juni

Der Kommissar hat seinen Wagen auf dem Parkplatz des Wohnheims abgestellt, wo es angesichts des nahen Semesterendes schon viele freie Plätze gibt. Der Wirt vom Pilsstübchen hat nicht gelogen. Kurz vor neun verlässt Santos das Haus Richtung Miquelallee. René Gronwald wartet ein paar Minuten, dann bricht auch er auf.

In der Kneipe geht es noch gemächlich zu. Kaum ein Drittel der Tische ist besetzt, und am Tresen stehen zwei einsame Gäste. Einer davon ist Santos. René Gronwald stellt sich eine Armlänge entfernt neben ihn. Dieser Abstand lässt dem anderen genügend Freiraum, gleichzeitig gibt er aber dem Fahnder Gelegenheit zur jederzeitigen Ansprache. Wenn es an der Theke voller werden sollte, müsste er Santos auf die Pelle rücken. Ein Gast zwischen ihnen würde den Kommissar in Verlegenheit bringen.

René Gronwald bestellt ein Pils. Er muss sich Zeit nehmen um von Santos einen ersten, aber möglichst verbindlichen, Eindruck zu gewinnen. Die Abteilung D 2 hat alles zusammen getragen, was über den Biologiestudenten verfügbar war. Es ist nicht viel. Beim Ladendiebstahl haben sie ihn einmal erwischt, da war er fünfzehn und es gab einen richterlichen Verweis. Aber dann gibt es noch diese Vermerke des BGS über seine Verwicklung in Rauschgiftgeschäfte. Am Haschischschmuggel von den Niederlanden nach Deutschland soll er beteiligt gewesen sein. Die Vorwürfe sehr vage und unbewiesen, allerdings für den Kommissar von erheblicher Bedeutung.

Santos lehnt unbeweglich an der Theke und blickt starr auf sein Glas. Gedankenverloren nimmt er von Zeit zu Zeit einen kleinen Schluck. Santos ist einsam, denkt René Gronwald. Zwei- oder dreimal wird er von neu ankommenden Gästen flüchtig gegrüßt, aber dann dreht er sich kaum zu ihnen um und nickt nur knapp. Einsame Menschen sind schwer zu kalkulieren, weiß der Kommissar. Manche sind geradezu hungrig nach Kommunikation, andere wiederum scheuen jeden Kontakt, haben sich mit dem Alleinsein arrangiert. Nach einer halben Stunde beginnt sich das Lokal zu füllen. Der Wirt hat die Musik lauter gestellt. Tom Maly ist zu hören und Baycell Mendez trällert ihr neues Lied. René Gronwald wird es versuchen. Ganz so wie Annette Basler, die sich am Morgen mit einer belanglosen Frage kurz am Telefon gemeldet hat, es wünscht.

Der Kommissar dreht sich mit dem Rücken zum Tresen und lässt seinen Blick demonstrativ über das junge Publikum wandern, das mittlerweile die Kneipe zur Hälfte gefüllt hat.

„Nicht mehr soviel los wie am Anfang des Semesters", sagt er in Richtung seines Nachbarn. „Sind die Kommilitonen denn schon alle in den Ferien?"

Santos schaut nur kurz zur Seite und grummelt irgendetwas vor sich hin.

„Entschuldigung", fährt der Kommissar fast belustigt fort, „jetzt habe ich Sie ganz spontan in die akademische Ecke gestellt. Aber Sie sind doch Student?"

„Ja schon", nickt Santos und greift verlegen nach seinem Glas.

„Wissen Sie, der akademische Nachwuchs war zu allen Zeiten unverwechselbar. Mal trug er Käppchen und Schärpe, dann Vollbart und Pennermantel und heute...". René Gronwald lässt den Blick an Santos heruntergleiten, „...ja an was erkennt man ihn heute?" Dann belacht er laut seine eigene Komik. „Wo sie doch aussehen wie alle anderen auch. Es muss Intuition sein."

Beim Umdrehen rückt er ein Stück näher zur Zielperson.

„Bei Ihnen würde ich mich sogar auf die Fachrichtung festlegen – allerdings nur grob."

Santos beginnt sich für seinen gesprächigen Nachbarn zu interessieren.

„Wirklich?", fragt er scherzhaft.

„Selbstverständlich“, erwidert René Gronwald, „aber zuerst lade ich Sie zu einem Bier ein.“

Während der Wirt die Gläser voll schenkt, mustert der Kommissar das Gesicht seines Gastes angestrengt von der Seite.

„Ich würde mich für den Naturwissenschaftler entscheiden. Was das konkret heißt, weiß ich allerdings nicht. Aber Sie studieren ein naturwissenschaftliches Fach!“

„Wo Sie Recht haben, haben Sie Recht“, bestätigt ihn Santos mit einem Spruch aus der Klamottenkiste und dann stoßen sie mit den neuen Gläsern an.

„Biologie.“

„Sehen Sie!“ Der Kommissar wiegt bedächtig den Kopf und schaut für einen Moment ins Leere. „Gentechnik, grüne Revolution, Sieg über Hunger und Krankheit. Eine dankbare Disziplin.“

„So kann man es sehen“, erwidert Santos höflich.

„Was mir an den Naturwissenschaften besonders gefällt“, korrigiert René Gronwald seine Strategie, „ist die Präzision, mit der sie arbeiten. Ich selbst habe Betriebswirtschaft studiert. Das Fach strotzt vor Ungenauigkeit. Sie erleben es tagtäglich. Die Gesetze des Marktes – was ist das eigentlich? Nichts als Unverbindlichkeiten. Naturgesetze, darauf kann ich mich verlassen.“

„Ich habe meine Entscheidung für die Biologie auch noch nicht bereut“, sagt Santos.

Im hinteren Teil des Lokals gibt es jetzt Zoff. Zwei Gäste sollen die Kneipe verlassen und sind damit nicht einverstanden. Der Wirt gibt sich kompromisslos und packt zu. Wie es aussieht, macht er das nicht zum ersten Mal.

„Was ist los?“, fragt der Kommissar.

„Dealer“, antwortet Santos knapp, „sie wollen im Wohnheim Fuß fassen und suchen hier nach Kontaktpersonen. Der Wirt mag diese Konkurrenz nicht.“

Irgendwann herrscht wieder Ruhe und sie kommen zum Thema zurück.

„Nehmen Sie Einstein. $E=mc^2$. Mit drei Buchstaben, einer Zahl und einem Zeichen hat er die Logik des gesamten Universums beschrieben. Das ist einfach faszinierend."

Die Zahl der Gäste hat weiter zugenommen und der Lärmpegel ist entsprechend angestiegen. Niemand kann hören, was die beiden jetzt reden.

„Exakt arbeiten – es ist die Domäne der Naturwissenschaften. Ich kann das an einem weiteren Beispiel verifizieren. Nehmen wir ganz einfach mal an, Sie würden Kaufhof erpressen wollen. Nur mal so ins Blaue gesprochen." René Gronwald malt mit der Hand Fantasiegebilde in die Luft. „Und Sie hätten sich für die konservative Methode entschieden, hätten also der Firma einen Brief geschrieben, dessen Text aus ausgeschnittenen Buchstaben zusammen gesetzt wäre, genau wie in den alten Krimis. Ich bin mir sicher, das Erpresserschreiben hätte die Qualität eines Kunstwerks, eines späten Lionel Feiningers zum Beispiel, in jedem Fall aber die Präzision einer mathematischen Schautafel."

Santos' gerade lebendig gewordene Mimik ist mit einem Mal erstarrt. Das Gesicht schlagartig blass und tot. Sekundenschnell hat er die Botschaft verstanden. Er weicht ein Stück zurück, aber der Kommissar folgt ihm.

„Millimetergenau würde alles passen, selbst mit der Lupe könnte man keine Unregelmäßigkeiten feststellen. Dazu ein einnehmendes Farbdesign und ein ausgiebiger Gebrauch von Symbolen, die nicht leicht zu deuten sind, aber letztlich die intellektuelle Souveränität des Verfassers und die Ernsthaftigkeit seines Vorhabens dokumentieren."

Dann macht der Kommissar seinem Kontrahenten ein Kompliment. „So etwas können nur Naturwissenschaftler." Um die Dinge sofort wieder gerade zu rücken. „Womit sie sich selbstverständlich schnell ans Messer liefern."

Santos dreht seinem Nachbarn den Rücken zu.

„Unser Spiel heißt Karten aufdecken", sagt René Gronwald nach einer kleinen Pause.

Santos reagiert nicht.

„Juristisch gesehen sitze ich am längeren Hebel."

Santos hat die Provokation verstanden, aber er will es jetzt wissen. „Spielen wir das Spiel doch mal durch“, sagt er, während er sich vor dem Kommissar aufbaut. „Am längeren Hebel, was heißt das?“

„Ich lade Sie vor. Bitte Sie in mein Büro – zur Vernehmung.“

„Sie denken, ich komme?“

„Sicher.“

„Das ist ein Spiel, nicht wahr?“

„So war es ausgemacht. Zweifeln Sie daran?“

„Ich hätte allen Grund.“

„Warum?“

„Weil auch ein Spiel nur ein begrenztes Maß an Unfug vertragen kann.“

„Wenn Sie nicht kommen, lädt Sie halt der Staatsanwalt vor.“

„Meinen Sie, dass ich dann komme?“

„Man wird Sie holen.“

„... und zur Aussage zwingen. Sind Sie ein Fan von Guantanamo?“

„Das hat damit nichts zu tun...“

„Warum halten Sie sich nicht einfach an das Gesetz?“

Annette Basler hat einen Unterstützer gefunden.

„Tue ich doch.“

„Dann kapieren Sie bitte auch, dass es Ihnen nichts bringt.“

Wenig später wechselt Santos seine Strategie.

„Wenn wir jetzt mal unser Spiel beenden: Worüber reden wir eigentlich? Ehrlich gesagt, ich verstehe gar nicht, was Sie von mir wollen. Nichts als Böhmische Dörfer.“

René Gronwald muss nachziehen.

„Ich mache mir da auch gar keine Illusionen, Herr Schimpf.“ Erstmals nennt er den Namen der Zielperson, aber das beeindruckt die nicht. „Ich trinke mit Ihnen ein Bier, mache auf Zufallsbekanntschaft und auf Sympathie, und dann konfrontiere ich Sie mit unangenehmen Dingen. Spaß macht mir das keinen.“

„Haben Sie nicht gehört? Ich verstehe nicht, über was Sie da reden."

„Was hielten Sie denn davon, wenn wir Geld ins Spiel brächten? Sagen wir, 50.000 Euro, meinetwegen auch das Doppelte."

Santos schüttelt lächelnd den Kopf. „Abgesehen davon, dass ich mit Ihrem wirren Geschwätz nichts anfangen kann: Geld zieht bei mir nicht. Ich habe nämlich genug davon. Mein Vater war Teilhaber bei TNT und ist seit zwei Jahren tot. Meine Mutter ist vor einem halben Jahr gestorben. Noch Fragen an den Alleinerben?"

René Gronwald spielt seine nächste Trumpfkarte. Annette Basler zuliebe.

„Die Analyse Ihres Schreibens ergibt eindeutig, dass Sie die Pläne Ihrer Bekannten nicht billigen. Warum trennen Sie sich unter diesen Umständen nicht von ihnen? Ziehen einen Schlussstrich? Bei uns wären Sie willkommen..."

Ein spöttisches Grinsen spielt um Santos Mund. „Aber Herr Kommissar..." Dann stutzt er einen Augenblick. „Sie sind doch Kommissar, oder? Stinknormaler Kriminaler. Nichts von wegen Nachrichtendienst oder Verfassungsschutz. Kripo Frankfurt."

„Nicht schlecht. Hauptkommissar Gronwald."

„Sehen Sie!"

„Woran erkennen Sie mich?"

„Woran haben Sie mich denn erkannt? An irgendwelchen Äußerlichkeiten. Genauso geht es mir jetzt in Bezug auf Sie."

„Rein interessehalber: welche Äußerlichkeiten?"

„Schuhe, Klamotten, Frisur. Alles viel zu sauber und zu akkurat. Uniform halt. Das mögen Polizisten doch?"

„Kommen wir wieder zum Thema..."

„...von dem ich nichts verstehe. Ein letztes Mal: Um was geht es eigentlich?"

René Gronwald mag dieses Spiel nicht. Längst liebäugelt er mit dem großen Ass, das er noch im Ärmel hat und dem er alles zutraut.

„Noch mal ganz deutlich: Wir wären über Ihre Hilfe mehr als glücklich. Und wir wären Ihnen ausgesprochen dankbar, gerade weil wir sehen, in welch schwieriger Lage sie sich befinden. Keine Frage, dass Sie selbst kein Risiko eingehen, wenn Sie reden. Im Gegenteil. Alle Vorteile sind auf Ihrer Seite."

Santos schüttelt zum wiederholten Mal ungläubig den Kopf.

„Jetzt müssen Sie mir nur noch erzählen, dass mir der Polizeipräsident einen Orden überreicht und eine Straße nach mir benannt wird – für eine Information, die ich Ihnen gar nicht geben kann. Herr Kommissar, Sie träumen!"

„Vielleicht überzeugt Sie ein kleines Rechenexempel. Wenn der Anschlag Menschenleben fordert, sind Sie ab zehn Toten mit der Höchststrafe dabei."

Santos lacht laut auf. „Gronwalds Märchenstunde!"

„Damit wir uns nicht missverstehen. Mit der Höchststrafe meine ich lebenslänglich."

An der Tür erscheinen noch einmal die beiden Dealer. Der Wirt redet ein zweites Mal Klartext. Sie müssen sich ihr Revier woanders suchen. Es ist kurz vor Mitternacht. Santos trinkt sein Bier aus.

„Sie sind mir nicht böse, dass ich Sie jetzt nicht auch zu einem Schoppen einlade. Aber Sie waren kein angenehmer Gesprächspartner heute Abend."

„Danke für Ihre Offenheit", erwidert der Kommissar.

Santos legt zehn Euro auf den Tresen und verzichtet mit einer kurzen Handbewegung auf das Wechselgeld. Beim Hinausgehen sagt er: „Sie reden unentwegt dummes Zeug."

Frankfurt am Main, 27. Juni

„Mögen es die Rhododendren wirklich so feucht?"

René Gronwald kommt gut gelaunt auf Waldemar Lobowicz zu, der schon am Vormittag die Rabatte im Eingangsbereich des Wohnheims wässert.

„Hallo, Herr Kommissar!" Der Gärtner weiß jetzt, dass sein Besucher von vorgestern nicht geflunkert hat. „Unsere Rhododendren sind Säufer. Kommen ja auch aus den Bergen, wo es unentwegt regnet. In Deutschland müssen wir ihnen schon mal unter die Arme greifen."

Der Kommissar stellt sich ein paar Schritte neben seinen wichtigsten Mann und schaut zu wie das Wasser aus der Brause vom Boden aufgesogen wird. „Zu trocken."

„Viel zu trocken", erwidert Lobo, „im Taunus und in der Wetterau lässt der Weizen schon die Köpfe hängen. Es wird jedes Jahr schlimmer. Wenn das so weiter geht, müssen alle Kulturen künstlich bewässert werden."

„Gibt es denn genug Wasser dafür?"

„Man müsste es auffangen, in Zisternen und Talsperren, das Grundwasser reicht nicht."

„Und was machen die Wälder?"

Lobo zuckt die Achseln. „Verschwinden", sagt er resigniert, aber nicht panisch. Er kommt noch über die Runden, hofft er. Lobo stellt die Dusche ab und kurbelt den Schlauch auf die große Trommel

„Drei Kubikmeter stehen mir am Tag zu, allein für die Grünanlagen. Wenn es weiter nicht regnet, darf ich aber gar nicht mehr wässern."

Das Büro des Hausmeisters ist in den Eingangsbereich des Wohnheims integriert, eine große Glaswand grenzt es zum Flur hin ab, über den die Bewohner das Haus betreten. Lobo schließt die Tür und lässt die Jalousien herunter. Niemand kann sie jetzt sehen oder hören. Ein paar Minuten nur dauert ihre Unterhaltung, dann sind sie in den labyrinthartig angeordneten Gängen unterwegs. Ein Aufzug, der überraschend neben einem Treppenaufgang auftaucht bringt sie in den vierten Stock. Vor dem Zimmer 4006 bleiben sie stehen. Weit und breit ist niemand zu sehen.

„Sie sind sicher, dass der Mieter nicht zuhause ist?“, fragt Lobo flüsternd und ein wenig ängstlich.

„Er hat vor einer Stunde das Haus verlassen“, erwidert der Kommissar, „und sitzt momentan in einer Klausur.“

Mit dem Allround-Schlüssel öffnet der Hausmeister die Tür. Auf neun Quadratmetern Unordnung. Das große Fenster an der Stirnseite ist gekippt, dennoch muffelt es erheblich. Der Schreibtisch ist mit Papier aller Art überfrachtet. In einem kleinen Kühlschrank Getränke und angeschimmelter Joghurt. Längsseitig an der Wand, gegenüber dem Bett, ein prallvolles Bücherregal. Von Belletristik bis Fachliteratur steht dort alles.

Der Kommissar interessiert sich zuerst für den Papierkorb. Die Nachschau endet enttäuschend. Keine Schnipsel oder andere Überbleibsel der Klebeaktion von der vergangenen Woche. Santos macht so schnell keine Fehler.

Lobo ist an der Tür stehen geblieben. Der Kommissaar inspiziert jetzt die Bücherwand. Er nimmt das eine oder andere Buch heraus, blättert kurz und stellt es wieder zurück.

„Eine Leseratte“, sagt er und dann verlassen sie das Appartement.

„War da was?“, fragt der Hausmeister neugierig auf dem Weg nach unten.

„Nein“, antwortet der Kommissar mit entwaffnender Offenheit, „überhaupt nichts Verdächtiges. Das haben Sie ja selbst gesehen.“

„Stimmt“, sagt Lobo ernüchtert.

„Das bedeutet allerdings nicht, dass die Sache damit erledigt ist.“

Lobo schöpft neue Hoffnung.

„Für den Fall, dass wir wiederkommen, kennen Sie uns jedenfalls schon und wir kennen die Örtlichkeit.“

René Gronwald benutzt den Plural nicht ohne Grund. Wenn die Beamten von K 65 anklopfen, soll Lobo nicht mehr neu nachdenken müssen.

„Nochmals Dankeschön“, sagt René Gronwald, als er das Wohnheim verlässt und dann gibt er seinem Partner einen freundschaftlichen Klaps auf die Schulter.

Frankfurt am Main, 28. Juni

Durch den Spion schimmert mattfahles Licht. Die blechernen Wortfetzen, die nach draußen dringen, verraten einen laufenden Fernseher. Vor einer Viertelstunde hat Santos von Ulis Pilsstube kommend das Wohnheim betreten. Alles scheint zu passen. Vorsichtig steckt Frank Korte den Schlüssel ins Schloss der Appartementtür. Nach zweimaligem kurzem Klopfen sperrt er auf.

„Hausverwaltung“, ruft er freundlich, während er und sein Kollege das Zimmer betreten. „Entschuldigen Sie bitte die späte Störung.“

Der kleine Bluff zu Anfang soll Kurzschlussreaktionen verhindern. Santos liegt angezogen auf dem Bett und sieht fern. Jetzt erhebt er sich rasch.

„Was gibt's denn?“, fragt er irritiert.

„Tut uns leid, Herr Schimpf.“ Frank Korte präsentiert mit der Linken seinen Dienstausweis, während die rechte Hand auf dem Knauf seiner Pistole ruht. „Kriminalpolizei. Wir wollen uns bei Ihnen kurz umsehen.“

Santos ist blass geworden. „Was soll das heißen?“

„Wir haben Hinweise, dass Sie mit Betäubungsmitteln handeln.“

„Dann haben Sie sicher auch einen Durchsuchungsbeschluss.“ Santos hat sich schnell wieder gefangen. Er weiß, dass an der Sache nichts dran ist.

„Gefahr im Verzug, wenn Ihnen das etwas sagt. Wir brauchen keinen richterlichen Beschluss.“

Auch egal, denkt Santos, die Bullen werden ihre Pleite erleben.

Frank Korte betätigt sein Funkgerät. „Kommt ihr bitte.“

Minuten später stehen zwei Uniformierte im Zimmer. Sie haben Gonzales dabei, einen Schäferhund, der auf geringste Mengen Rauschgift anspricht.

„Sie sind hoffentlich damit einverstanden, dass wir den Hund die Arbeit machen lassen. Er ist zuverlässiger als der beste Beamte und es geht alles viel schneller.“

Santos hat den Fernseher ausgeschaltet und ein Bier aus dem Kühlschrank geholt. Eher belustigt schaut er zu, wie der Vierbeiner aufgeregt im Zimmer hin und her läuft und seine Nase in alle Ecken und Nischen steckt.

„Woher haben Sie denn Ihren Verdacht?“, fragt Santos, während erste Spuren von Ärger in seinem Gesicht erkennbar sind. „Sie glauben doch nicht etwa, dass ich mir das gefallen lasse?“

„Das soll Sie im Augenblick noch nicht interessieren“, erwidert der Oberkommissar kühl.

Gonzales hat mittlerweile das Bücherregal erreicht. Zusehend aufgeregter läuft er dessen Front ab, stellt sich schließlich auf die Hinterbeine und bellt in Richtung der oberen Buchreihen. Mit Gewalt zieht der Hundeführer das Tier zurück. Frank Korte entfernt an der angezeigten Stelle diverse Bücher und wird schnell fündig. Der hinter Trivialliteratur versteckte Plastikbeutel enthält vielleicht hundert Gramm eines beigefarbenen Pulvers.

„Wollen Sie etwas dazu sagen?“, fragt der Oberkommissar emotionslos, während er dem Mieter die Fundsache entgegenstreckt.

„Nein“, antwortet Santos knapp, der das Spiel jetzt schnell durchschaut. Wut steigt in ihm auf. René Gronwald meint es offenbar ernst. Sie werden ihn mitnehmen und einsperren. So lange bis er ihnen erzählt hat was sie hören wollen. Wenn er dicht hält, dauert es länger. Das Rauschgift, das sie ihm untergeschoben haben, dürfte für das eine oder andere Jahr Knast gut sein. Vielleicht kann er dann sein Studium an den Nagel hängen.

Den Tischkalender stecken die Beamten noch ein und dann lassen sie sich das Protokoll unterschreiben.

„Sie hören noch von uns“, sagt Frank Korte, während er Gonzales sanft über die Schnauze fährt. „In etwa drei Wochen laden wir Sie zur Vernehmung vor.“

„Mitnehmen wollen Sie mich nicht?“ Santos Stimme klingt ängstlich und höhnisch zugleich.

„Es gibt keine rechtliche Handhabe“, antwortet der Oberkommissar lapidar, „Sie haben einen festen Wohnsitz und Verdunklungsgefahr lässt sich nicht belegen.“

Dass er für den jungen Mann mit dem schwarzen Zopf heute Nacht auch eine gute Nachricht hat, kommt ihm ganz gelegen. Im Nachhinein findet er es nicht gut, auf was er sich eingelassen hat. Eine Konzession an eine alte Männerfreundschaft, wie sie unter Polizeibeamten gerne gepflegt wird. Die ihm aber jetzt heftige Bauchschmerzen bereitet.

Gegen 1.30 Uhr verlassen die Beamten das Appartement 4006.

An der Tür dreht sich Frank Korte noch einmal um. „Es war in Ihrem Interesse, dass wir so spät gekommen sind“, sagt er. „Kein Mensch hat etwas mitbekommen.“

Frankfurt am Main, 29. Juni

Als Santos am nächsten Abend das Pilsstübchen betritt, steht der Kommissar schon am Tresen. Mit einem lässigen Hallo begrüßt er den Neuankömmling, der sich aufgebracht, aber beherrscht, neben ihn stellt. „Manchmal sieht man sich schneller wieder als man denkt."

„Sie sind ein Schwein", sagt Santos, nachdem er auf den fragenden Blick des Wirts mit einem Kopfnicken geantwortet hat, „ein richtiges Schwein."

„Da dürften Sie wohl Recht haben", erwidert der Kommissar, „aber glauben Sie mir, ich bin nicht glücklich dabei."

„Ein Schwein und ein Zyniker."

„Ich habe noch einmal über Ihre These nachgedacht, dass wir Ihnen nichts anhaben können. Soll ich Ihnen was sagen? Sie haben Recht! Wir haben gegen Sie nichts in der Hand, jedenfalls reicht es vorne und hinten nicht."

„Aber das haben Sie ja jetzt geändert."

„Sagen wir so: Das hat sich geändert."

Santos lacht zornig. „Sie spielen ein gewagtes Spiel. Wenn die Sache auffliegt, sind Sie geliefert. Und sicher noch einige Ihrer liebenswürdigen Kollegen dazu."

„Jetzt könnte ich Ihre Taktik von vorgestern Abend übernehmen und sagen: Ich weiß gar nicht, wovon Sie reden."

„Das wäre unter Ihrem Niveau."

„Deswegen mache ich es ja auch nicht. Ich schlage stattdessen vor, dass wir mit offenen Karten spielen. Irgendwie leben wir beide doch in Symbiose miteinander. Den Begriff kennen Sie als Biologe besser als ich. Sie brauchen mich und ich brauche Sie. Wenn wir unsere gegenseitige Abhängigkeit ignorieren, stürzen Sie ungleich tiefer als ich. Während ich meinen Fall nicht lösen kann – was ja in meinem Geschäft so ungewöhnlich nicht ist – landen Sie im Knast." Der Kommissar reicht dem Wirt sein leeres Glas über den Tresen. „Es war übrigens hochkonzentriertes Heroin, über hundert Gramm. Da wird Handeltreiben unterstellt. Strafrahmen zwei bis fünfzehn Jahre.“

„In Frankfurt gibt es Anwälte, die hauen dich aus jeder Scheiße wieder raus“, entgegnet Santos trotzig.

„Es gibt auch welche, die tun nur so. In Wirklichkeit paktieren sie mit uns.“

„Pah!“, lacht Santos auf, „Bullenträume. Sonst gar nichts.“

Der Kommissar sucht wieder den roten Faden.

„Als wir uns das letzte Mal an dieser Stelle unterhielten, habe ich Ihnen das eine oder andere Kompliment gemacht. Das war ehrlich gemeint. Ich fand Sie von Beginn an sympathisch. Das Bild, das ich mir von Ihnen machen konnte, passt auch zu der offiziellen Auswertung Ihres Schreibens an den Polizeipräsidenten: Der Verfasser will den Anschlag unbedingt verhindern... Der das sagt ist Deutschlands Profiler Nummer eins!“

Fast beschwörend redet der Kommissar auf Santos ein, der mit starrem Gesicht zuhört. „Dann tun Sie es doch, verdammt noch mal! Ihre Botschaft an den Präsidenten reicht nicht. Ich sage es Ihnen ganz ehrlich: So kommt die Polizei nicht an Ihre ehemaligen Komplizen heran. Die werden das Ding drehen. Das ist nicht in Ihrem Sinn!“

René Gronwald glaubt erste Unsicherheiten bei seinem Nachbarn zu erkennen.

„Wir könnten einen Deal machen. Sie sagen mir drei Namen. Nur drei Namen. Mehr will ich nicht wissen. Und Sie hatten vergangene Nacht keinen Besuch von irgendwelchen Schnüfflern.“

René Gronwald hält unvermittelt inne und sucht Blickkontakt mit Santos. Der aber schaut zur Seite und schweigt. „Kommen Sie, wir gehen eine Runde ums Karree und danach trinken wir an dieser Stelle noch einen Henkelmann. Auf meine Rechnung – für drei Namen!“

Monolutu/Kongo, Ende Juni

Die Maschine der Nigerian Airways verlässt schon zwanzig Meilen vor ihrem Ziel die offizielle Route und biegt in südwestlicher Richtung ab. Der Befehl kam vom Tower und war ohne Begründung. Über den Bambala-Hills fliegt der Pilot eine scharfe Rechtskurve und steuert in einem gewagten Sinkflug die Landebahn des International Airports von Kinshasa an. Über der Stadt sieht man Rauch aufsteigen. Linda meint durch die schalldichten Fenster Schüsse und Explosionen zu hören. In Khartum hat sie erfahren, dass der Krieg im Kongo wieder voll entbrannt ist und die Kampfhandlungen bereits die Randbezirke der Hauptstadt erreicht haben. Der Pilot wartet mit laufenden Motoren bis die wenigen Passagiere ausgestiegen sind und rollt ohne aufzutanken zur Startpiste. Mit dem Rest seines Kerosins schafft er es noch bis Libreville, wo schon seit vielen Monaten Frieden herrscht.

Linda wird an der Gangway von Michel Picard in Empfang genommen. Sie erkennen mich ganz leicht, hatte er ihr am Telefon gesagt, ich sehe aus wie ein Filmfranzose. Dr. Picard ist Jean Paul Belmondos Double. Und genauso höflich. Aber zum Kaffe wird er sie erst in Monolutu einladen.

„Die Kämpfe kommen immer näher an den Flughafen“, entschuldigt er sich, „spätestens heute Abend läuft hier nichts mehr.“

Die Maschine des Doppelgängers steht nur wenige Meter entfernt am Hangar für Kleinflugzeuge. Eine Piper Comanche, blütenweiß lackiert und mit der deutlich lesbaren Aufschrift *Médecins Sans Frontière* versehen.

„Wir hoffen, dass sie das davon abhält uns abzuschießen“, erläutert Dr. Picard die auffällige Werbung. „Bisher ist es ja auch gut gegangen.“

Nachdem sie ein paar Minuten in der Luft sind, gibt der Pilot Entwarnung.

„Unter uns ist die Gegend clean. Keine Rebellen. Abgesehen davon hätten sie Probleme uns zu treffen. Boden-Luft-Raketen haben sie nicht und die Männer am MG sind besoffen.“

„Es war doch lange Ruhe am Kongo?“

„Ein ganzes Jahr“, antwortet Monsieur Picard traurig. „Ziemlich ungewöhnlich für die Gegend. Denn hier ist nach dem Krieg immer auch vor dem Krieg. Richtigen Frieden gibt es nicht. Nur Kampfpausen, um Luft zu holen für das nächste Gemetzel.“

„Stammesfehden?“

„Unfug“, Dr. Picard winkt ab, „die Rivalitäten zwischen den einzelnen Volksgruppen werden von den Kriegsherren nur ausgenutzt. In Wirklichkeit geht es um handfeste wirtschaftliche Interessen. Am Ojowangui haben sie Coltan gefunden. Und China zahlt fast jeden Preis.“

„Aber die Vereinten Nationen sind doch vor Ort!“

„Bei uns in Monolutu sind sie und in drei weitern Provinzstädten. Mit sechstausend Mann. Wissen Sie, wie groß dieses Land ist?

„Wer kämpft hier eigentlich gegen wen?“, fragt Linda nach einer Weile.

„Eigentlich jeder gegen jeden. Ein Dutzend Rebellengruppen prügeln sich untereinander und mit dem staatlichen Militär. Aber es ist kein Bürgerkrieg. Die Rebellen gehören den Nachbarländern Burundi, Ruanda, Uganda. Alle wollen ans Coltan.“

Unter ihnen liegt grüner Tropenwald, der am Horizont mit dem milchigen weiß des Himmels verschwimmt. Dr. Picard fliegt in niedriger Höhe und immer in Sichtweite des Flusses, dessen Wasser silbergrau in der Sonne glänzt.

„Unsere Leute setzen große Hoffnungen auf Sie“, sagt Dr. Picard, während er sein Funkgerät auf die Frequenz des Zielortes einstellt.

„Ah ja“, Linda nickt bedächtig mit dem Kopf und versucht ihre Überraschung zu verbergen.

„Es hieß zwar zuerst, Sie kommen aus wissenschaftlichem Interesse, aber Sie wissen ja wie das ist. Ertrinkende greifen nach jedem Strohhalm.“

„Ertrinkende?“

„Monsieur Chapuis hat Ihnen das nicht gesagt?“

Linda schüttelt den Kopf.

„Unsere Virologen sind weg. Die Organisation hat sie vor einem viertel Jahr nach Dschibuti abgezogen, wo das Lassafieber ausgebrochen ist und wo viele Franzosen leben. Wir haben es hier ganz offensichtlich auch mit einer Virusinfektion zu tun.“

„Ich will sehen, was ich machen kann“, sagt Linda und dann erschrickt sie kurz, als ihr bewusst wird, dass sie das Schicksal der Urwaldpatienten bestenfalls am Rande interessiert. Sie hat anderes im Sinn. Wenn die Kranken in Monolutu von ihrer Arbeit profitieren sollten, dann ist das in Ordnung. Gekommen ist sie ihretwegen nicht.

Dr. Picard drückt die Piper behutsam nach unten. Der Fluss ändert sein Gesicht. Die Ufer rücken näher zusammen und das Wasser wird unruhig.

„Stromschnellen“, sagt der Arzt, „aber nach fünfhundert Metern ist alles schon wieder vorbei. Die Eingeborenen nennen den Fluss Braves Wasser. Womit sie zweifellos Recht haben – von dieser Passage einmal abgesehen.“

„Ihnen dient er offenbar als Orientierung auf dem Flug nach Monolutu?“

„... und als Airbag.“ Dr. Picard lacht. „Wenn es Probleme mit dem Vogel geben sollte, setze ich ihn einfach aufs Wasser. Allerdings“, fügt er Sekunden später hinzu, „wird es nicht mehr lange dauern, dann kann ich den direkten Weg nehmen.“

„Wie darf ich das verstehen?“

„Die Regierung hat über die Hälfte des Waldes verschachert“, antwortet Michel Picard. „Dutzende von Holzfirmen sind bereits in die Wälder eingedrungen, viele auch illegal.

Überall entstehen kleine Siedlungen mit Sägewerken und Flugpisten. Notlanden kann ich dann praktisch wo ich will."

„Aber Präsident Bikali hat doch vor der UNO erklärt, den zentralafrikanischen Regenwald zu schützen", sagt Linda und spielt die Blauäugige.

Dr. Picard amüsiert sich. „New York ist weit. Was sie dort sagen, haben sie zuhause längst wieder vergessen. Und mal ehrlich: Interessiert sich jemand in Europa oder Amerika ernsthaft für den Tropenwald, von einer Hand voll Idealisten einmal abgesehen? Hollywood hat ihn doch nachgebaut und liefert ihn in seiner ganzen Schönheit in die Wohnzimmer. In zehn Jahren ist das Original zerstört – und in hundert Jahren die gesamte Erde."

Das kann man sicher auch schneller schaffen, denkt Linda und nickt verständnisvoll mit dem Kopf.

Nach fünf Stunden Flug bekommt der Urwald Löcher. Kleinstrukturierte Felder sind zu erkennen und Hütten, die sich am Horizont zu einer Siedlung verdichten. Flacher Rauch liegt über dem Land.

„Monolutu", sagt Dr. Picard. „Eine Million Einwohner, neunzig Prozent davon Flüchtlinge ohne jegliches Hab und Gut. Sie hausen in Wellblechhütten, Zelten und Erdlöchern. Es gibt keine sanitären Einrichtungen."

Der Pilot geht tiefer. Sie überfliegen das Stadtzentrum, das von den Behausungen der Habenichtse fast erdrückt zu werden scheint.

„Vor uns sehen Sie jetzt das Quartier der UN-Truppen." Dr. Picard zeigt auf ein isoliert stehendes, blau-weiß gestrichenes Gebäude, vor dem mehrere Schützenpanzer stehen. „Eine Eliteeinheit der französischen Armee. Noch unter Annan mandatiert. Sie sorgt wenigstens dafür, dass die Verteilung der Nahrungsmittel ordnungsgemäß vonstatten geht und sich die Rebellen fernhalten."

Am westlichen Stadtrand taucht neben einem mächtigen Gebäudekomplex eine anthrazitfarbene Schotterpiste auf.

„Wenn der Wind ungünstig steht, haben wir Probleme beim Landen“, sagt Dr. Picard mit leichter Resignation in der Stimme. „Der Rauch ihrer Kochstellen ist so dick wie eine Bohnensuppe. Sie verfeuern nasses Holz.“

Beim Aufsetzen dcs Flugzeugs werden Pilot und Begleiter heftig durchgerüttelt. Schlaglöcher und Steine dominieren die Piste. Umso herzlicher ist der Empfang.

Dr. Jean Chapuis ist der Direktor des Hospitals und hat ein Begrüßungsbuffet organisiert. „Was ist eigentlich dran an unserer Epidemie, dass Sie diese beschwerliche Reise auf sich genommen haben?“, fragt er freundlich, aber mit einem lauernden Blick, während er seinem Gast die Croissants reicht.

Linda muss jetzt aufpassen. „Die Symptome ...“, erwidert sie unschuldig.

„Ich bitte Sie!“, fällt ihr der Chef ins Wort, „Es sind Allerweltssymptome!“

„Aber ihre Chronologie. Es stimmt doch, was Sie auf Ihrer Internetseite geschrieben haben...?“

„Sicher.“

„Dann bilden sich schon am ersten Tag der Infektion kleine Pusteln auf den Waden der Patienten, die langsam aufwärts wandern und nach einer knappen Woche die Schulterblätter erreicht haben. Auf ihrer Reise verändern sie ihre Farbe. Von blau über rot bis schwarz.“

„Sie bleiben allerdings ausgesprochen unauffällig und machen keinerlei Beschwerden.“

„Das ist es doch gerade!“ Wenn Linda ihn auf die Hautprobleme fixieren kann, hat sie fürs Erste gewonnen. Aber da macht sie sich keine Illusionen. „Sie tun nicht weh, brennen nicht, jucken nicht, nässen nicht – komisch, nicht?“

„Mag sein“, erwidert Dr. Chapuis, „aber diese Dinge dürften sie nicht in den Urwald gelockt haben.“

„Das hohe Fieber?“

„Bei Viruserkrankungen normal.“

„Die überraschende Genesung?“

„Virale Infekte führen selten zum Tod.“

„Virologen sind sensibel, achten auf kleinste Veränderungen. Ihre Klientel ist ja auch ausgesprochen winzig."

Sie essen eine Weile schweigend, dann hat Dr. Chapuis weiteren Informationsbedarf.

„Was machen Sie eigentlich in Frankfurt genau?"

„Die Stadt gibt das Thema vor. Aids und die unendliche Geschichte eines Virus, das nicht zu fassen ist."

„Sagen Sie nur, Aids ist in Frankfurt noch ein Problem?", fragt der Direktor ungläubig.

„Wie man es nimmt. Wir haben zwar eine Infektionsrate von nur einer halben Promille. Sie bedeutet aber eine Verdopplung in den letzten Jahren. Das macht insgesamt tausend Infizierte in der Stadt."

Dr. Chapuis lacht.

„Bei uns sieht das etwas anders aus. Sie kennen die Zahlen?"

„Die vom vergangenen Jahr ..."

„Die aktuellen sind noch schlechter. In Zentralafrika sind gegenwärtig fast vierzig Prozent der Menschen infiziert."

„Die Verbilligung der Medikamente hat nicht viel gebracht?"

Dr. Chapuis macht eine abschätzige Bemerkung.

„Alles Augenwischerei. Sie sind für die Menschen in Afrika immer noch zu teuer. Die Pharmakonzerne gehen mit den Preisen nicht runter, weil sie weltweit damit am besten fahren. Die Gelder, die die Weltbank den afrikanischen Staaten für den Kauf der Medikamente zur Verfügung stellt, verschwinden in dunklen Kanälen. Darüber hinaus fehlt es an Aufklärung und Information. Niemand hier kennt die Zusammenhänge. Das Sexualverhalten hat sich nicht geändert. Die HIV-Infizierten bei uns im Hospital wissen bis zu ihrem letzten Tag nicht, was mit ihnen geschieht. Wenn man sie fragt, was ihnen fehlt, sagen sie zwar Aids, aber sie wissen nicht, was das ist, wo es herkommt und wie sie es hätten verhindern können."

Am Buffet herrscht jetzt großes Gedränge. Lindas Besuch wird als willkommene Abwechselung im tristen Urwaldleben genutzt.

„Sie suchen ein neues Virus“, sagt Dr. Chapuis unvermittelt.

„Wie kommen Sie darauf?“, erwidert Linda automatisch.

„Gar nicht so schwer“, grinst der Direktor, „eine Aidsspezialistin im Regenwald. Wo vor wenigen Jahrzehnten das HI-Virus entstanden ist. Eine Hexenküche aus Hitze und Morast. Wo die Evolution in jedem Augenblick für eine neue Überraschung gut ist. Und wo jetzt eine Krankheit aufgetreten ist, die den Verdacht nahe legt, dass es wieder Bingo gemacht hat.“

„Wäre denn ein solches Motiv verwerflich?“

„Um Gottes Willen!“ Dr. Chapuis legt erschrocken sein Besteck zur Seite. „Ich bewundere junge Forscher, die sich einen Namen machen wollen.“

„Darum geht es aber gar nicht. Die Evolution eines Virus ist das zentrale Thema der Aidsforschung. Wie entsteht ein neuer Erreger? Das HI-Virus ist ja doch in ständigem Wandel begriffen, entsteht praktisch dauernd neu. Dieser Umstand macht es ja so unangreifbar. Wenn wir es besiegen wollen, müssen wir zuerst diesen Mechanismus verstehen.“

„Auch insoweit völlig einverstanden“, antwortet Dr. Chapuis mit immer noch lauerndem Blick, „aber warum halten Sie ihr Motiv im Dunkeln?“

„Es ist ja nicht der einzige Grund für mein Kommen“, trumpft Linda kurzfristig auf, ohne das Gesagte näher zu erläutern. „Zudem backt man als Aidsforscherin schnell kleine Brötchen. Es gibt einfach zuviel Misserfolge. Da schweigt man gerne zu seinen Absichten.“

Damit hatte Linda gerechnet. Dass sie ihr unterstellen, aus Interesse an einem neuen Virus nach Monolutu gekommen zu sein. Viel Phantasie gehörte ja nicht dazu. Für eine Aidsforschung irgendwie ein Muss. Dahinter kann sie sich nun wunderbar verstecken. Niemandem wird auffallen, dass ihre Neugierde ganz anders motiviert ist, mit der Killerseuche nichts zu tun hat. Sondern allein mit ihrem Projekt, das sie in Frankfurt entworfen haben und von dem hier keiner etwas weiß. Wenn die Symptome der Patienten nicht trügen, ist tatsächlich ein neues Virus im Spiel. Mit Fähigkeiten und Eigenschaften, die für ihr Projekt von entscheidender Bedeutung sein könnten.

Auch die Tatsache, dass der Erreger offenkundig nicht tödlich ist, von den infizierten Aidspatienten einmal abgesehen, gibt ihr zuverlässig Deckung. Alle Welt spricht von Anthraxerregern und Pockenviren, die beachtliche Mortalitätsraten aufweisen. Die Killer stehen im Focus der Sicherheitsdienste. Die Nur-Krankmacher nicht. Klar, am Anfang haben sie auch auf diese Schiene gesetzt. Aber schnell war ihnen klar, dass diese Dinge nicht umsetzbar sind. Ebola- und Marburgvirus, die auf Grund ihrer tödlichen Krankheitsverläufe von bis zu neunzig Prozent für sie infrage gekommen wären, hätten sie, wie auch die Milzbrand-, Pest- und Pockenerreger, aus Sicherheitseinrichtungen entführen müssen. Arena- und Bunyaviren schieden wegen der kaum beherrschbaren Gefahren aus, die mit ihrem Umgang verbunden waren. Die klassische Bioschiene war schnell ausgereizt. Sie mussten einen anderen Weg gehen.

Bullys Idee, das Aids-Virus, mit dem Linda ja täglich zu tun hatte, nutzbar zu machen, war auf Grund gravierender Applikationsprobleme gleichfalls schnell wieder vom Tisch. Es kann leider nicht fliegen, hatte Laila damals gesagt, und Flügel habe ich nicht im Programm. Damit war die klassische Virenkarte, die der Gegenseite soviel Angst machte, ausgereizt. Sie mussten einen anderen Weg gehen.

„Mademoiselle!“

Dr. Picard klopft vorsichtig, aber bestimmt, an Lindas Tür. „In einer halben Stunde ist Visite. Ich kann mir vorstellen, dass Sie dabei sein wollen.“

Das Gewitter der vergangenen Nacht hat der Luft die Schwüle genommen. Für eine kurze Zeit ist es sogar angenehm kühl, obwohl die Sonne längst schon wieder die Baumwipfel passiert hat und mit beachtlicher Geschwindigkeit in Richtung Zenit unterwegs ist. In der Lounge trifft Linda die beiden Ärzte. Sie frühstücken hastig und brechen dann wortlos auf. Ihr Ziel ist die Isolierstation am Rande der Anlage, ein einfacher, dennoch sorgfältig gezimmerter Holzpavillon, vielleicht zwanzig auf dreißig Meter groß.

„Die Abteilung gehört ins Zentralgebäude“, sagt Dr. Chapuis bedauernd, „aber da ist einfach nicht genug Platz.“

Im Vorraum hinter der Eingangstür ziehen sie Gesichtsmasken über. „Wir gehen auf Nummer sicher“, rechtfertigt sich Dr. Picard, „obwohl die Ansteckungsgefahr nicht besonders groß ist. Jedenfalls scheint die Tröpfcheninfektion kaum eine Rolle zu spielen.“

„Und wie funktioniert die Ansteckung?“

„Über den Austausch relevanter Mengen Körperflüssigkeit, wie es aussieht. Sperma und Speichel.“

„Das heißt Geschlechtsverkehr und......Kuss?“

„Ganz richtig“, bestätigt sie Dr. Picard. „Auch beim intensiven Küssen wird die Krankheit weitergegeben.“

„Man kann sich also infizieren, indem man den Erreger oral aufnimmt?“

„Völlig richtig.“

„..... ihn beispielsweise auch verspeist.“

„Nichts anderes geschieht beim Küssen.“

„..... oder trinkt?“

„Sie müssen ihn halt schlucken. Wie das geschieht, spielt keine Rolle.“

Die Hürde, die Linda im Augenblick überwunden hat, hatte sie unterschätzt. Ein kalter Schauer läuft ihr über den Rücken.

„Sie sehen hier alle Stadien der Erkrankung“, sagt Dr. Chapuis, während sie halbrunde Plastikscheiben als zweiten Schutz vor das Gesicht setzen. Gerade als sie im Begriff sind einzutreten, wird die Tür von innen geöffnet. Zwei Farbige in weißen Kitteln tragen einen Leinensack aus dem Gebäude, in dem sich augenscheinlich ein menschlicher Körper befindet.

„Alle Stadien der Krankheit“, bekräftigt Dr. Chapuis.

Im einsehbaren Bereich der Isolierstation stehen gut drei Dutzend Feldbetten. Fast alle sind belegt. Wenige Schwestern und Pfleger, sämtlich in Schutzkleidung, versorgen die Patienten.

„Wir fangen gleich hier vorne an“, sagt Dr. Chapuis.

Auf dem Bett liegt ein farbiger junger Mann, breit lächelnd und mit einem bis an die Knöchel reichenden Baumwollhemd bekleidet.

„Marc Tsetsuma“, erläutert Dr. Chapuis. „Gestern unter der Dusche hat er die typischen Hautveränderungen an seinen Füßen bemerkt. Er ist danach sofort zu uns gekommen. Die Leute im Hospital kennen alle die Symptome.“

Der Doktor zieht das Hemd des Patienten ein Stück weit hoch. „Die Pusteln haben heute schon die Knie erreicht und eine leicht violette Farbe angenommen.“

„Sieht aus wie eine Maserninfektion“, bemerkt Linda.

„Am Ende des Gangs denken Sie an etwas ganz anderes.“

Moses Yaounde liegt den vierten Tag auf der Station. Die Pusteln haben den Weg zur Taille gefunden und an Farbe zugelegt.

„Immer noch keine Beschwerden?“, fragt Linda.

Dr. Chapuis gibt die Frage an den Patienten weiter. Der schüttelt den Kopf. Es ist ein bisschen Angst dabei, denn der Mann weiß, was ihn in zwei oder drei Tagen erwartet.

„Wir kommen jetzt langsam in den kritischen Bereich“, sagt Dr. Picard, als sie sich den Betten auf der anderen Seite des Gangs zuwenden.

„Charles, unser Kuskus-Meisterkoch. Sein sechster Tag.“

Die Pusteln haben die Schulterblätter erreicht. Der Patient hat Schweißperlen auf der Stirn und friert. Dr. Chapuis schaut auf die Steckkarte mit den Messdaten am Kopf des Bettes.

„Vergangene Nacht hat das Fieber eingesetzt. Es hält sich noch in Grenzen. Etwas über neununddreißig."

Linda riskiert eine gefährliche Frage. „Der Patient in Deutschland oder Frankreich, der das Problem nicht kennt, würde jetzt spätestens zum Arzt gehen?"

„Frühestens", antwortet Dr. Chapuis, „es tut ihm ja nichts weh. Er fühlt sich völlig gesund. Die Pusteln sind unauffällig. Selbst Fachärzte würden sie als vorübergehende allergische Phänomene deuten."

Den beiden Männern und der Frau in den Nachbarbetten geht es schlecht. Mit aufgerissenen Augen und aufgesperrten Mündern liegen sie auf durchnässten Laken. Schüttelfrost lässt die Körper vibrieren. Schweiß rinnt in Bächen aus ihren Poren.

„Monique und ihre beiden Lover. Zeitgleiche Infektionen. Sie gehen gerade durch die Hölle." Dr. Chapuis ruft nach der Schwester. „Zeigen Sie uns bitte ihre Flaschen."

Die zierliche schwarze Frau fasst unter eines der Betten und hebt das gläserne Urinal in das Licht, das durch ein kleines Fenster in den Raum fällt. Augenblicklich bringen die Sonnenstrahlen den blutroten Inhalt zum Leuchten.

„So sieht der Urin aller Patienten am siebten oder achten Tag aus", erklärt Dr. Chapuis. „Auch ihr Stuhl ist blutig und das Erbrochene ebenfalls. Sämtliche Schleimhäute im Magen-Darm-Bereich scheinen defekt zu sein."

„Wann treten diese Symptome erstmals auf?"

„Nach einer Woche, sie kommen mit dem Fieber."

Die Schwester legt den Patienten neue Infusionen an.

„Wir führen ständig Flüssigkeit zu. Sie würden sonst in wenigen Stunden austrocknen."

Dr. Picard bittet die Schwester, der Patientin das Fieber zu messen

„Was geben Sie ihnen an Medikamenten?"

„Mercal gegen die Entzündungen und das Fieber und Morphium gegen die Schmerzen."

„Die Infektion beschränkt sich auf das Gelände des Hospitals?"

„Gott sei Dank. Sie hat die Stadt noch nicht erreicht. Bei den Menschen, die wir hier isoliert haben, handelt es sich ausschließlich um Krankenhaus-Angehörige und Patienten, die sich intern angesteckt haben."

Die Schwester zieht das Thermometer aus der Achselhöhle der Patientin und reicht es dem Doktor.

„41,3 am Morgen des siebten Tages. Heute Nacht werden es über 42 Grad sein. Und kurz darauf haben es alle drei überstanden."

„Demnach kann man einen allgemeinverbindlichen Zeitplan aufstellen, was den Verlauf der Krankheit anbelangt?"

„Die Abweichungen sind marginal. Sechs Tage unauffällige Pusteln, am siebten und achten Tag schwerstes Fieber und blutende Schleimhäute und am neunten Tag ist alles vorbei."

„Die schwere Verlaufsform beginnt also frühestens am siebten Tag?" In diesem Punkt muss Linda sicher gehen. Eines der Essentials des Projekts.

„Wir haben keinen einzigen Fall erlebt, bei dem das Drama vorher begann."

Vorbei an einer Reihe Betten mit Patienten, die noch beschwerdefrei sind und den Besuch aus Deutschland auf afrikanische Art willkommen heißen, gehen sie zu einem isoliert stehenden Bett am Kopfende des Raumes.

„Ich zeige Ihnen nun die positiven Seiten der Station", sagt Dr. Chapuis merkwürdig erleichtert. Der mit einer kurzen Hose bekleidete Patient ist bis auf die Knochen abgemagert und atmet schnell. Aber er schwitzt nicht mehr und lächelt glücklich.

„Maurice Lomé, einer unserer Pfleger. Sein neunter Tag. Gestern Nachmittag hatte er noch das Gefühl sterben zu müssen. Aber am Abend war das Fieber schon auf 40 Grad gefallen. Morgen kann er wieder seinen Job machen."

„War er immer schon so hager?"

„Hager nennen Sie das?", entgegnet Dr. Picard belustigt. „Da liegt ein Skelett! Auf dem Höhepunkt der Krankheit, während nur zwei Tagen, nehmen die Patienten bis zu zehn

Kilo ab. Ein deutlicher Beleg dafür, dass in ihrem Körper ein fürchterlicher Kampf stattgefunden hat."

„Immunsystem gegen Virus", sagt Linda.

„...den das Immunsystem gewonnen hat – allerdings erst auf den letzten Drücker."

Linda kann einen weiteren Punkt auf ihrer Liste abhaken. Reaktion und Sieg des Immunsystems erst nach einer Woche. Was den Ärzten in Monolutu den Atem stocken lässt, steht in Lindas Anforderungskatalog. Aber dann kommt der Rückschlag.

„Ich bin Ihnen noch die Ausnahmen schuldig", sagt Dr. Chapuis. Sie wenden sich einem mit Vorhängen abgetrennten Bereich zu. Diesseits der Wand aus bunten Leinentüchern sind eine Schwester und ein Pfleger dabei, ein Bett neu zu beziehen. Sie bleiben stehen.

„Wer?", fragt Dr. Chapuis kurz.

Die Schwester schaut den Arzt mit feuchten Augen an. „Gerald."

„Mein Gott." Für einen Augenblick scheint der erfahrene Arzt aus dem Gleichgewicht zu geraten. „Gerald war ein Praktikant aus Paris", sagt er zu Linda hin gewandt, „er absolvierte hier sein freiwilliges Jahr. Ein Goldstück. Bei allen beliebt. Vor sieben Tagen die ersten Symptome..."

„Ein Ausreißer?", fragt Linda irritiert.

Dr. Chapuis zuckt die Achseln und schlägt eines der Leinentücher zur Seite.

„Wir reden jetzt einfach einmal Deutsch miteinander", sagt der Doktor schon in der neuen Sprache. „Die müssen das nicht verstehen."

Auf den zehn Betten liegen schwarze Männer und Frauen, nur noch Haut und Knochen. Einige halten die Augen geschlossen, andere starren apathisch ins Leere. Die meisten liegen auf der Seite und haben ihren Kopf auf die seltsam verschränkten Arme gelegt.

„Unsere Aidspatienten", sagt Dr. Picard und kann sicher sein, dass ihn die Kranken nicht verstehen. „Sie haben sich zusätzlich mit dem neuen Erreger angesteckt. Ihre Überlebenschance ist null. Wenn sich die anderen erholen, sterben sie."

„Wie sieht die Therapie aus?"

„Wir spritzen nur noch Morphium."

„Die letalen Ausgänge....?"

„Wie gesagt, unter den Aidspatienten hundert Prozent."

„Was heißt das in absoluten Zahlen?"

Dr. Picard deutet auf eine Tafel, die außer Sichtweite der Patienten an einem Holzpfeiler hängt. Es ist die Bilanz der vergangenen drei Wochen. Linda zählt 51 Striche.

Im Vorraum werfen sie die Schutzmasken in die Desinfektionsbox und waschen sich gründlich die Hände.

„Gibt es die Todesfälle nur unter den Aidspatienten?", fragt Linda als sie die Station verlassen haben.

Dr. Picard nickt. „Bisher jedenfalls."

„Und Gerald? Er lag doch auf normal..."

„Reden wir Klartext", unterbricht Dr. Chapuis das Gespräch. „Gerald war offenbar schwul. Das Gerücht machte irgendwann die Runde. Ich habe mich nicht darum gekümmert. Gut denkbar, dass er HIV-positiv war. Sein Blut wird heute noch untersucht."

Nach dem Mittagessen legt sich Linda auf ihr Bett. Die Strapazen der Reise machen sich bemerkbar und vor allem die fast hundertprozentige Luftfeuchtigkeit setzt ihr zu. Irgendwann ist sie eingeschlafen und erst Stunden später befreit sie ein sanftes Klopfen aus ihren konfusen Träumen. Dr. Picard steht mit diversen Flaschen im Gepäck vor der Tür.

„Darf ich Sie einladen?", fragt er gewinnend, während er Linda sein Mitbringsel entgegen streckt. „Das Beste, was das Haus hat."

„Ein bisschen früh für mich", entgegnet Linda und blinzelt müde in Richtung ihres überraschenden Besuchs. „Alkohol trinke ich übrigens nie vor Sonnenuntergang, am liebsten nachts."

„Damit kann ich leben", erwidert Dr. Picard mit einem charmanten Lächeln. „In einer Stunde ist es hier stockdunkel."

Linda schaut auf ihre Uhr. „Immer um sechs, nicht wahr?"

„An jedem Tag des Jahres das gleiche Spiel. Punkt sechs wird es hell und um achtzehn Uhr wieder dunkel. Nervtötend. Da haben wir im Norden mehr Abwechselung."

Dann zieht er mit einer kleinen Verbeugung die Tür ins Schloss.

Linda hat es sich mit ihrem Gast, der wenige Minuten nach Einbruch der Dunkelheit wieder vor der Tür stand, auf dem Balkon bequem gemacht, an einem zierlichen Beistelltisch, auf dem neben einer Flasche Wein und einer Cognacbouteille nur noch eine Petroleumlampe Platz findet. Der Wein ist nach Michel Picards Vorstellung allein Lindas Sache, während er für das Hochprozentige zuständig ist.

„Im Sport würde man jetzt nach dem Zwischenstand fragen", sagt Dr. Picard grinsend und gießt die Gläser voll. „Gibt es ihn eigentlich schon, nachdem Sie heute Morgen auf der Station waren?"

„Eine erste Prognose dürfte schon möglich sein."

„Eine Virusinfektion, davon dürfen wir wohl ausgehen."

„Bei dieser Symptomatik und nachdem die Antibiotikabehandlungen nicht angeschlagen haben, deutet alles darauf hin."

„Und wie heißt der Täter?"

„Ich kenne seinen Namen nicht."

„Vielleicht hat er ja noch gar keinen."

„Mag sein", antwortet Linda lässig, „aber wir wissen immerhin schon einiges von ihm."

„Was zum Beispiel?"

„Das Virus befällt die Schleimhäute des Verdauungsapparats und schädigt sie schwer. Dann ist es in der Lage, das Immunsystem viele Tage hinters Licht zu führen. Erst nach knapp einer Woche begreift die Abwehr, dass sich ein gefährlicher Feind eingeschlichen hat. Anschließend geht es ihm aber schnell und nachhaltig an den Kragen."

„Ist das nicht der Beleg dafür, dass es sich um einen komplett neuen Erreger handelt?" Dr. Picard wärmt sein Cognacglas an der Flamme der Öllampe. „Neu heißt doch aus Sicht des Immunsystems immer auch unbekannt. Und auf Unbekanntes reagiert die Abwehr nicht, wie wir wissen. Oder halt erst spät."

„Ich würde nicht von einem Beleg sprechen, sondern von einem Hinweis, allerdings von einem deutlichen Hinweis."

„Warum sind Sie so skeptisch?"

„Weil die Entstehung neuer Viren ein sehr seltenes Ereignis ist."

„Das sagt eine Aidsforscherin, deren Zunft immer noch daran scheitert, dass die HI-Viren sich gewissermaßen täglich neu erfinden?"

„Ich meine das global."

„Hier ist nicht überall. Im Regenwald gehen die Uhren anders."

Hoffentlich hat er Recht, denkt Linda und ist doch sehr optimistisch.

„Wenn wir nur ein modernes Mikroskop hätten", fährt der Doktor fort, nachdem er ein paar schnelle Züge aus seinem Glas genommen hat, „dann wäre das Geheimnis schnell gelüftet. In der Blutprobe eines Sieben-Tage-Patienten dürften die Erreger so zahlreich sein, dass wir nicht lange suchen müssten."

„Das ist nicht das Problem. Ich kann diese Untersuchungen auch in Frankfurt machen. Es genügt halt nicht, einfach nur zu sagen, da ist ein neues Virus."

„Die entscheidenden Dinge sehen Sie aber doch schon im Mikroskop. Seine Größe, seine Gestalt, seine Hülle."

„Mich interessieren seine Eigenschaften."

„Die können Sie doch daraus ableiten. Teilweise kennen Sie sie doch schon. Es ist scharf auf Schleimhautzellen im Verdauungsbereich..."

„Und noch mehr interessieren mich die Bedingungen, unter denen es entstanden ist. Was veranlasst Viren sich neu zu organisieren? Und wie sieht der biochemische Mechanismus aus, der dieser Veränderung zugrunde liegt?"

„Grundlagenforschung“, sagt Dr. Picard enttäuscht. „Sie sind in den Urwald gekommen um Grundlagenforschung zu betreiben. Unseren Patienten nützt das wenig.“

„Ich könnte mich jetzt auf den Standpunkt stellen, dass ihre Patienten kein besonderes Interesse an einer wie auch immer gearteten Therapie haben. Ihr Immunsystem wird doch mit der Krankheit fertig. Kein Mensch stirbt daran, bis auf die Aidspatienten, die es sowieso irgendwann erwischt.“

„Wenn sie das so sehen...“, erwidert Dr. Picard kleinlaut.

„Tu ich aber gar nicht. Es gibt da nämlich noch eine ganz andere Gefahr. Und auf die kann ich nur reagieren, wenn ich weiß, wie es zu der Neuentwicklung gekommen ist.“

Dr. Picard hebt fragend die Augenbrauen. „Welche Gefahr?“

Linda stützt den linken Arm auf den Ellenbogen und spreizt die Finger. Anschließend hält sie den ausgestreckten Daumen der rechten Hand daneben. „Sechs Tage hat der Neue das Immunsystem an der Nase herum geführt. Wenn es sich noch zwei Tage länger verstecken kann, ist der Wirt tot. Dann sterben hier nicht nur die Aidspatienten.“

Es ist lange still auf dem Balkon im ersten Stock des Zentralgebäudes. Tiefschwarze Nacht ohne Sterne. Aber auch keine Moskitos. Ihre Zeit ist die Dämmerung. Der Arzt hat die Kröte geschluckt. Sie war ja auch gut eingepackt. In ein überzeugendes Argument. Tatsächlich glaubt Linda *nicht* daran, dass der Erreger die Körperabwehr irgendwann einmal komplett ausbremsen könnte. Eher rechnet sie damit, dass sich das Immunsystem längerfristig besser auf den Übeltäter einstellt. Ihr geht es um etwas ganz anderes. Wenn es sich bei dem Erreger um ein neues Virus handelt, woran Linda insgeheim nicht mehr zweifelt, dann ist es ein gefundenes Fressen für ihr Projekt. Allerdings muss das Virus in Frankfurt weiter behandelt werden, bevor es eingesetzt werden kann. Wie das zu geschehen hat, hängt entscheidend von seiner Konstitution ab: Wie empfindlich es ist, wie viel Hitze es verträgt , wie viel Druck, wie es mit sauren und mit alkalischen Milieus zurecht kommt und ob es sich etwas aus freien Radikalen macht. Darüber werden die Aufnahmen des Elektronenmikroskops nichts verlauten lassen. *Trial and Error* wäre hier das Mittel der Wahl. Einfach ausprobieren. Aber dieses Prinzip können sie sich nicht leisten. Denn sie haben ein Ressourcen- und ein Zeitproblem. Es gibt jedoch noch eine andere Möglichkeit, die Eigenschaften des Neuen in Erfahrung zu bringen: Über die Genetik seiner Erzeuger. Der Apfel fällt nicht weit vom Stamm. Das muss Linda unbedingt wissen: Wer die Eltern des Neuen sind.

„Was steht auf Ihrem Plan?“ Dr. Picard schaut seine Gastgeberin aus schmalen Augen an. „Sie haben doch schon eine Idee?“

„Wenn ich die Bedingungen seiner Evolution erfahren will, muss ich den Geburtsort des Neuen kennen. Wo ist die Krankheit genau ausgebrochen. Wer war der erste Patient?“

„Morgen nach dem Frühstück stelle ich Ihnen Mme. Becaud vor“, sagt Dr. Picard zufrieden lächelnd. „Sie ist Ihr Mann!“

„Die Entenfrau“, antwortet Marlene Becaud, die zur alten Garde des Hospitals gehört und mal als Chirurgin und mal als Anästhesistin arbeitet, spontan, „sie war unsere erste Patientin.“

Der ausgetretene Pfad führt vorbei an Wirtschaftsgebäuden und Lagerschuppen, quert die Flugpiste, die leer und unwirklich in der Wildnis liegt, um schließlich nach einer scharfen Biegung den Blick auf einen See freizugeben, der zum Horizont hin von großen Urwaldbäumen gesäumt ist und in seiner Mitte eine fußballfeldgroße Insel umschließt.

„Claudine Plot“, ergänzt die Ärztin, „eine komische Person, aber machen Sie sich selbst ein Bild von ihr.“

Mllc. Plot kniet auf einem hölzernen Steg am Seeufer und füttert eine Schar sonderbar gefärbter Enten, die sich wild schnatternd um die Leckerbissen streiten.

„Hallo!“ Sie wischt sich die Haare aus der Stirn und begrüßt freundlich nickend die Ankömmlinge. „Enten füttern verboten, steht überall an den Teichen in Frankreich. Hier ist es erlaubt.“

Lärmend verlangen die Tiere ihr Recht. „Immer langsam“, beruhigt sie Mlle. Plot, während sie Brotreste ins Wasser wirft, „es reicht für alle.“

„Interessantes Gefieder“, bemerkt Linda, „diese Farbkomposition gibt es bei uns in Europa gar nicht. Sind es einheimische Tiere?“

„Nicht wirklich“, antwortet Mlle. Plot. „Ich habe sie vor einem halben Jahr aus der Stadt mitgebracht, von einem Besuch bei Bekannten.“

„Und sie fühlen sich wohl im Urwald?“

„Pudelwohl“, lacht die Entenfrau.

„Aber es gab doch mal Probleme“, reklamiert Marlene Becaud“, erinnere ich mich da falsch?“

„Was heißt Probleme?“ Mlle. Plot wiegelt ab. „Eine kurze Zeit ging es ihnen nicht gut, aber das ist vorbei.“ Danach wechselt sie demonstrativ das Thema. „Sie kommen aber sicher nicht wegen der Enten zu mir“, sagt sie wissend, „sondern weil ich die erste war die es erwischt hat.“

„Richtig geraten“, flachst Linda, „ich bin ganz gespannt auf Ihre Geschichte.“

„Die gibt nicht viel her. Der klassische Ablauf. Punktförmige Hautveränderungen, zuerst an den Füßen, zum Schluss am Nacken, am siebten Tag hohes Fieber, Schüttelfrost, enormer Gewichtsverlust, blutige Ausscheidungen und die Angst, an Ebola erkrankt zu sein. Nach anderthalb Wochen war der Spuk vorbei.“

„Haben Sie mal darüber nachgedacht, wo Sie sich den Infekt geholt haben?“

Die Entenfrau mag die Frage nicht. „Das hat mich nicht interessiert. Vorbei war vorbei.“

Am Ufer der Insel machen sich zwei Personen an einem kleinen Boot zu schaffen. Sie beladen es mit Kisten und Eimern und steigen schließlich selbst ein.

„Da können Sie gerade den zweiten und dritten Fall kennen lernen." Marlene Becaud zeigt auf das Boot, das abgelegt hat und gemächlich Richtung Hospital gerudert wird. „Jacques Montobi, ein einheimischer Arzt und Maryse Giraud, unsere Laborleiterin. Sie halten Affen auf der Insel."

„Zu Forschungszwecken?"

Marlene Becaud schüttelt den Kopf. „Es ist ein reines Tierschutzprojekt. Die beiden sammeln verwaiste Schimpansenkinder und ziehen sie groß. Aus der ganzen Gegend kommen die Leute hierher um die angeblich im Busch gefundenen Affenbabies abzugeben – gegen eine Belohnung selbstverständlich. Wir haben alle den Veracht, dass es sich bei den ehrlichen Findern um dieselben Leute handelt, die zuvor die Eltern der Kleinen abgeknallt haben. Die Wilderei lohnt sich so doppelt."

Jacques Montobi steuert das Boot langsam an den Steg.

„Sie holen Nachschub?", ruft Marlene Becaud.

„Die Kerle fressen wie die Scheunendrescher", erwidert der untersetzte Arzt zufrieden, während er seiner Begleiterin aus dem Boot hilft. „Wir müssen sie dreimal am Tag füttern."

Gemeinsam begeben sie sich auf den Rückweg zum Hospital

„Unsere Virenexpertin aus Deutschland dürfte ein paar Fragen an Sie haben", macht Marlene Becaud den Weg frei.

„Viel ist es nicht, was ich von Ihnen wissen will", wendet sich Linda an die Tierschützer. „Wenn ich mal davon ausgehe, dass der Krankheitsverlauf bei Ihnen ebenfalls dem üblichen Bild entspricht." Die beiden Expatienten nicken.

„Wie lange nach Mlle. Plot sind Sie krank geworden?"

„Bei mir traten die ersten Symptome etwa eine Woche, nachdem die Entenfrau in Quarantäne gekommen war, auf", antwortet Maryse Giraud, nachdem sie einen Augenblick überlegt hat, „und Dr. Montobi hat zwei Tage nach mir Pusteln bekommen."

„Kann man davon ausgehen, dass Sie sich bei Mlle. Plot angesteckt haben?“

„Bestimmt nicht“, gibt sich der schwarze Arzt sicher. „Wir hatten nämlich Urlaub und waren drei Wochen in Kinshasa. Als wir zurückkamen, lag Mlle. Plot schon auf der Isolierstation.“

„Gab es irgendwelche Kontakte mit ihr?“

Beide schütteln den Kopf. „Ausgeschlossen.“

Am Haupthaus trennen sie sich. „Danke, dass Sie sich die Zeit genommen haben“, sagt Linda und reicht Marlene Becaud die Hand.

„Keine Ursache“, antwortet die Ärztin. „Ich bin jedenfalls froh, dass Ihnen die Entenfrau keinen Stress gemacht hat.“

„Was waren Ihre Befürchtungen?“

„Sie ist völlig durchgeknallt. Hat nur noch Enten im Kopf. Fremde labert sie mit ihren Vogelgeschichten völlig zu. Das geht stundenlang.“

„Sie nimmt ihr Hobby ernst.“

„Das ist schon mehr als ein Hobby. Ich musste eben lachen, als sie Ihnen erzählte, dass sie die Tiere aus der Stadt mitgebracht hat. Wissen Sie, wie die Stadt heißt?“

„Monolutu, dachte ich.“

„Von wegen. Durban war gemeint.“

„Durban in Südafrika?“

Die Ärztin nickt. „Allein der Transport des Entenpaars hat sie fünftausend Franc gekostet.“

Nach dem Mittagessen zieht sich Linda auf ihren Balkon zurück. In einer nicht mehr taufrischen Hängematte und unter einem löchrigen Sonnenschirm wird sie die heißen Stunden verdösen. Durban Südafrika. Ganz allmählich ordnet sie ihre Gedanken. Durban ist das Tor Afrikas nach Asien. Mit einem hohen Anteil indischer und malaysischer Einwanderer. Seit kurzem im Geschäft: China. Der Gedanke elektrisiert Linda. China. Ein wilder und fröhlicher Verdacht durchzuckt ihr Gehirn. Morgen wird sie der Entenfrau noch ein paar Fragen stellen.

Die Nacht ist ruhig gewesen. Nur ganz in der Ferne hat man leises Grummeln hören können und jenseits der Stadt, über den Tatonga Hills war das Flackern einiger weniger Blitze zu sehen. Das obligatorische Gewitter scheint dafür heute früher zu kommen. Schon am Vormittag ist es drückend schwül und die Sonne sticht und macht die Moskitos böse.

Mit einer Tüte voller Brotreste und Gemüseabfälle macht sich Linda auf den Weg zum See. Claudine Plot sitzt wieder auf den Holzbohlen des Stegs und spielt mit den Füßen im Wasser, während ihre Enten sie hektisch umkreisen.

„Wie kommt man zu diesem Hobby?“, fragt Linda betont freundlich.

„Hobbys sind Zufallsprodukte“, antwortet Mlle. Plot reserviert.

„Sie haben sich die Tiere in Durban besorgt, wie ich gehört habe. Warum gerade dort? Hier in der Gegend gibt es doch sicher auch welche?“

„Das kann ich Ihnen sagen. Weil viele der Tiere, die man in Durban kaufen kann, aus China kommen. Dort gibt es die schönsten Enten der Welt.“

„Sie stammen vor allem aus den Südwest-Provinzen, aus Yunnan zum Beispiel, stimmt's?“

„Und aus Guangdong. Meine kommen aus Guangdong.“

„Sicher?“

„Der Händler hat es mir gesagt. Warum sollte er lügen?“

„Hat er Ihnen auch zugesichert, dass sie gesund sind?“

Mlle. Plot legt die Stirn in Falten. „Kommen Sie jetzt auch schon mit diesem Blödsinn?“, fragt sie verärgert.

„Wir reden von ein- und derselben Sache?“, fragt Linda zurück.

„Wenn Sie das Vogelgrippevirus gemeint haben...“

„Sie haben keine Bedenken, dass Ihre Tiere infiziert sind?“

„Finden Sie, dass sie krank aussehen?“ Claudine Plot wirft eine Hand voll Grünzeug ins Wasser. „Wer sich so um das Futter prügelt, ist doch kerngesund.“

„Haben Sie gestern nicht gesagt, dass die Enten schon mal krank waren?“

„Ein kurzer Infekt ganz zu Anfang.“ Die Entenfrau rollt spöttisch die Augen. „Genau wie bei den Affen von Monsieur Montobi.“

„Die Affen waren auch krank?“

„Eine Woche nach den Enten. Ebenfalls nichts ernsthaftes. Zwei, drei Tage ein bisschen Fieber und ein bisschen schlapp, das war es schon.“

Dann sitzen die beiden Frauen nebeneinander auf dem Steg und werfen abwechselnd Futter ins Wasser. Enten denken nur ans Fressen.

Das Puzzle bekommt ein Gesicht. Lindas Instinkte haben sie offenbar nicht betrogen. Der Erreger der merkwürdigen Epidemie im Hospital von Monolutu scheint tatsächlich ein neues Virus zu sein. Keine Mutation, sondern, wie die Chronologie und die Begleitumstände der Infektion vermuten lassen, eine Synthese aus einem afrikanischen Affenvirus und einem chinesischen Vogelvirus. Eine Maßanfertigung aus dem kongolesischen Dschungel für das Projekt im fernen Frankfurt, wenn nicht alles täuscht. Seine Eltern waren offen für Neues, und so wird auch es sich der notwendigen Weiterbehandlung in Deutschland nicht entziehen. Das Neue, ein unauffälliger Bluffer, der sich lange Zeit bedeckt hält und mit seinem Wirt Katz und Maus spielt. Auch das passt in Lindas Anforderungsprofil, ebenso wie das jähe Ende, das den Erreger überraschenderweise noch auf der Zielgeraden ereilt.

Morgen wird sie Dr. Chapuis um Blutproben seiner Patienten in allen Stadien der Erkrankung bitten. Und um Proben der Enten von Mlle. Plot und der Affen von Monsieur Montobi. Die Wasserprobe aus dem See wird sie selber ziehen. In ihrem großen Thermokoffer ist Platz für zehn Millionen Erreger.

Frankfurt am Main, 30. Juni

Die Frage, warum Naturwissenschaftler so wenig mit Politik am Hut haben, ist für den Kommissar schnell beantwortet. Weil sie keine Zeit dafür haben. Sie sind gefangen in Formeln und Zahlen und das vom ersten Tag ihrer Ausbildung an. Der Stundenplan eines Physikstudenten ist bis an den Rand voll mit Vorlesungen, Seminaren und Übungen. Von acht bis achtzehn Uhr, Montag bis Freitag und manchmal auch noch am Samstag. Wenn sie nicht im Hörsaal sitzen, stehen sie im Labor. Ein Netz von Vor-, Zwischen- und Abschlussprüfungen verhindert jede Flucht auf fremdes Terrain. Zum süßen Studentenleben haben sie ebenso wenig Zugang wie zu Umwelt- oder Menschenrechtsgruppen. Ihre Disziplin ist kompliziert und verlangt hundertprozentigen Einsatz. Spielend lernt man sie nicht. Immer fließen Tränen und Schweiß. Mathematik ist die bekannteste Angstvokabel aus dem schulischen Bereich.

Viele sind es nicht, die sich dafür eignen beziehungsweise die Last einer solchen Ausbildung auf sich nehmen. Die Statistik sagt alles: Nur zehn Prozent der Studienanfänger entscheiden sich für ein naturwissenschaftliches Fach.

Später im Beruf bleibt es dann bei der politischen Abstinenz. Was Hänschen nicht lernt, lernt Hans nimmermehr. Naturwissenschaftler sind durch die Bank Fachidioten, sehr zur Freude der Herrschenden. Denen stellen sie unkritisch die Ergebnisse ihrer Arbeit zur Verfügung. Seine Abschlussarbeit im Fach politische Ökonomie hat René Gronwald über Edmund Teller geschrieben, den Erfinder der Wasserstoffbombe. Bis zu seinem Tod hat der amerikanische Wissenschaftler jede Verantwortung, sowohl für Hiroshima als auch für Nagasaki, von sich gewiesen. Hand in Hand mit der fehlenden gesellschaftlichen Verantwortung geht eine ausgeprägte Loyalität mit den Trägern staatlicher Gewalt einher. Eigentlich nur logisch. Gedankenlosigkeit führt meist zur Respektierung der bestehenden politischen Verhältnisse. Wenn dann auch noch das Gefühl dazu kommt, zu den Profiteuren des Systems zu gehören, können enge Beziehungen zu den Mächtigen im Land entstehen. Auf diese Karte setzt René Gronwald, als er kurz vor Mittag das Physikalische Institut der Universität am Niederurseler Hang betritt.

Auf den ersten Blick passt Professor Robert Hess in genau diese Schublade. Anfang vierzig und schon die Nummer eins im Fachbereich. Kantiges, glatt rasiertes Gesicht und Maßanzug. Ein bisschen zu freundlich, als er den Kommissar begrüßt. Es ist sein Mann. Und weil er sich nicht vorstellen kann, falsch zu liegen, schenkt er ihm reinen Wein ein.

Für den Direktor eine Selbstverständlichkeit, dass er dem Terroristenfahnder hilft, wo er nur kann. Insbesondere als er erfährt, dass der Kollege von der Photometrie bereits die Enttarnung des Informanten ermöglicht hat.

„Einer unserer Besten!“ Professor Hess fehlen einige Augenblicke lang die Worte für noch mehr Lob. „Berninger hat alle Prüfungen mit Prädikat bestanden. Keine Arbeit schlechter als 2,5. Das will etwas heißen bei uns.“

„Hat er sich denn einem bestimmten Thema besonders gewidmet?“

„Das ist innerhalb des Grundstudiums nicht möglich. Die Lehrveranstaltungen sind sehr unspezifisch.“

„Mit anderen Worten: Wenn ich aus seinen Vorlesungen auf mögliche Attentatspläne schließen wollte, hätte ich Pech?“

„Nicht unbedingt“, korrigiert ihn der Professor. „Wir reden doch vom klassischen Attentat – von der Bombe?“

Der Kommissar nickt.

„Diverse Kenntnisse, die zum Bau eines Sprengkörpers und für seinen Einsatz erforderlich sind, werden schon in den ersten Semestern vermittelt. Zündung, Mechanik des Mantels, Antrieb und Steuerung, falls sie das Projekt abschießen wollen, und einiges mehr. Andere notwendige Dinge werden erst zum Ende des Studiums vermittelt. Über die zentrale Frage der Bombe erfährt man bei uns aber überhaupt nichts."

„Das wäre?"

„Der Sprengstoff."

„Wo macht sich der Attentäter diesbezüglich kundig?"

„Ganz sicher bin ich mir da nicht", antwortet Robert Hess, „aber die Chemie dürfte der richtige Ansprechpartner sein."

„Ich denke jetzt ganz einfach mal an Dynamit Nobel, den Sprengstoff-Spezialisten. Wo rekrutiert der denn seine Techniker und Wissenschaftler. Die Evolution der Sprengstoffe ist doch längst nicht abgeschlossen..."

„Um Gottes Willen! Überall werden Sprengstoffe mit neuen Fähigkeiten nachgefragt. Zur Ölsuche unter dem Meer, um Hochhäuser zielgenau umzulegen oder Brunnen frei zu sprengen."

„Das Militär dürfte auch auf der Warteliste stehen."

Robert Hess gibt sich einen Klaps auf die Stirn. „Herr Kommissar, Sie sehen mir das bitte nach. Als Sie gerade das Militär erwähnten, ist bei mir der Groschen gefallen. Herr Berninger hat sich für eine Veranstaltung angemeldet, die nur am Rande zur Physik gehört. *Wissen und Verantwortung in der wehrhaften Demokratie*, heißt die Vorlesungsreihe, die zwar bei uns stattfindet, die aber nicht wir organisieren."

„Sondern wer?"

„Ein so genannter Freundeskreis der Naturwissenschaften."

„Was muss man sich darunter vorstellen?"

„Der Freundeskreis bietet wöchentlich eine Veranstaltung zu dem fraglichen Thema an. Er stellt die Dozenten und mietet von der Universität die Räumlichkeiten."

„Um was geht es in den Vorlesungen?"

Professor Hess ist diese Frage nicht angenehm, aber er hat in René Gronwald einen kompetenten und vertrauenswürdigen Gesprächspartner gefunden. "Wie soll ich es sagen. Wenn die Wirtschaft kommt und uns einen solchen Vorschlag macht..."

„Geschieht das oft...?"
„...sehr oft, Gott sei Dank. Dann sagen wir nicht nein."
„Die Inhalte zählen nicht?"
„Es muss schon halbwegs passen."
„Die Veranstaltung des Freundeskreises passt?"
„Ich kenne auch nur den Titel der Veranstaltung, die Details sind mir nicht geläufig. Obwohl ich mir denken kann, um was es geht. Jeder weiß schließlich, wer hinter dem Freundeskreis steckt."
„Mir sagt er nichts."
„In erster Linie Siemens und Fendt-Metallbau. Wobei Siemens die Rolle des Feigenblatts spielt. Fendt-Metallbau hält die Fäden in der Hand."
„Fendt-Metallbau heißt Waffentechnik."
„Darum wird es sich auch im Wesentlichen drehen. Aber so etwas klärt man im Vorfeld nicht ab. Das macht sich nicht gut und das würden die Unternehmen auch nicht mögen."
„Es steht eine Menge Geld auf dem Spiel, nicht wahr?"
Robert Hess wird dem Kommissar die Wahrheit sagen.
„Der Mietvertrag über den Hörsaal enthält die üblichen Bedingungen. Daneben spendet der Freundeskreis aber noch eine beachtliche Summe an das Institut."
„Haben Sie keine Bedenken, dass diese Praxis irgendwann einmal in die Diskussion gerät?"
Professor Hess schüttelt den Kopf. Für ihn ist das kein Thema.
„Sie kennen das doch. Der Zweck heiligt die Mittel. Und wenn der Zweck Drittmittel heißt, gilt das in Zeiten leerer öffentlicher Kassen erst recht. Darüber hinaus sichern wir uns dadurch ab, dass die Universität für den Besuch der Veranstaltung keine Scheine ausgibt. Wir halten Distanz. Waffentechnologie steht nicht auf dem Lehrplan des Studiengangs Physik."

Auf Wunsch des Kommissars machen sie aus dem Weg nach draußen eine kleine Sightseeing-Tour durch das Institut. Hier hat der Staat nicht gekleckert. Kleine, wabenförmig angeordnete Pavillons mit viel Glas dokumentieren Offenheit und Toleranz. Die Laborräume sind voll von moderner Technik.

„Da kommt unser neues Präsidium nicht mit", kommentiert der Kommissar bedauernd. „Wir waren der Obrigkeit nur einen Bunker wert."

„Die Räumlichkeiten in der Robert-Meyer-Straße", erwidert der Professor, „wo wir bis vor ein paar Jahren untergebracht waren, hätten diese Bezeichnung bestimmt auch verdient."

Über das Treppenhaus gelangen sie zu den Seminarräumen.

„Hier irgendwo sitzt jetzt auch Ihr Mann", flüstert der Direktor. Kaum vorstellbar, dass wir ihn demnächst verlieren."

„Vielleicht, haben Sie vergessen. Dass Sie ihn demnächst vielleicht verlieren", erwidert der Kommissar. „Wir sind immer noch im Stadium des Verdachts."

„Ich hätte keinen Pfifferling für Berninger gegeben, als ich seine Immatrikulationsakten gelesen habe", fährt der Direktor fort. „Solche Kombinationen erweisen sich zumeist als Flop. Jura studiert man ja bekanntlich, weil es für die Naturwissenschaften nicht reicht."

„Er studiert auch Rechtswissenschaften?"

„Hat studiert, sogar mit Abschluss."

„Ebenfalls in Frankfurt?"

„Ich meine, irgendwo im Ausland. Mehr weiß ich jetzt allerdings nicht." Und nach einer kurzen Pause: „In Kanada? Aber nageln Sie mich bitte nicht fest."

„Rechtswissenschaften und Naturwissenschaften haben aber doch einiges gemeinsam", greift der Kommissar die Vorurteile des Direktors auf. „Die Gesetze."

„Da haben Sie nur scheinbar Recht", spielt der Professor den Ball zurück. „Unsere Gesetze stehen den Schwätzern mitnichten zur Verfügung."

Im Hinterhof verabschieden sie sich.

„Wie ich vorhin schon angedeutet habe. Ich glaube, dass Ihnen Herr Lewalter vom Freundeskreis weiter helfen kann. Er managt die Veranstaltungen der aktuellen Serie und weiß alles zu den Inhalten. Morgen ist er bei mir. Stoßen Sie doch einfach dazu. Vierzehn Uhr c.t., Sie wissen was das heißt?"

„Denke schon", grinst der Kommissar.

„Also dann, bis Viertel nach zwei."

Frankfurt am Main, 1. Juli

„Sie haben natürlich Recht, dass unser Unternehmen eine breite Produktpalette abdeckt“, sagt Ulrich Lewalter, nachdem er sich von Professor Hess verabschiedet und mit dem Kommissar in ein kleines Café im Westend zurückgezogen hat. „Aber diese Veranstaltungsreihe widmet sich allein unseren militärischen Segmenten.“

„Ich hätte gedacht, Sie spielen das geschickt herunter“, erwidert René Gronwald überrascht. „Der Kurier des Todes in einer deutschen Hochschule!“

„Ich bitte Sie!“ Der Ressortleiter Zukunftssicherung von Fendt-Metallbau hat das schon hundert Mal so gesagt. „Wir sind ein wichtiger Wirtschaftszweig. Wir beschäftigen in der Rüstungssparte über 30.000 Menschen, bezahlen Riesensummen an Steuern. Wir liefern Innovationen am Fließband, weil wir dem Gegner immer eine Länge voraus sein müssen. Wir brauchen uns schon lang nicht mehr zu verstecken.“

Und dann sagt er den Satz, den alle im Unternehmen glauben: „Dass Waffen für Kriege verantwortlich sind, ist falsch. Kriege haben andere Ursachen. Im vergangenen Jahr hat eine Friedensinitiative vor unserer Hauptverwaltung demonstriert. Auf ihren Plakaten waren afrikanische Kindersoldaten zu sehen, Zehnjährige mit Schnellfeuergewehren im Anschlag. Das sah schlimm aus. Als wir die jungen Leute fragten, in welchem neueren Konflikt auf dem afrikanischen Kontinent es die meisten Opfer gegeben habe, waren sie schnell mit einer Antwort zur Stelle: Ruanda. Da hatten sie sogar Recht. Aber dort hatte modernes Kriegsgerät keine Rolle gespielt, noch nicht einmal einfache Schusswaffen. Mit Macheten haben sie die Tutsi niedergemetzelt und mit Knüppeln erschlagen.“

Der Abteilungsleiter ist mit sich und der Welt im Reinen. „Uralte Stammesfehden sollen der Grund für den Völkermord gewesen sein. Hier und da heißt es auch, dass aufgrund der Überbevölkerung die Erbfolge nicht mehr funktioniert habe und es daher zu der Schlächterei gekommen sei. Wenn die Zeit reif ist, gibt es Krieg. Im Zweifelsfall erwürgen sie sich mit bloßen Händen."

Sie haben an einem gebrechlich wirkenden Rattantisch Platz genommen, der mit einer Marmor imitierenden Kunststoffplatte ausgestattet ist. Aber der türkische Kellner ist freundlich und der Kaffe schmeckt wie in Izmir oder Istanbul. Ulrich Lewalter nippt zufrieden an seiner Tasse.

„Professor Hess hat mir Ihr Anliegen bereits geschildert. Sie haben einen unserer Teilnehmer auf dem Kieker. Terrorismusverdacht, wenn ich richtig verstanden habe."

„Genaues wissen wir allerdings noch nicht. Nur soviel, dass der Betreffende zusammen mit Komplizen etwas Großes plant. Vielleicht kommen wir mit Hilfe Ihrer Veranstaltungen ein Stück weiter. Welches anschlagstaugliche Wissen – sagt man das so?" René Gronwald lächelt unschuldig. „Ich bleibe mal bei diesem Begriff. Also: Welche anschlagstauglichen Informationen vermitteln Ihre Vorträge?"

„Mein Gott." Lewalters Augen wandern zur Decke. „Wie soll ich das beantworten?"

„Vielleicht nennen Sie mir ganz grob die Themen, die Sie behandeln."

Die Antwort ist platt und ungeschminkt. „Wir stellen unsere Waffensysteme vor."

„Ohne Ausnahme?"

„Alles was wir produzieren und auf dem Markt anbieten dürfen."

„Das wäre...?"

„Raketen für die Luftabwehr, Panzer und panzerbrechende Waffen, zielsuchende Lasersysteme, Land- und Wasserminen, Schnellboote, Torpedos... reicht das fürs Erste?"

„Man kann wohl kaum vom Interesse an einer so breit angelegten Veranstaltung auf einen konkreten Attentatsplan schließen", sagt der Kommissar resigniert.

„Wissen Sie denn überhaupt, ob Ihr Mann sich des militärischen Wissens bedienen will, um beispielsweise eine Rakete in ein Fußballstadion zu schießen oder ob er es auf die militärische Infrastruktur selbst abgesehen hat, also eine Eurofighter vom Himmel holen will?“

„Ginge das denn?“

„Soll ich schlafende Hunde wecken?“

„Vergessen Sie es“, lacht der Kommissar, „war nur eine Frage am Rande.“

Es ist später Nachmittag geworden und die Banker aus dem Westend haben ihre Türme verlassen um in den umliegenden Cafés und Bistros die Schnäppchen der Happy-Hour abzustauben. Seit die Konjunktur wieder angezogen hat, herrscht im Bankenviertel Aufbruchstimmung. Die Krawatten der Geldmänner leuchten bunt wie nie zuvor und die Blusen ihrer Mätressen sind viel weiter ausgeschnitten als noch im vergangenen Jahr. Es wird endlich wieder gelacht, vor allem in den amerikanischen Bankhäusern, seit die erfolgreiche Ölsuche in den Naturschutzgebieten Alaskas und der überraschende Militärschlag gegen den Iran und gegen Syrien der Weltwirtschaft den entscheidenden Kick versetzt haben. Wie jeder Rausch denkt auch dieser nicht an den Morgen danach. Im kleinen Café am Wiesenplatz stehen die Gäste in Zweierreihen am Tresen und der Champagner fließt in Strömen.

„Was mich noch interessieren würde. Warum führen Sie diese Veranstaltung durch? Geht es Ihnen ums Image?“

„Man könnte es meinen...“

„...vor allem wenn man den seriösen Titel berücksichtigt.“

Ulrich Lewalter winkt lächelnd ab. „Ich sagte Ihnen doch schon, dass wir so etwas nicht mehr nötig haben. Unsere Interessen liegen ganz woanders.“

„Bei den Teilnehmern?“

„Sicher, bei den Studenten. Wir suchen fähige Nachwuchskräfte für unsere Forschungs- und Entwicklungsabteilung.“

„Genügt es da nicht, entsprechende Stellenanzeigen zu schalten oder einen Aushang am Schwarzen Brett der Hochschule zu machen?"

„So haben wir es früher gehalten – und viel Schrott geerntet. Das war mit erheblichen finanziellen Verlusten verbunden. Daraufhin sind wir auf die neue Methode umgestiegen. Sie eignet sich bestens, wie soll ich sagen...?"

„...die Rosinen aus dem Kuchen zu picken."

„...ohne einen unverhältnismäßig großen Aufwand betreiben zu müssen. Die Sache kostet uns zwar eine Stange Geld, aber wir machen fette Beute."

„Obwohl der Veranstaltung eine aus Studentensicht entscheidende Eigenschaft fehlt: die Scheinfähigkeit.

„Genau das ist unser Vorteil. Wir trennen so schon am Anfang die Spreu vom Weizen. Wer unsere Veranstaltung besucht, ist an der Sache interessiert. Das ist unser Mann!"

Der Ressortleiter beugt sich zum Kommissar hinüber und senkt die Stimme. „Eine Klausur lassen wir trotzdem schreiben, in der letzten Stunde und die Teilnehmer erfahren das erst unmittelbar vorher. Bei gutem Abschneiden winkt ein Arbeitsplatz oder zumindest ein Bewerbungsgespräch bei Fendt-Metallbau."

„Clever ausgedacht."

„Das ist noch nicht alles. Sämtliche Teilnehmer werden von dem Unternehmen zu einer mehrtägigen Exkursion eingeladen – kostenlos und Ziel nach Wahl aus in der Regel drei Angeboten. Aber auch das wird erst am Schluss der Veranstaltung bekannt gegeben. Wer vorher abgesprungen ist, geht leer aus.

„Dieser Nachwuchs ist hervorragend motiviert."

„Darum geht es uns: Motivation und Qualität. Der Wettbewerb im Waffengeschäft ist verdammt hart. Wir müssen höllisch aufpassen, immer auch schauen, wohin die Reise geht."

„Wohin geht sie denn im Moment?"

„Wie es aussieht, werden wir die Winter-Veranstaltung im Chemischen Institut abhalten."

„Sie wollen doch nicht sagen, dass chemische Waffen wieder auf der Tagesordnung stehen?“

Ulrich Lewalter schaut nicht glücklich.

„Was soll ich Ihnen sagen - der Zug ist längst unterwegs. Amerikaner und Russen haben ihn abgepfiffen und viele sind aufgesprungen. In Deutschland ist das Thema noch ziemlich tabu, aber wir wollen schon einmal in Vorlage treten – forschungsmäßig.“

„Es geht doch hoffentlich nicht schon wieder um Giftgas?“

„Olle Kamelle“, erwidert Ulrich Lewalter beschwichtigend, „die Zeiten sind vorbei. Psychowaffen heißt das moderne Schlagwort. Gemeint sind so genannte psychoaktive Substanzen. Chemikalien, die müde machen oder lustig oder verrückt oder friedlich. Mit denen man praktisch jede Armee mittels einer gezielten Sprühaktion außer Gefecht setzen kann. Drugdesigning heißt die Methode, die das alles möglich macht. Man baut sich Moleküle zusammen, die punktgenau ihr Ziel treffen, wie ehedem die lasergeführten Raketen: das Antriebszentrum im Hirn, den Sitz der Aggression, den Produktionsort des müde machenden Melatonins und so fort. Die Amis sind führend. Sie geben ja selbst zu, dass sie das Chemiewaffenverbot seit geraumer Zeit ignorieren.“

„Die Russen hinken hinterher?“

Lewalter nickt kurz. „Aber nicht sehr weit. Sie erinnern sich doch noch an das Attentat auf das Musicaltheater in Moskau vor einigen Jahren? Eine russische Eliteeinheit beendete die Geiselnahme mit einem Gaseinsatz. Viele Tote und Verletzte. Zwei der Überlebenden waren Deutsche. Sie wurden nach München ins Krankenhaus gebracht. Der behandelnde Arzt sagte damals, die Russen hätten Lachgas eingesetzt. Jeder, der ein bisschen Ahnung von der Sache hatte, musste nun tatsächlich lachen. Lachgas kann nämlich nur über eine Atemmaske zugeführt werden und ist zudem hochexplosiv. Die Münchener Opfer waren trotz der Fehldiagnose bald wieder gesund. Des Rätsels Lösung...“

Der Kopf des Waffenmanns nähert sich wieder dem des Kommissars.

„...Der Doktor hatte gelogen. Selbstverständlich wusste er, welches Gift die Russen eingesetzt hatten. Vom Bundeskanzler, dem es wiederum Putin gesteckt hatte. Aber es durfte niemand wissen, denn die Rezeptur war ein russisches Staatsgeheimnis. Eine Männerfreundschaft hatte den beiden deutschen Musikfreunden das Leben gerettet.“

„Die russische Mischung ist bis heute nicht bekannt?“

„Offiziell ist sie nicht im Umlauf. Aber die Experten sind sich einig: Es handelt sich um ein fertig entwickeltes, lang erprobtes Kampfgas. Die Sondereinheit trug keine Atemmasken. Dafür gibt es nur eine Erklärung. Die Männer waren gegen das Gift immun, also geimpft.“

Ein Lehrstück in Apokalypse, denkt René Gronwald und erinnert sich wieder an seine Mission. Da ist er nicht wie erhofft weiter gekommen. Obwohl die Teilnahme von Jens Berninger an der Waffenkunde-Veranstaltung von Fendt-Metallbau den Verdacht stützt, dass der Verdächtige an einer schlimmen Geschichte bastelt. Die aber hat noch kein Gesicht.

Sie verlassen das Café.

„Das war nicht sehr ergiebig für Sie“, sagt Ulrich Lewalter bedauernd, „aber mehr kann ich im Moment nicht für Sie tun.“

„Kleine Schritte sind unser Geschäft“, muntert René Gronwald seinen traurigen Informanten auf. „Vielleicht machen Sie ja noch die eine oder andere interessante Beobachtung in Bezug auf meine Zielperson. Ein gewisser Jens Berninger übrigens. Sein Exkursionsziel würde mich schon interessieren, wenn er denn überhaupt an den Ausflügen teilnimmt. Aber das erfahren sie in jedem Fall erst ...“

„... am Ende der Veranstaltungen, meinen Sie? Da liegen Sie in diesem Sommer ausnahmsweise falsch. Die zentrale Exkursion steht nämlich schon übernächste Woche an und daher haben wir die Anmeldebögen bereits in der Einführungsveranstaltung ausgelegt. Da riskieren wir zwar, dass

Teilnehmer gleich danach wieder abspringen, aber das nehmen wir in Kauf."

„Wo geht es denn hin?"

„Nach Brest in der Bretagne. Besuch bei der französischen Flotte."

„Warum ist der Besuch terminlich gebunden?"

„Weil wir am übernächsten Wochenende zwei Fliegen mit einer Klappe schlage. Brest hat hohen Besuch. Die USS-George-Bush, der Flugzeugträger der amerikanischen Mittelmeerflotte. Wir dürfen sogar an Bord. Denn die Technik, die es dort zu bewundern gibt, stammt von uns."

„Ich könnte mir vorstellen, dass alle mit nach Frankreich wollen."

„Die meisten jedenfalls. Ein Viertel ist wasserscheu und fährt nach Mecklenburg auf einen Truppenübungsplatz oder ins Panzerwerk nach Duisburg."

„Und Jens Berninger?"

Ulrich Lewalter blättert in seinem Notebook.

„Brest. Ihren Mann zieht es auf die Schiffe."

„Darf ich mal sehen?" René Gronwald möchte einen Blick über die Teilnehmerliste werfen.

„Bitte sehr."

An der letzten Position steht, farblich markiert, der Name, den der Kommissar insgeheim noch erwartet hat. Burkhard Liefers, den alle, wie Santos ihm verraten hat, nur Bully nennen.

„Warum ist der Name am Ende der Liste grün gemarkert?"

„Herr Liefers ist mit einer Ausnahmegenehmigung in den Kurs und auch in die Exkursion gekommen. Er studiert nämlich nicht am physikalischen Institut. Soweit ich mich erinnere, ist er Chemiker. Berninger hat sich für ihn stark gemacht."

Frankfurt am Main, 4. Juli

Der Verfassungsschutz führt die Organisation unter III/2. Man traut ihr also einiges zu. In der Grobskizzierung heißt es dann auch, PETA sei latent gewaltbereit. Diese Einschätzung war innerhalb der Berliner Behörde heftig umstritten. Einige der Abwehrspezialisten wollten den Tierschützern lediglich einen Beobachtungsstatus zuerkennen, zumal sie noch nie durch gewalttätige Aktionen aufgefallen waren. Den Ausschlag hatte schließlich der Minister gegeben, der seine Beamten unmissverständlich darauf hingewiesen hatte, dass in Punkto Sicherheit jedes Risiko auszuschließen sei.

Ins Visier der Verfassungsschützer war PETA vor Jahren durch eine Plakataktion geraten. Um gegen die Massentierhaltung zu protestieren, hatte die Organisation Fotos von eingepferchten KZ-Häftlingen denen von Hühnern in Legebatterien gegenüber gestellt und mit dem Satz untertitelt: *Auschwitz a la carte*. Als daraufhin jüdische Organisationen mit Strafanzeigen drohten, stand PETA plötzlich im Rampenlicht der Öffentlichkeit.

Die Frankfurter Gruppe des weltweit agierenden Verbandes umfasste circa fünfundzwanzig Personen. Von der Hälfte der Mitglieder hatten die Berliner Gesetzeswächter kurze Dossiers angelegt. Zu Linda DeVries hieß es, sie sei die Top-Aktivistin, gelte als kompromisslos und müsse aufgrund ihrer akademischen Ausbildung und medizinischen Kenntnisse als besonders gefährlich angesehen werden.

Der Kommissar hat Annette Basler in ihrer Wohnung in Sachsenhausen abgeholt. Schon beim Bummel am Mainufer hält sie demonstrativ Abstand zu ihrem Begleiter. Als sie auf dem Römerberg einen Kaffee trinken, schiebt sie ihren Stuhl weit zurück und ihre übereinander geschlagenen Beine spielen Panzersperre. Erstmals vernebelt eine Spur von Zorn die chronische Euphorie des Kommissars. Es war *ihre* Idee, dieser gemeinsame Spaziergang zur Hauptwache. *Sie* hatte angerufen und jetzt macht sie auf Distanz. Sie spielt mit ihm. Und sie kann es sich erlauben. Denn sie ist die Stärkere. In seinem Job war der Kommissar schon oft in strategisch schlechte Positionen geraten. Aber alle hatte er mit Geschick und Ausdauer meistern können. Jetzt aber, in der Zwangsjacke der Gefühle, ist er machtlos.

Wie an jedem Freitag-Nachmittag drängeln sich zahllose Menschen in den Straßen der Innenstadt. Das Ziel der beiden Spaziergänger sind die U-Bahntreppen vor der Katharinenkirche. Schon von weitem hören sie das Geplärre eines Megaphons. Je näher sie kommen, umso mehr Uniformierte wogen in der Masse der Einkäufer.

„Soviel Polizei", sagt Annette Basler, „ich denke, die Aktion ist erlaubt?"

„Die Kollegen sind aus einem anderen Grund hier. Warte mal ab."

PETA hat am Vortag eine Kampagne gegen Tierversuche begonnen. *Drei Tage im Leben eines Laborhundes* nennen sie das Lehrstück, das rund um die Uhr im Herzen der Stadt aufgeführt wird. Hauptakteur ist ein Beagle, den die Organisation nach eigenen Angaben von dem Pharmaunternehmen am Ort freigekauft hat. Das Tier sitzt nun schon seit vierundzwanzig Stunden in einem Käfig aus Stahlgitter, der, wie die Veranstalter versichern, mit einem auf zwei Metern genau die Größe der Hundezwinger in den Tierversuchsstationen der pharmazeutischen Industrie hat. Im Käfig gibt es eine Schlafstelle, einen Fressnapf und ein Klo. Zwei Tage lang bereitet man den Hund mit einem Spezialfutter, das ebenfalls von dem Unternehmen stammt, auf den dritten und entscheidenden Tag vor. Dann werden sie ihm ein krampfauslösendes Mittel spritzen, worauf sich der Beagle mit wilden Zuckungen auf dem Boden wälzt. Nach nervenaufreibenden drei oder vier Minuten die Erlösung in Form des Gegenmittels. Das alles, sagt PETA, für ein Medikament, das es in bester Qualität schon massenhaft auf dem

Markt gibt. Nur um mit einem neuen Namen und dem Hinweis auf neue Tests mehr Profit zu machen.

Lautsprecher verkünden die Problematik der Tierversuche. Zahlen die schwindlig machen. Und Berichte die betroffen machen. Ihre wichtigste Botschaft: Während die Unternehmen immer noch die beruhigende Nachricht von den weiter abnehmenden Tierversuchen transportieren, steigt die Zahl der verbrauchten Tier wieder stark an.

Die Fahnder boxen sich durch einen Wall von Neugierigen, die den Käfig umlagern.

„Dass sich die Firma das gefallen lässt", sagt Annette Basler, als sie an der Absperrung angelangt sind, mit der die Polizei den Käfig abgeschirmt hat.

„Muss sie wohl, „erwidert René Gronwald, „ihr juristisches Pulver hat sie fast komplett verschossen. Alle Anträge auf Verbot der Veranstaltung sind von den Gerichten zurück gewiesen worden."

„Das hörte sich so an, als hätte sie noch etwas in der Hinterhand?"

„Es läuft noch ein Eilantrag auf Verbot des Hundeexperiments. Darüber entscheidet das Verwaltungsgericht morgen, zwei Stunden vor dem von PETA angesetzten Termin."

„Was schätzt du, wie die Entscheidung ausfällt?"

René Gronwald verzieht vielsagend das Gesicht. „PETA hat ein gutes Argument ins Internet gestellt. Es könne doch wohl keinen Unterschied machen, ob der fragliche Versuch in der Frankfurter City oder fünf Kilometer weiter auf dem Gelände der Firma durchgeführt werde. Leiden müsse das Tier hier wie da."

„Das nennst du ein gutes Argument? Ich denke, da gibt es bessere. An der Katharinenkirche schauen Kinder zu, die holen sich einen Schock fürs Leben."

„Dann sperren wir die Kinder halt aus."

„Und was ist mit den Omas oder der sensiblen Hausfrau oder dem pazifistischen Sozialarbeiter, die sich ebenfalls zu Tode erschrecken?"

„Juristisch ohne Belang“, kontert der Kommissar kühl. „Alle sind sie freiwillig vor Ort. Die meisten sogar extra angereist, um sich das Spektakel anzusehen. Aber wir lassen uns selbstverständlich überraschen. Du weißt doch, dass die Justiz für alles gut ist.“

Eine schlanke Frau mit glatten, roten Haaren hat jetzt das Mikrofon übernommen und stellt sich vor die Käfigtür. Annette Basler tippt dem Kommissar auf die Schulter. „Linda?“

René Gronwald nickt kurz. Die Fotos, die er sich beim Verfassungsschutz besorgt hat, lassen kaum einen Zweifel an der Identität der Aktivistin.

Für die gefährlichste Frau von PETA Frankfurt bedient sich Linda DeVries einer viel zu sanften Sprache. Sie freut sich, sagt sie, dass auch heute, am zweiten Tag der Informationsveranstaltung, so viele Menschen gekommen sind. Und dann fragt sie: „Wir in Deutschland mögen Hunde, nicht wahr?“ Das zustimmende Gemurmel und die spitzen Zwischenrufe aus dem Publikum übertönen für einige Sekunden den Dauerlärm der City. Gleich im Anschluss, ohne Vorwarnung, die kalte Dusche: „In Korea ist das genauso.“ Das wilde Gemisch aus Klatschen, Pfiffen und Buhrufen lässt die Zwiespältigkeit erahnen, die das Verhältnis der Menschen zu den Tieren belastet. Linda verhindert allerdings, dass es zum Schwur kommt.

„Wir müssen damit leben, dass Tierschutz auch ein kulturelles Problem ist. Aber mit einer anderen Sache müssen wir nicht leben!“

Sie tritt ein paar Schritte zurück und zeigt wie ein Zirkusdompteur auf den Helden in der Manege. „Der Hund hat keinen Namen, nur eine Nummer: 00413. In Tschechien geboren, mit drei Wochen nach Deutschland verkauft. Nach wenigen Wochen, am Ende zahlreicher Quälereien, tot – gestorben für den Fortschritt, sagt die pharmazeutische Industrie. Gestorben für den Profit, sagt PETA.“

Jetzt wird wieder mehrheitlich geklatscht. Einige Dutzend Polizisten in Kampfanzügen haben an den Gittern Aufstellung genommen.

„Wegen Linda?"
„Was meinst du?"
„Sie polarisiert ganz schön."
„Mag sein, aber das Problem liegt woanders. Viele Besucher kapieren gar nicht, um was es geht. Einige lassen sich von dem eingesperrten Hund beeindrucken und legen sich mit PETA an."
Es dauert nicht lange, da beginnt in den hinteren Reihen ein ohrenbetäubender Lärm. Die Besitzerin eines Schoßhundes verlangt schreiend die Freilassung des Beagles und bezeichnet die Veranstalter als Scheißkerle. Auch sie bekommt lautstarken Beifall, aber letztlich bleibt es friedlich an der Katharinenkirche im Zentrum Frankfurts, wo im Umkreis von nur wenigen hundert Metern fast die Hälfte des deutschen Pelzumsatzes getätigt wird.
Am späten Nachmittag wiederholen sich die Texte der PETA und die Zuhörer werden weniger.
„Tschüss", sagt Annette Basler, als sie die *Alte Post* verlassen, wo sie einen kleinen Imbiss zu sich genommen haben. Sie hält Abstand, immer noch, aber ihre Stimme hat an Wärme gewonnen.
„Bis bald", erwidert der Kommissar emotionslos und pflichtgemäß lächelnd. Ein erstes Mal leidet er nicht unter dem kurzen Abschied seiner Herzdame.

Drei Tage rund um die Uhr, hieß es. Also ist der Stand auch nachts besetzt. Nach einem eiligen Kleiderwechsel ist René Gronwald wieder an seinem Zielort. Linda DeVries sitzt etwas abseits auf einer Bank, mit angezogenen Beinen und dösend. Es ist noch hell, aber da alle Geschäfte geschlossen haben, ist die Innenstadt wie leergefegt. Gruppen junger Looser versuchen das Vakuum auszunutzen und grenzen schreiend die Reviere ab. Vor Jahren hat der Kommissar hier Nacht um Nacht verbracht, hat den schwarzen Dealern ihr Kapital abgenommen, ein paar Gramm Koks, das eine oder andere Briefchen Heroin und diverse Stangen Haschisch. Frank Korte macht das noch immer. Ein Fass ohne Boden. Und ohne einen Sinn, der auf lange Erklärungen verzichten könnte.

Der Hund liegt im Käfig und schläft. Hunderttausend Zuschauer und der Lärm aus doppelt so vielen Motoren haben ihn geschafft. Als René Gronwald am Käfig vorbei geht, hebt er noch nicht einmal seinen Kopf.

„Sagen Sie es ganz schnell: Störe ich oder störe ich nicht?“

Linda blickt überrascht auf.

„Sie stören.“

„Tue ich das auch noch, wenn ich uns einen Sojaknacker hole?“

In letzter Sekunde hat sich der Kommissar daran erinnert, dass die PETA-Leute streng vegetarisch leben und er sich mit dem Angebot einer Currywurst schon den Einstand kräftig verdorben hätte.

„Allerdings.“

„Mit Pommes und einer großen Cola...“

Linda verspürt plötzlich Hunger und die Lust auf heißen Kaffee.

„Drücken Sie mir aber bitte keine saublöde Geschichte aufs Auge. Ich habe zwei Nächte lang nicht geschlafen. Und verschonen Sie mich mit Cola.“

Wortlos verschwindet der Kommissar in einer der zahlreichen Imbissbuden, um kurz darauf mit Wurst und Kaffe zurückzukehren.

Nahtlos löst das Licht aus den Leuchtstoffröhren der Straßenlampen und den Reklamelogos der Geschäfte das Tageslicht ab. Sie sitzen schweigend nebeneinander auf der Bank seitlich der schmutzigen Abgänge zur B-Ebene, essen und schauen in den Kunstwald aus zurechtge- stutzten Platanen, die es selbst im Sommer nicht schaffen, der Zeil wenigstens eine Spur Wärme und Heimeligkeit zu verleihen.

„Was muss man tun um hier zu landen?“, fragt der Kommissar provozierend.

„Denken“, antwortet Linda knapp.

„Mit der ganzen Kraft des Verstandes?“, spöttelt der Kommissar.

„Mit dem Herzen. Vor allem mit dem Herzen.“ Ihr bitteres Lächeln kontrastiert heftig mit dem Gesagten und René Gronwald weiß, dass eine lange Geschichte auf ihn wartet, die er heute Nacht wohl noch nicht erfahren wird.

„Was werden Sie tun, wenn Ihnen das Gericht morgen früh einen Strich durch die Rechnung macht?“

„Was das Gericht sagt, interessiert uns nicht.“

„Der Zweck heiligt die Mittel?“

„Was denn sonst?“

Linda wischt sich mit der Serviette über den Mund und schiebt den Haarreif zurück.

„Glauben Sie, wir wären da wo wir jetzt sind, wenn wir uns an die Regeln gehalten hätten, die uns die Gegenseite gesetzt hat?“ Kaffe und Streitlust haben die Müdigkeit der hübschen Aktivistin weggewischt. Diese Logik kennt der Kommissar zur Genüge. Einen Augenblick wandern seine Gedanken in den brasilianischen Regenwald.

„Denken so nicht Kriminelle?“

„Mag sein“, antwortet Linda hart, „wir sind aber keine Kriminellen.“

„Obwohl Sie sich über die Entscheidung eines Gerichts hinwegsetzen?“

„Wenn die Entscheidung falsch ist ...“

„So wiederum argumentieren korrupte Manager. Sie halten Schmiergeldzahlungen für in Ordnung.“

„Wollen Sie uns mit Wirtschaftskriminellen gleichsetzen?“

Der Kommissar schüttelt den Kopf. Er will wissen, wie sie denkt. Um sie einschätzen zu können. Und um sie schließlich packen zu können. Insgeheim erhofft er sich dabei auch noch Schützenhilfe in eigener Sache, bei der Rechtfertigung seiner Regelverstöße.

„Wenn man Sie so hört, könnte man auf die Idee kommen, dass sie Jurist sind. So formelhaft und kalt argumentieren nur Juristen.“

„Damit kann ich leider nicht dienen“, sagt René Gronwald lächelnd, „ich bin Betriebswirt. Jura kenne ich nur als Nebenfach.“

„Jetzt könnten wir darüber streiten, ob es einen messbaren Unterschied zwischen einem Juristen und einem Ökonomen gibt."
„Bitte nicht."

Linda trinkt den Rest Kaffe aus und wirft den Becher in den Abfalleimer. Ihr graziöser Körper und ihre sanfte Stimme passen so gar nicht zu der wilden Entschlossenheit, mit der sie dem Rechtsbruch das Wort redet. Als sie sich wieder setzt, glänzen ihre kurz geschnittenen feuerroten Haare im Reklamelicht der benachbarten Parfümerie. Linda mustert den Kommissar mit zusammengekniffenen Augen und schräg gestelltem Kopf.

„Warum haben Sie mir ein Essen spendiert?" Die Frage kommt kurz und klingt vorwurfsvoll.

„Es hat Ihnen nicht geschmeckt?"

„Weichen Sie nicht aus!"

René Gronwalds Blick wandert über den Kopf seiner Gesprächspartnerin hinweg in den Kunstwald, wo er zwischen den Bäumen herumirrt und Nachdenklichkeit vorspiegelt.

„Um mit Ihnen ins Gespräch zu kommen", sagt er schließlich, „und damit Sie nicht nachfragen müssen, sage ich Ihnen auch sofort, warum ich mit Ihnen reden will. Mich interessiert, was hinter PETA steckt."

„Sie und Ihre Frau haben uns doch den ganzen Nachmittag zugehört. Da wissen Sie es doch."

„Ein Megaphon verrät nicht alles. Ich habe in der letzten Viertelstunde viel mehr über sie erfahren als während der drei Stunden heute Nachmittag."

„Was macht Sie so neugierig auf PETA?"

„Um ehrlich zu sein: Der Bericht in der ZEIT voriges Jahr. Vier Seiten lang und trotz einiger kritischer Anmerkungen eine einzige Lobhudelei. Nicht gerade üblich bei diesem Blatt, vor allem wenn es um Tierschutz geht."

„Stimmt." Ein Lächeln huscht über Lindas Gesicht. „In der Woche danach haben sich unsere Mitgliederzahlen verdoppelt."

„Was bei mir besonderen Eindruck gemacht hat, war das Zitat von Theodor W. Adorno: *Auschwitz fängt an, wo einer im Schlachthof steht und sagt: Es sind ja nur Tiere*. Und was Isaac B. Singer gesagt hat, immerhin Nobelpreisträger: *Für die Tiere sind alle Menschen Nazis. Für sie ist jeder Tag Treblinka.*"

Linda schüttelt missmutig den Kopf.

„Am Anfang waren uns die beiden schon wichtig. Kronzeugen halt für unsere Sache. Heute sehe ich das anders. Uns interessiert die Meinung anderer nicht mehr. Egal ob sie uns ablehnen oder ob sie uns Recht geben. Wir sind autonom, verstehen Sie? Das hat große Vorteile. Der ängstliche Blick zur Seite, um zu erfahren was die anderen von uns halten, ist überflüssig geworden."

„Wäre denn eine Aufmunterung durch Außenstehende nicht willkommen?"

„Verstehen Sie mich nicht? Dritte sind unkalkulierbar. Darauf setzt man nicht. Selbst wenn sie uns Recht geben: Indem wir uns auf sie berufen, verraten wir Unsicherheit, bringen unsere Sache in ein schiefes Licht. In unserer Veranstaltung Rechtsmedizin habe ich zahlreiche juristische Texte gelesen. Ohne Ausnahme randvoll mit Fußnoten. Unser Dozent meinte, damit habe der Verfasser sich abgesichert. Im Klartext: Er sagt seine Meinung und sagt sofort hinterher: die und die und die meinen das auch; es kann also nicht falsch sein. Was für ein Armutszeugnis! Juristen sind nicht in der Lage, ein Ergebnis zu vertreten, das ohne fremden Segen auskommt. Wissen Sie, woran der Fortschritt scheitert?"

Linda hat sich auf der Bank in Kampfposition gebracht.

„Sicher", gibt René Gronwald kleinlaut bei, „Juristen sind in der Tat ..."

„Es sind ja nicht nur die Juristen", schneidet ihm Linda das Wort ab. „Überall schafft mangelndes Selbstvertrauen ähnliche Peinlichkeiten. Auch global gesehen. Schauen Sie in den Nahen Osten. Hat Palästina es nötig, sich auf Allah zu berufen, wenn es sein Recht verlangt. Legitimieren sich seine Aktionen nicht von selbst?

„Sie meinen, wenn sie in Schulbussen Bomben zünden?"

„Ich meine, wenn sie auf den Verlust ihrer Heimat und ihrer Würde reagieren."

Mein Gott, denkt René Gronwald, sie kommt schnell zur Sache.

Er lässt das Telefon klingeln, drei- oder viermal und bricht dann ohne zu frühstücken auf. In der Seitenstraße zwischen Zeil und Römer stehen ein Dutzend Mannschaftswagen der Polizei. Die Beamten langweilen sich auf den engen Sitzen, während die weißen Schutzhelme noch auf der Ablage im Heck der Fahrzeuge liegen. Die Ordnungshüter warten auf die Entscheidung des Gerichts. So oder so werden sie heute noch aussteigen müssen.

Es ist kurz vor zehn. René Gronwald erfährt über den Videotext eines Fernsehers, der im Schaufenster eines Kaufhauses Kunden festhalten soll, dass das Gericht den Tierversuch verboten hat. Als der Kommissar die Hauptwache erreicht, wo sich schon zahlreiche Neugierige um den Hundekäfig versammelt haben, macht eine halbe Hundertschaft der Einsatzbereitschaft kurzen Prozess. Sie drängen die PETA-Aktivisten zur Seite, bilden zwischen den Zuschauern eine Gasse und transportieren den Käfig nebst Inhalt ab.

Die Tierschützer leisten keinen Widerstand. Linda, wieder im Besitz des Megaphons, folgt dem Käfig einige Meter weit.

„Wir weichen nicht dem Recht", sagt sie unaufgeregt in das Mikro, „wir weichen der Gewalt."

Frankfurt am Main, 5. Juli

Mat Goldman. Rechtsanwalt Dr. Mat Goldman. Eine halbe Stunde lang hat der Kommissar grübelnd und das Programm ignorierend vor dem Fernseher gesessen, dann ist ihm der Name seines wohl prominentesten und schillerndsten Beschuldigten wieder eingefallen. Als ehemaliger Mitarbeiter von Anderson-Mitchell-Mayer war der Anwalt in Verdacht geraten, an der Bilanzmanipulation bei Enron beteiligt gewesen zu sein. Daraufhin hatte er sich nach Deutschland abgesetzt, wo er bei einer Frankfurter Wirtschaftsprüfungsgesellschaft unter gekommen war. Nachdem auch an seiner neuen Arbeitsstelle Hinweise auf Unregelmäßigkeiten aufgetaucht waren, hatte ihn der Kommissar zur Vernehmung vorgeladen. Mat Goldman war auch erschienen, überraschenderweise ohne anwaltlichen Beistand, und hatte ausgepackt. *Bilanzprüfungen* laute der offizielle Titel, inhaltlich sei es im Wesentlichen um Betriebsspionage gegangen: Was sie nicht aus den Büchern oder Computern der Unternehmen erfuhren, besorgten sie sich über ein ausgeklügeltes Informationssystem. Die neue Firma des geschassten Anwalts beschäftigte speziell ausgebildete und geschulte Models, die auf die Bosse der zu prüfenden Firma angesetzt wurden. Wenn die auf Dienstreisen gingen, saßen plötzlich bezaubernde junge Damen in ihrem ansonsten leeren 1. Klasse-Abteil und machten den Herren des Geldes schöne Augen. Zufälligerweise hatte man dasselbe Reiseziel und wohnte im selben Hotel oder doch gleich nebenan. Ein halbakademischer Bildungsstand und der Single-Status waren die weiteren Wegbereiter für eine Romanze, deren letzte Hindernisse am Abend in der Hotelbar von ein paar Gläser Champagner weggespült wurden. Beim gemeinsamen Frühstück am nächsten Morgen hatte die hübsche Spionin schon alles erfahren. Von Männern, die vom Regen in die Traufe gewechselt hatten, als sie aus kaputten Ehen in die kalte Welt der Zahlen und Bilanzen geflüchtet waren und die nun den Zauber der Liebe wieder entdeckt hatten.

Eine teure Angelegenheit, ganze ICE-Abteile zu reservieren und Zimmer in Luxushotels zu buchen. Aber die Ernte dieser Investitionen, Informationen über geplante Übernahmen, über neue Produkte oder geänderte Werbestrategien, war ein Mehrfaches von dem wert. Die Konkurrenz, versicherte Mat Goldman, habe für den kleinsten Tipp soviel bezahlt wie die Japaner für den wertvollsten Chagall.

Dem Kommissar ist bewusst, dass diese Strategie in erster Linie bei Männern funktioniert, zumal eine genetische Komponente das psychologische Spiel begünstigt: das männliche Interesse an einer breiten Streuung ihrer Gene. Auch das macht sie zur leichten Beute paarungsbereiter Frauen, auch wenn die nur so tun. Endlich verstanden und geliebt zu werden von einem attraktiven Partner, die Aussicht auf Sex und das Gefühl neuer Größe machen Männer zu Plaudertaschen, die auf alle Vorsicht verzichten.

Dass das bei Frauen anders ist, weiß der Kommissar. Sie suchen bevorzugt den Versorger ihrer Brut, setzten auf Dauerhaftigkeit und Sicherheit. Ihr Partner ist vor allem dann wohl gelitten, wenn er sich auch noch für den nächsten Tag empfiehlt. Schöne Augen allein reichen da nicht. Aber er wird es dennoch versuchen. Seine Beute heißt Linda, und er wird sie zur Strecke bringen. Als Banker in gehobener Position rechnet er sich durchaus Chancen aus, zumal er noch auf eine andere Karte setzen kann: den weiblichen Beschützer- und Pflegeinstinkt. Dazu muss er nicht lügen. Er erzählt die Geschichte seiner Ehe. Von der kinderlosen Beziehung zu einer Frau, die ihm jede Emotionalität vorenthielt und nach der Scheidung zum Islam konvertierte, mehr als ein letzter unfreundlicher Akt. Trotzdem bleibt es ein Spiel mit hohem Risiko. Der größte Unsicherheitsfaktor dabei ist Linda DeVries selbst. Der Kommissar hegt leise Zweifel daran, dass die Tierschützerin überhaupt noch Sinn hat für Zwischenmenschliches. Immerhin ist ihm an beiden Tagen kein männlicher Begleiter aufgefallen. Allerdings könnte ja auch die Liebe zu den Tieren all ihre emotionale Kraft in Anspruch nehmen. Dann hat er schlechte Karten. Aber eines weiß er auch: Wenn er ihr eine Alternative bieten kann, ist das Match wieder offen.

Frankfurt am Main, Nacht vom 6. auf den 7. Juli

Die Häuser der Martin-Luther-Straße stammen aus den zwanziger Jahren des vergangenen Jahrhunderts und kleben wie Bienenwaben aneinander. Bezahlbarer Wohnraum angeblich, einfache Leute leben hier, Rentner, Arbeiter, Studenten, letztere in den oberen Stockwerken, die die Eigentümer zu kleineren Wohneinheiten umgebaut haben.

René Gronwald steht mit seinem Wagen vor dem Haus Nr. 12 in einer für Anwohner reservierten Parkbucht. Eine sichere Position auch deswegen, weil ihn das rote Viereck auf der Heckscheibe vor Störungen durch seine uniformierten Kollegen schützt. Linda kommt am späten Nachmittag nach Hause, drei Stunden nachdem der Kommissar Stellung bezogen hat. Die prall gefüllte Papiertüte unter ihrem Arm weist sie als Kundin des nahen Bioladens aus. Er wird es nicht leicht haben, aber immerhin kennt er seinen Gegner. Eine gute Viertelstunde muss er jetzt noch warten, dann braucht er das Glück des Tüchtigen, einen Bewohner oder Besucher, mit dem er gemeinsam die Haustür passieren kann. Unter dem Dach, an der Wohnungstür, hat er die besseren Karten.

Es dauert noch eine Dreiviertelstunde bis ein junger Mann mit einem Terrier vor dem Haus stehen bleibt und in seinen Taschen nach dem Schlüssel sucht. Schnell ist der Kommissar zur Stelle.

„Nehmen Sie mich mit?“, fragt er mit dem Charme eines Verliebten, glaubwürdig vor allem wegen des Straußes Rosen und der Flasche Dom Perignon.

„Gerne“, grinst der junge Mann und hält ihm die Tür auf.

Der Wein hat die Staatskasse vierzig Euro gekostet. Die Rosen waren ebenfalls nicht billig. Es sind braune Rosen aus einer Züchtung im Senegal. Vom langen Transportweg seines Geschenks soll seine Zielperson nichts erfahren. Aber er wird ihr sagen, dass die Farbe mit der ihrer Augen zu tun hat.

Linda DeVries öffnet die Tür.

„Hallo", sagt René Gronwald mit einer Mischung aus Verlegenheit und Stärke.

„Sie?" Mit ihrem Gesprächspartner der vergangenen Nacht hat sie nicht gerechnet. Ihre Überraschung ist echt und dauert einige Sekunden.

„Ich will mich auch sogleich für meinen Überfall entschuldigen", sagt der Kommissar und streckt ihr die Blumen entgegen, die im Schutz des Kofferraums die wasserlose Zeit schadlos überstanden haben. Er kann sich vorstellen, dass die Terroristin seine plumpe Anmache schroff zurückweist. Er spekuliert aber auf etwas ganz anderes: Dass sie so reagiert wie die meisten Frauen in dieser Situation.

„Danke", sagt Linda spontan und nimmt den Strauß entgegen, drückt sogar ihr Gesicht in die Blüten und kostet von dem exotischen Duft.

„Kommen Sie herein, aber denken Sie daran, dass es sich um eine Studentenbude handelt."

Anderthalb Zimmer, kleine Küche, noch kleineres Bad. An den Wänden Poster zum Thema Tierschutz. Linda trägt Sweatshirt, Jogginghose und Sandalen.

„Mit Ihnen hatte ich nicht gerechnet", sagt sie, während sie nach einer Vase für die Rosen sucht. „Wie haben Sie mich eigentlich gefunden?"

„Ihr Flugblatt", erwidert der Kommissar. „Darauf standen doch ihr Name und ihre Adresse.

„Ich bin jedenfalls davon ausgegangen, dass die Personalien zu Ihnen gehören."

Linda hat ein großes Spaghettiglas von einem Strauß Trockenblumen befreit, die Santos ihr vor langer Zeit geschenkt hatte und füllt es mit Wasser.

„Keine Rosen ohne Wein, sagen die Italiener." Der Kommissar wird nun auch den Burgunder los.

„Mein Gott“, staunt Linda, als sie das Etikett studiert, „wenn mich nicht alles täuscht, gibt es den in keinem Supermarkt.“

„Sie gibt es dort ja auch nicht“, erwidert der Kommissar und hat im selben Augenblick das Gefühl, einen bösen Stilbruch begangen zu haben.

Linda ignoriert den Fauxpas. „Möchten Sie etwas trinken?“, fragt sie, als sie an dem Tisch im Küchentrakt Platz genommen haben. „Bier, Wein, Wasser...?“

„Wenn Sie so fragen: Wein.“

„Dann könnte es ja der Dom sein, den Sie mitgebracht haben?“

„Er war für Sie allein gedacht...“

„Ich trinke nicht gern allein.“

Er wird die Fortsetzung der vergangenen Nacht inszenieren und dabei den erfolgreichen Banker spielen, den eine PETA-Aktion aufmerksam gemacht hat auf eine andere Logik. Einfach wird er es ihr nicht machen. Sie soll sich schon mit der Meinung der Braven auseinandersetzen müssen, die er ihr in optimierter Form präsentieren wird. Alles andere würde sie sowieso als instinktlose Anbiederung erkennen, als Versuch, sich in ihrem Licht zu sonnen oder – wahrscheinlicher – mit ihr ins Bett zu steigen. Die Chance, die er ihr gibt und die sie erfolgreich wahrnimmt, muss ehrlich wirken. Ihn überzeugt zu haben, muss sie als Erfolg verbuchen können, erst und nur dann hat er eine Chance, sie mit seinem Charme und seinen Komplimenten in die Falle zu locken.

„Sie haben mich neugierig gemacht“, sagt der Kommissar und prostet seiner Gastgeberin zu.

„Neugierig auf was?“

„Sagen wir: neugierig auf Tiere.“

„Auf deren Interessen, meinen Sie.“

„Und wie man sie geschickt in Szene setzt. Die Zeil gehörte ja drei Tage lang Ihnen.“

Linda DeVries verschwindet in der Küche und kommt mit Salzstangen zurück. Das passt nicht zusammen, denkt der

Kommissar. Knabbergebäck und Bombenanschläge. Zeitgleich weiß er es aber schon wieder besser. Es gibt noch ganz andere Dinge, die nicht miteinander harmonieren, aber knallharte Realität sind. Mütter, die ihre Kinder töten, um ihrem Liebhaber zu gefallen.

„Gestern Nacht sagten Sie, dass Sie Betriebswirt sind. Wo arbeiten Sie?“

„In der Dresdner, am Pontoplatz.“

„Und was machen Sie da?“

„Betreuung von Kunden mit Auslandsengagement.“

„Verschleierung von Steuerhinterziehung also.“

„Das kann sich die Bank nicht leisten.“

„Jedenfalls läuft viel Geld durch Ihre Hände.“

„Dreihundert Millionen waren es letzte Woche.“

„Wie viel davon bleibt bei Ihnen hängen?“

„Sie fragen nach meinem Verdienst?“ René Gronwald lacht verhalten. Das ist seine Chance. Geld ist schichtunabhängiger Wertfaktor, auch Terroristen erliegen dem Zauber der großen Scheine, hofft er jedenfalls.

„Mit Gewinnbeteiligung und Prämien 300.000.“

„Das geben Sie so einfach preis. Geld ist doch tabu?“

„Aber doch nur für denjenigen, der weniger hat, als man vermutet.“

„Einen BAföG-Bezieher machen diese Zahlen jedenfalls schwindlig“

„Wenn Sie die Steuern abziehen, bleiben kaum mehr als 200.000 übrig.“

„Unter diesen Voraussetzungen ist der Turbo-Benz doch Pflicht, mit dem Sie vor dem Bioladen Eindruck machen.“

„Der Mercedes ist falsch“, antwortet der Kommissar höflich, „der Bioladen hingegen richtig. Aber, ehrlich gesagt, die meiste Zeit esse ich bei McDonalds.“

Auf die Frage, die Linda DeVries jetzt stellt, hat er zwar spekuliert, er hat ihr aber kaum eine Chance eingeräumt.

„Ihre Frau kocht nicht gerne?“

„Meine Frau gibt es gar nicht.“

„Entschuldigung“, erwidert die Terroristin, ohne es ernst zu meinen, „aber wissen Sie auch, dass die Fast-Food-Industrie für einen erheblichen Teil des Leides verantwortlich ist, das wir den Tieren zufügen? Abgesehen von den Schäden am Regenwald, den wir für die Rinderzucht abbrennen.“

„Alles bekannt“, erwidert der Kommissar, „oder besser gesagt, die Exzesse sind bekannt, die unseren Umgang mit dem Tier auszeichnen, über die Fast-Food-Geschichte hinaus. Massentierhaltung für einen irrwitzigen Fleischkonsum überall in den Küchen der industrialisierten Länder. Säureattacken auf die Augen von Kaninchen, um ein neues Schampon zu testen. Da sind wir uns sicher schnell einig. Ich stoße mich aber an Ihren weitergehenden Forderungen: Eine Welt ohne Pelz und Leder, in der die Menschen kein Fleisch essen und sogar auf Milch und Honig verzichten.“

„Was stört Sie daran?“

„Gehört Fleischkonsum nicht zu unserem archaischen Erbe? Wir sind Jäger und Sammler. Unser Verdauungsapparat ist auf Fleisch programmiert...“

„...und was ist mit unserem Verstand? Es war gestern schon unser Thema, Verstand in Kombination mit unseren Gefühlen. Man spricht in diesem Zusammenhang auch von Verantwortung.“

„Es gibt eine Lust auf Fleisch.“

„Und eine Pflicht, darauf zu verzichten.“

Linda DeVries hat ihren Gegner gefunden. Er ist stark, aber bezwingbar.

„Bei uns denkt man anders“, sagt der Kommissar mit niedergeschlagenem Blick. „Wir gehen stets auf Nummer sicher. Die alten Wege. Die bewährten Wege. Im Kreditgeschäft heißt das: schauen, ob genug Sicherheiten vorhanden sind und dann auszahlen.“

„Es interessiert Sie nicht, wofür die Gelder verwendet werden?“

„Nein.“

„Wenn Ecuador eine Straße durch den Urwald bauen will...“

„...kommt es nur darauf an, ob das Land zahlungsfähig ist"

„Die Indios spielen für Ihre Entscheidung keine Rolle, die ihr Land verlieren oder an den Krankheiten der weißen Eindringlinge sterben?"

„Davon wissen wir doch gar nichts."

Das Telefon klingelt. Linda DeVries ist kurz angebunden. Sie wird morgen zurückrufen.

„Wo Sie gerade Indios erwähnen. PETA kümmert sich einzig um Tiere. Kann man so radikal für Tierrechte eintreten, während man menschliches Leid ignoriert?"

„Wer Verantwortung übernehmen will hat die freie Auswahl."

„Handlungsbedarf überall, meinen Sie?"

„Wo Sie letzten Endes landen, bestimmt zumeist der Zufall."

„Wie hieß der bei Ihnen?"

Linda DeVries greift nervös nach ihrem Glas. „Irgendwie nerven Sie mich mit solchen Fragen."

„...dann vergessen Sie sie einfach."

Die Terroristin geht zur Musikanlage, die in einer Nische im Bücherregal untergebracht ist und schon einige Jahre auf dem Buckel zu haben scheint.

„Mögen Sie Musik?", fragt sie spitz.

„Gerne."

Barry McGuire singt *Eve of Destruction*. "Eine Aufnahme aus den sechziger Jahren", sagt Linda DeVries mit einem bitteren Unterton. „Woodstock. Zwanzig Jahre später hat er in Key West vor den Marines gesungen."

„Die Typen mögen Sie nicht?"

„Opportunisten", erwidert die Terroristin verächtlich und trinkt ihr Glas mit tiefen Zügen aus.

René Gronwalds Instinkt meldet sich. Seine Gastgeberin hat eine Geschichte für ihn. Er muss nur noch auf den Auslöser drücken.

„Frauen benötigen möglicherweise gar keinen Zufall, um zum Tierschutz zu kommen. Alle Tiere sind für sie wie ihre Babies."

Die kleine Provokation reicht aus.

„Ich war zwölf, als ich zufällig ein Gespräch zwischen meinen Eltern mithörte", sagt Linda unaufgefordert und niemand kann sie jetzt noch aufhalten. „Mein Vater berichtete meiner Mutter von einem Versuch mit Mäusen. Sie müssen wissen, mein Vater war Chemiker bei Böhringer und dort mit der Entwicklung von Pflanzenschutzmitteln befasst. Sie hatten irgendwelche neuen Wirkstoffe an Tieren ausprobiert, um die Gefährlichkeit für den Menschen abzuschätzen. Die Mäuse, denen sie das Zeugs in das Futter gemischt hatten, waren zwar mit dem Leben davon gekommen, aber sämtliche Jungen, die sie später zur Welt brachten, hatten Hasenscharten. Meine Eltern haben sich halbtot gelacht. Ich wusste nicht, was eine Hasenscharte war und fragte nach. Schwer zu beschreiben, sagte mein Vater, aber warte mal bis morgen. Am nächsten Tag brachte er mir drei Mäusebabies von der Arbeit mit. Alle hatten eine offene Gaumenspalte."

„Sie haben sie nicht wieder hergegeben?"

Die Terroristin schüttelt traurig und wütend den Kopf. „Ich habe sie in einem leeren Meerschweinchenkäfig untergebracht und mit Futter aus der Zoohandlung versorgt. Sie haben sich prächtig entwickelt – bis auf die Hasenscharte, die blieb. Wenig später kam ein neuer Schüler in unsere Klasse. Ein arabischer Flüchtlingsjunge mit einer ganz schlecht versorgten Gaumenspalte. Sie hinderte ihn erheblich am Sprechen. Meine Mitschüler lachten oft über ihn und ihr Lachen war genauso böse und rücksichtslos wie das meiner Eltern am Tag der Mäusegeschichte."

„Jetzt sahen Sie die Missbildung Ihrer Mäuse mit anderen Augen?"

„Als Makel habe ich sie gesehen. Als ein Makel, den Menschen verursacht haben, die andere Kreaturen nur benutzen."

Linda DeVries Gesicht hat die Konturen des Vortags angenommen, als sic am Hundezwinger ihre Wahrheit verkündete. „Als Demütigung einer Spezies, die sich nicht wehren kann – oder nicht wehren will, weil sie gar nicht begreift, was ihr angetan wird. Ich glaube, das ist die schlimmste

Variante der Demütigung. Die man als solche nicht wahrnimmt. Weil man eine Maus ist oder weil man zu gutmütig ist." Linda DeVries' braune Augen funkeln böse. „Die Lächerlichkeit nicht begreifen, der man ausgesetzt ist, heißt sich nicht wehren können."

„Die Mäuse waren zweifach gehandicapt."

„Das hat mich ja so tief getroffen. Ich habe stundenlang weinend vor dem Käfig gesessen und ihnen zugeschaut. Ab und zu kamen sie ans Gitter und beäugten mit gespaltener Oberlippe und sorgenvollen Augen ihr trauriges Frauchen."

„So wird man PETA-Aktivistin."

„Es geht wohl auch anders. Nur wenige meiner Mitstreiter können sich auf ein Schlüsselerlebnis berufen. Wie schon gesagt. Eigentlich genügt banales Denken."

Die Flasche Dom Pérignon ist leer. Der Kommissar denkt fieberhaft darüber nach, wie er seinem Besuch eine Verlängerung abtrotzen kann. Er ist längst noch nicht am Ziel. Linda DeVries verschwindet in der Küche. Das Quietschen der Kühlschranktür macht Hoffnung.

„Halten Sie diesen Abstieg aus?", fragt die Terroristin und präsentiert ihrem Widersacher eine Flasche Beaujolais.

„Sie gehen Ihren Weg, nicht wahr?"

Der Kommissar hat die Flasche von ihrem Plastikkorken befreit und die Gläser voll geschenkt.

„Das war damals wohl eine verbindliche Weichenstellung."

„Oh ja", kommt es trotzig zurück, „auf ihren Gräbern im Garten meiner Eltern stehen immer frische Blumen."

Viele Gefühle. Verletzte Seelen kommen auf allerlei komische Gedanken. Aber Hasenscharten und Terroranschläge passen nicht zusammen. Die gespaltenen Lippen mögen sensibel machen für das einschlägige Thema und vielleicht öffnen sie auch die Tür zum politischen Ballsaal. Aber den Weg zur tödlichen Attacke weisen sie nicht. Da ist noch etwas anderes, was mehr bewegt hat als die Hasenscharten der drei kleinen Mäuse. Sie sind nicht das Missing Link zwischen bürgerlicher Existenz und dem kompletten Outlaw.

„Könnten Sie sich vorstellen, dass Ihre Organisation einen Pharmaboss kidnappt um beispielsweise die Einstellung aller Versuche mit Menschenaffen zu erzwingen?“

„PETA lehnt Gewalt ab.“

„Und wenn Sie alleine zu entscheiden hätten?“

Die Terroristin wirft den Kopf in den Nacken. „Machen Sie es mir doch nicht so leicht. Nehmen Sie statt der Menschenaffen Ratten und Meerschweinchen. Und geben Sie sich mit einer erheblichen Reduzierung des Verbrauchs der Labortiere zufrieden. Innerhalb von fünf Jahren auf dreißig Prozent.

„Einverstanden. Wären Sie dafür?“

„Selbstverständlich.“

„Und wenn Ihre Forderungen nicht erfüllt würden, wären sie dann auch dafür, die Geisel zu liquidieren?“

„Vielleicht.“

„Sie legen sich nicht fest?“

„Tue ich nicht.“

„Aber Sie könnten sich eine solche Entscheidung vorstellen?“

„Selbstverständlich.“

„Das Menschenleben verliert gegen das Rattenleben?“

„Was stört Sie daran?“

„Das Menschenleben ist höherwertig.“

Linda De Vries lacht mit der Routine eines Profis. „Wer sagt Ihnen das?“

„Nun ja...“ Der Kommissar ist einen Augenblick unsicher.

„Alle!“, hilft ihm die Terroristin aus der Patsche. „Das ist überall Geschäftsgrundlage. Aber es fehlt immer die Begründung. Was erhebt uns über die Ratte? Dass wir lesen können und sie nicht? Kann sie wirklich nicht lesen oder machen wir uns bloß falsche Vorstellungen über ihre Bücher? Vielleicht kann sie aber wirklich nicht lesen, dafür aber etwas ganz anderes: Grillenstimmen von Heuschreckenstimmen unterscheiden zum Beispiel. Dass wir leidensfähiger seien als sie, wie man oft hört, auch seitens der Wissenschaft: Eine These, die aus dem Bauch kommt.“

„Meinen Sie, dass Ihre Aktionen an diesen Missverständnissen etwas ändern?“

„Wir halten uns da an die Zahlen. Unser Wachstum beträgt fünfzig Prozent im Jahr.“

„Noch mal zurück zum Kidnapping. Wann verliert die Geisel ihr Leben?“

„Wenn ihr Tod Sinn macht.“

„Das alte Lied: Der Zweck heiligt die Mittel?“

„Nicht ganz richtig. Es kommt immer auch auf die Verhältnismäßigkeit an. Für 100 Mäuse stirbt der Pharmaboss nicht.“

„Aber für eine Million!“

„Gut vorstellbar.“

Der Kommissar will noch einen Schritt weiter gehen. „Ihn zu liquidieren, weil er ja die Schweinereien zu verantworten hat, die in der Vergangenheit geschehen sind?“

„Aus Rache, meinen Sie?“ Die Terroristin winkt ab. „ Die Geschichte ist passé.“

Das ist die Deadline. Mehr darf er nicht fragen. Sonst hört es sich an wie eine Vernehmung. Das wäre das Ende der Aktion. Er hätte gerne noch gewusst, wie sie sich zur Gewalt im allgemeinen gesellschaftspolitischen Kontext verhält. Ob es in Ordnung geht, Menschen zu töten um Unterdrückung abzuwenden. Das darf er sie nicht fragen. Er hat nicht alles erfahren am heutigen Abend, aber Linda DeVries hat einen Teil ihrer Karten aufgedeckt. Herausgekommen ist ein widersprüchliches Bild. Er muss es auf die Reihe bringen.

Der Kommissar stützt den Kopf in die Hände. „In den Banken gibt es keinen Fortschritt“, sagt er nachdenklich, „abgesehen davon, dass ihre Türme immer höher und futuristischer werden.“

„Aber nicht doch“, spöttelt die Terroristin, „Fusionen, Rationalisierung, Globalisierung – das ist doch die Evolution der Ökonomie. Sie haben es doch beinahe schon geschafft!“

„Nein, nein!“ Der Kommissar stiert auf die halbleere Weinflasche. „Es geht um den Fortschritt wie Sie ihn verstehen, von dem die Banken aber nichts wissen wollen." René Gronwald hebt abrupt den Kopf. „Mit einer Ausnahme vielleicht: Herrhausen. Haben Sie schon mal von ihm gehört? Er war vor Ihrer Zeit, beinahe schon vor meiner Zeit. Alfred Herrhausen, Chef der Deutschen Bank, kam mit seiner Forderung nach einer Entschuldung der Dritten Welt ins Gerede. Aber wir leben doch davon, dass wir andere in die Verschuldung treiben. Die Dritte Welt hat doch auch Sicherheiten: Holz, Öl, Diamanten, Coltan. Sie muss das Zeug nur hergeben. Kein Wunder, dass sie ihn umgelegt haben."

„War das nicht die RAF...?"

„Es ist bis heute nicht geklärt. Als ich seinerzeit von dem Anschlag hörte, habe ich spontan gedacht, es waren die eigenen Leute."

Nachdem auch der Beaujolais zu Ende ist, findet Linda DeVries noch einen angebrochenen Sixpack Warsteiner und dann reden sie über Belangloses. Über ihr Studium, ihre Arbeit am Virologischen Institut und über den HI-Virus, der gerade einen zweiten Anlauf nimmt, die Welt in die Knie zu zwingen. Der Kommissar wundert sich, dass sie ihm nichts von ihrer Afrikareise berichtet, über den ihn die Sicherheitsdienste längst informiert haben.

Gegen Mitternacht inszeniert er seinen Aufbruch.

„Ich denke, ich habe Sie jetzt lange genug aufgehalten", sagt er nach einer kurzen Gesprächspause und ärgert sich gleichzeitig, dass ihm nichts Originelleres eingefallen ist.

Er wird seine Chance an der Wohnungstür wahrnehmen, wenn der Sicherheitsabstand, den sie den Abend über gewahrt haben, aufgehoben ist. Aufmerksam registriert er Lindas Reaktion. Ein Hauch von Enttäuschung meint er in ihrem Gesicht zu erkennen, aber da ist er sich nicht sicher. Er wird es in Kürze wissen.

Sie gehen schweigend zur Tür. Der Kommissar dreht sich zu ihr um. Die Terroristin macht keine Anstalten zur Klinke zu greifen.

„Ich bin Ihnen noch eine Information schuldig."

„So?“ Lindas Augen verengen sich zu einem Schlitz.

„Die Rosen, die ich Ihnen mitgebracht habe......wissen Sie, ich habe ein Faible für Farben...“

Linda schaut zum Tisch zurück, wo die Vase mit dem wertvollen Inhalt steht. „Es sind braune Rosen. Ich wusste gar nicht, dass es braune Rosen gibt.“

„Ich auch nicht. Aber es war mir wichtig, braune Rosen für Sie zu finden.“

Lindas Augen werden wieder größer und fragen nach dem Grund, den sie längst schon kennt.

„Rosen in der Farbe Ihrer Augen. Ich habe noch nie in solch wunderschöne Augen geschaut. Und ich habe noch nie eine Frau kennen gelernt, die mich so fasziniert hat.“

Dann streichelt er ihr zärtlich über die Wangen und das Haar, beugt sich zu ihr herab, küsst sie auf die Stirn und nach langem Zögern auf den Mund, wo Lindas Lippen nur für einen Augenblick Unentschlossenheit zu suggerieren scheinen. Irgendwann liegen sie nebeneinander auf dem Bett, atmen die pheromonschwangere Luft der kleinen Studentenwohnung und während René Gronwald ihr T-Shirt nach oben streift und den Verschluss ihrer Jeans öffnet, verlieren beide den Rest an Distanz, den es noch zwischen ihnen gab, und sie vergessen beide ihren Auftrag.

Gegen halb acht wird der Kommissar wach. Es ist lange her, dass eine Frau so in seinem Arm lag. Mit zitternden Fingern fährt er die Konturen ihres Gesichtes ab, bis auch sie die Augen öffnet. René Gronwald ist gespannt, wie Linda reagieren wird, ohne Alkohol im Blut, am Morgen danach. Seine Bedenken erweisen sich als unbegründet. Linda schmiegt sich schnurrend an ihn und ihre Hände wandern über seinen Körper. Sie küssen sich und schlafen noch einmal miteinander. Dass er so schnell so weit kommen würde, hat der Kommissar nicht gedacht. Er hat den Zeitplan übererfüllt. Das Glück des Jägers, das ihn allerdings in Teufels Küche bringen kann. Es ist schon mehr als eine Ahnung.

Sie duschen und frühstücken gemeinsam. Nasszelle und Balkon liegen knapp über der Mindestgröße.

„Darf ich dich um einen Gefallen bitten?“

„Es kommt darauf an...“ Linda lächelt in die Sommersonne und der Kommissar genießt die Reflexionen ihrer strahlenden Augen.

„Ich müsste in der Bank ein paar Kurse abfragen. Das ist jetzt die Zeit. Es könnte sein, dass irgendwo etwas schief gelaufen ist und dann müssen wir rasch reagieren, sonst verlieren meine Kunden viel Geld.“

Linda startet wortlos den PC.

„Bitte.“

René Gronwald nimmt auf dem Stuhl vor der Anlage Platz und zieht die Tastatur aus dem Regal. Über die Homepage der Bank gelangt er schnell zu den Börsendaten in Tokio und in Shanghai. Sie interessieren ihn nicht. Er wartet, bis Linda in der Küche Wasser ins Spülbecken laufen lässt. Jetzt läuft sein Programm ab. Er hat es zigmal geübt und beherrscht es perfekt. Nur eine Minute muss er ohne Beobachtung arbeiten können. Er schiebt die CD, die in seiner Sakkotasche versteckt war, blitzschnell in das Laufwerk am Rechner. Ein Doppelklick installiert das Programm, das zur Grundausstattung des Kommissariats für verdeckte Ermittlungen gehört und das den Kommissar in die Lage versetzt, sämtliche Internetzugriffe von Linda DeVries auf seinem privaten PC zu erfassen. Das große Ding, das sie planen, da ist sich der Kommissar sicher, wird ohne Hilfe aus dem Internet nicht durchführbar sein. Als er die CD aus dem Rechner nimmt, hört er wie Linda das Geschirr in die Spüle stellt. Drei kurze Mausklicks bringen ihn wieder zurück an die Börse.

Die kalten Zahlen, mit fünf Stellen hinter dem Komma, denen er sich aufmerksam widmet, als Linda sich hinter ihn stellt, könnten niemals seine Heimat sein. Es ist, Gott sei Dank, nur ein Spiel.

„Wieder zuhause?“

Lindas Stimme hat eine Spur ihrer Freundlichkeit verloren.

„Ich weiß nicht“, antwortet der Kommissar gedankenverloren, „ob das noch lange meine Heimat ist.“

Es wird ein Wiedersehen geben. Sie muss ihm noch viel verraten. Morgen oder übermorgen wird er sie anrufen. Linda oder Linda DeVries oder die Terroristin. Im Kopf den bösen Plan und zwei Augen aus tausend und einer Nacht.

Frankfurt am Main, 12. Juli

„Ihr hört sie nicht ab?", wundert sich Annette Basler, „Telefonleitungen anzapfen ist doch das Erste was man in einem solchen Fall macht."

„Der Präsident will nicht und ich auch nicht."

„Ihr seid verdächtig oft einer Meinung."

„Hier geht es gar nicht anders. Zum Abhören bräuchten wir einen richterlichen Beschluss. Und den gibt es nur über die Staatsanwaltschaft. Die weiß aber noch gar nichts von der Sache und so soll es auch bleiben."

„Aber die Staatanwaltschaft müsste doch in jedem Fall informiert werden."

„Ich weiß", unterbricht René Gronwald unwirsch die Ärztin, „aber wir haben da einige Spielräume und wenn es hart auf hart kommt, nimmt der Präsident alles auf seine Kappe."

Das Thema ist dem Kommissar unangenehm. Ihr Spiel ist auch intern eine heiße Nummer. Inwieweit ihn der Präsident im Crashfall aus der Schusslinie nimmt, ist offen. Wenn es um den eigenen Kopf geht, hat Achim Schmidt-Fellinger vielleicht vergessen, was er dem Kommissar seinerzeit zugesagt hat.

„Abhören möchtest du trotzdem gerne, oder?" Annette Basler kennt ihren Pappenheimer.

René Gronwald schüttelt abweisend den Kopf. „Das bringt bei diesem Klientel nicht viel. Zu intelligent um sich am Telefon zu verplaudern."

„Du bist sicher?"

„Ich war letzte Woche in der Zentrale. Da sitzen alte Freunde von mir. Sie haben einen Apparat der Gruppe einen ganzen Tag lang überwacht. Auf dem Band ist nichts was uns interessieren könnte."

Sie essen in der Affentorschänke am Neuen Wall zu Mittag. Nur mit viel Geschick hat der Kommissar die Ärztin davon abhalten können, in der Klinikkantine zu speisen. Dort könnte auch Linda auftauchen und dann hätten sie ein dickes Problem. Annette Basler will nicht einsehen, dass die Terroristin sie wiedererkennen und Verdacht schöpfen könnte. Davon, dass der Kommissar sie mittlerweile näher kennen gelernt hat, weiß Annette Basler nichts. Er wird es ihr aber heute noch sagen.

„Was sind das eigentlich für Leute?"

„Nichts Besonderes. Der Älteste ist zweiunddreißig, heißt Jens Berninger und kommt aus Kanada. Er wohnt in Frankfurt und studiert Physik im fünften Semester."

„Er kommt aus Kanada. Was muss ich mir darunter vorstellen?"

„Das weiß ich selbst nicht genau. Seine Eltern sind offenbar deutsche Einwanderer und er ist vor fünf oder sechs Jahren wieder zurückgekommen. Der BND hat das nicht weiter recherchiert. Dann Burkhard Liefers, siebenundzwanzig Jahre alt, er wohnt in Mainz und studiert in Frankfurt Chemie. Seine Eltern sind beide Lehrer und unterrichten naturwissenschaftliche Fächer an einer Eliteschule in Bad Homburg. Schließlich die PETA-Frau, genau so alt wie Liefers, Medizinstudentin aus Frankfurt, Vater Holländer und in der Pharmaforschung tätig, die Mutter Deutsche und von Beruf Hausverwalterin. Sie managt ihre Villa in Königstein."

„Deutsch, gebildet und aus gutem Hause. Ist das die Heimat von Terroristen?"

„Ich bitte dich! Von dort genau kommen sie. Schau dich doch um. Bin Laden hat in England studiert und ist Millionär. Die Baader-Meinhofs, sämtlich gesicherte bürgerliche Existenzen. Gudrun Ensslins Vater war Pfarrer. *Diese* Leute legen Bomben, der Underdog nicht. Der spült seinen Frust ganz einfach hinunter."

„Die du jetzt genannt hast, hatten alle ein Motiv. Was sie gemacht haben, waren sie ihrem Glauben oder ihrer Ideologie schuldig. Das fällt doch in unserem Fall komplett weg.

Oder beten die drei vielleicht nach Mekka oder sind sie einem militanten Guru hörig?“

René Gronwald muss seine Karten aufdecken und Annette Basler von seiner Kontaktaufnahme zu Linda in Kenntnis setzen. Alles wird sie jedoch nicht erfahren. Dafür zeigt sie wieder viel zu viel Sympathie für den Kommissar.

„Linda DeVries ist eine engagierte Tierschützerin.“

„Ich weiß“, antwortet die Ärztin, „wir haben ihr lange genug zugehört.“

„Eine ganz und gar radikale Frau. Sie ist für einiges gut. Nicht nur wenn es um Tierversuche geht.“

„Da weißt du mehr als ich.“

„Nachdem du am Samstagnachmittag zurück gefahren bist, habe ich mich am Stand mit ihr noch mal eine Stunde unterhalten.“

„Das war alles?“

„Und am Abend habe ich sie in der Martin-Luther-Straße besucht.“

„Du warst bei ihr zuhause?“

„Und habe mich davon überzeugt, dass sie es ernst meint, verdammt ernst sogar.“

Annette Basler muss nicht weiterfragen. Sie hat die ganze Nacht bei ihm angerufen. Zuletzt um kurz nach sechs. Er hat nicht abgehoben. Heute weiß sie, dass er nicht zuhause war. Sie hat zu hoch gepokert. Das Einzelkind hat sich einen Streich gespielt. Sie macht gute Miene zum bösen Spiel.

„PETA und Terrorismus, das passt doch nicht zusammen. Die Tierschützer sind doch gerade deswegen so erfolgreich, weil sie auf Gewalt verzichten und stattdessen die Sache verbal auf den Punkt bringen. Was sollte Linda veranlassen, dieses Konzept aufzugeben?“

Der Kommissar weiß es längst selbst. Mäuse mit Hasenscharten und Hunde an der Giftspritze machen nicht bereit für den großen Schlag, zumal sich diese Dinge anders viel effizienter bekämpfen lassen. Jens Berninger und Burkhard Liefers haben zudem mit PETA nichts am Hut. Das Ding, das sie gemeinsam drehen wollen, braucht einen anderen

Anlass. Den zu finden wäre ein wichtiger Schritt auf dem Weg zum Erfolg. Denn er könnte viel verraten von dem, was Linda und ihre Freunde vorhaben.

Verabredungsgemäß sehen sie sich erst eine gute Woche nach Lindas Rückkehr aus Afrika wieder. Das Weinfest vor der Alten Oper ist unverfänglich und bietet relativ sichere Kommunikationsmöglichkeiten. Eine halbe Stunde sitzt Jens Berninger schon vor seiner Schorle als Linda und Bully auftauchen.

„Kein bisschen braun geworden“, revanchiert sich der Boss für ihre Unpünktlichkeit.

„Afrikas Sonne bräunt nicht“, spielt Linda den Ball zurück, „sie tötet.“

Am Stand nebenan holen sie Käsebrötchen und Saft und machen es sich am Tisch vor dem Brunnen gemütlich.

„Erfolgreich?“

„Ich weiß schon alles“, greift Bully der Ärztin vor, „eine Räuberpistole aus Aids, Bürgerkrieg und Menschenaffen.“

„Quatsch“, sagt Linda verärgert, „aber eine interessante Erfahrung. Eine Epidemie, wie ich sie noch nie gesehen habe.“

Jens Berninger und Burkhard Liefers sind hellwach. Lindas Geschichte wird verschlüsselt kommen und sie müssen sie decodieren und auf ihre Kompatibilität zu ihrem Projekt prüfen.

„Könnt ihr euch das vorstellen? Eine Infektion, die eine ganze Woche lang fast symptomlos verläuft, von einigen unspektakulären Pusteln abgesehen und dann explosionsartig eskaliert: 42 Fieber, blutige Ausscheidungen, sturzartige Gewichtsabnahme...“

„...und eine Mortalitätsrate von hundert Prozent.“

„Gerade nicht!“, triumphiert Linda. „Alle überleben, sind nach zwei Tagen Fieber wieder quicklebendig. Bis auf die Aidskranken, sie sterben - ausnahmslos.“

Die beiden Männer blicken die Logik noch nicht ganz, aber Lindas Gesicht verrät ihnen, dass Afrika in ihrem Sinn gelaufen ist.

„Ein verpenntes Immunsystem wird in letzter Sekunde wach und holt auf die Schnelle alles nach. Kann man das so verstehen?"

Linda nickt. „Wobei es völlig im Dunkeln liegt, wie es zu diesen Abläufen kommt."

„Was ist mit dem Erreger. Hast du ihn dingfest machen können?"

„Gestern hat das Elektronenmikroskop die Bilder ausgespuckt."

„Eine Überraschung?"

„Aufgrund der Krankheitsverläufe war ich mir in Afrika schon so gut wie sicher. Aber jetzt habe ich das Ergebnis schwarz auf weiß. Ein Neuer!"

„Eine Mutation?"

„Gottlob keine bloße Veränderung, sondern eine Synthese aus zwei bestehenden Viren. Das kann man zwar auf den elektronenoptischen Aufnahmen nicht zweifelsfrei erkennen, aber meine Recherchen vor Ort weisen eindeutig in diese Richtung. An einem kleinen See in der Nähe des Hospitals waren asiatische Enten und einheimische Schimpansen miteinander in Kontakt gekommen. Beide Tiergruppen waren anschließend krank geworden, allerdings nur ganz diskret. Die Personen wiederum, die mit den Enten und Schimpansen zu tun hatten, waren die ersten Kranken innerhalb der fraglichen Epidemie."

„Dann stecken die Eltern des Neuen…"

„…in den Affen und Enten, die am See leben. Zwei gänzlich unverdächtige Grippeviren. Das eine, ein Vogelvirus aus der Familie der Shasuanviren, lebt in den Enten und das andere, ein so genannter Boevirus, in den Schimpansen. Auf den elektronenoptischen Aufnahmen vom Blut der Tiere sind sie gut zu erkennen und zuverlässig zu identifizieren. Vor zehn Jahren erst entdeckt, weil sie halt nicht auffallen, aber mittlerweile sind sie gut beschrieben. Sie haben sich mit ihren

Wirten arrangiert. Sie tun sich nichts mehr. Aber beide Viren sind aufgrund ihrer Genetik und ihrer dünnen Schalen hochreaktiv und extrem experimentierfreudig, vor allem der Chinese. Immer auf der Suche nach Partnern, mit denen sie etwas Neues initiieren können. Zum Beispiel auf den Menschen überspringen, was die Originale nicht schaffen."

„Daraus schließt du auf eine Virenhochzeit?"

„Es kommt noch etwas Entscheidendes hinzu. Im Mikroskop kann man eine verblüffende Ähnlichkeit zwischen dem Neuen und seinen mutmaßlichen Eltern erkennen."

„Halb Vater, halb Mutter", lacht der Boss.

„Genau so! Vom Affenvirus hat der Neue seine elliptische Form und vom Vogelvirus den Stoppelbart, den er um die Hüfte trägt. Was die Aufnahmen nicht erkennen lassen, wovon ich aber aufgrund der Dünnhäutigkeit seiner Eltern zwingend ausgehe: Die Schale des Neuen ist glücklicherweise noch viel dünner als die vom Shasuan- und Boe-Virus. Eine Sternstunde der Evolution!"

„Wieso glücklicherweise?" Bully spielt den Ahnungslosen.

Linda streichelt ihrem Komplizen euphorisch über die kurzen Haare. „Weil dünne Schalen poröse Schalen bedeuten. Schalen die keine Barrieren sind. Schalen die das Ein- und Ausladen möglich machen. Der Neue eignet sich wunderbar zum Experimentieren."

„Dann bist du ja auf dem besten Weg zum Nobelpreis", freut sich Bully und ist sich sicher, dass ihr wissenschaftlicher Diskurs selbst den neugierigsten Lauscher nicht bösgläubig gemacht hätte.

Der Wind hat aufgefrischt und die wenigen Wolken, die die Thermik an den Himmel gezaubert hatte, über den Taunusbergen entsorgt. Wieder sind es vor allem Banker und Börsianer, die den Platz vor der Alten Oper füllen. Die meisten halten sich an den Stehtischen vor den Wein- und Sektständen auf. Sehen und gesehen werden. Die Goethestadt im flachen Rausch der schönen Körper und des schnellen Geldes. Ihre Vertreter lassen einmal mehr die Korken knallen und demonstrieren mit lautem Lachen den neuen Optimismus.

„Kennst du die noch?“ Jens Berninger macht Bully mit einer entsprechenden Kopfbewegung auf eine Gruppe junger Männer aufmerksam, die am Rundtresen des Moet-Standes gerade eine neue Flasche Champagner verkosten.

„Um Himmels Willen, die Clique vom Börsenkeller!“

Im vergangenen Sommer waren sie in dem Prominentenlokal mit den vier Devisenhändlern in Kontakt gekommen. Ein plötzliches Gewitter hatte sie dort Unterschlupf suchen lassen, wo sie sich aufgrund ihrer nicht standesgemäßen Kleidung umgehend dem Spott der Erfolgsmenschen ausgesetzt sahen. Die Vier in den Armani-Anzügen und im Happy-Hour-Rausch hatten die Gelegenheit genutzt, den drei in den alternativen Klamotten die Logik des Geldverdienens beizubringen. Und die hatten mitgespielt, hatten Interesse geheuchelt, Fragen gestellt und Komplimente gemacht. Innerhalb einer Stunde hatten sie die Großkotze um zweihundert Euro ärmer getrunken. Als der Regen abgezogen und der Himmel wieder heller geworden war, verabschiedeten sich die Studenten Schulter klopfend von ihren Gönnern. Die gaben ihnen noch eine kleine Geschichte mit auf den Weg, eine Parabel darüber, wie Erfolg funktioniert.

Am Morgen des 11. September, als sie im Halbdunkel ihres Cockpits vor den Monitoren saßen, die die aktuellen Börsendaten von New York bis Tokio anzeigten, da haben sie den mittleren Bildschirm, der das Programm von CNN übertrug und die brennenden Türme zeigte, konsequent ignoriert. Ihr einziges Augenmerk galt den abstürzenden Kursen auf den anderen Monitoren. Auf fallende Kurse setzend haben sie an diesem Morgen ein paar Millionen verdient, ungestört von der Konkurrenz, die angesichts der Katastrophe in Manhattan handelsunfähig war.

„Es hat sich nichts geändert“, sagt Bully.

„Es hat sich auch sonst nichts geändert“, erwidert der Boss.

Linda interessiert die Geschichte nicht. „Eine Information vom Steckbrief des Neuen dürfte den Virologen noch interessieren“, sagt sie mit Aufmerksamkeit heischender Stimme. „Er fühlt sich im Wasser wohl, wo er mit einiger Wahrscheinlichkeit auch zur Welt gekommen ist.“

„Auch in gechlortem Wasser?“

„Schätze, dass ihm das gar nichts macht. Seine Eltern vertragen alles – von extrem sauer bis extrem alkalisch.“

Gute Nachrichten. Bei der polnischen Bedienung des Rheingauer Weinstandes bestellen sie einen Bembel Winzerschoppen und ein Körbchen mit Salzbrezeln.

„Der Neue wird dich berühmt machen“, sagt der Boss und nickt Linda anerkennend zu. Sie spielen ihr Spiel schon mit Perfektion. Ob die Galerie besetzt ist, wissen sie nicht. Wenn sie es wäre, müssten Hellseher darauf Platz genommen haben, um ihre Absichten zu durchschauen.

„Und ihr – weiter gekommen?“ Linda schaut fragend in die Runde.

„Das Studienprojekt klemmt im Augenblick...“

„Was soll das denn heißen?“, unterbricht der Boss seinen Kumpel. „Wir haben noch einmal neu angesetzt, weil es möglicherweise einen besseren Weg gibt.“

„...aber die andere Sache läuft tadellos“, fährt Bully unbeirrt fort. „Der Macker von Fendt-Metallbau ist echt Spitze. Man könnte meinen, er legt die Karten komplett auf den Tisch.“

Jetzt bedienen sie die Spur, die ihnen erlaubt, deutlich zu werden. Bully wünscht sich insgeheim einen unerwünschten Lauscher.

„Auch ein Ass dabei?“ Linda hebt skeptisch die Augenbrauen.

„Sie sind an einem neuen Sprengstoff. Zehnmal stärker als herkömmliches TNT und trotzdem im Volumen kleiner.“

„Genau!“ Der Boss lacht verhalten über den Tisch. „Mit anderen Worten: transportabler. Eine faszinierende Sache für ein Land, dem es an Transportfahrzeugen für taktische Raketen fehlt. Es lässt die Raketen von Pferden ziehen oder die Soldaten tragen sie huckepack.“

„Ist das nicht eine sehr theoretische Vorstellung?“

„Für die Habenichtse in der Dritten und Vierten Welt?“ Jens Berninger gibt sich überrascht. „Für die ganz Armen muss es doch ein verlockender Gedanke sein, auch ohne militärische Infrastruktur die neuen Superbomben zum Einsatz zu bringen.“

„...wenn sie das Zeugs denn haben“, bemerkt Bully vorsichtig.

„Daran wird es nicht scheitern. Erinnere dich daran, was Dr. Lewalter gesagt hat. Die neuen werden in der Herstellung deutlich billiger kommen als die alten.“

„Die eigentlichen Profiteure dieser Entwicklung sind aber andere. Solche die sich verstecken müssen, nicht auffallen dürfen, auf klein-klein angewiesen sind“, sagt Linda versponnen.

„Du meinst Al Kaida, völlig richtig.“ Jens Berninger denkt den Gedanken weiter. „Die können dann mit der Superbombe in der Aktentasche ins Parlament marschieren. Oder sie legen mit einer Minirakete, die sie auf dem Dach ihres Fiats transportieren, den Reichstag in Schutt und Asche. Es gibt sicher noch viel attraktivere Ziele...“

„...vor allem für Terroristen der neuen Baureihe“, ergänzt Bully, „die viel anspruchsvoller sind.“

Für die virtuelle Galerie ist auch die nachfolgende Unterhaltung gedacht. Aber auch als Information für Linda, die davon noch nichts weiß.

„Bully und ich gehen nächste Woche auf Reisen.“

„Für länger?“

„Drei Tage, ein Kurztrip.“

„Darf man das Ziel erfahren?“

„Metz/Frankreich.“

„Das verschlafene Nest in der Bretagne?“, fragt Linda verdutzt, obwohl sie sich schon alles denken kann. „Die schönsten Plätze dort sind Sperrgebiet.“

„Nicht für uns.“

„Ich meine den Hafen. Dort liegt die französische Kriegsflotte. Sie lassen niemanden in die Nähe.“

„Es sei denn, er kennt die Losung."
„Ihr kennt sie?"
„Ganz einfach: Fendt-Metallbau."
Linda lächelt ahnungsvoll. „Das Ding nennt sich offenbar Exkursion und geht auf Kosten des Hauses."
„...und hat ein Schnäppchen im Gepäck, das dort vor Anker liegt."
„Die USS-George-Bush, wenn ich die Zeitung richtig gelesen habe."

Als sie sich am späten Nachmittag trennen, gibt es keinen freien Platz mehr an den Tischen und an den Ständen vor der Alten Oper. Die Devisenhändler am Moet-Tresen trinken weiter gegen die Verluste des Vormittags an, während sich ihr lautes Lachen kaum mehr gegen das Stimmengewirr der übrigen Besucher durchsetzen kann. Der anfangs kräftige Wind ist zu einem lauen Lüftchen geschrumpft und die Sonne schickt immer noch viel Wärme in die Stadt. Linda liegt gut im Rennen. Jetzt müssen Jens und Bully Ergebnisse präsentieren. Trotzdem sagt sie: „Macht die Augen auf in Metz."

Frankfurt am Main, 13. Juli

Bei Jens Berninger und Burkhard Liefers hat es heute etwas länger gedauert. Dr. Lewalter hat die Teilnehmer der Exkursion nach Metz am Ende der Veranstaltung zu sich gebeten und ihnen den Ablauf der Reise erläutet. Um sieben Uhr startet der von Fendt-Metallbau gecharterte Bus vom Parkplatz des Physikalischen Instituts. Acht Stunden später wird man am Zielort in der Bretagne ankommen und im Gasthof *Maison Landaise* einchecken. Der Nachmittag ist ausgefüllt mit Vorträgen französischer Offiziere und einem Besuch auf dem Hubschrauberträger Jean D'Arc. Tags darauf dann das Highlight. Die Teilnehmer der Exkursion dürfen an Bord der USS-Georg-Bush, die fünf Seemeilen von der Küste entfernt vor Anker liegt. Einen ganzen Tag lang werden sie sich überall auf dem Schiff umsehen und mit der Besatzung reden. Am späten Nachmittag steigen drei Kampfjets auf, um in einer großen Schleife, die sie bis an die Kreidefelsen von Dover bringt, wieder zum Schiff zurück- zukehren. Der letzte Tag führt schließlich ins Trainingszentrum der französischen Marine, wo computersimulierte Kriegsspiele stattfinden. Fendt-Metallbau zahlt alles – sogar Spesen von fünfzig Euro pro Teilnehmer.

Gegen Mittag verabschieden sich die beiden Studenten am Opernplatz. Sie werden heute nicht zum Hauptbahnhof fahren, um dort auf den ICE nach Hamburg zu warten. Übermorgen, wenn ihre einzige Vorlesung schon um halb zehn zu Ende ist, lohnt sich die lange Reise viel eher. Bevor sie dann gegen zweiundzwanzig Uhr in der Hansestadt den letzten Sprinter nach Süden besteigen, können sie stundenlang ihrem Hobby frönen.

Jens Berninger nimmt die U-Bahn Richtung Rödelheim. An der Haltestelle Schönhof steigt er aus. Zehn Minuten

Fußweg sind es von dort noch bis zu seiner Wohnung in der Landgrafenstraße. Auf dem Boden unmittelbar hinter der Wohnungstür liegt ein Brief. Der weiße, unbeschriftete Umschlag ist offenbar unter der Tür durchgeschoben worden. Jens Berninger hat kein gutes Gefühl als er ihn aufhebt und schon auf dem Weg zum Schreibtisch öffnet. Auf einem doppelt gefalteten Schreibmaschinenblatt stehen nur zwei Sätze, in großen Buchstaben geschrieben und fett gedruckt: *Ihr steht unter Beobachtung. Passt auf!*

Jetzt darf er nichts falsch machen. Auf der Couch liegend ordnet Jens Berninger seine Gedanken. Wenn es stimmt, dass ihnen die Fahndung auf die Schliche gekommen ist, mag das ärgerlich sein, ihr Projekt aber wird das nicht verhindern. Mit dieser Eventualität haben sie gerechnet und entsprechend vorgesorgt. Das Spiel auf das er die Gruppe eingeschworen hat, haben sie perfekt gespielt – schon seit Mimizan. Der Lauscher im Rücken oder um die Ecke war ihre Geschäftsgrundlage. Danach haben sie alle ihre Gespräche und Unternehmungen ausgerichtet. Viel können die Fahnder also noch nicht wissen und das meiste davon könnte sie schon in die Falle gelockt haben, in die Sackgasse einer getürkten Logik.

Der Bernuspark ist schmutzig und versifft und dient eigentlich nur noch einer Hand voll Junkies als Aufenthalt. Fehlende Bäume machen ihn übersichtlich und kontrollierbar. Er ist fast sicheres Terrain.

„Danke Santos“, sagt Bully als sie sich auf eine mit Graffiti besprühte Bank in der Mitte der Anlage setzen und wirft Linda einen unfreundlichen Blick zu.

„Was hat das mit Santos zu tun?“, erwidert Linda spitz.

„Wir waren uns doch einig, dass die Bullen zum gegenwärtigen Zeitpunkt praktisch nur auf einem einzigen Weg von unserem Projekt Kenntnis erlangen können.“

„Indem Santos uns verpfeift, schon gut.“

„Genau das hat er getan. Und jetzt plagt ihn das schlechte Gewissen. Er will etwas gut machen und warnt uns.“

„Es kann aber auch jemand aus dem Apparat gewesen sein", wehrt sich Linda.

„Ein Bulle." Jens Berninger lacht böse. „Denkt mal daran, was ich euch in Frankreich gesagt habe. Die dort arbeiten sind x-mal getestet und durch alle Mühlen gedreht worden. Das sind Überzeugungstäter. In deren Reihen gibt es keine Plaudertaschen."

„Alles sehr logisch. Und alles auf Santos zugeschnitten." Bully teilt die Einschätzung des Bosses. „Er will uns warnen, aber das muss anonym geschehen. Denn wenn er uns offen anspricht, gibt er sich als Verräter zu erkennen. Er will darüber hinaus auch nicht, dass die Polizei von seiner Indiskretion erfährt. Also spricht er uns seine Information auch nicht auf Band oder schickt sie uns mit der Post. Denn er muss damit rechnen, dass Telefon und Briefverkehr überwacht werden."

„Santos wohnt in Frankfurt." Linda bleibt skeptisch. „Warum schiebt er den Brief nicht bei mir unter die Tür. Er weiß, wo ich wohne, die Adresse von Jens kannte er nicht."

„Weil er will, dass wir uns genau diese Frage stellen und ihn als Informanten in Zweifel ziehen. Geschickt gemacht – für einen Biologen."

„Irgendwie reden wir Scheiße", unterbricht Bully die Diskussion über den Informanten. „Entscheidend ist doch, dass wir offenkundig ins Visier der Polizei geraten sind. Wer uns verpfiffen und wer uns gewarnt hat, ist zweitrangig."

„Die Bullen haben uns auf dem Kieker", stellt Jens Berninger kategorisch fest. „Reden wir über die Konsequenzen."

„Es gibt keine", antwortet Linda selbstsicher. „Wir haben bisher alles richtig gemacht und so machen wir weiter."

„Trotzdem. Ab heute ist alles anders. Wir wissen, dass sie es wissen."

„Wir sollten einen Gang höher schalten."

„Wie meinst du das?"

„Denk dich in ihre Situation. Sie haben uns abgehört und nichts Brauchbares erfahren. Sie werden uns weiter belauschen, bis sie merken, dass sie es mit intelligenten Leuten zu tun haben. Dann legen sie einen Zahn zu."

„Sie verwanzen uns die Buden."

Der Boss verzieht zweifelnd die Mundwinkel. „Denkbar schon, aber viel dürften sie sich davon nicht versprechen. Wer am Telefon nicht plaudert, tut das auch nicht in seiner Wohnung."

„Was bleibt ihnen noch?"

„Unsere Computer."

„Die E-Mails?"

„Eher unsere Zugriffe im Internet. Wenn man Großes vorhat – und davon dürften sie ausgehen – braucht man das Internet. Wo alles steht was die Welt weiß."

„Und wie kommen sie da ran?"

„Ganz einfach, weil ganz legal. Mit einer richterlichen Genehmigung können sie in die entsprechenden Aufzeichnungen der Telekom Einblick nehmen. Die hat alle Zugriffe registriert."

„Nehmen wir an, der Richter spielt nicht mit. Viel Konkretes hat Santos ja nicht zu bieten."

„Theoretisch geht das auch ohne Richter und Telekom. Man kann Computer so programmieren, dass ihre Internetkontakte von außerhalb abgerufen werden können."

„Dazu müssen sie aber in die Wohnungen!"

„Was ihnen, wenn ich das mal so salopp sagen darf, sicher nicht schwer fallen würde."

„Nun verrate uns doch endlich, welche Konsequenzen wir daraus ziehen sollen", sagt Linda ungeduldig. „Was heißt einen Gang höher schalten?"

„Wir bleiben am Telefon stumm", erwidert Bully mit theatralischer Gestik, „bleiben in der Wohnung stumm und unsere E-Mails sind so unschuldig wie die Nacht. Insoweit bleibt alles beim Alten. Beim Internet werden wir keck. Wir fragen es aus. Liefern ihnen das, was sie sich insgeheim erhofft haben. Bully ist Chemiker und will unbedingt wissen, wie er den neuen Sprengstoff von Fendt-Metallbau selber basteln kann. Dazu hat ihm Dr. Lewalter ein paar interessante Suchbegriffe genannt. Ich zum Beispiel interessiere mich für Elektromotoren, die unter Wasser funktionieren. Als Physiker passt das zu mir."

„Und ich? In deiner Geschichte ist für mich kein Platz. Sie wird die Gegenseite nicht überzeugen, wenn ich ausgespart bleibe!"

„Du bist das treusorgende Weib, das in der Höhle auf die Rückkehr der Krieger wartet. Um stets in Gedanken bei ihnen zu sein, musst du ihre Wege kennen. Welche Route benutzen sie, wann und wo legen sie an, wie lange bleiben sie im sicheren Hafen..."

„Eine gute Idee", denkt Linda, findet aber, dass Bully sich immer noch irgendwie für den Korb revanchiert, den sie ihm einmal gegeben hat. Jens Berninger ist da nicht so nachtragend.

Linda hat ein flaues Gefühl in der Magengegend, als sie in ihre Wohnung zurückkehrt. Jens Berningers Hinweis auf den PC als polizeiliche Informationsquelle hat sie verunsichert. Ihr Liebhaber der vergangenen Nacht hat ihren PC benutzt. Mit guten Gründen zwar, aber die können vorgeschoben sein. Das würde bedeuten, dass sie einem großen Bluff aufgesessen ist. Das Interesse ihres Besuchers am Tierschutz, seine Begeisterung für das neue Denken, seine Komplimente, seine Gefühle – alles vorgespiegelt. Der Investitionsberater der Dresdner Bank, ein stinknormaler Bulle des Staatsschutzkommissariats, der seinen Job gemacht und sich nebenbei einen Bordellbesuch erspart hat. Wut steigt in ihr hoch, Wut die sich nicht nur gegen ihren Besucher richtet, sondern in erster Linie ihr selbst gilt. Aber es ist auch Enttäuschung mit dabei. Denn der Mann mit den braunen Rosen war ein sympathischer und zärtlicher Gast.

Sie sucht Gewissheit. Die Nummer der Dresdner besorgt sie sich im Internet. Nach dem zweiten Klingeln meldet sich die Zentrale.

„Beate Müller", lügt sie, „verbinden Sie mich mit Herrn Gronwald?"

„Einen Augenblick bitte.“

Musik wird eingespielt und Linda hält die Luft an.

„Warten Sie bitte noch“, sagt die Dame in der Vermittlung nach langen 30 Sekunden.

Nach der nächsten Musik die frustrierende Frage: „Sagten Sie Gronwald?“

„René Gronwald von der Investitionsberatung.“

„Eine Sekunde noch.“

Dann ein Stück Entwarnung. „Dr. Gronwald war bis eben in einer Besprechung und ist jetzt im Haus unterwegs. Er müsste in Kürze in seinem Büro erreichbar sein. Wollen Sie einen Moment warten?“

„Gerne.“

Wieder Musik, Beethovens Neunte auf einem Endlosband. Abrupter Abbruch.

„Ich verbinde.“

Linda hält die Hand über den Kontaktknopf. Als sie seine Stimme hört, unterbricht sie das Gespräch.

Die Terroristin holt Milch aus dem Kühlschrank und trinkt mit zitternder Hand. Was vergangene Nacht geschehen ist, muss mehr gewesen sein als Sex mit einer Zufallsbekanntschaft. Sie hat ihn wohl zu Unrecht verdächtigt. Ein Test noch, dann ist der Albtraum hoffentlich restlos vorbei. Im Windows-Handbuch wird sie schnell fündig. Ein bisschen länger dauert die Installation des Programms. Nach einer Ewigkeit das Ergebnis: negativ. Der Rechner hat ihre Internetzugriffe nicht an einen fremden Anschluss weiter- geleitet. Als Linda die Milch zu Ende trinkt, zittern ihre Hände immer noch. Aber dann liegt sie entspannt und glücklich auf dem Bett und träumt. Dass die Computerspezialisten der Frankfurter Polizei ihre Hacker-Attacken auf fremde Rechner gegen Enttarnung tarnen, weiß sie nicht. Und selbst im Traum würde sie nicht daran denken, dass die Großbanken in der Stadt ihrer Polizei Deckadressen zur Verfügung stellen. Virtuelle Arbeitsplätze mit allem, was dazu gehört. Als perfekte Tarnung in heiklen Missionen.

Port Douglas/Australien

Auf die Frage von Mathias Blüchel, wie man einen einarmigen Australier von einem Baum holen kann, hatte er seinerzeit nur den Kopf geschüttelt und auch mit der Antwort – indem man ihm eine Bierdose zuwirft – konnte er nichts anfangen. Ansonsten aber ist Ray Matson ein heller Kopf. Der Sechsunddreißigjährige leitet die Tauchschule in Port Douglas am nordöstlichen Zipfel von Down Under. Täglich fährt er mit seinen Schülern, überwiegend Franzosen und Deutsche, auf einem umgebauten Trawler drei, vier Meilen hinaus zu den Ausläufern des Great Barriere Riffs, wo das klare, flache Wasser ausgedehnte Tauchgänge ermöglicht. Kein einziger Hai gefährdet hier die Sicherheit der Teilnehmer und auch die lang gestreckten Felder der Seeanemonen sind kein Thema, handelt es sich doch ausschließlich um mindergiftige Nelkenanemonen, deren Nesseln bestenfalls ein paar juckende Quaddeln auf der Haut des Opfers hinterlassen.

Jetzt steht Ray Matson mit dem Reiseleiter aus München am kleinen Hafen und schaut skeptisch über das spiegelglatte Wasser hinüber zum Riff, wo die Kalktürme der Korallen die Wellen brechen und einen Saum aus weißer Gischt in den Ozean malen.

„Sie nehmen die Sache ernst, nicht wahr?"

Der Tauchlehrer nickt. „Jedenfalls solange bis das Labor in Brisbane Entwarnung gegeben hat."

„Das kann dauern, vermute ich."

„Dr. Moore rechnet mit einer Woche."

„Wenn wir während dieser Zeit nicht tauchen können, macht die Reise keinen Sinn. Meine Leute haben einen *Tauch*urlaub gebucht und viel Geld dafür bezahlt."

„Wie wäre es mit Umbuchen?"

„Alles dicht. Zudem wollen die Teilnehmer *hier* tauchen und nicht irgendwo im Niemandsland."

„Ich bekomme so oder so Probleme. Wenn sich die Sache herumspricht, ist es völlig egal, was die Untersuchungen ergeben."

„Wann hat das angefangen?"

„Eigentlich schon im vergangenen Sommer. Aber da waren es nur ganz wenige tote Anemonenfische. Ich habe mir nichts dabei gedacht. Im Winter war dann gar nichts mehr. Aber mit steigenden Wassertemperaturen ging es wieder los. Allein gestern habe ich dreißig tote Fische aus dem Wasser geholt."

Sie gehen gemeinsam zur kleinen Werft, wo in einem schäbigen Büro eine Kühltruhe vor sich hin rostet.

„Sehen Sie." Ray Matson hebt den Deckel hoch. Die Truhe ist fast zur Hälfte gefüllt mit tiefgefrorenen Anemonenfischen, die meisten lachsrot gemustert, aber hier und da schimmert es auch blau und oliv durch die filigranen Eiskristalle, die die Fische überziehen. Er nimmt ein Exemplar in die Hand.

„Überall diese kleinen Verletzungen. Wie Nadelstiche. Oder, was ich befürchte, Einstiche von Anemonennesseln."

„Das dürfte es aber doch gar nicht geben."

„Naturwissenschaftlich ist das sogar ausgeschlossen. Anemonenfische leben in Symbiose mit den Seeanemonen. Sie halten ihnen das lästige Ungeziefer vom Leib und dürfen die Tentakel als Deckung gegen hungrige Raubfische benutzen. Selbst bei Berührung behält die Anemone ihre Giftpfeile im Köcher."

„Ganz offensichtlich ist dieser Schutzmechanismus gestört."

„Wobei wir nicht sagen können, was das konkret heißt. Wir kennen ja noch nicht einmal den Mechanismus, der diesem Frieden zugrunde liegt."

„Wenn ich das richtig in Erinnerung behalten habe, soll eine dünne Schleimschicht auf den Fischen dafür verantwortlich sein."

„Es wird aber auch darauf spekuliert, dass chemische Botenstoffe die Abwehr ausschalten. Jedenfalls scheinen die Seeanemonen im oberen Bereich des Riffs damit begonnen zu haben, ihre Pflegekräfte zu harpunieren. Allerdings könnte es auch anderen Fischen an den Kragen gehen. Zwei tote Zackenbarsche hatten ebenfalls die charakteristischen Stichverletzungen."

„Schießen die Anemonen jetzt auf alles, was in ihre Nähe kommt?"

„Gut möglich." Ray Matson wirft den Fisch zurück in die Truhe. „Aber da ist wohl noch etwas. Die Barsche sind ja in der Vergangenheit immer wieder mal mit den Anemonen in Clinch geraten. Einfach weil sie von Natur aus neugierig sind. Aber sie haben die Piekse stets locker weggesteckt – und jetzt krepieren sie daran."

„Als wenn das Anemonengift stärker geworden wäre."

Der Tauchlehrer zuckt wortlos mit den Schultern. Es ist später Vormittag und die Sonne steht schon fast senkrecht am Himmel. Noch gelingt es dem auflandigen Wind, die Hitze erträglich zu halten. In einer Stunde, wenn das Quecksilber gefährlich nahe an die Vierzig- Grad-Marke geklettert ist, wird sich Mathias Blüchel in seine klimatisierte Hotelunterkunft zurückziehen. Bis dahin müssen er und Ray Matson noch eine Entscheidung treffen. Auf der Terrasse von *Monas Pub* bestellen sie Cola mit Eis und Limonen.

„Wo sind Ihre Leute jetzt?"

„Noch auf ihren Zimmern. Die Fahrt war anstrengend. Aber sie wollen heute Nachmittag unbedingt schon zum Riff."

Ray Matson nippt nachdenklich an seinem Glas.

„Wie gut sind sie?"

„Klasse Leute."

„Ohne Ausnahme?"

„Sie haben alle den schwarzen Gürtel."

„Man kann also davon ausgehen, dass sie Abstand halten von den Anemonen, wenn wir ihnen das aufgeben?"

„Unbedingt."

„Fünfzehn Uhr“, sagt Ray Matson. „Drüben an der Anlegestelle.“

Die *Mary Jones* ankert einige hundert Meter vom Riff entfernt. Den Tauchlehrer befällt ein schlechtes Gefühl, wenn er sich an die Zeit erinnert, als sie ihren schweren Anker jedes Mal mit voller Wucht in das Kalkskelett der Korallenbänke gedonnert haben. Proteste in den Medien haben ihn zum Umdenken gebracht. Heute schämt er sich, wenn er zu den zerbröselten und ausgeblichenen Korallen hinabtaucht. Auch wenn er weiß, dass ein Großteil der Zerstörung auf die immer weiter steigenden Wassertemperaturen zurückzuführen ist, denen die Riffbewohner, wie es scheint, nichts entgegen zu setzen haben.

Die achtzehn Taucher schwimmen in Formation, zunächst dicht unter der Wasseroberfläche, dann unmittelbar über dem Meeresboden, dessen weißer Sand auch noch in zehn Meter Tiefe im Sonnenlicht glänzt. Am Fuß des Riffs gibt Ray Matson das Zeichen zum Abstand halten. Die Taucher reduzieren ihre Geschwindigkeit, denn jetzt wölben sich erste Korallenbänke in die Höhe. Dann, auf dem toten Kalk, urplötzlich ein Meer aus wogenden Anemonententakeln. Diszipliniert halten die Taucher Abstand. Drei Meter sind vorgegeben und werden nicht unterschritten. Alle hier unten haben schon einmal am Riff getaucht, bei Sharm-el-Sheik, vor Borneo oder an den Kapverdischen Inseln. Überall haben sie die bunten Wiesen der Seeanemonen in ihren Bann geschlagen mit ihren rot und blau gestreiften Begleitern, die nicht von ihrer Seite weichen.

Zwischen den Tentakeln der Seeanemonen ist es heute gefährlich leer. Die Fische sind wie vom Meeresboden verschluckt. Weiter oben schließlich, neben einem Feld grauer Schwämme, ein Hoffnungsschimmer. Über einem einzelstehenden Strauß Anemonen schwimmen Nemo und Konsorten. Ein Dutzend Fische, allerdings in einem ungewöhnlich großen Abstand zu ihren Beschützern. Ray Matson wird sich das genauer ansehen. Vorsichtig pirscht er sich an das kleine

Biotop heran. Die Nesselfäden der Nelkenanemonen sind maximal einen Meter lang. Daran muss er sich halten. Im gleichen Augenblick, als er das Objekt erreicht hat, schießt der Schmerz wie ein Blitz in die Arme, Beine und Brust. Sein Körper krümmt sich zusammen und windet sich wie der eines harpunierten Haies. Panikartig flüchtet Ray Matson in tieferes Wasser, wo seine Schüler auf ihn warten. Doch schon nach wenigen Metern erlahmen seine Kräfte und dann reißt der Strom der Luftblasen aus seinem Mundstück jäh ab.

Einen plötzlichen Herztod wird das Gerichtsmedizinische Institut in Brisbane tags darauf feststellen und eine toxische Ursache in Betracht ziehen. Denn im Blut des Tauchlehrers finden die Ätzte eine chemische Verbindung, die eine erhebliche Ähnlichkeit mit dem Gift der Seeanemone hat. Zudem stecken im Körper des Sechsunddreißigjährigen diverse Nesselspitzen, die offenbar mit Leichtigkeit den mehrere Millimeter dicken Polypropylenanzug des Tauchers durchstoßen haben. Auf die Abweichungen im Molekularaufbau des mutmaßlichen Wirkstoffes von dem ursprünglichen Anemonengift können sich die Ärzte zunächst keinen Reim machen und auch die geringe Konzentration der Chemikalie im Blut des Opfers macht ihnen Kopfzerbrechen.

Kiel/Deutschland, 15. Juli

Chaetodon fascinatus ist am Riff unterwegs. Wie im wirklichen Leben sucht der Schmetterlingsfisch den dichten Teppich aus Korallen und Schwämmen nach Nahrung ab. Hinter einer kürbisgroßen Cliona, die ihm noch nie geschmeckt hat, taucht auf einem Felsvorsprung eine kleine Seeanemonenwiese auf. Ein Leckerbissen für den immer hungrigen Räuber. Zielstrebig steuert er die Beute an und hat Glück. Kein Wachpersonal weit und breit, kein einziger Verteidiger im Meer der armlangen Tentakel. Noch ein kurzes auf und ab vor der Beute, dann greift er an. Bevor er aber zubeißen kann, treffen ihn Dutzende aus den Nesselkapseln der Anemone abgefeuerte Pfeile, die sich tief in seinen Körper bohren und dort ihr tödliches Gift freisetzen.

Erschrocken weicht der Schmetterlingsfisch ein Stück zurück – um kurz darauf erneut anzugreifen. Wie ein Selbstmörder kämpft er sich durch das Dickicht der Tentakel, die jetzt aus allen Rohren feuern. Gerade als sie ihr letztes Pulver verschossen haben, gibt Faszinatus auf. Zersiebt von den stilettförmigen Spitzen der Nesselfäden schwimmt er zum Fuß des Riffs zurück.

„Anemonen melken, phantastisch!“

Roland Meyers’ Stimme bebt vor Hochachtung. Anerkennend legt er dem Mann im weißen Kittel, der vorsichtig die Fischattrappe aus dem Becken zieht, die Hand auf die Schulter. „Wie sind Sie an die Folie gekommen?“

„Kein Problem“; antwortet der Wissenschaftler, während er die giftschwangere Beute in den mit flüssigem Stickstoff gefüllten Stahlzylinder steckt. „Ein Abfallprodukt der Textilforschung. Eine Art Goretex. Man muss es nur falsch herum montieren. Dann ist es von außen durchlässig und von innen dicht. Die Nesselspitzen können problemlos eindringen, aber das Produkt kommt nicht mehr heraus."

Roland Meyers geht ein paar Schritte am Beckenrand auf und ab.

„Als ich seinerzeit Ihr Mail gelesen habe, da war mir spontan klar, das sind Phantasten."

„Stimmt das nicht?" Der zweite Mann im weißen Kittel lächelt breit.

„Ich habe mich später korrigiert. Schon nach unserem ersten Treffen. Aber, ehrlich gesagt, ganz geheuer waren Sie mir da auch noch nicht."

„Und heute?"

Männer in grauen Kitteln werfen kleinkörnigen Algenextrakt in die Becken. Gleichzeitig setzen sich metallene Schieber in Bewegung und simulieren die ankommende Flut.

„Einfach genial, was Sie hier leisten. Schon an einer kurzen Zeitungsnotiz zu erkennen, dass im tiefsten australischen Busch etwas vor sich geht, was weltweit für Meeresbiologen von größtem Interesse sein kann. Und dann alles daran zu setzen, um die Spezies ins hiesige Institut zu holen. Genial, ein anderer Ausdruck fällt mir dazu nicht ein."

„Der schwierigste Teil der Arbeit kommt aber noch."

„Ein paar Eckdaten kann ich schon beisteuern. Kaum dass Sie letzte Woche weg waren, kamen diverse Mails hier an. Das ozeanographische Institut in Sydney hatte es merkwürdig eilig, uns mit interessanten Informationen zu versorgen. Im äußersten Nordosten des Barriere-Riffs haben sich die Seeanemonen in den letzten Jahren messbar verändert. Sie haben an Größe zugelegt und ihre Tentakel sind länger und dicker geworden."

„Und die Nesselfäden?"

„Die messen jetzt über zwei Meter, schreiben sie. Genau das was wir gestern bei unseren Gästen aus Down Under auch festgestellt haben. Noch vor fünf Jahren seien die Tentakel dieser Spezies kaum einen halben Meter lang gewesen."

„Haben sie das Gift analysieren können?"

Roland Meyers schüttelt den Kopf. „Sie sind nicht weiter gekommen. Dass der Wirkstoff im Körper des toten Tauchers aus den Anemonen stammt, sehen sie aber als gesichert an. Er sei jedoch nicht identisch mit dem Originalgift."
„Es wird uns nichts anderes übrig bleiben", sagt der ältere der Männer im weißen Kittel, „als die Arbeit selbst zu tun."
„Obwohl sie uns eine Menge davon abnehmen könnten."
Der Mann am Stahlzylinder hebt interessiert die Augenbrauen.
„Sydney mauert", fährt Roland Meyers fort, „da bin ich mir ganz sicher."
„Warum sollte es das tun?"
„Sie wollen nicht, dass die Wahrheit ans Licht kommt, so einfach ist das."
„Es geht um den Tourismus?"
Roland Meyers lächelt überlegen. „Das Great Barriere ist ein Milliardengeschäft."

Das Gift klebt in winzigen türkisfarbenen Kristallen an der Innenseite der Fischattrappe, die der bärtige Wissenschaftler mit einer Spezialzange aus dem stickstoffgefüllten Stahlzylinder geholt hat. Unter einer handtellergroßen Lupe kratzt er das schockgefrorene Ejakulat der Nesselfäden in eine Keramikschale. Nach Zugabe von Trichlorethylen lösen sich die Kristalle auf und verlieren ihre Farbe. Der Verdampfer trennt die Fraktionen nach ihrem Molekulargewicht.
„Drei verschiedene Peptide", sagt der Bartmann, nachdem die Maschine die separierten Flüssigkeiten in kleine Glasgefäße gefüllt hat, „genau wie bei den ursprünglichen Anemonen."
„Allerdings erhebliche Größenunterschiede", wirft sein Kollege ein, der am Monitor die Messwerte studiert. „Das ist bei den alten Giften anders gewesen. Eine enorme Spannweite. Vom Molekulargewicht 3000 bis 7500!"
„Was bedeutet das für die Struktur der Verbindung?"
„Sie reicht von klein bis riesig. Von dreißig bis siebzig. Aus so vielen Aminosäuren setzt sich das jeweilige Giftmo-

lekül zusammen. Wie allerdings das Monster der dritten Fraktion beieinander gehalten wird, ist mir ein Rätsel. Disulfatbrücken, wie sie die Natur bei den kleineren Verbindungen benutzt, dürften nicht ausreichen. Über die Interferenzmethode könnten wir das aber verbindlich klären."

„Das hat Zeit", sagt der bärtige Wissenschaftler, während er damit beginnt, die Gifte auf eine Pipette zu ziehen. „Wir dürfen sicher sein, dass alle Lösemittel raus sind?"

„Sie haben den reinen Wirkstoff vorliegen", sagt Roland Meyers, der die ganze Zeit über an der Tür des Labors lehnend zugeschaut hat, „verdünnt im Verhältnis 1:5000."

„Dann können wir anfangen."

Roland Meyers geht ein paar Schritte in den Flur und ruft einen Namen. Kurz darauf erscheint eine Frau mittleren Alters, deren akkurat gezogener Mittelscheitel und die schwarze Hornbrille sie unmissverständlich dem Lager der medizinisch-technischen Assistenten zuordnet. Sie trägt einen Korb mit drei Käfigen unter dem Arm, in denen jeweils ein Zwergkaninchen sitzt, das aufgeregt die Nase rümpft. Die Innenseiten ihrer rechten Ohren sind glatt rasiert. An den kahlen Stellen drücken sich gut sichtbar die Venen nach außen.

„Anschließen?", fragt die Assistentin knapp und als ihr Chef nickt, packt sie die Tiere mit geübtem Griff und sticht die zentimeterlange Hohlnadel in das vorwitzige Gefäß, um anschließend die Nadel mit einem Klebeband zu fixieren.

„Ich verstehe immer noch nicht, warum Sie das Gift als Infusion verabreichen. Üblicherweise wird es auf einmal injiziert. Zack!" Roland Meyers macht eine entsprechende Handbewegung. "In zwei Sekunden ist alles drin."

„Über den Tropser erfahren wir etwas von der Wirkung einer chronischen Exposition", erwidert der ältere Wissenschaftler. „Sie werden zugeben, eine nicht uninteressante Versuchsanordnung."

„Die zum Spekulieren Anlass gibt", lacht Roland Meyers.

„Wie meinen Sie das?"

„Mord im Krankenhaus. Sie impfen eine Infusionsflasche mit einer Dosis Gift. Keine Verletzungen, ein unauffälliger Tod."

„Es wäre das perfekte Verbrechen", kommentiert der bärtige Wissenschaftler die Geschichte des Institutsleiters.

Die Nadeln in den Ohren der Kaninchen sind über dünne Plastikschläuche mit den Infusionsflaschen verbunden, die an metallenen Ständern über den Versuchstieren hängen und aus denen das giftige Sekret in den Kreislauf der kleinen Nager gelangt.

„Welche Wirkstoffmengen applizieren Sie im Moment?"

„Ein Milligramm von jeder Fraktion. Der Tropser steht auf fünf Stunden."

„Sind diese Größenordnungen willkürlich gewählt?", fragt Roland Meyers.

„Die Zeitkomponente schon. Bei der Menge haben wir uns an dem LD-50-Wert der alten Anemonengifte orientiert. Wenn wir ihnen die Giftmenge, die sich in der Infusionsflasche befindet, auf einmal verabreichen würden, wären die Tiere mit Sicherheit kurzfristig tot."

„Dann haben die hier also noch eine Chance?"

„Möglich schon, aber ziemlich unwahrscheinlich."

„Warten Sie es ab. Kaninchen haben einen schnellen Stoffwechsel. Ich könnte mir vorstellen, dass sie bei der langsamen Zuführung das Gift so schnell verstoffwechseln, dass seine Konzentration nie die kritische Grenze erreicht."

Die Hoffnung von Roland Meyers erfüllt sich zunächst nicht. Bereits nach wenigen Minuten beginnt das Kaninchen in der ersten Box schneller und tiefer zu atmen. Kurz darauf versucht es aus seiner Hockstellung aufzustehen, was ihm aufgrund mehrerer über den Rücken gespannter Gurte nicht gelingt. Dann geht alles sehr schnell. Die Muskeln an Vorder- und Hinterbeinen ziehen sich krampfartig zusammen, das Tier öffnet in Panik seinen Mund und reißt die Augen weit auf. Dann fällt sein Kopf zur Seite. Puls und Atmung haben aufgehört.

Die beiden anderen Versuchstiere geraten erst nach zwanzig beziehungsweise sechzig Minuten unter Stress. Eine geringfügig beschleunigte Atmung und ein leicht erhöhter Puls lösen allerdings nur sporadische Fluchtreaktionen aus. Nach zwei Stunden scheinen sie sich mit den Fremdstoffen in ihrem Blut arrangiert zu haben und werden ruhiger.

„Nicht wie ich es erwartet habe“, sagt Roland Meyers. „Die Fraktion mit den meisten Aminosäuren ist die giftigste. Normalerweise ist das genau umgekehrt. Die kleinen Peptide sind die Teufel.“

„Aber das kann doch nur heißen, dass es eine radikale Veränderung in den Nelkenanemonen gegeben hat.“

„Die gesamte Toxikologie steht auf dem Kopf! Der tote Taucher in Australien hat ja schon ein deutliches Zeichen gesetzt. Seit eben wissen wir noch mehr.“

Roland Meyers nimmt die Plastikflasche über der Box Nr. 1 in Augenschein.

„Da sind jetzt gerade mal 0,1 Milliliter rausgelaufen. Bei einer Verdünnung von 1:5000 und einem Gewicht des Tieres von einem halben Kilo heißt das, die tödliche Dosis liegt im einstelligen Mikrogramm-Bereich. Das sind Dioxinwerte!“

Die beiden Wissenschaftler werden die Nacht in Kiel verbringen um am nächsten Tag Ratten und Meerschweinchen zu testen. Sie wissen sehr genau, dass Warmblüter toxikologisch gesehen den Schalk im Nacken sitzen haben. Von der kleinen Maus bis zum mächtigen Primaten bluffen sie sich durch die Gifte. Der eine verträgt ein bestimmtes Gift und der andere verträgt es nicht. Vom Tier auf den Menschen zu schließen ist außerdem eine gewagte Sache, wie man ihnen in der Toxikologievorlesung immer wieder eingetrichtert hat. Tierversuche können allerdings menschliche Risiken vorhersehbarer machen. Und genau darauf setzen die beiden.

„Die langkettigen Peptide sind die giftigsten“, sagt der Bärtige zum Schluss. „Wie muss man sich die Verbindung vorstellen?“

„Als Ring“, antwortet Roland Meyers, „oder als Spirale, wenn die Natur völlig den Verstand verloren hat.“

Die beiden Forscher nächtigen im „Gästezimmer“, einem kleinen, muffeligen und unaufgeräumten Kabuff hinter den Laborräumen. Feldbetten mit Federkernmatratzen und ein kleiner Kühlschrank mit allerlei Köstlichkeiten unterscheiden das Nachtlager allerdings markant von dem in einem Männerwohnheim.

„Wenn das Peptid tatsächlich spiralförmig aufgebaut ist, sind wir ein gutes Stück weiter“, sagt der Jüngere. Sie holen sich ein Bier aus der Minibar und stoßen an. „Auf die durchgeknallte Natur!“

„Mach dir keine Illusionen“, dämpft der Bärtige die Euphorie seines Komplizen, „wahrscheinlich müssen wir noch lange basteln.“

„Von den toten Kaninchen sagen wir ihr aber nichts.“

„Dummes Zeug. Wie sollen wir denn sonst die Wirkung der Substanz ermittelt haben? Das funktioniert doch nur im Tierversuch.“

„Dann erzählen wir ihr halt irgendetwas von einem Ekeltier, dem wir das Gift verabreicht haben.“

„Müssen wir doch überhaupt nicht“, beschwichtigt der Bärtige. „Der Zweck heiligt die Mittel. Es war immer schon *ihr* Satz.“

Frankfurt am Main, 19. Juli

„Ich habe es gestern schon einmal versucht, aber Ihr Büro hat gemauert."

„Mit wem haben Sie gesprochen?", fragt Dr. Lewalter, die Antwort ahnend.

„Eine Frau Florschütz hat mich abgewimmelt."

„Meine zweite Sekretärin. Sie ist besonders vorsichtig. Sagt ohne ausdrückliche Anweisung nie wo ich bin oder wann ich wieder zurückkomme. Tut mir leid, aber im Waffengeschäft gehen die Uhren ein wenig anders."

„Wem sagen Sie das", lacht der Kommissar in den Hörer. „Sie waren unterwegs?"

„Eine ganze Woche. Indonesien, Malaysia, China. Bei meiner Rückkehr aus Brest lagen die Tickets schon auf meinem Schreibtisch."

„Sie reisen viel?"

„Die Hälfte meiner Zeit sitze ich im Flugzeug oder im Auto. Wir leben vom Verkaufen."

„Die Geschäfte gehen gut?"

„Nachdem sie sich in Berlin auf neue Ausfuhrbestimmungen verständigt haben, kann ich das nicht leugnen."

„Asien dürfte der Markt der Zukunft sein."

„Schon jetzt ist da der Teufel los. China ist unser wichtigster Handelspartner geworden."

„Wer hat den Spitzenplatz verloren?"

„Amerika. Aber die Yankees liegen nur ganz knapp hinter der neuen Nummer eins."

„Man denkt immer, die Amerikaner zimmern ihre Waffen selbst zusammen."

„Tun sie ja auch. Aber die einzelnen Bauteile sind oft Fremdprodukte. Zum Beispiel die gesamte Start- und Landeelektronik ihrer Flugzeugträger. Sie stammt komplett von Fendt-Metallbau."

„Deshalb auch die Einladung auf die USS-George-Bush.“
„Nicht ganz richtig. Da gab es so etwas wie einen Tag der offenen Tür, die Besucherzahl war allerdings limitiert. Im Gegensatz zu den anderen Besuchern waren wir an Bord keinen Beschränkungen unterworfen.“
„Sie durften überall hin?“
„Nur das Rechenzentrum war tabu. Sonst war Polen offen. Bei unseren Rundgängen sind mir dann einige Dinge aufgefallen, die Sie unbedingt wissen sollten.“
„In Bezug auf Berninger und Liefers?“
„Die Sie als Zielpersonen bezeichnet hatten und die es für mich auch ganz schnell wurden. Sie haben sich sonderbar verhalten. Jedenfalls für jemanden, der die Hintergründe kennt. Jetzt mal ganz ehrlich: Ihre Mutmaßungen erschienen mir anfangs sehr weit hergeholt. Bei dem Wort Terrorismus denkt man doch spontan an Araber mit Turban und Kalaschnikow und nicht an umgängliche Einheimische, zumal wenn sie zu den Besten im Semester zählen und eine gute Karriere vor sich haben.“
„Was hat Sie umdenken lassen?“
„Schon auf dem Weg in die Kantine, wo uns der Kapitän einen Hamburger spendieren wollte, haben die beiden einen Offizier angesprochen, der sie dann in die unterste Etage des Schiffes begleitet hat. Den haben sie gefragt, wie dick die Außenhaut des Schiffes ist, aus welchem Material sie besteht, auf welche Belastung sie ausgelegt ist und so weiter...“
„Woher wissen Sie das?“
„Der Offizier hat mir das gesteckt. Auch ihm kam das Verhalten merkwürdig vor, zumal sie immer wieder die Sicherheitsaspekte angesprochen haben. Als er den Flugzeugträger als absolut unverletzbar bezeichnet habe, hätten sie ihn gebeten, einen virtuellen Worst-Case zu entwerfen, der mit Sicherheit zum Untergang des Schiffes führen würde. Das habe er aber abgelehnt.“
„Haben die beiden ihren Snack noch abbekommen?“
„Das Essen schien sie überhaupt nicht zu interessieren. Als sie wieder zu uns stießen, waren wir schon auf dem Weg

zum Munitionslager. Das war eher ihr Ding als der Verpflegungsraum. Allerdings gingen ihre Fragen nur in eine Richtung. Wie das Lager gesichert sei, was passieren würde, wenn es in die Luft flöge..."

„Waren Berninger und Liefers immer zusammen?"

„Die ganze Zeit über. Wie Zwillinge. Ich habe zu keinem Zeitpunkt den einen ohne den anderen gesehen:"

„Könnte es sein, dass sie schwul sind?"

„Das kann ich nicht beurteilen. Ich kann nur sagen, dass sie ein außergewöhnlich einseitiges Interesse an den Sicherheitsaspekten des Schiffes hatten. Und was mir gerade noch einfällt: Als man uns an einem Modell die Antriebsmechanik erläutert hat, haben sie sich eingehend über die Schrauben informiert. Es ging insbesondere darum, ob man sie mit einem Torpedo außer Kraft setzen könne."

„Was war mit den Flugzeugen an Bord. Haben sie darauf angesprochen?"

„Komplettes Desinteresse. Selbst als am Ende des Besuchs drei F 16 gestartet sind, standen sie abseits und unterhielten sich. Das hat mir eigentlich am meisten zu denken gegeben." Die Stimme von Dr. Lewalter wird aufgeregter und lauter. „Verstehen Sie, Herr Kommissar? Einhundertelf Kilo-Newton Schubkraft und hunderfünfzig Dezibel – die Götterdämmerung für jeden Physiker. Und die beiden stecken die Köpfe zusammen und tuscheln von sonst was."

Dr. Lewalter unterbricht das Gespräch, weil auf der anderen Leitung ein wichtiger Anrufer auf ihn wartet.

„Als wäre das alles", sagt er, als er die Unterhaltung fortsetzt, „am nächsten Tag haben die beiden die Vormittagsveranstaltung im Haus des Brigadegenerals geschwänzt und sind stattdessen auf einem gemieteten Motorboot in See gestochen – Fahrtziel die USS-George-Bush, die sie mehrmals im weiten Bogen umkreist haben. Beim abschließenden virtuellen Kriegsspiel auf dem großen Bildschirm im Audimax der Marineschule waren sie wieder anwesend und saßen am Joystick der deutschen U-Boote, die einen Kreuzer aus einem nicht näher bezeichneten Schurkenstaat torpedierten."

Rasterfahndung im Kopf des Kommissars. Erste Versuche, den tiefen Nebel zu durchdringen. Kleinster gemeinsamer Nenner in den Geschichten des Waffenmannes. Meistgebrauchte Begriffe. Wie Peaks auf einem Erdbebendiagramm ragen sie aus dem Meer der Informationen, die er soeben erhalten hat: Flugzeugträger und Torpedo.

René Gronwald greift noch einmal zum Telefon. Die Nummer des Abteilungsleiters hat er gespeichert. Dr. Lewalter sitzt noch am Schreibtisch.

„Wenn Sie meine Meinung teilen, dass an der Sache etwas dran sein könnte, stünden Sie mir dann auch für weitergehende Fragen zur Verfügung?"

„Was muss ich darunter verstehen?"

„Sagen wir – Fragen nach der Umsetzbarkeit des bösen Willens."

„Haben Sie es noch ein wenig konkreter?"

Der Kommissar überlegt kurz. „Was können Leute wie Berninger und Liefers einem Flugzeugträger antun?"

Jetzt ist es am anderen Ende der Leitung still.

„Wissen Sie, dass der Verkäufer gegenüber seinem Produkt befangen ist?"

„Aber Sie stellen doch gar keine Flugzeugträger her..."

„Tun wir nicht", unterbricht Dr. Lewalter den Kommissar, „völlig in Ordnung. Aber wir rüsten sie wie gesagt mit Elektronik aus – auch für ihre Sicherungssysteme."

„Dann bekäme ich von Ihnen wohl nur zu hören, dass Flugzeugträger unverwundbar sind und die beiden Freizeit-Terroristen keine Chance hätten."

„Die Wahrheit ist leider etwas komplizierter. Fendt-Metallbau baut auch Torpedos. Wenn wir von der Verletzbarkeit von Schiffen reden, dann reden wir auch von Torpedos."

Jetzt hat es der Kommissar amtlich. „Im Moment beneide ich Sie überhaupt nicht", sagt er mitleidig, „wenn Sie mir die Überlegenheit Ihrer Torpedos schildern, gestehen Sie gleichzeitig Mängel in Ihrem Sicherheitskonzept ein. Und umgekehrt."

„Deswegen empfehle ich Ihnen, einen zweiten Gesprächspartner zuzuziehen. Er ist nicht in diesen Konflikt involviert. Er ist gewissermaßen neutral, und er weiß alles."

„Ein Mann aus unserer Marine?"

„Unbeliebt in der Hierarchie und gerade deswegen für interessante Antworten gut."

Annette Basler hat einen guten Grund, den Kommissar zu sich nach Hause einzuladen. In zwei Wochen fliegt sie zusammen mit ihrem Chef und Dr. Zehner, dem DNA-Spezialisten des Instituts, nach Baffin-Island im nördlichsten Zipfel Kanadas, wo Exxon-Ingenieure bei der Ölsuche tief im Permafrostboden auf einen Ur-Elefanten gestoßen sind. An den Zehn-Tage-Trip wird die Ärztin noch zwei Wochen dranhängen und ihre Schwester besuchen, die in Calgary verheiratet ist.

Zum Kaffee in Sachsenhausen gibt es unter Sahne versteckten Pflaumenkuchen aus der Bäckerei am Schweizer Platz, die südlich des Mains lange schon Kultstatus genießt.

„Ich habe immer noch große Probleme", sagt die Ärztin, nachdem René Gronwald ihr von dem Gespräch mit Dr. Lewalter erzählt hat, „dass die drei überhaupt ein so großes Ding drehen wollen."

„Aber ihr Plan hat doch schon erste Konturen."

„In den Augen von Lewalter."

„Auch in meinen."

„Aber du siehst doch nur was er sieht. Eine Geschichte vom Hörensagen. Mehr nicht."

„Dr. Lewalter ist unvoreingenommen", sagt der Kommissar trotzig."

„Das gibt es gar nicht", kontert Annette Basler. „Niemand ist unvoreingenommen, vor allem dann nicht, wenn er von einem waschechten Terroristenfahnder auf die Spur gesetzt wird. Dann sieht er auf einmal Dinge, die er normalerweise nicht sieht."

Die neue Skepsis von Annette Basler stört René Gronwald nicht. Abgesehen davon, dass er noch ein Ass im Ärmel hat, baut ihn seine Reimplantation in den akademischen Körper gewaltig auf. Zuerst Linda, die Medizinstudentin und Virenexpertin, beim ersten Versuch schon erfolgreich, zwar nur ein One-Night-Stand, aber es sind Gefühle im Spiel, von beiden Seiten. Dann Annette Basler, die offensichtlich wieder Anschluss sucht. Ein viertel Jahr lang kein einziger Anruf, gegenwärtig Anrufe einen Tag um den anderen, manchmal auch nachts.

„Es ist ja nicht nur die Geschichte in Brest."

„Ach ja?" Annette Basler schenkt ihrem Besucher Kaffee nach.

„Du weißt noch, dass ich Lindas Computer umprogrammiert habe?"

„Natürlich", sagt die Ärztin böse, „die Sache hat dich eine ganze Nacht gekostet."

Der Kommissar überhört die Spitze.

„Gestern Abend war sie mehr als zwei Stunden im Internet. Über einen Link auf der Homepage der Bundeswehr ist sie auf die Homepage der US-Navy gelangt. Dort hat sie ausschließlich die sechste amerikanische Flotte interessiert."

„Das ist die im Mittelmeer, nicht wahr?"

„Und ihr Prachtstück ist ein Flugzeugträger, die USS-George-Bush."

„Was erfährt man über die Schiffe?"

„Sehr viel, was für jemanden, der Böses im Schilde führt, wichtig sein könnte. Bauart und Größe der Schiffe, technische Daten, Bewaffnung, Besatzung und so weiter. Aber Linda hat sich anscheinend nur für die Fahrtroute der Flotte interessiert."

„Liegt die fest?"

„So blöd sind die Amerikaner nun auch wieder nicht. Der Oberkommandierende auf dem Flugzeugträger bestimmt die Route täglich neu. Aber darum ging es Linda offenbar gar nicht so sehr. Sie war mehr an den Ankerplätzen interessiert."

„Dann ist die Flotte nicht ständig in Bewegung?"
„Die meiste Zeit schon. Aber hin und wieder läuft sie einen Hafen an. Höflichkeitsbesuch nennt sich das, dient aber wohl in erster Linie dazu, die Besatzung bei Laune zu halten. Die darf dann nämlich an Land und Land heißt Alkohol."
„An Bord gibt es nichts zu trinken?"
„Keinen Tropfen. Du kannst dir vorstellen, was in Toulon oder Athen los ist, wenn die GIs einfallen, die amerikanische Unterschicht."
„Die Kriminalitätsrate dürfte sprunghaft steigen. Körperverletzung, Vergewaltigung, Raub..."
„Überhaupt nicht. Schon nach einer Stunde fallen die ersten volltrunken aus. Nach wochenlanger Abstinenz trinken die Jungs einfach zu viel und zu schnell. Die Hälfte der Mannschaft endet in der fraglichen Nacht als hilflose Personen..."
„...und landet im Polizeigewahrsam."
„Wenn da nicht der Kommandeur vorgesorgt hätte. Ein Art Militärpolizei sammelt die Besoffenen auf und bringt sie auf das Schiff zurück."
„Linda wollte also wissen, wo die Flotte Station macht."
„Und vor allem, wo genau die einzelnen Schiffe liegen. Sie hat den militärischen Teil der Hafenanlagen genau unter die Lupe genommen und den Übersichtsplan vergrößert und kopiert. Die Liegeplätze der einzelnen Schiffe sind darauf exakt markiert."
„Sind die Amerikaner verrückt?"
René Gronwald lächelt nachdenklich. „Wer sich sicher fühlt, muss sich nicht verstecken."
„Wahrscheinlich ist es so", entgegnet Annette Basler, „wer wollte denn auch einem Kriegsschiff etwas tun – in Friedenszeiten und ohne einen Schurkenstaat in der Nähe."
„Wir können darüber noch mehr erfahren. Dr. Lewalter hat mich übermorgen in Berlin angemeldet. Es könnte sein, dass ein Experte der Marine auspackt. Fährst du mit?"
„Berlin – keine Frage."
„Musst du nicht ins Institut?"

„Montag bin ich krank.“ Dann drückt sie René Gronwald einen Kuss auf die Lippen, ganz schnell und irgendwie ganz nebenbei. Der Kommissar kennt den Geschmack noch.

Berlin/Deutschland, 21. Juli

„Noch mal im Klartext: Sie wollen wissen, ob sich ein Flugzeugträger als taugliches Ziel eines terroristischen Angriffs eignet. Dabei denken Sie an ein amerikanisches Schiff, konkret: die USS-George-Bush, die im Mittelmeer kreuzt, und bei den Attentätern handelt es sich um Studenten der Naturwissenschaften im fortgeschrittenen Semester. Als Tatmittel kommen Torpedos in Betracht."

Brigadegeneral Kurt Lombardi hat sich mit seinen Besuchern in die Plauderecke des Deutschen Bundestages zurückgezogen, wo sie sich ungestört unterhalten können.

„Es geht zudem um einen Anschlag von erheblichem Gewicht", ergänzt der Kommissar. „Ich denke da nicht etwa an die Beschädigung der Radaranlage oder eine Beule in der Außenhaut."

„Sie fragen also nach dem Unit-Kill, wie wir sagen. Nach der Möglichkeit, das Schiff zu versenken."

„Unser Informant spricht von dem ganz großen Ding. Intern gehen wir davon aus, dass sie die Twin-Towers toppen wollen. Das kann nur versenken heißen."

Der General fingert eine West aus dem Wildlederetui.

„Darf ich rauchen?" Sein freundlicher Blick zur Ärztin lässt keinen Zweifel daran, dass ihn deren Antwort nicht interessiert.

„Wenn sie uns als Gegenleistung eine interessante Geschichte erzählen..."

„Die garantiere ich Ihnen." Der Kommandeur der Ostseeflotte inhaliert tief und gegen alle Vernunft. „Wenn mir ein Journalist diese Frage gestellt hätte, einer von Focus oder von Bild, der gerade mit der Recherche über die terroristische Bedrohung auf den Weltmeeren befasst wäre, dann hätte ich nur den einen Satz gesagt: Flugzeugträger sind unsinkbar."

„Im Kontext militärischer Auseinandersetzungen stimmt das nicht so ganz“, erwidert der Kommissar, „Amerika hat doch im zweiten Weltkrieg mehrere japanische Träger versenkt.“

„Auch im terroristischen Zusammenhang wäre die Antwort falsch gewesen.“

„Die Herren der Autobomben schaffen auch 100.000 Bruttoregistertonnen?“, fragt Annette Basler erstaunt.

„In Wirklichkeit eine sehr theoretische Angelegenheit. Schauen Sie.“ Kurt Lombardi holt ein Blatt Papier aus seiner Aktentasche und legt es auf den Tisch. Dann zeichnet er mit seinem Kugelschreiber eine Ellipse in die Blattmitte.

„Das ist die USS-George-Bush. Sie ist wie alle Flugzeugträger nicht allein unterwegs. In mehreren Ringen wird sie von sogenannten Escortships gegen Angreifer abgeschirmt. Fregatten, Kreuzer, Zerstörer und ganz außen auch U-Boote.“ Mit kleinen und großen Dreiecken bringt er die Schutzschilde aufs Papier.

„In der Luft schließlich Hubschrauber und kleine Kampfflugzeuge, die das Seegebiet im Radius von fünfzig Meilen kontrollieren, dazu kommt noch die hochempfindliche Radaranlage der USS-George-Bush selbst. Kein feindliches Schiff oder Flugzeug kommt unter diesen Umständen so nahe an den Flugzeugträger heran, dass es einen Torpedo abschießen kann.“

„Das erinnert mich doch sehr an die Logik im Bienenstock. Drohnen, Arbeiter, Soldaten – alle sorgen sich um die Königin.“

„Ein schöner Vergleich, Frau Dr. Basler. So wie die Bienenkönigin der Garant für das Überleben des Bienenvolkes ist, ist der Flugzeugträger die Trumpfkarte der jeweiligen Seestreitmacht. Überlegen Sie mal. Die USS-George-Bush kann mehr als hundert hochmoderne Kampfbomber in die Nähe praktisch sämtlicher denkbaren Kriegsziele bringen. Mit ihren nunmehr zwanzig Trägern beherrscht Amerika die ganze Welt!“

„Die USS-George-Bush ist das Glanzstück unter allen Kriegsschiffen“, ergänzt Dr. Lewalter, der bisher geschwiegen hat, „sieben Milliarden Dollar Baukosten, fünftausend Mann Besatzung, fünfundvierzig Knoten schnell. Strahlenwaffen und unbemannte Flugzeuge, Hightech im Exzess.“

„Ihre Versenkung wäre der Attacke auf die Twin-Towers bestimmt ebenbürtig“, sagt Kurt Lombardi betont vorsichtig.

„Wobei ich mir nun überhaupt nicht vorstellen kann, wie es einem kleinen Torpedo möglich sein soll, ein solch großes Schiff zu versenken“, wirft die Ärztin kopfschüttelnd ein.

„Es ist ja auch so gut wie ausgeschlossen.“

„Sagten Sie vorhin nicht...?“

„Herr Dr. Lewalter, Sie bauen die Dinger.“ Der General erteilt dem Dealer das Wort.

„Kurz zum allgemeinen Verständnis. Deutschland ist führend im Torpedobau. Den Vorsprung aus den Zeiten des Dritten Reiches haben wir halten können. Fendt-Metallbau ist im Übrigen der einzige einheimische Torpedobauer. Alle Welt ist scharf auf unsere Produkte, auch die Vereinigten Staaten.“

„Sagen Sie einfach noch etwas zur Funktion der Waffe“, beendet der General das Selbstlob des Torpedomannes.

Dr. Lewalter schluckt kurz und fährt danach unbeeindruckt fort.

„Man darf sich das nicht so vorstellen, dass ein Torpedo ein Loch in die Schiffswand sprengt, durch das dann Wasser eindringt und das Schiff untergehen lässt. Unsere modernen Torpedos bedienen sich eines raffinierten physikalischen Mechanismus. Sie werden einige Meter unter dem Ziel gezündet. Die Druckwelle hebt das Schiff hoch und beim Zurückgleiten bricht der Kiel. Das funktioniert auch bei so großen Objekten wie einem Flugzeugträger.“

„Ein einziger Torpedo genügt?“, fragt die Ärztin ungläubig.

„Sie müssen ihn nur genau unter dem Schiff zünden.“

„Man könnte damit aber auch ein Schiff harpunieren?“

„Technisch sogar die einfachere Variante. Aber größeren Objekten tun Sie damit nicht mehr weh.“

„Wie groß ist ein solcher Torpedo?"

„Sieben Meter lang, fünfzig Zentimeter Durchmesser, das sind die Standardabmessungen."

„Nichts besonderes, jedenfalls kein Kaliber, dem man eine solch fürchterliche Wirkung zutraut."

„Allerdings mehrere Tonnen schwer. Denkbar ungeeignet für Terroristen Ihrer Bauart, ich meine Leute ohne militärische Grundausrüstung."

An einem Nachbartisch hat der Verteidigungsminister mit mehreren jüngeren Beamten und einem nervösen Bodyguard Platz genommen. Als Kurt Lombardi auf die Gruppe aufmerksam wird, entschuldigt er sich für einen Augenblick und begrüßt den Minister mit Handschlag. Sie mögen sich nicht.

„Alles in Ordnung", sagt der Kommissar, als der General wieder Platz genommen hat, „völlig einverstanden mit dem was Sie sagen. Aber wenn ich mich an meinen Mallorca-Urlaub vor vier Jahren erinnere und in die Rolle unserer Studenten schlüpfe, sähe ich eine Chance."

„Ich weiß was Sie meinen", unterbricht ihn der General, „und ich hätte diese Konstellation ebenfalls angesprochen. In Palma haben Sie wahrscheinlich voller Bewunderung den Flugzeugträger bestaunt, der wenige Kilometer entfernt vor Anker lag. Die USS-Norfolk, wenn ich das richtig in Erinnerung habe, die Vorgängerin der USS-George-Bush. Das ist Ihnen jetzt eingefallen, als Terrorist, und es stimmt Sie zuversichtlich."

„Eine völlig offene Flanke", sagt der Kommissar fast euphorisch, „kein einziges Schiff. Und auch nichts in der Luft."

„So ist das immer noch", erwidert der General und seine Stimme wird leiser, obwohl niemand in der Nähe ist, den ihre Unterhaltung interessiert. „Die Besuche in den Häfen der Anrainerstaaten sind das eigentliche Problem, die Achillesverse im Sicherheitskonzept der Marine, nicht nur der amerikanischen."

„Die Flotte ist im Hafen viel stärker gefährdet als auf hoher See?"

„Obwohl es ein ausgeklügeltes Sicherheitskonzept für den Besuch eines fremden Hafens gibt. Bei Annäherung an die Küste wird eine so genannte Bedrohungsanalyse erstellt. Die zentrale Frage lautet: Ist man am Zielhafen erwünscht oder unerwünscht. Danach richtet es sich, ob die Schiffe im zivilen oder militärischen Teil des Hafens ankern. Über hundert Marineinfanteristen kümmern sich an Bord und an Land um die Sicherheit des Flugzeugträgers und der Begleitschiffe. Aber all das ändert nichts daran, dass der Bereich zum Land hin relativ ungesichert ist."

„Man könnte also einen Torpedo von einem unverdächtigen Fischerboot aus auf den Träger jagen", bringt der Kommissar die Palette der Risiken auf den Punkt.

„Moment bitte." Annette Basler wähnt sich einem neuen Missverständnis auf der Spur. „Da hat doch sicher der Flugzeugträger seine eigenen Möglichkeiten, den Angreifer unschädlich zu machen."

„Leider nicht", sagt der Brigadegeneral und fährt sich sorgenvoll durchs Haar. „Das Sicherheitskonzept der Flotte ist nur für den Bereich der Hohen See perfekt organisiert. Im Hafenbereich ist man stets davon ausgegangen, dass es sich um eigene oder befreundete Häfen handelt, wo eine Gefährdung nicht realistisch schien. Auf die geänderten Bedingungen im Gefolge des modernen Terrorismus hat man noch nicht reagiert."

„Wenn Korea eine Rakete gegen Los Angeles abfeuert, wird sie Minuten später von einer Anti-Raketen-Rakete zerstört. Und einem Torpedo, den Amateure auf die USS-George-Bush fünf Meilen vor Mallorca schießen, ist das Schiff schutzlos ausgeliefert?"

„Theoretisch könnte es noch versuchen auszuweichen, wenn der Torpedo von seinem Radar erfasst wird."

„Bei einem Angriff aus so kurzer Entfernung eine völlig untaugliche Maßnahme", rückt Dr. Lewalter die Dinge zurecht. „Das Schiff ist viel zu träge."

„Dann gibt es noch die Möglichkeit, Sonargeräte ins Wasser zu werfen, um den Torpedo abzulenken. Aber das geht nur bei Torpedos, die auf das Motoren- oder Schraubengeräusch der Schiffe abgerichtet sind.“

„Vergessen Sie es“, sagt Dr. Lewalter abwehrend, die amerikanischen Flugzeugträger sind mittlerweile die reinsten Mucksmäuschen. Dank unserer Elektronik. Da gibt es aber schon viel Anspruchsvolleres: Torpedos, die an einem Glasfiberkabel hängen und mit dem Joystick ins Ziel gelotst werden. Und gegen die ist kein Kraut gewachsen. Es gibt keine Anti-Torpedo-Torpedos.“

„Aber Sie merken jetzt, wo sich die Schwachstelle der terroristischen Angriffslogik befindet“, insistiert Kurt Lombardi. „Da ist Hightech gefragt, über die Terroristen außerhalb von Al Kaida nicht verfügen.“

„Da wäre ich mir gar nicht so sicher“, erwidert der Kommissar“, sie können im Internet schon ganze Bausätze für Kampfflugzeuge bestellen. Der militärische Schwarzmarkt blüht. Und unterschätzen sie nicht die technischen Fähigkeiten unseres akademischen Nachwuchses.“

„Was als entscheidendes Manko bleibt, ist in jedem Fall die Größe und das Gewicht des Produkts.“

„Es sei denn..., sagen Sie es, Herr Gronwald.“ Dr. Lewalter lässt dem Kommissar den Vortritt.

„...der neue Sprengstoff von Fendt-Metallbau wird serienreif. Zehnmal leichter als TNT und hundertmal kleiner.“

General Leonard zieht die Augenbrauen hoch. „Sie arbeiten an einem neuen Sprengstoff?“, fragt er vorwurfsvoll.

„Wir haben Ihren Chef längst darüber informiert“, wehrt sich Dr. Lewalter.

„Entschuldigen Sie“, sagt der General kleinlaut, „aber der Informationsfluss in unserem Haus lässt manchmal etwas zu wünschen übrig.“

„In spätestens einem halben Jahr sind wir soweit.“

„Und was machen unsere Terroristen in der Zwischenzeit?“

„Das was ihre Kollegen 1992 vor Jemen gemacht haben. Mit einem Schnellboot aufs Ziel zufahren und mit einer Panzerfaust ein Loch ins Schiff schießen."

„Keine besonders originelle Idee."

„Ich an deren Stelle würde auch lieber warten, bis Fendt-Metallbau sein neues Produkt auf den Markt bringt."

Annette Basler will unbedingt am selben Tag noch zurück. Der Kanada-Trip steht an und es fehlen ihr noch drei Schutzimpfungen und ebenso viele Maschinen Wäsche. Sie fahren erster Klasse, das Budget des Kommissars hat noch Reserven.

„Wir brauchen ihre Motive", sagt die Ärztin

„Komisch", erwidert der Kommissar, „wir suchen Motive für eine Tat, die wir noch gar nicht kennen."

„Eine durchaus exotische Konstellation. In der Rechtsmedizin versuchen wir aus der Tat auf die Motive zu schließen, um den Täter zu finden. Hier haben wir den Täter schon und fahnden nach seinen Motiven um an die Tat zu kommen."

Zwischen Braunschweig und Kassel bleibt der Zug stehen. Ein Oberleitungsschaden, der Klassiker der Deutschen Bahn. Die Reisenden erfahren es nach einer Dreiviertelstunde. René Gronwald und Annette Basler ergattern die beiden letzten Plätze im Bordrestaurant. Es gibt nur noch Würstchen und Bier.

„Ihre Motive sind noch aus einem anderen Grund interessant", sagt der Kommissar.

„Der wäre?"

„Um an die Dinge hinter den Dingen zu kommen."

Die Ärztin schaut ihr Gegenüber wütend an. „Sie hat großen Eindruck auf dich gemacht!"

René Gronwald schüttelt verständnislos den Kopf. „Das ist es nicht. Aber sie hat mir die Grenzen meiner Logik aufgezeigt. Schmidt-Fellinger sagt, er bekämpft den Terrorismus, weil der Tabus bricht. Das genügt ihm. Das hat auch mir genügt, zunächst jedenfalls. Jetzt weiß ich, dass der Präsident zwei wichtige Punkte außen vor lässt: den Tabubruch der eigenen Seite und die Frage, was beide miteinander zu tun haben."

„Sehr akademisch, dein Interesse. Verlierst du die Lust am Fall?"

Der Kommissar schaut sie entgeistert an.

„So wenig kennst du mich?"

Deutschland, 29. Juli

Kriminalhauptkommissar René Gronwald sitzt im ICE 869 von Frankfurt am Main nach Hamburg und wartet ungeduldig auf den Schaffner. Er muss nachlösen, aber das ist nicht sein einziges Problem. Um ein Haar wären sie ihm entwischt. Als er am Morgen gemeinsam mit ihnen die S-Bahn bestiegen hatte, war er davon ausgegangen, dass die beiden auf dem Weg nach Hause waren. Dann aber hatten Jens Berninger und Burkhard Liefers am Hauptbahnhof überraschend die Bahn verlassen und waren eine Etage höher in den Schnellzug nach Norddeutschland gestiegen. In letzter Sekunde hatte René Gronwald ihnen folgen können und saß jetzt, mit einer Zeitung vor dem Gesicht, in einem ansonsten leeren Erste-Klasse-Abteil. Berninger und Liefers, soviel hatte er noch sehen können, waren ein paar Wagen weiter vorne eingestiegen und er hoffte, dass sie dort auch ihre Plätze gefunden hatten. Dass sie sich irgendwann neben ihn setzen würden, hielt er angesichts der horrenden Aufschläge der ersten Klasse für nahezu ausgeschlossen. Aber auch im Vorübergehen sollten sie ihn tunlichst nicht zu Gesicht bekommen. Während der vergangenen Tagen und Wochen hatte es für ihn nur noch Linda gegeben. Die rothaarige Terroristin hatte ihn in ihren Bann geschlagen. Ihre Komplizen waren dabei an den äußersten Rand seines Interesses geraten. Jetzt war es Annette Basler endlich gelungen, den Kommissar daran zu erinnern, dass es noch zwei andere Verdächtige gab, Berninger und Liefers.

Wenig später kommt der Schaffner. Der junge Mann in der azurblauen Uniform und dem karminroten Schultergürtel sieht zuverlässig aus. Doch das Spiel des Kommissars ist wieder ein Spiel mit hohem Risiko.

„Staatsschutz", sagt er knapp und präsentiert seinen Dienstausweis im Schutz der Financial Times, „ich löse nach – bis dahin, wo diese beiden Reisenden aussteigen." Hinter seiner ID-Karte stecken die Polizeifotos der beiden Zielpersonen. „Schauen Sie sich die Personen auf den Fotos bitte genau an, sie dürften irgendwo in der Zugmitte sitzen. Wenn Sie deren Fahrziel feststellen könnten – nach Möglichkeit unauffällig?"

„Selbstverständlich", gibt der Zugbegleiter fast beleidigt zurück und verlässt eilig das Abteil. Wenn der Kommissar jetzt aufs falsche Pferd gesetzt hat, kann er nicht nur diese Aktion abhaken. Aber irgendwie vertraut er dem jungen Mann in der schicken Uniform, der wenig später wieder in der Tür steht.

„Beide Fahrgäste haben Tickets nach Kiel", sagt er mit gedämpfter Stimme, nachdem er einen sichernden Blick nach beiden Seiten geworfen hat. „Ankunft 13.45 Uhr, umsteigen in Hamburg, Weiterfahrt Gleis neunzehn."

„Danke", erwidert René Gronwald erleichtert und löst eine Rückfahrkarte erster Klasse. „Übrigens", sagt der Schaffner beim Hinausgehen, „Ihre Zielpersonen sitzen im Wagen elf, Plätze dreiundsechzig und fünfundsechzig."

„Noch einmal danke", beeilt sich der Kommissar und will dann doch noch wissen, wie der junge Mann an das Vokabular der Polizei gekommen ist. „„... Kollege gewesen?"

„Nein, nein", antwortet der Gefragte lächelnd, „alles aus dem Fernsehen."

„Hätte ja sein können", grinst der Kommissar zurück und hofft, dass es für heute bei diesem Fehler bleibt.

Kiel, vielleicht fahren sie ja von dort mit dem Regionalzug oder dem Bus weiter. Egal, bisher gab es keinerlei Bezüge in diese Ecke. Er wird sich auf eine Überraschung gefasst machen müssen. Aber möglicherweise ist das Ganze ja nur eine Luftnummer. Jens und Bully besuchen Freunde, surfen, angeln, saufen und fahren in drei Tagen wieder zurück. Für einen längeren Urlaub haben sie zu wenig Gepäck dabei.

Am Kieler Hauptbahnhof besteigen die beiden Verdächtigen eine Straßenbahn. René Gronwald folgt ihr im Taxi. Der Fahrer stellt keine Fragen, nachdem ihm der Kommissar einen Fünfzig-Euro-Schein in die Hand gedrückt hat. An der Kunsthalle verlassen die Zielpersonen die Bahn. Der Kommissar wartet eine Weile im Wagen, dann steigt er aus und folgt ihnen zu Fuß.

Sie laufen auf direktem Weg zum Institut für Meereswissenschaften an der Wischhofstraße und betreten das Gebäude durch einen Nebeneingang. Die chromfarbene massive Stahltür am seitlichen Ende des Zentralgebäudes, zu der die beiden offensichtlich einen Schlüssel besitzen, fällt satt ins Schloss. Dieser Weg ist für den Kommissar tabu. Er folgt dem ausgewiesenen Fußweg zum Hauptportal. Der Parkplatz an dessen Stirnseite ist leer und der Pförtner erscheint erst nach mehrmaligem Klopfen. Dafür ist er aber freundlich.

„Heute haben wir geschlossen, Waschtag!"

„Bitte?"

„Waschtag!" Der Pförtner, obwohl hörbar einheimisch, ist eine Frohnatur. „Die Becken werden gereinigt und die Besatzung ebenfalls."

„Sie meinen sicherlich den Besatz?"

Schallendes Gelächter. „Am Ende ist allerdings auch die Besatzung clean."

„Schade", sagt René Gronwald, „dreihundert Kilometer umsonst."

„Tja", erwidert der Pförtner und hebt bedauernd die Schultern.

„Mal kurz reinschauen?"

„Zu heißt geschlossen."

„Das sollten Sie noch wissen: Ich recherchiere für die Hansa-Film. Wir wollen eine Dokumentation machen über alle wichtigen naturwissenschaftlichen Forschungseinrichtungen in Deutschland. Senckenberg und Palmengarten in Frankfurt, Kernforschungsanlage Jülich, Solarzentrum Freiburg – und selbstverständlich auch über Ihr Institut."

„Zu heißt zu...normalerweise."

Der nächste Schein ist verloren.

„Details gibt es dafür aber nicht“, sagt der Pförtner, „nur einen Überblick.“

Die Empore ist durch mehrere Gittertüren gesichert. Sie gibt den Blick frei auf zahllose unterschiedlich große Wasserbecken und Aquarien, in denen sich Fische bewegen oder Korallen ihre filigranen Äste gegen das Licht strecken, das von unterschiedlich gefärbten Röhren in die Tanks geworfen wird. Hier und da sind die Becken leer und werden von Arbeitern im Friesennerz mit Hochdruckstrahlern gereinigt.

Der Pförtner liefert die versprochene grobe Orientierung. Er ist erstaunlich gut über alles informiert, auch über das, was in den Becken zuhause ist.

„Mehr Zoo oder mehr Forschungseinrichtung?“, fragt der Kommissar.

„Die Forschung steht im Vordergrund“, antwortet der Pförtner stolz, „aber das Volk soll schon sehen was wir hier mit seinem Steuergeld machen.“

Im hinteren Teil des Zentralgebäudes tauchen plötzlich Jens Berninger und Burkhard Liefers auf. Sie tragen weiße, bis zu den Knöchel reichende Kittel und sind in wenigen Augenblicken hinter der nächsten Tür verschwunden.

„Es ist aber nicht nur Reinigungspersonal vor Ort?“

„Was meinen Sie?“

„Die beiden jungen Männer eben...“

„Ja natürlich.“ Der Pförtner winkt lächelnd ab. „Berninger und sein Assistent Liefers. Praktikanten und Hobbyforscher. Sie sind jede Woche im Institut. Immer Donnerstag und Freitag.“

„Und was machen sie hier?“

„Nicht unbedingt das was Praktikanten normalerweise machen. Aber Genaues kann ich Ihnen da nicht sagen. Da müssen Sie schon andere fragen – am besten Dr. Meyers, unseren Chef.“

„Und der ist verständlicherweise am Waschtag vor Ort.“

„Denken Sie! Der hält Vorlesung, drüben im Gebäude II. Passen Sie ihn ganz einfach vor dem Hörsaal ab.“

Ozeanzirkulation und Klimadynamik, heißt die Veranstaltung. Studenten des Studiengangs Ozeanologie belegen sie als Hauptfach und eine breite Palette anderer Fachrichtungen studiert die Disziplin im Nebenfach. Dr. Meyers hält sie im Block. Zwischen 15.30 Uhr und 16.00 Uhr ist Pause.

„Von Film-Hansa kommen Sie“, wiederholt er den Kommissar, während er ihn freundlich am Arm fasst und durch die rauchenden und Kräfte sammelnden Studenten Richtung Treppenhaus dirigiert, wo sie auf einer Bank ohne Rückenlehne Platz nehmen, „und arbeiten an einer Dokumentation über Forschungseinrichtungen in Deutschland.“

„Wobei es nicht genügt, die kritischen Daten abzuspulen. Wir brauchen einen Aufhänger, einen Rahmen, der die Zuschauer vom Weiterzappen abhält. Im Moment gibt es da wohl nichts Aktuelles...“

„Doch, hier schon.“

Das passt dem Kommissar gar nicht. *Er* wollte den Aufhänger präsentieren. Jetzt wird Dr. Meyers wahrscheinlich eine Fischart vorstellen, die sich erstmals in Gefangenschaft vermehrt hat, 10.000 Kilometer von ihrer Heimat entfernt, mitten in Kiel. Es kommt anders.

„Im Institut läuft ein Experiment, das die Rolle eines Aufhängers mit Leichtigkeit spielen kann.“

„Nachvollziehbar für die Fernsehzuschauer?“

„An sich einfache Kost, trotz ihrer wissenschaftlichen Brisanz. Und dazu eine Geschichte, die von Rosamunde Pilcher stammen könnte.“

„Bevor Sie weiter erzählen: Ich hatte an die beiden Hobbyforscher gedacht, die hier als Praktikanten arbeiten. Der Pförtner hat mir das gesagt, Berninger oder so ähnlich und sein Kollege. Zwei Idealisten mitten zwischen drei Millionen Liter Wasser....“

„...Fünf Millionen, Herr Gronwald. Aber wir reden von ein und derselben Sache.“

„Wirklich?“

„Berninger und Liefers – ich hatte eines Tages einen Brief auf meinem Schreibtisch. Zwei Studenten aus Frankfurt suchten eine Praktikumsstelle. Eine nicht ganz alltägliche Geschichte, denn der eine studierte Physik, der andere Chemie. Üblicherweise fragt hier ein anderes Klientel wegen Praktikumsplätzen nach."

„Biologen und Zoologen, könnte ich mir denken."

„Zu neunzig Prozent, allerdings sind immer auch ein paar Exoten dabei, Mineralogen, Geologen, Mediziner. Einen Physiker hatten wir allerdings noch nie."

„Aber Sie haben zugesagt."

„Weil Berninger und Liefers ein interessantes Projekt umsetzen wollten. Sie hatten vor, unsere ortsfesten Meerestiere, so hieß es zunächst allgemein, auf biologisch aktive Substanzen zu untersuchen. Im Klartext: Es ging ihnen um Wirkstoffe für pharmazeutische Produkte. Dass sie im Auftrag irgendeines Unternehmens tätig würden, haben sie vehement bestritten. Stinknormaler Forscherdrang, war ihre These."

„Und das konnte man ihnen auch abnehmen?"

„Spätestens nachdem sie sich hier vorgestellt hatten, hätte man ihnen alles geglaubt. Zwei sympathische junge Leute mit einem konsequent durchdachten Konzept, die vor wissenschaftlichem Engagement nur so sprühten. Zudem hatten wir nichts zu verlieren. Das Institut zahlt den Praktikanten keinen Cent und die Betreuung läuft nebenher."

„Aber mal ehrlich: War das Projekt der beiden wirklich so genial, wie Sie es jetzt darstellen? Die Medizin sucht doch schon lange in den Genpools der Evolution nach Wirkstoffen für neue Medikamente."

„Aber wo sucht sie die denn? In den tropischen Regenwäldern! Am Amazonas gibt es bald mehr Biologen von Pfitzer und Bayer als Indios. Das Meer hingegen ist praktisch noch unberührt. Bedenken Sie nur: Achtzig Prozent der Ozeane sind tiefer als tausend Meter. Da war noch kein Mensch. Dort liegen noch Riesenschätze, biologische Muster von denen wir heute noch nicht einmal zu träumen wagen. Und selbst von den verschiedenen Lebensformen in den flachen Gewässern wissen wir denkbar wenig."

Studenten bauen sich jetzt freundlich aber bestimmt vor ihnen auf und bitten um Unterschriften oder Auskünfte. Roland Meyers hat viel Geduld mit dem wissenschaftlichen Nachwuchs.

„Sie hatten es wie gesagt auf unsere festgewachsenen Meerestiere abgesehen und darunter spielten schließlich Schwämme die erste Geige."

„Was machte die Schwämme denn so attraktiv für sie?"

„Eigentlich zwei fundamentale Nachteile, die ihnen die Evolution beschert hat. Sie sind festgewachsen und haben keinen Panzer."

„Mit anderen Worten, sie können nicht abhauén und haben keine körpereigene Deckung."

„Solch eklatante Mängel gleicht die Natur stets anderweitig aus – in diesem Fall durch Chemie."

„Schwämme sind giftig?"

„Eher ungenießbar, ihre Chemie macht ihnen einen schlechten Geschmack. Das schreckt ihre Fressfeinde ab. Einige besitzen allerdings auch hochwertige Gifte und daran waren die beiden besonders interessiert."

„Es gibt aber doch auch Schwämme, die antibiotische Substanzen produzieren..."

„Sehr gut", lobt Roland Meyers, „wie ich sehe haben Sie sich bereits kundig gemacht. Tenus Speragulis wehrt sich beispielsweise mit einem Gemisch aus verschiedenen Antibiotika gegen eine Besiedlung mit anderen festsitzenden Meeresbewohnern. Aber dafür hatten die beiden keine Antenne. Es ging ihnen um die harten Gifte – was ja auch verständlich war. Nur die wären in der Lage einen Tumor zu besiegen. Und das ist es ja was die Medizin heute umtreibt: ein Mittel gegen den Krebs zu finden."

„Stimmte denn ihre Zielgruppe überhaupt?"

„Ja und nein."

„Ja, weil Schwämme giftig sind. Und nein?

„Weil es giftigere Kandidaten in unseren Becken gibt.“
„Zum Beispiel?“
„Die Seeanemone. Ich habe sie ihnen wärmstens empfohlen, aber sie waren zunächst nicht von den Schwämmen abzubringen.
„Woran lag das?“
„An einem Unfall im toxikologischen Institut der hiesigen Universität, von dem sie aus dem Internet erfahren hatten. Bei einer Schwammsektion war seinerzeit einem Wissenschaftler das Messer ausgerutscht. Obwohl seine Verletzung nicht der Rede wert schien, erkrankte der Mann kurze Zeit später an einer massiven Depression, die nicht mehr in den Griff zu bekommen war. Daraus haben die beiden wohl auf die hohe biologische Wirksamkeit der Schwamm-Inhaltsstoffe geschlossen.“
„Schwämme sind gar nicht so toll?“
Roland Meyers schüttelt den Kopf. „Schon von der Anlage her sind sie nicht die geborenen Toxikologen. Sie brauchen die Chemie nämlich nur zur Abwehr der Fressfeinde und nicht zugleich auch für den Beutefang. Ihre Ernährung bewerkstellen sie ganz einfach, indem sie Plankton aus dem Wasser filtern. Dadurch hat sich der Druck auf die toxikologische Phantasie der Schwämme während der Evolution sehr in Grenzen gehalten. Man wird bei ihnen also eher weniger potente Gifte finden als in Tieren, die Abwehr *und* Beutefang über die Chemie betreiben.“
„Das ist bei den Anemonen der Fall?“
„Die Anemonen feuern sowohl auf ihre Angreifer als auch auf ihre Beute giftige Nesselfäden ab. Sie haben einen eigenen Gefechtsstand entwickelt und ihr ganzer Körper dient zur Produktion der Gifte. Aber das Thema ist ja nun seit sechs Wochen vom Tisch.“
„Was war da?“
„Bevor ich Ihnen das erzähle, sollten wir uns einen Kaffe gönnen.“

Zwei Ecken weiter bedienen sie sich an einem altersschwachen Automat. Mit den heißen Plastikbechern in den spitzen Fingern gehen sie zurück zur Bank.

„In den *Ocean News* berichtete eine australische Ärztegruppe vom Unfall eines Tauchers, der offensichtlich zu nahe an einen Anemonenteppich gekommen war. Die Anemonen hatten mehrere meterlange Nesselfäden auf ihn abgeschossen. Der Angriff war tödlich verlaufen."

„Ist das so ungewöhnlich?"

„Sogar in mehrfacher Hinsicht. Das Gift der fraglichen Anemone galt bis dahin als nur schwach toxisch. Die Länge der Nesselfäden, durch die das Gift in das Opfer gespritzt wird, war in der Literatur mit maximal zehn Zentimeter angegeben und die Spitzen der Fäden sollten unter keinen Umständen in der Lage sein, einen fünf Millimeter starken Polypropylenanzug zu durchdringen. Das war aber hier geschehen."

„In Australien hat man sich gewiss ein paar Gedanken dazu gemacht."

„Da sei ein Supergift im Spiel, wurde gemutmaßt. Und ein völlig neuer Abschussmechanismus. Alles vor dem Hintergrund der fortschreitenden Erwärmung der Meere und einer dadurch bedingten Mutation in den Erbanlagen der Tiere."

„Hatte man das Gift analysiert?"

„In Australien nicht."

„Dann war ja alles vielleicht nur ein Flop. Der Taucher ist an einem allergischen Schock gestorben."

„Den hat die Obduktion allerdings ausgeschlossen. Davon abgesehen erklärte das nicht die Veränderungen im Fangapparat."

„Ihre beiden Praktikanten haben darauf hin die Fahnen gewechselt?"

„Das können Sie glauben! Sie haben mich bekniet, die australische Mörderanemone, wie sie in der Presse genannt wurde, nach Kiel zu holen. Ich selbst war verständlicherweise auch an den Tieren interessiert. Zu allem Überfluss war in einem unserer tropischen Becken gerade eine Korallenfamilie abgestorben, auf deren Kalkskelett die Anemonen einen idealen Standort gefunden hätten."

„Wahrscheinlich spielte das Geld dann aber wieder eine wichtige Rolle."

„Wieder richtig". Roland Meyers nickt zustimmend mit dem Kopf. „50.000 Dollar wollten die Australier für zwei Quadratmeter der durchgeknallten Nelkenanemone haben. Da war unser Präsidium, wie Sie sich denken können, not amused. Erst nachdem ich meinen Etat gründlich umgeschichtet hatte und die beiden Frankfurter Praktikanten bereit waren, sich an der Pflege der Neuen zu beteiligen, gab es grünes Licht. Eine Woche später war die Sendung schon hier."

„Für die Fernsehdokumentation wäre es allerdings wichtig zu zeigen, dass sich die Investition gelohnt hat."

„Nun machen Sie mal langsam!" Roland Meyers hebt beschwörend die Hände. „Meine zentrale Botschaft steht ja noch aus."

„Ihre beiden Praktikanten können also schon ein Ergebnis präsentieren?"

„Und ob sie das können!" Der Leiter des Aquariums ist voller Hochachtung. „Sie haben bereits ein Gift isoliert, das möglicherweise als Supergift in die Wissenschaft eingeht. Jedenfalls ist es um ein Vielfaches giftiger als das was die Nelkenanemone in früheren Zeiten verschossen hat. Dabei haben sich unsere beiden Praktikanten eine geradezu geniale Methode zur Giftgewinnung ausgedacht. Sie melken die Tiere mittels einer Fischatrappe! Das hat unter anderem den Vorteil, dass sie keine Tiere verbrauchen, wie noch bei der Arbeit mit den Schwämmen."

„Die Schwämme werden für die Untersuchung einfach abgeschnitten..."

„...getrocknet, zerkleinert und mittels Lösemittel von den Wirkstoffen befreit. Wenn wir das bei der australischen Anemone so gemacht hätten, wäre in Kürze die nächste Bestellung fällig gewesen."

„Aber die Nesselfäden der Anemone gehen bei ihrem Angriff doch auch verloren?“

„Bilden sich allerdings ganz schnell wieder neu. Wie auch das Gift, das sie verlieren, wenn sie mit ihren Torpedos den Gegner harpunieren.“

Der Kommissar zuckt unmerklich zusammen.

„Apropos Torpedos“, hakt er nach, „ist dieser Vergleich realistisch?“

„Er hinkt ein wenig“, erwidert Roland Meyers, „aber irgendwie erinnert das Ganze schon an einen Torpedo-Angriff, an einen ganz modernen allerdings, wo die Torpedos an einem Glasfaserkabel ins Ziel gelenkt werden.“

„Allerdings nicht unter dem Kiel des gegnerischen Schiffes explodieren, sondern sich in den Gegner hineinbohren.“

„Was bei den klassischen Torpedos mangels entsprechender Mechanik auch gar nicht möglich wäre.“ Roland Meyers stoppt plötzlich in seiner Schilderung und schaut seinen Gesprächspartner misstrauisch an, „Sie wissen ausgesprochen gut Bescheid“, sagt er verwundert, “erst über die antibiotischen Programme der Schwämme und nun auch über die Wirkmechanismen moderner Torpedos.“

„Nach zwanzig Jahren in der Wissenschaftsredaktion haben Sie das drauf.“

„Ja sicher“, erwidert der Chef des Aquariums nachdenklich.

„Sie waren aber noch nicht ganz fertig. Anemonen und Torpedos...“

„Natürlich!“ Roland Meyers macht eine entschuldigende Handbewegung. „Berninger und Liefers haben die Harpunenspitze, also das Ende der Nesselfäden, unter dem Mikroskop untersucht. Die dort sitzenden Widerhaken sind so angeordnet, dass sie beim Auftreffen die Spitze in Rotation versetzen. An Taucheranzügen scheitern die Nesseln jetzt nicht mehr.“

Die Studenten sind im Hörsaal verschwunden. Roland Meyers schaut auf die Uhr. „Ich muss wieder in die Arena“, sagt er bedauernd, „aber Sie können mich nach der Veranstaltung weiter löchern.“

„Zwei Dinge nur noch, ganz kurz“, sagt der Kommissar hastig, „dann muss ich Sie nicht mehr belästigen, jedenfalls heute nicht mehr. Was machen Ihre Praktikanten in diesen Tagen, haben sie nicht schon das Gift, das sie suchen?“

„Sie isolieren noch weitere bioaktive Substanzen im Ejakulat der Anemonen und probieren sie am Tier aus. Da geht es noch einigen Nagern an den Kragen.“

„Und Sie, was machen Sie dabei? Spielen Sie nur den Supervisor?“

„Ich tue den beiden gerade einen großen Gefallen. Als gelernter Molekularbiologe ermittele ich die Summenformel des neuen Giftes und stelle das Molekül bildlich dar. Darauf haben sie von Anfang an großen Wert gelegt. Ein dreidimensionales Foto vom Supergift.“

„Und warum dieser ausgefallene Wunsch?“

„Keine Ahnung, aber fragen Sie die beiden doch selbst einmal. Ich gehe nachher gerne mit Ihnen rüber ins Aquarium.“

„Danke, danke“, beeilt sich der Kommissar, „ein bisschen Distanz zu den Protagonisten macht sich am Anfang immer gut.“

Frankfurt am Main, 3. August

Der Pavian hat die rothaarige Frau in schlechter Erinnerung. Als sie vor einer Woche mit dem appetitlich glänzenden Granatapfel am Gitter erschienen war, hatte es anschließend empfindlich wehgetan. Das weiß er noch zu gut, und auch, dass es ihm seit dem schlecht geht, ganz besonders heute. Jetzt steht die Frau wieder vor seinem Käfig. Und auch diesmal hat sie ihm etwas Verführerisches mitgebracht: Weintrauben, einen ganzen Kluft. Die große Spritze hält sie versteckt hinter ihrem Rücken. Der Pavian hat keine Lust auf eine Wiederholung der Prozedur, aber er hat auch Hunger. Quälenden Hunger, nachdem er am Morgen an der Fütterung seiner Artgenossen nicht teilnehmen durfte. Lächelnd wedelt Linda mit den Leckerbissen vor den Gitterstäben hin und her. Nur noch kurze Zeit hält die Angst den Hunger in Schach, dann packt der Affe zu. Die Trauben fest im Griff, gelingt es ihm aber nicht mehr, die Beute in Sicherheit zu bringen. Denn Linda hat ihn am Handgelenk gepackt und zieht seinen Arm lang. Schreiend fletscht der Pavian seine gewaltigen Zähne, aber er sitzt in der Falle. Problemlos findet die Nadel den Weg in die Vene an der Armbeuge. Dann läuft ein Liter virenschwangeres Blut in den Bauch der Spritze.

„Keine angenehme Tätigkeit für eine Tierschützerin.“ Prof. Mühlbach hat die Szene vom Eingang der Tierstation aus beobachtet.

„Das ist halb so wild“, sagt Linda DeVries, während sie dem Pavian, der in den hinteren Winkel seines Käfigs geflüchtet ist und dort hektisch seine Beute verzehrt, einen weiteren Kluft Trauben zuwirft, „zumal er großzügig entschädigt wird.“

Linda drückt das Affenblut aus der Spritze in einen Glaszylinder. Professor Mühlbach folgt ihr.

„Dr. Amrein ist ziemlich beunruhigt“, sagt er.

„Mein Gott, er soll sich nicht in die Hosen machen. Den Tieren passiert doch nichts.“

„Das ist ja nun nicht ganz richtig. Sie infizieren sie doch immerhin mit einem Virus. Und von dem wissen wir herzlich wenig. Nur dass es eine kongolesische Neuschöpfung ist.“

„Da muss ich jetzt widersprechen. Die Infektion hinterlässt keine Spuren, abgesehen von der kurzfristig erhöhten Zahl der Abwehrzellen. “

„Aber Sie müssen auch Dr. Amrein verstehen. Für seine Impftests mit dem neuen Genmaterial braucht er völlig unbelastete Tiere.“

„Glaubt er im Ernst, seine Versuchstiere sind clean? Wenn ich richtig gelesen habe kommen die Paviane aus Uganda. Dort ist schon über die Hälfte der Menschen infiziert. Er soll sich das Blut seiner Lieblinge mal unter dem Mikro anschauen!“

Leila beschleunigt ihre Schritte. Ihre Hoffnung. Professor Mühlbach abschütteln zu können, erfüllt sich allerdings nicht. Als sie an der Zentrifuge Platz nimmt, baut er sich demonstrativ neben ihr auf.

„Warum benötigen Sie eigentlich diese enormen Mengen Blut?“

„Zur Herstellung eines ausreichend große Virenvorrats“, antwortet Linda ohne den Blick von der Apparatur zu nehmen, an der sie diverse Knöpfe drückt. „Ich habe keine Lust noch einmal nach Afrika zu reisen, zumal auf eigene Kosten.“

„Was soll das heißen?“

„Sie haben doch selbst gesagt, dass das neue Virus auch für manche Überraschung gut sein kann. Vielleicht geht es ja unter der Frankfurter Sonne kaputt. Oder es verträgt das hiesige Klima nicht. Wenn ich genug Viren habe, kann ich sie in einzelne Fraktionen aufteilen und in unterschiedlichen

Milieus lagern. In einem davon werden sie doch hoffentlich überleben."

Professor Mühlbach passt die ganze Richtung nicht. Der eher unscheinbaren Meldung von der Infektion im kongolesischen Urwald hatte er zunächst keine Bedeutung beigemessen. Das war auch der Grund dafür gewesen, dass er Linda DeVries das Geld für den Afrika-Trip verweigert hatte. Jetzt gab es erste Anzeichen dafür, dass er die Lage falsch eingeschätzt hatte. In den Fachzeitschriften erschienen vermehrt Aufsätze zum Thema, bisher allerdings nur zum klinischen Bild der Erkrankung. Außer Linda hatte bisher noch niemand das Virus isoliert. Dass sich seine Studentin jetzt so intensiv mit der Geschichte beschäftigte machte ihm Sorgen. Wenn sie Erfolg hatte, war er bloß gestellt. Nicht gut für den Chef der renommierten Frankfurter Virologie.

„Sagen wir, noch drei Affen, dann muss Schluss sein."

„Einverstanden", antwortet Linda nach kurzer Überlegung, aber da hat sich der Professor schon wortlos abgewendet.

Es wird nicht bei drei Affen bleiben. Am Wochenende, wenn nur eine Handvoll Tier-
pfleger im Hause ist, wird sie dem gesamten Affenbestand von Dr. Amrein eine Ladung des geheimnisvollen Virus aus Monolutu ins Muskelfleisch spritzen und dann, wieder eine Woche später, kann sie die Ernte einfahren. Etliche Liter Primatenblut in dem sich Milliarden von Viren der neuen Art tummeln, Ausgangsmaterial für ihre noch ausstehenden Experimente. Es wird nicht auffallen, denn die Infektion verläuft bei den Affen weitgehend symptomlos. Ein bisschen müde werden sie sein und vielleicht kann man sie hin und wieder einmal husten hören. Aber das ist alles. Keine blutigen Ausscheidungen wie bei den Menschen und vor allem kaum Fieber. Niemand wird Verdacht schöpfen.

Die Zentrifuge arbeitet im Schongang. Große Viren könnten leicht zerbrechen und Linda will kein Risiko eingehen. Nach einer Stunde signalisiert eine blinkende Diode das Ende des Arbeitsgangs. Gleichzeitig verrät ein leises Summen, dass die Virenfraktion den Endreiniger durchläuft. Sie wird diesen Vorgang mehrmals wiederholen, denn sie braucht erstklassiges, hochverdichtetes Material. Bisher funktioniert alles nach Plan. Wenn auch weiterhin keine Verzögerungen eintreten, hat sie in zwei Wochen ihr Ausgangsmaterial komplett. Dann kommt es darauf an, ob Jens und Bully erfolgreich sind. Ohne deren Produkt geht nichts. Linda weiß, dass beide zuverlässig arbeiten und dass sie mit Dr. Meyers eine kompetente Hilfe haben, die weit davon entfernt ist, irgendwelchen Verdacht zu schöpfen. Aber sie benötigen zusätzlich eine gute Portion Glück. Das Produkt aus Kiel muss passen, und der daran anschließende Arbeitsschritt, für den in erster Linie sie verantwortlich ist, irritiert sie und kommt ihr unwirklich vor. Denn es gibt ihn bisher nur auf dem Papier, und es ist allein ihr Papier, geboren aus einer spontanen Idee heraus, von der sie hofft, dass es eine gute und geniale Idee ist, von der sie aber auch weiß, dass sie aus der Not heraus geboren wurde, weil der klassische Weg für sie nicht gangbar ist. Und letztlich müssen sie sich die Fahnder noch eine Weile vom Hals halten, Phantome immer noch, aber mit Sicherheit existent und wohl das Beste, was die Gegenseite zu bieten hat. Unsicherheit und Angst resultieren aus all diesen Unwägbarkeiten allerdings nicht. Linda weiß noch genau, wann sie das letzte Mal Angst verspürt hat. Es war vor vier Jahren, weit weg im Regenwald von Ecuador. Und es war Todesangst. Aber es war das letzte Mal.

Am späten Nachmittag erreicht sie ein Anruf aus Kiel. Bully hat eine verschlüsselte Botschaft. Sie sind erfolgreich gewesen, und sie kommen morgen am frühen Nachmittag mit der ersten Charge.

Sie haben sich für halb acht im *Café Größenwahn* verabredet. René Gronwald hat schon früh den kleinen Tisch zwischen den beiden Kübelakazien neben der Eingangstür reservieren lassen. Dort kann man sich ungestört unterhalten. Wichtig für den Jäger, der Neues erfahren will. Er wird sie zum teuersten Essen, das auf der Speisekarte steht, einladen und ihr den besten Wein spendieren, den das Lokal vorrätig hat. Luxus im Alternativlokal. Dann wird er sie im Fünfer-BMW, dem edelsten Stück aus dem Wagenpark der Polizei, ausgestattet mit Teakholz-Armaturen und Nappaledersitzen und einem auf die Dresdner Bank zugelassenen Kennzeichen nach Hause bringen. In der Zwischenzeit wird er sich ihre Argumente zu Eigen machen, wird sich von ihr überzeugen lassen, wird Entschuldigung sagen zum großen Wagen und zum Tachoarrangement aus Tropenholz. In diesem Spannungsfeld aus Widersprüchen und Verlockungen wird er sie aus der Reserve locken. Dass es zwischen Linda und ihm noch einen anderen Draht gibt, als den zwischen Jäger und Beute, weiß er sehr wohl. Er könnte ihn kappen, hofft er, aber das will er nicht. Lieber spielt er Risiko.

„Linda!" Er zieht sie zärtlich und fest an sich und streichelt behutsam über das weiche Haar. Sie setzen sich an den reservierten Tisch und bestellen eine Flasche Burgunder Rotwein.

„Wie läuft es im Labor?"

„So gut wie lange nicht", erwidert Linda und lächelt ihren Verehrer mit strahlenden Augen an.

„Was machst du da eigentlich genau?"

„Hab ich dir das nicht gesagt?"

„Nur, dass du es mit Viren zu tun hast. Details hast du mir verschwiegen, als wären es Geheimnisse!"

„Wir versuchen, die Aids-Kiste zu knacken." Linda lächelt eine Spur ernster. „Das HI-Virus zu überlisten."

„Entschuldige bitte, auch wenn du mich jetzt für doof erklärst, sagst du mir noch mal, was die Crux an der Aids-Geschichte ist?"

Linda winkt ab. „Du musst dich nicht entschuldigen. Die meisten Menschen haben nur eine ungefähre Ahnung von den Dingen. Aids ist eine tödliche Krankheit, die man sich beim ungeschützten Geschlechtsverkehr holt, das wissen sie. Aber den Mechanismus der Krankheit kennen sie so wenig wie das, was sich hinter dem einschlägigen Kürzel verbirgt."

„Letzteres ist mir ja nun noch geläufig. Aber was macht den HI-Virus so gefährlich? Kein Mensch stirbt an einem Schnupfenvirus."

„Doch", Linda grinst süß-sauer, „der Aids-Kranke."

„Mein Gott ja", René Gronwald schlägt sich mit der Hand vor die Stirn, „das ist es ja gerade …."

„Schau mal, deine Fragen kann man mit drei Sätzen beantworten. Das Schnupfenvirus befällt die Nasenschleimhäute des Menschen und vermehrt sich dort. Wenn das Immunsystem Lunte riecht schickt es Abwehrzellen und die vernichten die Schnupfenviren. Je nachdem wie gut das Immunsystem drauf ist, ist der Spuk nach sechs oder acht Tagen vorbei."

„Das Aids-Virus …."

„… ist eine Spur intelligenter und ist auf die Abwehrzellen fixiert. Es dezimiert das Immunsystem, das zwar verstärkt Abwehrzellen bildet, aber letztlich nicht nachkommt. Nach spätestens zehn Jahren ist das Immunsystem völlig zerstört. Und dann hat ein normales Schnupfenvirus freie Hand, wandert in die Lunge und bringt den Infizierten um."

„Antibiotika helfen nicht weiter?"

„Gegen Viren sind Penicillin und Genossen machtlos."

„Und andere Stoffe, ordinäre Gifte zum Beispiel?"

„Werden zum Teil schon sehr erfolgreich eingesetzt, allerdings nicht gegen Aids."

„Woran scheitert die Chemotherapie?"

„An einem weiteren großen Vorteil des HI-Virus: Es verändert ständig sein Aussehen. Immer wenn die Forschung etwas Passendes entwickelt hat, zieht es sich eine neue Maske über, und alles beginnt von vorne."

„Das erinnert mich an die Geschichte vom Hasen und vom Igel."

„Und ähnlich wie dem Hasen geht es der Wissenschaft: Sie verzweifelt allmählich."

Sie essen Pfifferlinge und Glasnudeln und erfahren, dass das eine neue Komposition des schottischen Kochs ist. Es fehlt ein wenig der Knoblauch, und auch vom Estragon hätte es etwas mehr sein dürfen. Dafür sind die Pilze aus Litauen knackfrisch, und Radioaktivität ist, Gott sei Dank, immer noch unsichtbar.

„Was machst du genau an der Aids-Front?"

„Ich suche nach dem Mechanismus, der dem Verwandlungsprozess des HI-Virus zu Grunde liegt. Und nebenbei durchforste ich sämtliche naturwissenschaftliche Literatur nach aidsrelevanten Themen."

„Viel Arbeit?"

„Das Internet ist auch hier ausgesprochen hilfreich. Drei, vier einschlägige Anbieter decken praktisch alles ab. Die Exoten find ich dann bei *Biosphere actuell.* Allerdings gibt es dort auch die Dinge, die mich wütend machen."

„Das wäre?"

„Neues von den Roten Listen."

„Sie werden länger ….."

„Nicht nur das. Jetzt springen die ersten Promis über die Klinge."

„Zum Beispiel?"

„Die Berggorillas von Ruanda. *Biosphere* zitiert einen vertraulichen Bericht der UN. Nach dem Ende des Krieges um die Diamantenlager am Kibungu River wurden keine Tiere mehr gesehen. Von dreihundert auf null in drei Jahren. Obwohl Millionen zur ihrer Rettung geflossen sind. Man muss sich das einmal vorstellen." Linda legt das Besteck zur Seite. „Gorillas, unsere nächsten Verwandten, neunundneunzigprozentige Genidentität, Intelligenz eines immerhin dreijährigen Kindes, aus der freien Wildbahn vollständig verschwunden. Ein paar Dutzend Exemplare fristen in Zoos noch ihr Dasein. Mit ihnen ist die Art nicht mehr zu erhalten. In spätestens einem Jahrzehnt ist alles aus."

„Schlimm", sagt René Gronwald nachdenklich.

„Oh nein", erwidert Linda, „das ist nicht schlimm. Das ist ein Tabubruch. Da hat der Homo Sapiens Grenzen überschritten, die bisher absolut unantastbar waren. Und es geht weiter. Die Orang-Utans in Indonesien sind auf zwölf Tiere in einem Schutzgebiet geschrumpft. Zweitausend waren es noch zur Jahrhundertwende. Ebenfalls ein Vetter von uns Menschen. Der Urwald auf Papua-Neuguinea ist jetzt komplett zerstört. Kein einziger Quadratkilometer mehr. Von 200.000 auf null in siebzig Jahren. Stattdessen endlose Plantagen Devisen bringender Ölpalmen."

„Vielleicht ist dein Ansatz falsch. Tabubrüche sind gewöhnungsfähig. Brauchen wir denn wirklich Gorillas und Orang-Utans? Genügt es nicht wenn wir sie im Fernsehen bewundern können? Die Masse der Menschen sieht sie doch sowieso nicht im Original."

„Ich könnte dir jetzt sagen, dass wir Ressourcen vernichten, die wir sehr wohl brauchen. Unmittelbar zum Leben. Atmosphärischen Sauerstoff zum Beispiel. Den verbrauchen wir und machen ihn zu Kohlendioxid und verändern dadurch unser Klima, jagen die Temperaturen hoch. In diesem Sommer sind allein in Europa schätzungsweise 50.000 Menschen der Hitze zum Opfer gefallen. Das Eis am Nordpol ist nur noch zur Hälfte da. Wir haben eine Entwicklung angestoßen, die wir nicht mehr aufhalten."

„Bleiben wir doch einmal bei den Gorillas…."

„Selbstverständlich können wir ohne Menschenaffen leben und ohne Urwald. Aber nicht ohne das, was sie verkörpern. Ursprüngliches, Unberührtes, Unbekanntes, Geheimnisvolles. Reinhold Messmer hat gesagt, der Mensch braucht Wildnis. Das Wissen, dass es irgendwo Täler, Wälder, Küsten, Gebirge gibt, wo Menschen noch nie waren und die Landkarten noch weiß sind. Eine kartographisch erfasste Welt ist eine entzauberte Welt."

Im weichen Licht der Straßenlampen nehmen Lindas Gesichtszüge scharfe Konturen an. „Der Tabubruch ist nicht gewöhnungsfähig. Es sei denn, du stellst auf die Täter ab. Die vermissen nichts."

Der Kommissar streicht Linda zärtlich über die Wange.

„Was passiert in einer Welt, der man ihre Wunder geraubt hat?"

„Das, was immer geschieht, wenn man Menschen lebenswichtige Dinge nimmt."

„Was ist das?"
„Zunächst versuchen sie sich die Dinge zurückzuholen."
„Wenn das nicht möglich ist?"
„Dann werden die Menschen unberechenbar."
„Das heißt?"
„Menschliches Tun wird unkalkulierbar, alles ist möglich, das Chaos übernimmt die Zügel."
„Du sagst: die Menschen und du sagst: die Welt. Meinst du in Wirklichkeit nicht nur dich und deine Freunde von PETA, eine Handvoll Sensibelchen und Hellseher?"
Der Kommissar weiß, dass er jetzt weit vorgeprescht ist.
„Hellseher!" Linda blinzelt symbolträchtig in die Neonreklame über der Eingangstür des Cafés. „Die Menschen werden es zweifellos lange aushalten in ihrer Welt ohne Wunder."
„Es gibt ja auch einen attraktiven Ersatz: Bier vom Fass, Schnitzel mit Pommes, Karibik-urlaub für zweihundert Euro."
„Aber das hält nicht ewig. Irgendwann vermissen sie die schöne alte Welt."
„ Entschuldige bitte, dass ich da noch mal einhake. Was kommt dann? Wohin steuert das Chaos?"
„Ich kann es dir auch nicht genau sagen", erwidert Linda und drückt dem Kommissar wie zur Entschuldigung einen Kuss auf die Stirn, „aber ich kann mir vorstellen, dass es Menschen gibt, die angesichts verlorener Träume in die Gewalt ausweichen."
„Aber das macht doch keinen Sinn."
„Chaos fragt nicht nach Sinn. Abgesehen davon, Gewalt kann durchaus Sinn machen. Es kommt darauf an, was in den Köpfen der betreffenden Menschen vorgeht. Nimm doch die Todesstrafe. Macht die Hinrichtung eines Mörders etwa Sinn?"
„Für mich nicht", antwortet René Gronwald, obwohl das nicht ganz seiner Polizistenlogik entspricht.
„Die Angehörigen des Opfers sehen das aber ganz anders. Sie haben den Tag der Exekution herbeigesehnt. Stundenlang vor dem Gefängnis auf die erlösende Botschaft gewar-

tet. Und dann dozieren sie mit tränennassen Augen in die Kameras: *Jetzt können wir endlich wieder ruhig schlafen.“*

„Sie machen sich etwas vor.“

„Sag ihnen das mal. Sie lachen dich aus.“

„Rache als rationale Einrichtung – ganz schön mutig.“

„Das Prinzip, das ihr zugrunde liegt ist aber nun einmal in unseren Köpfen existent. Auge um Auge, Zahn um Zahn. Böses ist mit Bösem ausgleichbar. Bis zu einem gewissen Grad jedenfalls. Wir bringen diejenigen um, die die Orang-Utans vernichtet haben ....“

„... und stellen zu unserer Überraschung fest, dass die Affen verschwunden bleiben.“

„... und fühlen uns besser, als wenn die Mörder weiterhin in Amt und Würden lebten. Darum geht es. Nur darum.“

„Ist das auch deine Logik?“ René Gronwalds Stimme bettelt um ein Nein, während sein Verstand nach der Wahrheit verlangt.

„Weniger, wenn ich ehrlich sein soll. Aber mir passt die schroffe Ablehnung des Racheprinzips nicht. Warum soll dem Verlierer nicht eine letzte Genugtuung zu Teil werden?“

„Wie würdest du auf den Verlust von Urwald und Affen reagieren?“

„Alles was ich tue, muss geeignet sein das Blatt zu wenden oder zumindest den Schaden zu begrenzen.“

„Die Affen sind schon weg.“

„Dann muss es zumindest einer anderen bedrohten Art helfen.“

„Bleiben wir in der Zeit wo den Gorillas noch geholfen werden konnte. Du hast mir ja erzählt, dass du, um Tierversuche zu reduzieren, den Pharmaboss entführen würdest. Und gegebenenfalls auch bereit wärst, ihn zu liquidieren. Würdest du auch den Boss der Holzfirmen entführen, die den Affen die Bäume klauen, um den Holzeinschlag zu stoppen?“

„Keine Frage.“

„Findest du es auch in Ordnung, wenn Globalisierungsgegner den G-8-Gipfel in die Luft jagten?“

„Wenn sie die Pförtner und das restliche Fußvolk verschonen.....“

„Das wird nicht machbar sein.“

„Von der Hauptzielgruppe her wäre die Sache stimmig. Die Repräsentanten des Wild-West-Kapitalismus. Sie sind es übrigens, die hinter dem Diamantenabbau im Kongo stecken, zum Scharfmachen der Bohrköpfe, mit denen sie dann die letzten Tropfen Öl aus dem Boden holen. Auch damit hätte ich kein Problem.“

Ende der Fahnenstange. René Gronwald wird nicht weiterfragen. Es ist schon das dritte Mal, dass er sie mit eindeutiger Zielrichtung aushorcht. Er ist auch so schon ein Stück klüger geworden. Linda ist eine Zeitbombe. Sie wird alles tun, was Sinn macht. Das klingt vernünftig, nur die Begriffe verschaffen ihr weite Spielräume. Bei ihrem nächtlichen Gespräch an der Hauptwache hat sie den palästinensischen Terror noch mit dem Hinweis darauf gerechtfertigt, dass Israel den Bombenlegern schließlich Land und Würde genommen habe. Das hörte sich nicht sehr rational an und wirft jetzt für den Kommissar die Frage auf, ob sie ehrlich zu ihm ist. Lindas Interesse ist offenkundig nicht auf den Tierschutz beschränkt. Tropenwälder, Klima – das sind Begriffe, die sie ins Spiel gebracht hat und die signalisieren, dass ihr Engagement viel weiter reicht. Was letztlich dafür in Frage kommt, dass sie mit Jens Berninger und Burkhard Liefers zum großen Schlag ausholt, bleibt auch heute ungeklärt. Schwindende Arten und das Unrecht, was Menschen tagein tagaus den Tieren antun, dürften allein nicht als Auslöser eines Plans in Frage kommen, der dem des 11. September gleichkommt. Rudi Bruch, der Profiler aus München, hält es für wahrscheinlich, dass – bei allen drei übrigens – eine ganz persönliche Erfahrung im Spiel ist, eine traumatisierende Geschichte jenseits aller durch Hasenscharten stigmatisierten Mäuse. Dazu aber geben die Lebensläufe der Verdächtigen nichts her.

Es ist frisch geworden, und René Gronwald legt Linda seine Jacke über die Schulter. Ihre Kompromisslosigkeit macht ihm Angst, aber ihr Engagement fasziniert ihn. Und ihre braunen Augen, die auch heute Nacht wieder so wundervoll lächeln können, machen ihn verrückt. Dass er ihr vielleicht schon bald die vorläufige Festnahme erklären muss, gegen diese Vorstellung wehrt sich mittlerweile alles in ihm. Ein anderer Gedanke hat es da leichter: Sie zu erobern. Nicht nur für einen Tag und eine Nacht. Aber auch diesen Gedanken hält er strikt unter Kontrolle. Er wird seinen Job tun. Wird sie morgen ins Labor begleiten und Eindrücke sammeln. Lindas Rolle in der Dreiergruppe ist ihm völlig unklar. Für einen Anschlag, der, wie es aussieht, etwas mit Flugzeugträgern und Torpedos zu tun hat, ist physikalisch-chemisches Fachwissen völlig ausreichend. Medizinischer Sachverstand würde nicht benötigt. Schon keimt in René Gronwalds Kopf die Hoffnung, dass Linda in diesem terroristischen Zirkus eine Null-Nummer ist oder bestenfalls eine Nebenrolle spielt. Aber selbst wenn es nicht so sein sollte, bliebe dem Kommissar eine letzte Option: die Karten aufzudecken und Linda vom sinkenden Schiff zu holen.

Frankfurt am Main, 4. August

Raum 214 B strotzt vor Hightech.

„Virenforschung bedeutet modernste Technik, nicht wahr?“ René Gronwalds Blick schweift bewundernd über die zahlreichen Geräte und technischen Accessoires an Lindas Arbeitsplatz.

„Bitte?“

„Ich sagte: viel Technik im Spiel mit den Viren.“

„Ja, natürlich.“ Linda hat am Computer Platz genommen und versucht hektisch den Cursor auf die richtige Position zu bringen. Es scheint heute nicht ihr Tag zu sein. Schon früh um sieben hat sie den Kommissar geweckt und sogleich versucht ihn zum Aufstehen zu bewegen. Mit viel Mühe war es René Gronwald gelungen, sie in seinen Arm zu nehmen und zärtlich ihren Mund zu einem Kuss zu gewinnen. Dabei spürte er deutlich, wie wenig empfänglich sie an diesem Morgen für seine Zärtlichkeiten war. Das hatte alles nichts zu tun mit der Ablehnung, die er seinerzeit bei Annette Basler erfahren hatte. Eher schien sie möglichst schnell das Haus verlassen bzw. ins Labor kommen zu wollen. Dass sie schließlich doch mit ihm schlief, war für den Kommissar nur wenig beruhigend, denn sie tat es hastig und ohne spürbares Interesse. Der Kommissar konnte sich in diesem Augenblick gut vorstellen, dass ein fremder Mann die Wohnung betreten und alte Rechte geltend gemacht hätte. Aber damit lag er wohl falsch.

Lindas Zerfahrenheit hielt auch im Institut an. Minutenlang kämpfte sie mit dem Computer und fand böse Worte für ihn.

„Viel Hightech“, sagt sie schließlich, „aber alles nur, weil die Viecher so klein sind.“

„Und so intelligent“, schallt es von der offenen Tür herüber. Nervös wendet Linda den Kopf. „Professor Mühlbach, ich komme gleich bei Ihnen vorbei.“

„Müssen Sie gar nicht", klingt es böse zurück „ich bin ja schon da." Den Kommissar ignorierend stellt er sich in Blickrichtung seiner Studentin hinter den PC.

„Nur eine kleine Sache. Dr. Amrein hat mich noch einmal angesprochen. Er legt Wert darauf, dass die Tiere clean bleiben. Die drei, von denen wir kürzlich gesprochen haben, steht er Ihnen noch zu. Aber das war es dann auch."

„Da waren wir uns doch einig", gibt Linda verärgert zurück.

„Ich sage es ja nur deswegen ein zweites Mal, weil Kollege Amrein mich darum gebeten hat." An der Tür bleibt Professor Mühlbach noch einmal stehen.

„Fast hätte ich es vergessen: Eine zweite Sache. Frau Cornelius hat mich darauf angesprochen. Sie haben ein Fach in unserem Giftschrank reservieren lassen, Froststufe 3. Darf ich fragen wozu das gut sein soll? Viren werden im Sicherheitsbereich aufbewahrt!"

„Es geht ja nicht um Viren." Linda ist diese Diskussion besonders unangenehm. Der Kommissar registriert bei ihr hektische Kopfbewegungen und Fluchtreaktionen.

„Dann wollen Sie offenbar ganz ordinäre Gifte bunkern. Sagen Sie mir wozu?"

„Ein andermal!", keift Linda zurück. „Jetzt habe ich zu tun."

Triumphierend verlässt Professor Mühlbach das Labor. Er kennt den Besuch nicht, den Linda mitgebracht hat. Aber vor dessen Augen hat er die ungeliebte Studentin bloßgestellt. Die ist jetzt kaum in der Lage die Worte zu finden, die sie entlasten könnten. René Gronwald, der das untrügliche Gefühl hat im Augenblick etwas Wichtiges erfahren zu haben, spielt die Szene herunter.

„Dein Professor spricht von den „Tieren". Viren kann er nicht gemeint haben."

„Es geht um Paviane – lass uns einfach mal dorthin gehen."

Noch muss Linda nicht die Flucht nach vorne antreten. Sie hätte ihrem Schwarm die Tierstation sowieso gezeigt. Was dort passiert, ist kein Geheimnis. Es passt in die Aidsforschung des Instituts.

Auf langen Gängen kündigen lauter werdenden Schreie die Nähe der Tiergehege an. Am Flur 104 bleiben sie stehen. Der Pavian im Eckkäfig flüchtet panikartig in seinen Schlafbaum.

„Ich habe dir doch erzählt, dass ich aus Afrika einen neuen Virenstamm mitgebracht hatte?“

René Gronwald nickt. „Eine lange, aber spannende Geschichte.“

„Hier stabilisiere ich mein Mitbringsel. Indem ich es vermehre. Aber das geht nur über infizierte Warmblüter. Paviane in diesem Fall. Ich spritze ihnen eine kleine Dosis, dann warte ich eine Woche ab, bis sich das Virus massenhaft vermehrt hat und lasse die Tiere anschließend zur Ader. Aus einem Liter Affenblut gewinne ich eine Millionen mal soviel Viren, wie ich dem Tier gespritzt habe.“

„Was macht die neuen Viren so wichtig für deine Aids-Forschung?“

„Ganz einfach, der HI-Virus verändert ständig seine Hülle. Davon hatte ich dir gestern Nacht schon erzählt. Das macht ihn so unangreifbar für die menschlichen Abwehrzellen. Der Neue aus Afrika verdankt seine Existenz aber auch der Flexibilität seiner Schale. Da gibt es Bezugspunkte.“

Linda hat ihre Fassung fast schon wieder zurückgewonnen und registriert zufrieden, dass sie ihre Karten nicht weiter aufzudecken braucht. „Den Kampf gegen Aids gewinnen wir nur langfristig – wenn überhaupt.“

Sie laufen die gesamte Tierstation ab. René Gronwald hat darum gebeten, und Linda konnte ihm diesen Wunsch nicht abschlagen. Dabei macht sie Tempo und nimmt sich wenig Zeit, ihrem Begleiter die wilde Szene der Versuchstiere zu erläutern.

Zurück im Labor beobachtet René Gronwald, wie Linda immer wieder die Uhr über der Eingangstür in Augenschein nimmt. Das Polizistenhirn in seinem Kopf sagt ihm, dass seine Gastgeberin ein Zeitproblem hat. Dass sich beispielsweise wichtiger Besuch angesagt hat, der für ihn nichts taugt. Eine letzte Frage will er aber noch stellen, bevor er sich unter falschen Vorzeichen in die Büsche schlägt.

„Du arbeitest auch mit Giften?“

Linda tänzelt noch immer nervös um die Technik herum. Aber sie hat eine gute Antwort parat.

„Mir will es einfach nicht in den Kopf, dass es nicht möglich sein sollte, Aidsviren mit harter Chemie abzuschießen.“

„Da stimme ich dir zu. Mit Gift hat man doch bisher alles um die Ecke gebracht.“

„Wichtig ist allerdings, dass der Stoff nur auf die Viren wirkt. Der infizierte Mensch sollte schon überleben.“

„Wo bekommst du die Gifte her?“

„Von überall“, erwidert Linda, um im gleichen Augenblick die Zentrifuge zu starten, deren Lärm eine weitere Unterhaltung unmöglich macht.

René Gronwald verlässt das Institut gegen halb zwei. Linda will gar nicht wissen, warum er nicht länger bleibt. Er fährt eine Runde um den Block und parkt dann am südlichsten Zipfel der Vogelweidstraße, in Blickrichtung des Eingangs der Virologie. Lang muss er nicht warten. Die beiden jungen Männer, die eine Stunde später das Gebäude betreten, kennt er nur zu gut. Von Polizeifotos und von seinem Besuch in Kiel. Sie haben einen Koffer dabei. Er ist von der Sorte, die auch die Polizei zum Transport tiefgefrorener Proben benutzt.

Kanada, Südprovinzen, Anfang August

Der Elefant ist ein Mammut, aber die Reise in die kanadische Arktis hat sich gelohnt. Der Permafrostboden hat den Körper des Urtieres über 13.000 Jahre perfekt konserviert. Dr. Zehner, der Genspezialist aus Frankfurt, hofft, den einen oder anderen DNS-Strang unbeschadet bergen zu können. Kollegen aus den USA oder Italien werden dann kurzfristig bereitstehen um sich an der Klonung des längst ausgestorbenen Tieres zu versuchen. Annette Baslers Sorgen sind banalerer Natur. Von Milliarden gieriger Moskitos an den Rand des Wahnsinns getrieben, hat sie das Camp der Wissenschaftler schon am zweiten Tag verlassen und sitzt jetzt zerstochen und zermürbt in ihrem Hotelzimmer in Winnipeg. Seit Stunden versucht sie ihre Schwester in Calgary zu erreichen, aber dort hebt niemand ab. Schließlich setzt sie sich wieder über die Landkarte und beginnt, sich in die fremden Dimensionen einzudenken. Sobald ihre Schwester das Okay gegeben hat, wird sie in eine der kleinen Linienmaschinen steigen und in den Süden von Alberta fliegen. Dass Monika Clinton ihr den Gefallen tun wird, sie zur Delgado Ranch zu begleiten, ist sie sich ziemlich sicher. Ihre Schwester ist ein Kumpel, und das hat sich auch nach ihrer Heirat mit dem kanadischen Bergbauingenieur Kiefer Clinton und ihrer Übersiedlung in die kanadische Provinz nicht geändert. Nach dem Abendessen hat sie Erfolg. Monika war mit der Familie shoppen und daher telefonisch nicht erreichbar. Morgen früh werden sie sie am Flughafen abholen.

Dann liest Annette Basler zum wiederholten Male in den Unterlagen, die ihr die Behörden in Frankfurt kopiert haben. Selbst wenn sie auf der Ranch und bei der örtlichen Polizei nichts Großartiges mehr in Erfahrung bringen kann, könnten die Neuigkeiten vom Frankfurter Standesamt die Ermittlungen von René Gronwald ein gewaltiges Stück weiterbringen. Insgeheim freut sie sich schon auf den Augenblick, wo sie ihm die Papiere unter die Nase halten kann. Nicht in erster Linie deswegen, weil sie sich als gleichwertige Kriminalistin ausweisen will, sondern vor allem um ihm die vielfältigen Risiken vor Augen zu führen, die er mit seiner Fixierung auf Linda DeVries eingegangen ist. Früh schon hatten ihre weiblichen Instinkte Alarm geschlagen. Linda DeVries war für den Kommissar von Anfang an mehr als eine normale Zielperson gewesen. Dafür sah sie einfach zu gut aus und verfügte zudem über ein imponierendes Auftreten. Wahrscheinlich waren auch ihre radikalen Ideen, von denen die Ärztin an der Hauptwache eine Kostprobe mitnehmen konnte, beim Kommissar auf offene Ohren gestoßen, nachdem der in Brasilien seine politische Häutung vollzogen hatte. Mindestens eine Nacht hatte er bei der Terroristin verbracht, und dass er auf der Couch geschlafen hat, erschien ihr wenig wahrscheinlich. Sicherlich würde es während Anette Baslers Kanadatrip auch wieder gute Gründe für den Kommissar geben, das eigene Bett zu schonen. Noch vor einem halben Jahr hätte das Annette Basler kalt gelassen. Aber jetzt waren ihre Gefühle für René Gronwald zurückgekommen. Schleichend, aber schließlich mit voller Wucht. Hochachtung für den Mann, der seinen Weg gegangen war, trotz mancher Widrigkeiten. Der es mit dem Gesetz nicht immer genau nahm, dafür aber auch kein Formalist war, der seine Verantwortung an die Paragraphen delegiert hatte. Und der jetzt offensichtlich große Probleme hatte, das neue, alte Spiel wieder mitzuspielen. Sie würde ihm bei seinem schwersten Fall weiterhelfen. Es war ihre einzige Chance, ihn zurückzugewinnen.

Einer ihrer Fälle aus der Rechtsmedizin hatte sie auf die Idee gebracht. Bei dem toten Penner auf ihrem Seziertisch war ein alter Jugendherbergsausweis gefunden worden. Aber unter Karl Kalbfleisch war er nirgendwo registriert. Einer fixen Idee folgend, hatte sie beim Standesamt angerufen und dort erfahren, dass der Tote zum Schluss anders geheißen hatte. 1975 nämlich hatte er ganz offiziell seinen Namen ändern lassen, wegen dessen diskriminierender Wirkung. Unter Karl Schäfer konnte man ihn dann ordnungsgemäß erfassen und beerdigen. Dass es noch andere Gründe geben könnte sich einen neuen Namen zuzulegen, war wieder ein spontaner Einfall von ihr gewesen, nachdem René Gronwald es nicht geschafft hatte, die Lebensgeschichte von Jens Berninger zu rekonstruieren. Der war irgendwann, angeblich aus Kanada kommend, in Frankfurt aufgetaucht, und der Kommissar hatte sich damit zufrieden gegeben. Der Computer in der Stadtverwaltung hatte die Lücke schnell schließen können. Jens Berninger hieß nicht immer so. Er war vor etlichen Jahren als Ron Schorra von Kanada übergesiedelt und hatte sofort den Geburtsnamen seiner Mutter angenommen. Als Grund für den Namenswechsel waren nicht weiter dargestellte medizinisch-psychologische Umstände vermerkt. Was in den Unterlagen des Standesamtes noch enthalten war: Geburtsort Delgado-Farm, Maple County, Saskatchewan. Und sein Beruf: Rechtsanwalt.

Dan Blocker ist der neue Besitzer der Farm. Der freundliche Mann gibt bereitwillig Auskunft. Zuvor waren sie auf der örtlichen Polizeistation schroff abgewiesen worden. Nicht typisch für diese Gegend, wie Monika Clinton ihrer Schwester versicherte. Die Blockers haben die Farm vor Jahren von einer Erbengemeinschaft gekauft. Ron und Herb Schorra, zwei Brüder, deren Eltern überraschend gestorben waren. Es hieß, durch Selbstmord. Angeblich sei die Farm überschuldet gewesen. Sie hätten sie aber unbelastet erworben. Bei der Finanzierung des Kaufpreises hat ihnen CincinnatiSeed ein bisschen zur Seite gestanden. Dafür hätten sie deren Gen-Raps anbauen müssen, aber das wäre ja in Ordnung gewesen.

Was aus den beiden Schorra-Brüdern geworden ist? Der eine ist wohl weggegangen. Der andere wohnt mit seiner Familie drüben in Foreign Water. Es soll ihm nicht besonders gut gehen.

„Den Fall Schorra kennt hier jeder“, sagt Monika Clinton, als sie auf dem Weg in das kleine Städtchen am Sonora River sind. „Eine große Schweinerei von CincinnatiSeed. Aber die Gerichte haben dem Unternehmen Recht gegeben.“ Und nach einer kleinen Pause fügt sie hinzu: „Die Farmersleute sind daran zerbrochen. Sie haben sich erschossen.“

Herb Schorra hat seinen Gästen Kaffee eingeschenkt und für sich einen Whisky mit Eis gemacht. Seine Hand zittert, als er das Glas an seine trockenen, aufgeplatzten Lippen führt.

„Eine Riesenschweinerei, was die da mit uns gemacht haben.“ Er nimmt einen kräftigen Schluck. „Aber ich bin kein Kämpfer und war auch gar nicht da, als es passiert ist. Wir waren in Urlaub, nicht wahr, Debby?“

Sein Blick wandert Hilfe suchend zu der Verandatür, wo seine Frau zusammengesunken auf einem altersschwachen Stuhl sitzt und nickt.

„Die ganze Zeit über. Mit den Kindern in Florida.“

Dann erzählt Herb Schorra die Geschichte, so wie er sie von seinem Bruder erfahren hat. Als er fertig ist, steht schon die zweite Flasche auf dem Tisch.

„Wir machen uns die ganze Zeit über Vorwürfe, dass wir nicht da waren, als sie uns brauchten.“

„Wir sollten doch die Farm übernehmen“, sagt Debby Schorra mit weinerlicher Stimme und schaut flehend zu ihren Gästen hinüber, „und sehen Sie, was aus uns geworden ist. Herb verdient als Lagerarbeiter nicht mehr als das, was die Indianer am Hudson als Sozialhilfe erhalten.“

„Ich verstehe aber auch meine Eltern nicht“, wirft Herb trotzig ein und schlägt mit der Faust auf den Tisch. „Mein Vater war immer ein Kämpfer. Dass er sich das Leben nimmt, hätte ich nie gedacht.“

„Aber Ron hat doch gesagt …“

„Er hat mich auch enttäuscht! So schnell die Flinte ins Korn zu werfen und den Vergleich zu akzeptieren anstatt die nächste Instanz anzurufen.“

„Ron war überzeugt, dass juristisch nichts mehr zu machen war. Richter Morgan hat doch nur die Vorgaben aus Ottawa umgesetzt. Und die schützen CincinnatiSeed."

„Scheiß Justiz", schimpft Herb Schorra, „Morgan, ein Feigling und der Supreme Court ein Haufen von Marionetten. Das ist in Deutschland sicherlich anders."

Der Blick aus den kleiner gewordenen Augen verlangt von seinem Gast eine Antwort. Annette Basler will dem Lagerarbeiter nicht wehtun, aber jetzt kommt ihre eigene Betroffenheit ins Spiel.

„Nein", sagt sie bestimmt, „ überall auf der Welt steht die Justiz auf der Seite der Mächtigen."

„Auch in Deutschland?", fragt Herb Schorra ungläubig, „nach so viel schlechten Erfahrungen mit der Hitler-Justiz?"

„Glauben Sie bloß nicht, dass sich das grundsätzlich geändert hat. Kein einziger deutscher Richter oder Staatsanwalt wurde für seine Verbrechen zur Rechenschaft gezogen. Im Gegenteil. Sie wurden nach dem Krieg weiterbeschäftigt."

Herb Schorra greift nach der Flasche und gießt sein Glas voll. „Ich weiß", sagt er fast tonlos, „aber manchmal hofft man, dass es woanders besser ist. Vielleicht hat mein Bruder die Dinge durchschaut und die juristische Front daher so schnell aufgegeben – zumal er ja an einer anderen weitergekämpft hat."

Annette Balser wird hellhörig. „Er hat nicht gänzlich aufgegeben?"

„Als die Farm verkauft war, hat er unseren Fall ins Internet gestellt und nach weiteren CincinnatiSeed-Geschädigten gesucht. Er war überzeugt, den Konzern über die öffentliche Meinung belangen zu können. Richtig naiv aus heutiger Sicht. Er dachte, wenn er genug Opfer auf der Bühne versammelt hat, knickt CincinnatiSeed ein."

„Was geschah denn aufgrund seiner Internet-Aktivitäten?"

„Es gab Briefe, Faxe, Anrufe, E-Mails ohne Ende. Ron hat sich einmal sogar bei mir darüber beschwert. Er war völlig überfordert. Fast alles was kam, landete im Müll."

„*Fast* alles?"

„Einiges hat er gesammelt. Das haben wir auch noch aufbewahrt."
„Heißt das, Ron ist nicht mehr hier?"
„Eines Tages ist er weggegangen. Er hat uns am Abend vorher noch angerufen und sich verabschiedet. Angeblich wollte er nach Deutschland, in das Land seiner Vorfahren. Genaues hat er uns nicht gesagt. Wir haben nie mehr etwas von ihm gehört."
„Doch", sagt Debby Schorra, „ein halbes Jahr später schickte er uns eine Postkarte aus Ecuador. Daraus haben wir geschlossen, dass er seine Deutschlandpläne aufgegeben hatte."
„Was schrieb er?"
„Irgendetwas von einem ökologischen Projekt. Ziemlich unverständlich."
Debby Schorra erhebt sich schwerfällig und verlässt das Wohnzimmer.
„Sagen Sie mir bitte noch, was sie zu uns führt?" Herb ist seine Frage fast peinlich. „Wissen Sie, wir bekommen seit Jahren so viel Besuch, da vergisst man schon mal nach dem Grund zu fragen…."
„Gerne", antwortet Annette Basler und erzählt ihrem Gastgeber vom Elefant im Eis, der ein Mammut war und ihrem chronischen Interesse an dem, was Menschen sich gegenseitig antun.
„Die Unterlagen meines Schwagers." Debby kommt zurück und präsentiert ihren Gästen ein Konvolut ungeordneter und unsortierter Schriftstücke.
„Dürfen wir mal reinschauen?"
„Nehmen Sie die Sachen alle mit, wenn sie wollen", erwidert Debby Schorra, „wir schaffen es nicht mehr das ganze Zeug durchzusehen."
„Zu müde", ergänzt Herb, „viel zu müde."

Monika hat darauf bestanden mitzufahren. Kiefer war dagegen, vor allem aus Sicherheitsgründen, hat aber dann nachgegeben und wird in den nächsten Tagen die Kinder hüten.

Mit dem Nötigsten im Gepäck fliegen sie schon einen Tag später über Mexiko-City nach Quito in Ecuador und von dort aus mit einem kleinen Air-Taxi nach Cujabeno in der Provinz Napo, wo sie telefonisch ein Zimmer im Hotel Los Mundos gebucht haben. Aus dem kleinen Städtchen am Fuße der San Miguel-Berge waren fast alle E-Mails und Briefe gekommen, die Herb Schorra aus dem Vermächtnis von Ron aufbewahrt hatte. Absender war eine Linda DeVries gewesen, offenkundig Mitarbeiterin einer Vogelschutzwarte der Vereinten Nationen und einem, wie es immer wieder hieß, gigantischen Skandal auf der Spur. Im Betreff erschien jedes Mal *CincinnatiSeed-Verbrechen*, ein Hinweis darauf, dass die Vogelkundlerin auf den Internetaufruf von Ron Schorra reagiert hatte.

Wie elektrisiert hatte Annette Basler weitergeblättert, nachdem sie auf den Namen der Terroristin gestoßen war. Jetzt schien sich der Kreis langsam zu schließen. Die fehlenden Details konnte es aber nur vor Ort geben.

Cujabeno/Ecuador, 9. August

An der staubigen Landebahn steht ein in die Jahre gekommenes Taxi. Zwei Kollegen hat er noch, sagt der Fahrer, aber deren Wagen befinden sich momentan in der Werkstatt.

„Zum Hotel Mundos“, sagt Annette Basler und erkundigt sich im selben Atemzug nach der Vogelschutzwarte, von der sie schon so viel gehört und gelesen haben.

„Mein Gott“, sagt der Fahrer, ein untersetzter, älterer Mann, dem das schweißnasse Hemd am Oberkörper festzukleben scheint, „da kommen Sie leider ein paar Jahre zu spät. Das Schutzgebiet gibt es noch, jedenfalls ein Teil davon. Aber die Station ist abgerissen und die Vögel sind auch weg. Dafür gibt es etwas anderes. Das kann zwar nicht singen und auch nicht fliegen, aber es schmeckt herrlich.“ Der Fahrer schmatzt hörbar mit den Lippen, während er seinen Arm durch das offene Fenster streckt und seine Gäste auf die mannshohen Stauden aufmerksam macht, die die Straße auf beiden Seiten säumen.

„Ananas“, sagt er süß-sauer, „das ganze Tal ist eine einzige Ananasplantage.“

„Stand das Schutzgebiet nicht unter der Schirmherrschaft der UNO?“, fragt Annette Basler, die das untrügliche Gefühl hat, dass der Chauffeur ihr Thema nicht mag.

„Man hat sich das hier so erzählt“, erwidert der Fahrer mürrisch.

„Und warum existiert es jetzt nicht mehr?“

„Señora!“ Der Fahrer wirft einen genervten Blick in den Rückspiegel, aber was er sagt, klingt nicht böse. „Sie wollen, dass ich Sie zum Hotel bringe. Das tue ich auch. Für Ihre Fragen zu den Vögeln bin ich der falsche Mann. Stellen Sie sie bitte jemand anderem.“ Er weiß auch schon wem. „Vielleicht Raoul Sanchez. Der wohnt nur fünf Minuten von Ihnen entfernt. Via Somoza 16.“

Dann haben sie schon das Hotel erreicht, eine blau und rot gestrichene Holzbaracke im Zentrum des verlassenen Städtchens.

„Sie sollten ihn anrufen, bevor Sie ihn besuchen“, sagt der Fahrer, als seine Gäste aussteigen. „Zufällig hab ich seine Nummer im Kopf.“ Er kritzelt ein paar Zahlen auf die Quittung und bedankt sich für das Trinkgeld.

Raoul Sanchez holt sie am nächsten Morgen an der Exxon-Tankstelle vis-à-vis ihrem Hotel ab. Im offenen Geländewagen verlassen sie rasch die Stadt und fahren einem kleinen Fluss folgend in Richtung Norden durch das weite Tal, immer umgeben von uniformen Ananasstauden, die einen merkwürdig süßlichen Geruch über die Straße legen, den Annette Basler sehr schnell einordnen kann, ihrer Schwester aber gar nicht aufzufallen scheint.

Ihr Mann am Steuer ist Mitte vierzig und von Beruf Lehrer. Seit vier Jahren hat er allerdings keinen Unterricht mehr gehalten. Den Grund dafür sagt er ihnen später. Ihre Fragen zur Vogelschutzwarte wird er ihnen aber sogleich beantworten. Auch was Linda DeVries, Burkhard Liefers und Ron Schorra damit zu tun haben. Als Annette Basler diese Namen genannt hat, ist der Lehrer kurz zusammengezuckt, hat sich aber nichts weiter anmerken lassen und hat auch nicht nachgefragt.

Nur wenige Meilen hinter der Stadt führt die Straße in engen Windungen bergauf. Im Scheitelpunkt einer Serpentine halten sie an. Erst jetzt erkennt man die riesigen Dimensionen der Plantagen, die wie ein Teppich über dem Tal liegen und dort, wo es das Gelände erlaubt, auch schon die unteren Teile der Berghänge okkupiert haben. Von der gegenüberliegenden Hügelkette wälzt sich wie ein gewaltiger Wasserfall eine Rohrleitung in die Ebene hinab, quert auf schnurgeradem Weg die Ananasfelder und verschwindet im Zick-Zack-Kurs hinter den Bergen im Norden.

„Sie haben Öl gefunden, drüben im Gran Chaco“, sagt Raoul Sanchez bedächtig, „schon vor dreißig Jahren. Gefördert haben sie das Zeug damals aber noch nicht.“

„Wegen der hohen Transportkosten...?“

„Drei Milliarden waren für die Pipeline veranschlagt, aber das hätte sich nicht gerechnet.“

„Heute sieht das anders aus...“

Raoul Sanchez lächelt schwach. „Als der Ölpreis explodiert ist, haben sie das Ding quasi über Nacht aus dem Boden gestampft.“

„Welche Firmen sind daran beteiligt?“

„Nur Exxon – und CincinnatiSeed.“

Dass CincinnatiSeed ins Spiel kommen würde, hat Annette Basler geahnt. Aber dass der Konzern seine Finger auch im Ölgeschäft hatte überrascht sie doch.

„CincinnatiSeed USA?“ Annette Basler schaut ihren Informanten verwundert von der Seite an. „Ich denke, die machen in Agrochemie?“

„Eine verzwickte Sache.“ Raoul Sanchez presst die Lippen aufeinander. „CincinnatiSeed hat einen Teil der Investitionskosten für die Pipeline übernommen und von der Regierung im Gegenzug die Zusage erhalten, den Urwald im Trassenbereich roden zu dürfen um Plantagen anzulegen.“

„Die Gringos zahlen einen Milliardenbetrag um im hintersten Hinterland von Ecuador Ananas anzubauen? Da gibt es doch sicherlich bessere Plätze.“

„Es steckte ja auch etwas ganz anderes dahinter. CincinnatiSeed suchte eine Örtlichkeit, wo sie ihre neuen Pestizide ausprobieren konnten. Sowohl in Amerika als auch in Europa hatten sie Probleme mit den Genehmigungsbehörden bekommen. Willem DeVries war übrigens der Mann, den sie mit der Durchführung des Projekts betraut hatten.“

„Der Vater von ...“

„...Linda DeVries, die wenige Monate später hier eintraf. Ihr Vater hatte ihr einen Praktikumsplatz in der Vogelschutzwarte am Rio Aguarico besorgt. Ein Fehler, wie sich bald herausstellen sollte. Denn Linda konnte von der Schutzstation aus beobachten, wie der Urwald in der Umgebung nach und nach abgebrannt wurde, ein Umstand, der dem Gelbohr-Sittich nicht gut bekam."

„Eine geschützte Art, wenn ich das richtig in Erinnerung habe."

„Sie waren der Grund dafür, dass man das Schutzgebiet ausgewiesen hat. Gelbohr-Sittiche hatten den höchsten Schutzstatus: *critically indangered.* Es gab sie nur noch in diesem Tal. Hundert Paare vielleicht."

„Wenn der Taxifahrer gestern nicht gelogen hat, sind sie mittlerweile ganz verschwunden."

„Es gibt keinen einzigen Vogel mehr", erwidert Raoul Sanchez bitter. „Irgendwann stand ein Teil des geschützten Waldes in Flammen und dann kam das Gift. CincinnatiSeed ließ es massenhaft auf die neu angelegten Plantagen kippen. Die Sittiche, die gerne von den Blüten der Ananas naschten, gingen ein. Linda machte ihrem Vater heftige Vorwürfe, aber der konnte auch nicht, wie er wollte."

Als sich Motorengeräusch nähert, komplimentiert der Lehrer seine Gäste ein paar Schritte ins Unterholz, wo sie vor den Blicken der Straße sicher sind.

„Er wäre versetzt worden, wenn er nicht mehr mitgespielt hätte?"

„Mehr noch. Es wäre das Ende seiner Karriere gewesen. Er war nämlich quasi zur Bewährung auf diesen Posten gesetzt worden. In Kalifornien, wo er zuvor tätig gewesen war, hatte er sich kritisch über einen Impfstoff geäußert, den CincinnatiSeed als vermeintlichen Blockbuster auf den Markt geworfen hatte..."

„Die Geschichte kenne ich", unterbricht Annette Basler ihren Informanten. „Es ging um quecksilberhaltige Präparate. Pharmakritiker machten sie für die wachsende Zahl von Autismus-Fällen verantwortlich."

„Und Willem hatte sich diesen Bedenken öffentlich angeschlossen. San Pedro war seine letzte Chance."

Als der Lastwagen hinter der Kurve verschwunden ist, fahren auch sie weiter. Die Straße läuft über den Kamm der

Berge, die wie überdimensionierte Maulwurfshügel das Tal seitlich begrenzen. Ein schmaler Streifen Regenwald säumt zunächst die Straße um aber sehr schnell immer lichter zu werden und schließlich ganz zu verschwinden. Raoul Sanchez hält den Geländewagen ein weiteres Mal an.

„Dort drüben sehen Sie die stadtnächsten Ausläufer des Schutzgebietes, so wie es heute noch existiert", sagt Raoul Sanchez und deutet auf eine Waldzunge am südlichen Ende des Städtchens. „Mindestens zehn Meilen reicht es noch in die Berge hinein. Es gibt dort aber keinen einzigen Sittich mehr."

„Wann kam denn der zweite Mann ins Spiel?", fragt Annette Basler, die dem Ende der Geschichte entgegenfiebert. „Ron Schorra oder Burkhard Liefers, der wohl auch hier Bully genannt wurde. Die Namen waren Ihnen eben geläufig."

„Er war irgendwann da. Bully, ein Chemiestudent, der für seinen Bruder kam. Der war wohl auch Chemiker gewesen und sollte in der Station im Auftrag der UNO den Rückgang der Sittichpopulation untersuchen. Der Bruder war, wie ich den Gesprächen entnehmen konnte, an den Folgen einer Malaria-Schutzimpfung gestorben. Es muss dabei aber nicht mit rechten Dingen zugegangen sein. Sie empörten sich immer wieder über das Pharma-Unternehmen und die Justiz. Das Wort Verbrecher fiel oft."

„Näheres wissen Sie nicht?"

Raoul Sanchez schüttelt den Kopf. „Ich habe bewusst nicht nachgefragt, weil es sie erkennbar belastet hat. Zuvor jedenfalls, etwa zeitgleich mit dem Eintreffen von Bully, wurden die ersten Plantagenarbeiter krank. Kräfteverfall, Halluzinationen, Geschwüre. Ein knappes Jahr später missgebildete Kinder. Linda und Bully haben überall Proben genommen und sie auf der Station untersucht. Alles war vergiftet. Der Boden, die Pflanzen, die Menschen."

„Willem DeVries hat davon erfahren?"

„Linda hat ihn damit gemartert. Aber er blieb stur. Als dann der dritte Mann kam, eskalierte die Geschichte."

„Ron Schorra meinen Sie?"

„Ein Kanadier. Ein ruhiger Typ. Aber ehrlich gesagt, er hat mir Angst gemacht. Irgendwie war für den alles schon gelaufen. Und es sah so aus als suchte er nur noch die offene Flanke seines Gegners, in die er als letzte Revanche mit aller Macht hineinstoßen konnte."

Die Sonne steht gleißend hell am Himmel, aber am fernen Horizont türmen sich erste Kumuluswolken zu riesigen Bergen auf. Der Wind, der allmählich kräftiger wird, schafft angenehme Kühle auf die schweißnasse Haut. Unten im Tal, wo die Schwüle den ganzen Tag über nicht weichen wird und sich mit den Giftschwaden aus den Plantagen zu einem kriminellen Komplott verbunden hat, müssen sich die Menschen wieder einmal mit ihren dröhnenden Kopfschmerzen und ihrer bleiernen Müdigkeit arrangieren. Annette Basler und ihre Schwester spüren davon noch nichts. Die kommende Nacht wird ihnen allerdings lange in Erinnerung bleiben. Atemnot und Albträume werden sie bis in den frühen Morgen begleiten.

Sie nutzen den Halt zur internen Kommunikation. Die Ärztin übersetzt ihrer Schwester ihre Unterhaltung mit Raoul Sanchez. Monika Clinton sagen diese Dinge nichts Neues. Sie kennt die amerikanische Formel für den Erfolg.

„Schließlich begannen sie, den Protest zu organisieren. Der Kanadier war die treibende Kraft, und er gab auch den Takt vor. Zum Erntedankfest vor vier Jahren versammelten sie sich in der St. Jesus-Kathedrale am Zentralfriedhof. Kranke Plantagenarbeiter mit ihren Familien und verkrüppelten Kindern, aber auch Vertreter der Oberschicht. Lehrer, Ärzte, Priester, die Mutigen aus dem ganzen Tal halt..."

„Sie auch?"

„Ich war mit dabei." Raoul Sanchez' Stimme verrät Abgeklärtheit und tiefe Enttäuschung. „Deswegen kann ich Ihnen das ja auch so authentisch wiedergeben. Das andere, was ich Ihnen erzählt habe, stammt übrigens von Linda. Wir haben oft zusammengesessen."

„Willem DeVries hat sich ferngehalten?"

„Er hat sogar die Gegenposition vertreten. Einem Filmteam der Universität in Cayambe, das extra angereist war, um über den Konflikt zu berichten, hat er in die laufende Kamera versichert, dass CincinnatiSeeds Pflanzenschutz-Maßnahmen völlig unbedenklich seien."

Der Lehrer zerrt sein zerschlissenes Hemd aus der Hose. Eine lange OP-Narbe, quer über den Bauch gezogen, wird sichtbar.

„Mit einem Mal standen fünf oder sechs schwer bewaffnete Männer in der Kirche. Mit Maschinengewehren haben sie zunächst in die Decke geschossen. Dann auf die Protestler. Als sie wieder verschwanden, waren siebzehn Menschen tot und viele verwundet. In der Kirche schwamm das Blut. Linda hatte einen Säugling auf dem Arm getragen, der eine Hasenscharte hatte, eine Folge der CincinnatiSeed-Gifte, wie sie meinte. Dem kleinen Kerl hatten sie den gesamten Hinterkopf weggeschossen."

„Die Sache ist überhaupt nicht an die Öffentlichkeit gekommen", sagt Annette Basler betroffen, „wir haben in Deutschland keine Zeile darüber lesen können."

„Hier kann man alles arrangieren", erwidert Raoul Sanchez. „Die Indios hatten Angst bekommen und die anderen befürchteten, dass den Indios noch mehr passiert, wenn CincinnatiSeed Probleme bekommt. Linda und ihre beiden Begleiter wurden von der korrupten Policia in die Hauptstadt gebracht und schon mit der nächsten Maschine nach Deutschland ausgeflogen."

„Auch Ron Schorra?"

„Ein Polizist hat es mir später gesteckt. Es sei sein Wunsch gewesen."

Sie wenden den Wagen und fahren zurück.

„Sie hat man verschont?"

„Wenn Sie das meinen: Ich lebe noch."

„Kein Job mehr als Lehrer?"

Der Pädagoge schüttelt den Kopf. „Und Redeverbot. Wenn sie mich mit Ihnen erwischen, bekomme ich Probleme."
„Die Regierung ist CincinnatiSeed zu Diensten?"
„Die Gringos haben sie alle gekauft."

An der Via Colores, im sicheren Abstand zum Hotel, lässt Raoul Sanchez seine Gäste aussteigen.
„Wo finden wir Willem DeVries?"
„Mit dem kann ich leider nicht mehr dienen", antwortet der Biologielehrer ohne eine Spur von Genugtuung, obwohl er sie sich in diesem Augenblick hätte leisten können. „Er hat sich unmittelbar nach dem Interview erschossen. Noch vor dem Massaker in der Kirche. Das er aber offenbar befohlen hatte."

Frankfurt am Main, 11. August

Am Anfang hatten ihn die drängenden Fragen seiner beiden Praktikanten nach der molekularen Struktur des neuen Giftes erheblich irritiert. Für ihn war es völlig nebensächlich, wie der Stoff aussah, der im fernen Australien die Toxikologie der Anemonen revolutioniert hatte. Entscheidend war, dass man mit einer Messerspitze der hoch gereinigten Verbindung zehn Millionen Kaninchen töten konnte. Dieses Zerstörungspotential in die richtige Richtung gelenkt, dann könnte es auch für ausgebuffte Tumorzellen eng werden. Nun schien aber die medizinische Verwendbarkeit der neuen Verbindung die beiden Praktikanten weniger zu interessieren, als gerade deren räumliches Erscheinungsbild. Und wenn er ihre einschlägigen Bemerkungen richtig interpretierte, wäre es ihnen sehr entgegengekommen, wenn das neue Gift als einfache oder doppelte Spirale vorgelegen hätte. Danach sah es allerdings nicht aus. Das ursprüngliche Anemonentoxin bestand aus einem ringförmig angeordneten Verbund von achtundvierzig Aminosäuren. Die exorbitant erhöhte Giftigkeit des neuen Toxins war gut erklärbar über eine Vergrößerung des Rings oder die Anlagerung aggressiver Gruppen beispielsweise an die diversen Nitrat-Module im Ring. Umso überraschender war für ihn das Ergebnis, das das Fluoreszensmikroskop schließlich ausspuckte. Der Ring war an zwei gegenüberliegenden Stellen gebrochen, und die beiden Bruchstücke hatten sich als spiralförmig angeordnete Stränge miteinander liiert. Was für Jens Berninger und Burkhard Liefers einem unvorstellbaren Glücksfall gleichkam, interpretierte Roland Meyers als persönliche Niederlage, mit der er allerdings gut umgehen konnte. Denn in der Schulwissenschaft galten Ringstrukturen als sehr stabil, und die neue Verbindung hatte sich äußerst resistent gezeigt, sowohl gegenüber Temperaturschwankungen als auch Veränderungen im pH-Wert des Trägerstoffes, sodass er sich in Bezug auf seine ursprüngliche Einschätzung nichts vorzuwerfen hatte. Zu verschmerzen war diese Fehleinschätzung für Roland Meyers auch deshalb, weil er in der Ursachenforschung einen gewaltigen Schritt vorangekommen war. Da nämlich hatte sich sein ursprünglicher Verdacht bestätigt, die Erwärmung des Meerwassers und die zunehmende UV-Strahlung seien für die Änderung im Anemonentoxin verantwortlich. Immer wenn er das Beckenwasser auf den ursprünglichen australischen Temperaturlevel herunterkühlte und die Leistung der Neonröhren entsprechend reduzierte, nahm schon nach wenigen Tagen die Giftigkeit des Anemonenejakulats wieder ab, und die Nesselfäden schrumpften. Das einmal produzierte Gift blieb aber unverändert.

„Wir sollten uns klar darüber sein, dass wir einfach nur Glück hatten", sagte Jens Berninger nachdenklich, während Linda DeVries die tiefgekühlte Virenfraktion und den Würfel mit dem Anemonengift aus dem Gefrierschrank holt.

„Was wäre gewesen, wenn Meyers zu einem anderen Ergebnis gekommen wäre", fragt Bully mit einem Anflug von Ängstlichkeit, „wenn unser Gift die ursprüngliche Ringstruktur beibehalten oder die Form einer ausgefransten Ammoniakmatsche angenommen hätte?"

„Wir müssen noch einmal Glück haben", sagt Linda, ohne auf Bullys Frage einzugehen. „Heute oder die nächsten Tage und hier an diesem Tisch."

„Du bist dir nicht sicher, dass es klappt?", fragt Jens Berninger mit einem besorgten Blick aus den Augenwinkeln, und auch er erhält keine Antwort.

Am Robert-Koch Institut in Berlin hatten sie abgewunken. Die Arbeiten an dem Impfstoff gegen Aids seien noch längst nicht soweit gediehen, dass man irgendetwas dazu sagen könne. Auch zum DNS-Austausch wolle man sich vorerst nicht äußern. Lindas Frage nach der entsprechenden Methode blieb ebenfalls unbeantwortet.

Im eigenen Haus war sie kaum erfolgreicher gewesen. Dr. Amrein, von dem Linda wusste, dass er ebenfalls an einem Aids-Impfstoff arbeitete und darauf Wert legte, andere Ansätze zu verfolgen als die von dem Berliner Institut favorisierten, hielt sich bedeckt. Linda hatte ihn auf den Weg zur Cafeteria abgepasst und ihn dann mit diversen Komplimenten und Schmeicheleien zu seinem Stammplatz begleitet, wo er sich ihren Fragen nicht mehr entziehen konnte. Aber mehr als vage Andeutungen ließ er sich nicht entlocken. Viel zu kompliziert sei das Verfahren, mit dem sie sich in Berlin versuchten. Beim DNS-Wechsel müsse man auf eine viel einfachere Methode zurückgreifen. Es komme darauf an, die hochkomplexe Biochemie mit einem simplen Trick zu überlisten. Wie der aussehen könne, sagte Dr. Amrein aber nicht.

Tage später hatte es bei Linda DeVries zum ersten Mal gefunkt. Als sie sich die mutige These ihres Kollegen noch einmal vor Augen führte, fiel ihr ein Versuch ein, den ihr Physiklehrer kurz vor der mittleren Reife in Lindas Klasse am Lessing-Gymnasium in Frankfurt am Main vorgeführt hatte. Um zu beweisen, dass weißer Zucker nicht mehr war als schwarzer Kohlenstoff, der mit etwas Wasser gepantscht war, hatte er ein Pfund Zucker aus dem Supermarkt auf dem Labortisch zu einem Kegel aufgetürmt und mit konzentrierter Schwefelsäure übergossen. Augenblicklich waren die glänzenden weißen Zuckerkörner zu einer schwarzen Masse geschrumpft und allein Linda hatte eine Erklärung dafür parat, was auf dem Tisch vonstatten gegangen war. Der Rest der Klasse hatte mit offenen Mündern dagesessen und schon erahnen lassen, was einige Jahre später als Ergebnis der Pisa-Studie offiziell werden würde. Die aggressive Schwefelsäure, der zuvor bei der Aufkonzentration das Wasser entzogen worden war, hatte sich umgehend beim friedlichen Zucker schadlos gehalten und dem wiederum das Wasser weggenommen. Übrig geblieben war reiner, also schwarzer Kohlenstoff.

Im gleichen Augenblick erinnerte sich Linda DeVries an die fotospektrographischen Aufnahmen des Neuen, die sie kürzlich am Institut gemacht hatte, und die einen hohen Wasseranteil im Virusinnern zwischen der DNS und der Hülle anzeigten. Und da hatte es bei der Virenforscherin ein zweites Mal klick gemacht. Die Entfernung dieses Wassers würde unweigerlich zu einem Unterdruck im Virusinnern führen. Aufgrund seiner porösen Schale wäre es dem Erreger allerdings ein Leichtes, diese Druckgefälle mit Hilfe des Umgebungsmilieus wieder auszugleichen. Wenn das nun aus den Molekülen des Anemonengifts bestünde, könnte sich das Virus dort bedienen. Möglicherweise würde der Ansaugvorgang nur den Bruchteil einer Sekunde dauern, dann wären die Viren für den Verlust ihres Wassers großzügig entschädigt. Dr. Amrein hatte Glück, dass er in diesem Augenblick nicht in der Nähe der Studentin war. Die hätte dem knorrigen Sachsen einen dicken Kuss auf die Lippen gedrückt.

Es ist Freitagabend, kurz vor zweiundzwanzig Uhr. Die drei späten Besucher im Sicherheitsbereich der Frankfurter Virologie ziehen sich Schutzanzüge über.

„Was machen wir, wenn Besuch kommt?“

„Kein Thema“, erwidert Linda knapp, „hier hat nur Mühlbach etwas zu sagen, und der ist im Urlaub.“

Nach einer Stunde ist die Virenfraktion aufgetaut. Vorsichtig gießt Linda die graue Flüssigkeit in einen kolbenförmigen Sampler aus Spezialglas.

„Was ein Glück, dass die Viren säurefest sind“, sagt Bully und nimmt neben Linda Platz. Die Titration ist seine Sache. Schon im ersten Semester stand sie auf dem Lehrplan. Und da ist er jetzt perfekt. Tropfen für Tropfen fließt die hochkonzentrierte Karbonsäure in das Virenbad. Von Zeit zu Zeit durchmischt Bully die Flüssigkeit im Sampler, indem er den Kolben vorsichtig hin und her schwenkt. Allmählich fallende Zahlen auf dem Monitor melden abnehmende Säurekonzentrationen. Als die Messwerte stagnieren, dreht Bully den Hahn am Titriergerät zu.

„Das sieht gut aus“, sagt er zufrieden.

„pH-Wert 4“, ergänzt Jens Berninger, der das kleine Display am Ende der Apparatur im Auge behalten hat. „Mit etwas Glück stammt das Wasser, das die Karbonmoleküle jetzt abpuffert, aus dem Innern der Viren.“

„Woher denn sonst?“, erwidert Linda und wirft einen vorwurfsvollen Blick durch das Plexiglas ihrer Gesichtsmaske auf den Boss.

Die Temperatur im Sampler ist auf 60° gestiegen. Das halten zwar die Viren aus, aber bei dem Produkt aus Kiel wollen sie auf Nummer sicher gehen. Sie werden warten, bis die Flüssigkeit abgekühlt ist.

35° Celsius nach einer Stunde. „Wir können“, sagt Jens Berninger, „das ist die Wassertemperatur am Riff.“ Vorsichtig rührt Linda die feinen Kristalle aus dem Reagenzglas in die Virensuppe, die bald von feinen Schlieren durchzogen ist.

„Was meinst du“, fragt Jens Berninger, „wie lange geben wir der Reaktion Zeit?“

„Wenn meine Vermutung stimmt, müsste jetzt schon alles gelaufen sein. Zwölf Stunden dürften in jedem Fall genügen. Ich gehe allerdings auf Nummer sicher und mache erst morgen früh weiter.“

„Das heißt?“

„Ich spritze das gereinigte und hoffentlich mit ganz viel Gift beladene Virenkonzentrat den vier Kaninchen, die mir Dr. Amrein überlassen hat, in die Ohren. In einer Woche wissen wir dann, ob unsere Rechnung aufgeht.“

„Kaninchen sind aber nicht die letzte Auskunft.“

„Ich schwatze ihm auch noch einen Affen ab.“

„Und dieser Test ist dann verbindlich?“

„Ich fürchte nein“, antwortet Linda und wirft ihren beiden Komplizen einen vielsagenden Blick zu.

Etwa im Halbwochenturnus hat René Gronwald den Polizeipräsidenten über den Sachstand informiert. Achim Schmidt-Fellinger hat die Berichte nie kommentiert und sich jeglicher Nachfrage enthalten. Zu gut kannte er seinen Mann und dessen Abneigung gegen alles, was nach Kontrolle und Reglementierung aussah. Als jetzt die Sekretärin auf dem Band des Kommissars war und ihn zum Präsidenten bestellte, schwante ihm Böses. Wenn sie die Aktion in dieser heißen Phase abblasen, steht er wieder vor der Frage, ob er seinem Diensteid folgen und die Flinte ins Korn werfen soll oder ob er auf eigene Faust weiter macht. Letzteres würde mit tödlicher Sicherheit seinen Rausschmiss bedeuten, gänzlich unabhängig davon, ob er Erfolg hätte oder nicht. Da lag Annette Balser mit ihrer Einschätzung schon ganz richtig. Andererseits schien sich mittlerweile doch herauszukristallisieren, dass die drei Zielpersonen an irgendeinem Attentatsplan arbeiteten. Ob das Projekt dem 11. September ebenbürtig war, wie Santos beschwörend behauptet hatte, oder irgendeinen nachgeordneten Platz einnahm, war zwar noch offen, vieles aber sprach für eine Aktion der Kategorie I, wie die Anti-Terror-Abteilung im BKA die Anschläge nannte, die auf eine Opferzahl größer als Hundert abzielten.

„Der Minister war am Telefon." Das Gesicht des Polizeipräsidenten verrät alles, was er von diesem Mann und seinem Anliegen hält. Der Kommissar legt den Kopf in den Nacken.

„Kommenden Monat sind Wahlen. Er will, dass Sie unmittelbar vor dem Termin die Bombe platzen lassen – wenn es denn eine gibt."

„Und wenn es keine gibt?"

„Dann sollen sie so tun, als gäbe es eine."

„Was heißt das für meine Arbeit?"

„Zusehen, dass sie in vier Wochen beendet ist."

René Gronwald lässt die Backenmuskeln spielen.

„Ich weiß, wie Ihnen jetzt zumute ist, aber haben Sie bitte auch für die in Wiesbaden Verständnis. Keine guten Umfragewerte und eine Kriminalstatistik, wie sie schlechter nicht sein kann. Mehr Straftaten bei sinkender Aufklärungsquote. Und das alles, nachdem sie mit dem Thema Kriminalitätsbekämpfung auch die letzten Wahlen gewonnen haben."

Der Kommissar geht seine Optionen durch und entscheidet sich für die mit dem höchsten Risiko.

„Sagen Sie dem Minister bitte, dass er sich für seinen Bombenplan einen neuen Mann suchen soll.“

Diese Antwort hat der Präsident nicht kalkuliert. Sichtlich irritiert geht er hinter seinem Schreibtisch auf und ab. Irgendwann bleibt er stehen und stützt sich auf die Rückenlehne seines Stuhles.

„Ich hätte das wissen sollen“, sagt er schuldbewusst. „Ich hätte wissen sollen, dass Sie dieses Spiel nicht spielen. Nachdem sie es letztes Jahr schon nicht gespielt haben.“ Der Präsident macht eine Pause und rückt seine Pfeifensammlung zurecht. „Ich hätte das dem Minister sagen müssen. Dass beides zusammen mit Ihnen nicht geht: Wahlen gewinnen und Terroristen überführen.“

„Welche Konsequenzen hat das für mich?“

„Vergessen Sie unser Gespräch. Es hat nie stattgefunden.“

Als sein Handy eine halbe Stunde später klingelt, hat er noch einmal ein schlechtes Gefühl. Aber es ist Annette Basler. Sie ruft von ihrer Schwester in Calgary an. In einer Woche kommt sie zurück. Mit sehr interessanten Neuigkeiten, nicht nur zu den Ausgrabungen an der Baffin-Bay. Ob er sie am Flughafen abholen kann …? Laut Plan landet die Maschine um 12.30 Uhr.

René Gronwald weiß nicht genau, ob er die Situation, in der er jetzt steckt, begrüßen oder verfluchen soll. Annette Basler will zurück in die Beziehung. Kein Zweifel. Man muss über keinen siebten Sinn verfügen um das so zu sehen. Selten zuvor hat sie sich so oft bei ihm gemeldet, hat Anlässe gesucht um mit ihm zusammen zu sein, und ihre Stimme hatte manchmal sogar ein wenig nach Betteln und Flehen geklungen. Die Indizien sind eindeutig, und René Gronwald hat begonnen den einen oder anderen Aspekt zu genießen. Plötzlich wieder ganz oben, am längeren Hebel. Aber es ist nicht nur ein banales Machtspiel. Er mag sie immer noch, die Enttäuschung über ihren Rückzug im vergangenen Winter hat seinen Gefühlen nicht entscheidend geschadet.

Wenn da nicht Linda wäre. Die Terroristin. Die Frau mit der Radikalität einer Ideologin und der Rhetorik einer Predigerin. Und die im Bett so zärtlich ist, so anschmiegsam und so wenig dem entspricht, was sich der Kommissar unter einer Frau vorgestellt hat, die vielleicht die halbe Welt in die Luft jagen will. Dass sie offenbar doch nicht nur eine Nebenrolle in dem Terrorgeschäft spielt, wie er es bis vor kurzem noch gehofft hat und seit dem Besuch ihrer beiden Komplizen im Institut besser weiß, hat an seinen Gefühlen zu Linda nichts geändert. Sein kriminaltaktischer Ausflug in die Welt der Emotionen ist ihm aus dem Ruder gelaufen. Aber auch damit muss er umgehen können.

Bis zur Rückkehr von Annette Basler ist noch Zeit genug, Linda zu treffen. Er telefoniert mit ihr täglich, aber sie ist oft bis spät abends im Institut und hat danach keine Zeit mehr. Jetzt gibt es aktuellen Diskussionsbedarf. Vor den Falkland-Inseln hat ein amerikanischer Jäger ein Schiff von Greenpeace versenkt. Die Umweltschützer waren einer japanischen Walfangflotte gefolgt und hatten gerade das Führungsschiff mittels einer Netzattacke auf die Antriebsschraube manövrierunfähig gemacht. Japan stellte daraufhin ein Hilfsersuchen an die USA, deren Flugzeugträger USS-Invincible in der Nähe kreuzte. Die beiden Kampfjets seien nicht befugt gewesen die Rainbow III anzugreifen, hieß es von offizieller Seite dazu. Ein Warnschuss habe aber bedauerlicherweise das Schiff getroffen. Vielleicht verplappert sich Linda ja in Sachen Flugzeugträger. In jedem Fall freut sich der Kommissar auf die Nacht.

Frankfurt am Main, 18./19. August

Die DC-10 der Lufthansa ist eine halbe Stunde zu früh. Der ungewöhnlich starke Jetstream über dem Nordatlantik hat für den entsprechenden Schub gesorgt. Annette Basler will nicht nach Hause um ihr Schlafdefizit auszugleichen, sondern sie hat Hunger und will dem Kommissar unbedingt wichtige Dinge berichten. Sie essen im Isenburger Hof, auf halbem Weg zur Stadt, und dann fallen Annette Basler die Augen zu. René Gronwald bringt sie in ihre Wohnung in die Gartenstraße und kündigt seinen Besuch für den nächsten Morgen an.

„Sag mir, wenn ich mich wiederhole!“ Annette Basler ist aggressiv und fordernd. „Sie haben die Protestler in der Kirche zusammengeschossen. Wahllos draufgehalten. Auch auf Frauen und Kinder. Unsere drei haben ein Motiv für ein gewaltiges Projekt.“

„... und das heißt Rache“, ergänzt der Kommissar, wobei ein spöttisches Grinsen um seinen Mund spielt.

„Aber ja doch“, gibt Annette Basler platt zurück, „das Rachemotiv drängt sich doch geradezu auf.“

René Gronwald schüttelt missmutig den Kopf. „Rache ist out.“

„Wo denn out?“ fragt Annette Basler mit wütend gedämpfter Stimme. „In der Polizeischule vielleicht, wo euch die Dozenten auf den akademischen Zeitgeist einschwören, der mit der Rache nichts mehr am Hut hat.“

„Weil sie auch eine ausgesprochen primitive Angelegenheit ist....“

„Das will ich gar nicht bestreiten.“

„... und unsere Täter intelligent sind. Vieles spricht dafür, dass sie zu den Hochbegabten gehören. IQ hundertdreißig aufwärts.“

„Gerade die sind anfällig für die Rache. Wir alle sind es, wenn wir ehrlich sein wollen. Sie sitzt tief in unseren Hirnen und war schon zu einer Zeit präsent, als unsere Intelligenz noch in den Kinderschuhen steckte. Es sind die alten Instinkte, die unser Verhalten dominieren."

Der Kommissar schiebt seine Kaffeetasse wie eine Schachfigur auf dem Tisch hin und her. „Was ist das eigentlich", sinniert er verloren. „Rache?"

„Immer Reaktion auf erlittenes Unrecht", entgegnet Annette Basler prompt. „Kleines Unrecht – moderate Rache, großes Unrecht – grausame Rache. Rache vergilt Gleiches mit Gleichem." Annette Basler hebt entschuldigend die Hände. „So einfach ist das."

„Was ist ihnen zugestoßen?" Der Kommissar wird förmlich. „Als Unrecht, meine ich."

„Fangen wir bei Linda an: Papageien mitsamt ihrem Wald ein Opfer CincinnatiSeeds. Allerdings sicher nur eine Marginalie…."

„Für eine Tierschützerin?" René Gronwald vollzieht eine Kehrtwendung „Der Tod einer ganzen Art, hautnah erlebt, für eine PETA-Frau eine Bagatelle, Unrecht by the way?"

„Meinetwegen", sagt Annette Basler gereizt, „du kennst sie sowieso besser als ich. Jedenfalls waren andere Dinge wohl viel schlimmer für sie. Der Tod ihres Vaters. Er hat bis zum Ende auf die Stimme seines Herren gehört. Brav alle Schweinereien umgesetzt. Sogar noch, als seine Tochter schon vor Ort war und alles miterlebt hat. Einfach entwürdigend."

„Wie bei uns im Dritten Reich."

„Nur, dass die Täter damals sich am Ende nicht umgebracht, sondern auf die Zukunft spekuliert haben."

„Das hat er nicht geschafft. Für Linda möglicherweise eine versöhnliche Geste ihres Vaters. Die ihre Wut auf CincinnatiSeed noch gesteigert hat."

Annette Basler kramt einen Schreibblock aus ihrer Handtasche.

„Jens Berninger alias Ron Schorra hat seine Eltern verloren, durch Suizid, nachdem CincinnatiSeed ihren Betrieb ruiniert hatte. Und dann Burkhard Liefers…“. Sie klopft rhythmisch mit dem Zeigefinger auf die Seite, die sie nach kurzem Blättern aufgeschlagen hat. „Eigentlich eine No-Name-Figur. Raoul Valdez hat nur Andeutungen gemacht. Im Internet steht allerdings mehr. Es ging seinerzeit auch durch die Presse. Sein Bruder, Klaus Liefers, war einer der zahlreichen Maral-Geschädigten.“

„Das Medikament zur Malaria-Prophylaxe. Ich habe davon gelesen. Bayer stellt es her…“

„Diesmal sind es die Amis“, verbessert Annette Basler, „nicht immer ist Bayer der Bösewicht.“

Dann erzählt sie ihm die Geschichte des Bruders von Burkhard Liefers.

„Reicht das? Für einen Anschlag mit, sagen wir, einer Millionen Toten?“

„Rache tendiert immer zum Übermaß“, bagatellisiert Annette Basler. „Rache überzieht gerne, will auf Nummer sicher gehen.“

„Dann darf ich also die halbe Welt in die Luft jagen, wenn …..“

„Wir kommen vom Thema ab“, unterbricht ihn die Ärztin, „wir reden über die Rechtfertigung ihres Plans. Aber das ist nicht entscheidend. Was führen die drei im Schilde?“

„Es gibt vier Optionen“, resümiert der Kommissar, dem jetzt klar ist, dass sie drei Zeitbomben im Visier haben. „Sie greifen ein Kriegsschiff an, sie initiieren einen Giftanschlag, sie machen irgendetwas anderes oder sie machen gar nichts.“

„Wenn ich raten darf: Du votierst für die erste Möglichkeit.“

„Dafür gibt es ja auch die konkretesten Anhaltspunkte. Wir wissen möglicherweise schon, welches Schiff sie im Visier haben und wie die Attacke aussieht. Ein Torpedoangriff auf die USS-Georg-Bush.“

„Du glaubst genug Indizien zu haben?“

„Soweit gehe ich nicht. Zumindest aber gibt es deutliche Hinweise. Berninger und Liefers studieren passende Fächer. Haben bei Fendt-Metallbau einen einschlägigen Kurs belegt, eine Exkursion hat sie sogar auf ihr Zielobjekt geführt. Für ihre großen persönlichen Niederlagen sind vor allem amerikanische Konzerne verantwortlich. Was liegt da näher, als dass sie sich auf ein Symbol der amerikanischen Herrschsucht konzentrieren?“

„Und Lindas Rolle?“

„Sie kundschaftet die Route des Schiffes aus. Zumindest hat sie ein Faible für die Flugzeugträger der US-Navy. Noch in der vergangenen Nacht hat sie eine Stunde im Internet über die USS-Invincible recherchiert, nachdem ich ihr erzählt hatte, dass von diesem Träger aus das Greenpeace-Schiff versenkt wurde.“

„Es wäre ein Nebenjob, nicht war?“

„Man könnte es so nennen.“

„Auch bei den Terroristen stehen die Frauen in der Küche.“

„Mein Gott, sie ist Medizinerin…“

„… und spielt daher in *meiner* Geschichte eine gleichberechtigte Rolle.“

„Die Gift-Attacke! Wie soll sie denn aussehen?“

„Leider ist sie noch nicht so scharf konturiert wie deine Geschichte. Dafür hat sie aber eine verlockende Logik…“

„Ich bin gespannt!“

„… die du komplett ignorierst. Berninger und Liefers fahren jeden Donnerstag und Freitag nach Kiel, wo sie aus den Seeanemonen ein hochpotentes Gift isolieren. Warum tun sie das, wenn nicht zum Zwecke der Vorbereitung eines Giftanschlags?“

„Um ihr Produkt für viel Geld der pharmazeutischen Industrie anzubieten. Die Geschichte, die sie auch Roland Meyers erzählt haben.“

„Zwei Terroristen, die den 11. September wiederholen wollen, sich also zu einem historischen Kraftakt entschlossen haben, verschwenden zwei volle Tage in der Woche zum ordinären Geldverdienen?“

„Vielleicht benötigen sie das Geld zum Beschaffen der Torpedos!“

„Hältst du Terroristen für so umständlich? Glaubst du, sie setzen auf diese unsichere Schiene? Die RAF hat diese Hürde problemlos mittels Banküberfälle genommen.“

„Vielleicht ging es ihnen in Kiel ja gar nicht um Gifte. Sie waren an dem Bohrmechanismus der Nesselfäden interessiert.“

Annette Basler stutzt einen kleinen Moment. „Nicht schlecht. Aber Meyers hat dir doch erzählt, dass sie gerade wegen der vermuteten neuen Giftigkeit von den Schwämmen auf die Seeanemonen umgestiegen sind. Und warum sollten sie das toxische Motiv vorschieben, wenn es Ihnen um die Mechanik der Nessel-Harpunen geht? Warum die Testung der Giftstoffe an den Kaninchen?“

„Alles schön und gut. Aber bitte: Wie sieht der Giftanschlag aus? Du sagst, deine Vorstellung ist noch nicht scharf konturiert. Sie ist überhaupt nicht konturiert. Ich fürchte, es ist ein Hirngespinst.“

„Aber ein wohl begründetes, auch deswegen, weil sich deine Torpedo-Geschichte als klassische falsche Spur anbietet. Überleg doch mal: Sie haben sich aus einer Bierlaune heraus etwas ausgedacht. Dann ist ihr vierter Mann abgesprungen. Er wird plaudern, das wissen sie. Nicht so schlimm, denn mittlerweile haben sie die Undurchführbarkeit des Torpedo-Plans erkannt und sind auf die Giftschiene gewechselt. Was lag da näher als die Torpedo-Geschichte weiter laufen zu lassen. Als falsche Spur für die Fahnder. Für dich, Bulle!“

„Als falsche Spur ist sie zu schlüssig. Viel zu schlüssig.“

„Das gerade zeichnet falsche Spuren aus.“

„Die USS-George-Bush ist ein attraktives Ziel. Sie hat Symbolcharakter für alles Amerikanische. Wie die Twin-Towers.“

„Das Objekt des Giftangriffs doch vielleicht auch! Mach dir bitte klar, dass ein Torpedo-Angriff auf den Flugzeugträger unter den Bedingungen der Nesseltechnik bestenfalls ein

Loch in den Rumpf des Schiffes reißen würde. Das steckt doch ein solcher Riese lässig weg. Die Meldung erschiene zwar auf Seite eins, aber ganz unten, und nur einmal."

„Dann setzen sie halt auf den neuen Sprengstoff von Fendt-Metallbau und jagen das Schiff mit Minitorpedos in die Luft."

„Das sind doch alles ganz vage Optionen. Wann ist der neue Sprengstoff verfügbar? Wie sieht der neue Torpedo aus? Ist er handelbar im kleinen Krieg? Fragen des Antriebs, der Steuerung… Alles irgendwie eine Nummer zu groß für drei Azubis."

„Weißt du, wer die Twin-Towers gesprengt hat? Ebenfalls eine Handvoll Studenten."

„Aber die mussten nicht erst das Flugzeug erfinden, sondern nur einen Pilotenschein erwerben. Die Feinabstimmung kam aus Pakistan. Dein Vergleich hinkt."

„Jedenfalls hat deine Giftthese den unbestreitbaren Vorteil, dass man ihr kaum etwas entgegensetzen kann. So wenig konkret ist sie. Welche Funktion hat eigentlich Linda in deiner Geschichte?"

„Eine ganz wichtige jedenfalls. Als Ärztin ist sie doch ganz nah dran am Thema. Wenn ich mich an ihre Vorstellung am Info-Stand erinnere, kann ich mir zudem nicht vorstellen, dass sie sich mit einer Statistenrolle begnügt."

Annette Basler beobachtet den Kommissar aus den Augenwinkeln. Was der jetzt denkt, wird er für sich behalten: Dass Annettes Vorliebe für die Giftvariante und die damit verbundene exponierte Rolle von Linda DeVries etwas damit zu tun haben könnte, dass eine Rivalin aus dem Weg zu räumen ist.

Frankfurt am Main und Kronberg/Ts., Nacht vom 19. auf den 20. August

Die Idee kam ihnen gegen zweiundzwanzig Uhr bei Salvatore an der Bar. Die stundenlange Diskussion darüber, ob nun eher ein Torpedoangriff oder ein Giftattacke zu erwarten sei, hatte sie mürbe gemacht und reif für die Einsicht, dass der Kampf der Indizien sie nicht weiterbringen würde, sondern dass endlich Handfestes her musste. Beide waren sie stillschweigend davon ausgegangen, dass sich in dem Koffer, den Berninger und Liefers vor zwei Wochen in das Institut gebracht hatten, das Anemonengift aus Kiel befunden hatte. Was zwischenzeitlich damit geschehen war, entzog sich allerdings komplett ihrer Vorstellung. Nur soviel war ihnen klar: Das Wissen darüber könnte ihre Ermittlungen ein entscheidendes Stück voranbringen.

Eilig trinken sie ihren Kaffee aus. Die Flasche Wein lassen sie wieder zurückgehen und bitten um die Rechnung. Mit besorgter Miene legt Salvatore seinen Gästen das Rückgeld auf die Theke und befürchtet, dass alles wieder von vorne beginnt.

Ihr Türöffner wohnt in einer kleinen, aber vornehmen Gemeinde im Hoch-Taunus-Kreis. Linda hatte es seinerzeit dem Kommissar gesteckt, und die Straße finden sie über das digitale Suchsystem im Autotelefon. Über einen Testanruf erfahren sie schließlich, dass Professor Mühlbach zu Hause ist.

René Gronwald gibt Gas. Sie müssen unbedingt ins Institut. An den Arbeitsplatz von Linda. Auf einen richterlichen Durchsuchungsbeschluss können sie nicht zurückgreifen, denn noch ist die Staatsanwaltschaft außen vor. Bei einem illegalen Zutritt könnten sie sich leicht die Finger verbrennen, und da ist es eine glückliche Fügung, dass es Professor Mühlbach gibt. Er hat nicht nur die Schlüsselgewalt über

Lindas Bereich, er hat möglicherweise auch die Distanz zu seiner Mitarbeiterin, die für eine erfolgreiche Ermittlungstätigkeit erforderlich ist. Dem Kommissar war nämlich nicht entgangen, dass die Chemie zwischen Mühlbach und Linda offenbar erheblich gestört war. Ihr Professor würde sie in die Pfanne hauen, da war er sich sicher. Fast sicher. Aber er brauchte ihn nicht nur für den problemlosen Eintritt, sondern auch als fachkundigen Begleiter. Allein waren sie im Institut verloren. Zu wenig hatte der Kommissar bei seinem Kurzbesuch von der Infrastruktur des Lindaschen Reichs erfahren. Der vierte Externe, rekapituliert der Kommissar, den er gezwungenermaßen in die Dinge einweihen muss. Eigentlich eine tödliche Dosis – wenn ihm nicht ein Haufen Glück zur Seite steht.

René Gronwald fährt einen riskanten Stil. Sie wollen den Professor nicht zur nachtschlafenden Zeit stören, aber je später sie im Institut ankommen, umso sicherer können sie sein, von Störungen verschont zu bleiben.

Das Gartentor ist in einen Zwei-Meter-Zaun integriert, der das gesamte Anwesen umgibt.

„Gronwald, Polizei Frankfurt", erwidert der Kommissar auf die Frage am anderen Ende der Sprechanlage.

„Einen Augenblick", sagt das Aupairmädchen und legt auf. Kurz darauf ist das Grundstück hell erleuchtet. Als der Hausherr sich dem Eingang nähert, bellen Hunde und eine Videokamera macht Aufnahmen.

„Entschuldigung", sagt Professor Mühlbach schon ein paar Schritte vor dem Tor, „dass ich Ihnen diese Umstände machen muss. Aber wer weiß es besser als Sie, man muss heute gewaltig aufpassen."

Er ist ihr Mann.

Ein paar Mal umkreisen sie das Gebäude in der Paul-Ehrlich-Straße, stets mit dem Blick auf die zweite Etage, wo Lindas Arbeitsplatz und Teile der Versuchstiere untergebracht sind. Alles ist dunkel. Sicherheitshalber werden sie noch bis Mitternacht warten.

„Sie war zwar keine von der einfachen Sorte“, sagt Professor Mühlbach, der die Informationen des Kommissars immer noch nicht verdaut hat, „aber so etwas hätte ich ihr nie zugetraut.“

„Denken Sie bitte daran, dass alles nur ein Verdacht ist. Wir haben im Augenblick kaum etwas Konkretes in der Hand gegen sie.“

„Aber es würde zu ihr passen. Radikale Tierschützerin. PETA-Frau. Sie wissen was ich meine?“

Der Aufzug ist abgeschaltet. Sie drücken die Notbeleuchtung und nehmen die Treppe. Nur wenige Minuten später sind sie vor Ort. Nachdem sie die Jalousien heruntergelassen haben, machen sie Licht. Vierzig Watt müssen heute Nacht genügen.

„Ich habe mir gedacht“, sagt René Gronwald mit gedämpfter Stimme, „wir arbeiten zunächst einmal meinen Fragenkatalog ab. Was es dann noch zu sagen gibt, heben wir uns bis zum Schluss auf.“

Sie nehmen vor dem Massenspektrometer Platz und achten darauf, dass sie die Unordnung auf dem Labortisch nicht verändern.

„Wie kommt Frau DeVries eigentlich zu Ihnen in die Virologie? Sie hat doch ihr Studium noch gar nicht abgeschlossen.“

„Auch so eine komische Sache. Kollege Billig hatte sie mitgebracht, um ihr die Räumlichkeiten zu zeigen. Danach tauchte sie immer wieder mal auf, schaute uns bei der Arbeit zu, stellte Fragen und legte auch schon mal selbst Hand an. Plötzlich merkte man, dass das Thema Virus sie gepackt hatte, wobei es in erster Linie um den HI-Virus ging. Als sie dann eigene Konzepte zu entwerfen begann, haben wir ihr hier einen kleinen Arbeitsplatz eingerichtet. Wir fanden, dass man solche Talente fördern müsse. Ihr Studium absolviert sie übrigens ganz normal nebenher. Fachlich erste Sahne.“

„Wie muss man sich ihre Tätigkeit konkret vorstellen?“

„Blutuntersuchungen auf Aids-Viren, Antikörperbestimmung, fotographische Darstellung der Krankheitserreger, alles was zu unserem Handwerkszeug gehört. Später hat sie begonnen, die unterschiedlichen Virenhüllen zu klassifizieren. Vor sechs Wochen ist sie dann sozusagen vollends ins Profilager gewechselt."

„Afrika!"

Professor Mühlbach nickt. „Sie hat Ihnen davon erzählt?"

„Nicht sehr ausführlich. Nur dass sie dort einen interessanten Krankheitserreger entdeckt hat."

„Den sie mit nach Frankfurt gebracht hat. Und seitdem geht es nur noch um dieses eine Virus, das ich, wenn ich das mal sagen darf, für so aufregend gar nicht halte." Der Professor hebt den Zeigefinger „Unter rein wissenschaftlichen Aspekten, meine ich."

„Was findet sie interessant an dem Virus?"

„Das wollten wir natürlich auch gerne wissen. Sie ging jetzt davon aus, dass der Afrikaner eine Kreuzung zwischen einem kongolesischen Affenvirus und einem asiatischen Vogelvirus war. Ihre Grundthese lautete, dass neue Viren, die durch die Verschmelzung alter Viren entstehen, über irgendwelche Besonderheiten im Schalenbereich verfügen müssen."

„Stimmt das denn?"

„Ganz Unrecht hat sie damit sicherlich nicht. Zum Verschmelzen muss sich die Hülle öffnen."

„Aber?"

„Die Begründung für ihre Fokussierung auf den Afrikaner erschien mir nicht plausibel. Sie meinte, dabei etwas Entscheidendes zum Mechanismus der Schalenvariabilität erfahren zu können, die es ja auch dem HI-Virus immer wieder erlaubt, sich unserer Fahndung zu entziehen."

„Klingt doch gar nicht schlecht."

„Aber nur im ersten Augenblick, Frau Dr. Basler, und für den Laien." Spott schwingt in der Stimme des Spezialisten, der einmal mehr seine wissenschaftliche Reputation gefährdet sieht. „Der Fachmann weiß sehr genau, dass die biochemischen Vorgänge auf der Hülle des HI-Virus keinerlei Bezug zu Penetrations- oder Einschleusungsvorgängen haben. Ein so erfolgreiches Virus wie das HIV wäre doch auch dumm, wenn es sich irgendeinem fremden Einfluss öffnete und dabei riskierte, über eine minderwertige DNS seine Fähigkeit als Überlebenskünstler einzubüßen."

„Hatten Sie das Gefühl, Frau DeVries schiebt diese Begründung nur vor? Dass sie in Wirklichkeit etwas ganz anderes mit dem Afrikaner im Sinn hat?"

„Soweit bin ich damals nicht gegangen."

„Und heute?"

Professor Mühlbach lächelt zufrieden. „Heute sind wir ja ein Stück weiter im Wissen über die Absichten von Frau DeVries."

„Die Giftgeschichte? Ich habe ihre Unterhaltung seinerzeit ja mitgehört."

„Was sie mir als Erklärung für die Giftbeschaffung geliefert hat, war nicht stimmig."

„Man kann Viren nicht auf direktem Weg von außen unschädlich machen?"

Annette Basler schlägt sich vorsichtshalber auf die Seite von Professor Mühlbach.

„Jedenfalls nicht so, wie Frau DeVries das vorhat. Die Chemotherapien, die heute angewendet werden, greifen in den Replikationsmechanismus der Viren ein, das heißt, bremsen ihre Vermehrung. Die Vorstellung, ein Virus quasi mit einem chemischen Torpedo abzuschießen, ist lächerlich. Das toxische Potenzial, das sie dafür benötigen, würde zuerst den Patienten umbringen."

„Hat sich Frau DeVries überhaupt Gift besorgt?"

„Am nächsten Tag schon. Frau Jünger hat mir davon erzählt, dass zwei junge Männer eine tiefgefrorene Tranche gebracht hätten."

„Was ist damit geschehen?"

„Das entzieht sich meiner Kenntnis. Aber wir können ja einmal einen Blick in den Gefrierschrank werfen."

An der Flügeltür am Ende des Ganges steht es schwarz auf grau: *Hochsicherheitsbereich – Kein Zutritt!*

„Sie müssen keine Angst haben", sagt Professor Mühlbach als er das Schloss öffnet. „Bei Minus 40° sind alle Proben harmlos. Erst wenn der Strom ausfällt *und* die Notstromaggregate versagen, wird es nach zwölf Stunden kritisch."

René Gronwald schaut seine Begleiterin fragend an. Die zögert nicht und folgt dem Chef in den fensterlosen Raum. Professor Mühlbach geht zielgerichtet auf einen überdimensionierten Gefrierschrank in der Raummitte zu. Ein schwarzer Totenkopf auf der Vorderseite warnt vor dem Inhalt.

„Hier liegen ausschließlich toxische Materialien. Und zwar solche, die es besonders kalt mögen", sagt Professor Mühlbach.

Im Inneren des Schrankes stehen zahlreiche mit schwarzem Filzstift beschriftete Glasflaschen und Tupperschalen. Professor Mühlbach muss nicht lange suchen, bis er die Box mit der Aufschrift *DeVries* gefunden hat. Linda hat überall noch Totenköpfe aufgemalt und darunter „Vorsicht Gift" geschrieben.

Professor Mühlbach öffnet die Dose. „Drei Reagenzgläser mit Inhalt", sagt er und nimmt eines heraus. Die Kristalle des Anemonengiftes schimmern im kalten Neonlicht bunt wie Opale. Im Logbuch der Verwalterin sind vier Reagenzgläser mit „unbekanntes Toxin" vermerkt. Brutto zweiundsechzig Gramm. Sie wiegen nach und dann ist es amtlich: Ein Reagenzglas mit circa zwanzig Gramm Inhalt fehlt.

„Was sie mit dem Inhalt gemacht hat, kann ich Ihnen allerdings nicht sagen, wenn sie mich nicht belogen hat, müsste sie es an ihren afrikanischen Viren ausprobiert haben. Dann schwimmt das Gift jetzt in irgendwelchen Reaktionsgefäßen."

„Oder in den Adern eines infizierten Versuchstieres", ergänzt Annette Basler.

„Das glaube ich weniger", sagt Professor Mühlbach, „sie wird es zuerst in vitro ausprobieren. Denken Sie immer daran, Frau DeVries ist eine engagierte Tierschützerin. Sie wird ihren Schützlingen nichts spritzen, bevor sie es im Reagenzglas ausprobiert hat."

Dieser Irrtum wird sich in wenigen Minuten aufklären.

„Sie sprechen von *ihren* Tieren. Hat sie eigene Versuchstiere?"

„Bisher hat sie die von Dr. Amrein mitbenutzt. Zum Beispiel für die Zucht der Afrikaner."

„*Zucht der Afrikaner*, was heißt das?"

„Zur Vermehrung des afrikanischen Virus hat sie Amreins Paviane infiziert und auf dem Höhepunkt der Infektion hat sie den Affen Blut abgenommen, die maximale Menge, und daraus die Viren isoliert. Sie hat sich einen Riesenvorrat davon angelegt."

„Hat sie einen Grund dafür genannt?"

„Sie wollte damit irgendwelchen Verlusten vorbeugen. Auch wieder so eine Begründung, die mich nicht recht überzeugt hat. Übrigens kann sie jetzt auf einen eigenen Pool an Versuchstieren zurückgreifen. Vorige Woche hat ihr der Zoo fünf Kaninchen geschenkt. Ich bin aber fast sicher, dass sie nichts zu fürchten haben. Sie werden als Hätscheltiere hier im Institut eines natürlichen Todes sterben."

„Können wir die Tiere mal sehen?"

„Wir sind schon ganz nah dran", sagt Professor Mühlbach und deutet mit dem Kopf zur Stirnseite des Raumes. „Die Käfige stehen nebenan."

Sie erheben sich und stellen die Stühle an ihre Ausgangsposition zurück.

„Bitte leise", sagt Professor Mühlbach freundlich lächelnd, als er die Tür öffnet, „die Kaninchen schlafen."

Langsam dreht der Chef den Dimmer hoch. Auf einer Tischreihe stehen fünf Käfige aus Plastik mit einem Manschettengitter an der Vorderseite.

„Die Tiere sind tot", sagt Annette Basler mit der Routine einer Rechtsmedizinerin.

Wortlos dreht Professor Mühlbach das Licht auf volle Leistung. Die Kaninchen liegen auf der Seite und durch ihre halb geöffneten Lider erkennt man ihre gebrochenen Augen.

„Verdammt“, stößt Professor Mühlbach hervor. „Darauf kann ich mir jetzt keinen Reim machen.“

„Sie wird den Tieren ihr Gift gespritzt haben, nachdem sie sie mit irgendeinem Virus infiziert hat und das Experiment ist fehlgeschlagen. Das Gift hat den Patienten umgebracht. Es war *Ihr* Szenario von vorhin.“

Professor Mühlbach schüttelt den Kopf. „Es passt nicht. Es passt alles irgendwie nicht.“ Minutenlang geht er vor den Käfigen auf und ab und bleibt dann abrupt stehen.

„Kommen Sie bitte“, sagt er schließlich tonlos und eilt zur Tür.

Der Pavian sitzt in der Mitte seines Käfigs und hat die Beine angewinkelt und die Arme vor der Brust verschränkt. Der Kopf liegt im Nacken, das Maul ist weit aufgesperrt. Die langen gelben Zähne verraten auch jetzt noch seine archaische Wildheit.

„Ich wusste es!“ Professor Mühlbach ist erschrocken und wütend. „Sie hat auch den Affen totgespritzt. Es war eine Leihgabe von Dr. Amrein. Sie hätte ihn nur zur Virenreproduktion benutzen dürfen. Aber nicht dafür!“

„Wie lange ist das Tier schon tot?“

Professor Mühlbach tastet über den Halsbereich. „Er ist noch warm.“

„Geben Sie uns den Affen mit?“

„Frau DeVries, sie darf in keinem Fall etwas merken“, sagt René Gronwald vorwurfsvoll in Richtung seiner Begleiterin.

Professor Mühlbach wird sich irgendetwas einfallen lassen zum Verbleib des Tieres.

„Bitte Herr Professor, Frau DeVries darf keinen Verdacht schöpfen!“

In einem Wäschesack schleppen sie den Kadaver zum Wagen des Kommissars. Jetzt muss alles ganz schnell gehen.

Der tote Pavian hält immer noch sein Maul weit geöffnet, so als wolle er die riesigen Eckzähne jeden Augenblick in den Gegner rammen. In Kauerstellung, mit merkwürdig verschränkten Gliedmaßen, so wie sie ihn in seinem Käfig gefunden haben, liegt er jetzt auf dem Sektionstisch des rechtsmedizinischen Instituts der Frankfurter Universität. Die Leichenstarre hat eingesetzt, und es gelingt Annette Basler nicht mehr den Körper flächig auf dem Edelstahl zu fixieren. Mit viel Mühe gewinnt sie aus der Halsschlagader noch ein paar Milliliter Blut.

Den ersten Schnitt setzt die Ärztin unmittelbar unter dem Kinn an. Mit einem kräftigen Druck sticht sie das Messer in das Gewebe und führt es mit gleichmäßiger Geschwindigkeit und ohne abzusetzen über das Brustbein bis zum Bauchnabel.

„Wir können, Gott sei Dank, zielgerichtet arbeiten“, sagt Annette Basler mit einem Rest Hektik in der Stimme. „Damit sparen wir erheblich Zeit.“

„Wie es aussieht bist du am Herz interessiert“, sagt René Gronwald als Annette Basler das Brustbein durchsägt und die Rippen zur Seite klappt.

„Das wird uns in wenigen Minuten sagen“, erwidert die Ärztin, „ob das Anemonengift aus dem Gefrierschrank der Virologie für seinen Tod verantwortlich ist.“

„Du hast dich offenbar in der Veterinärmedizin kundig gemacht?“

„Fast an der gleichen Stelle, wo du deine meeresbiologischen Kenntnisse gesammelt hast, nur ein paar Straßen weiter.“

„So gut kenne ich mich in Kiel nicht aus.“

„Sagt dir das toxikologische Institut der Universität etwas?“

„Ein guter Name!“

„Vor allem in Sachen Seeanemone. Dr. Alsen-Hinrichs hat darüber geforscht. Seine Habilitationsschrift trägt den einschlägigen Titel *Toxikologie der Seeanemonen.*“

„Du hast mit ihm gesprochen?“

„Leider nur am Telefon. Dafür aber mehrmals und ausführlich. Alsen-Hinrichs ist ein freundlicher Mensch.“

„Und du weißt jetzt, wie ein Affe aussieht, der am Anemonengift gestorben ist?“

„Ich weiß jetzt, wie das Herz eines Warmblüters aussieht, der an den hochtoxischen Fraktionen aus den Nesselfäden der Seeanemone verstorben ist – nämlich genau so.“

Annette Basler hat die Lunge zur Seite geschoben und zeigt mit dem Seziermesser auf das hühnereigroße Organ im Bauchraum. Der Kommissar realisiert schnell, dass der Muskel keine normale Konsistenz besitzt, sondern sich zu einem harten Etwas zusammengezogen hat.

„Das Herz ist total verkrampft, und das hat etwas mit der spezifischen Wirkung des Anemonentoxins zu tun“, doziert die Ärztin. “Das Gift bewirkt, dass das Nervensystem in immer kürzeren Abständen die Impulse an den Herzmuskel gibt, die ihn zum Zusammenziehen bringen, also den Herzschlag auslösen. Ab einer bestimmten Frequenz bleibt dem Herzmuskel keine Zeit mehr sich zu entspannen. Er verkrampft. Das heißt aber nichts anderes, als dass der Herzschlag aufhört. Exitus.“

„Und das war bei dem Pavian der Fall?“

„Es gibt keinen Zweifel. Das Herz eines solchen Dreißig-Kilo-Männchens ist im nicht kontrahierten Zustand fast doppelt so groß.“

„Irgendwie bringt uns das alles nicht weiter“, sagt René Gronwald nachdenklich während Annette Basler den Bauch des Affen wieder zunäht. „Linda wird sich dahin erklären, dass sie mit dem Gift die Viren eines infizierten Affen abtöten wollte. Das Gift hat sie leider überdosiert.“

„So weit sind wir noch nicht.“

Das Hightech-Gerät aus Korea spuckt mikroskopgerechte Präparate der Blutprobe aus, die die Ärztin eine Stunde zuvor in den Eingabeschacht geschoben hat. Die Bilder, die das Rasterelektronenmikroskop wenig später liefert, speichert Annette Basler auf dem Rechner und mailt sie sogleich an den PC von Professor Mühlbach.

„Wir dürfen ihn wecken“, sagt Annette Basler, während sie schon seine Nummer wählt.
„Er wird noch gar nicht schlafen“, grinst der Kommissar.
Professor Mühlbach hebt schon nach dem ersten Klingeln ab.
„Entschuldigen Sie bitte die späte oder besser gesagt frühe Störung…“
„Macht nichts, ich sitze noch am Schreibtisch.“
„Sind sie bitte so freundlich und öffnen die Mail, die ich Ihnen soeben geschickt habe.“
„Einen Augenblick.“
Eine gute Minute braucht auch sein Rechner.
„Jetzt kommt das Bild.“
„Können Sie mit dieser Aufnahme etwas anfangen?“
Kurze Pause.
„Und ob! Frau DeVries hat fast identische Bilder aus den afrikanischen Proben gefertigt. Die Aufnahme zeigt unten links das neue Virus aus dem Kongo und drum herum massenhaft Abwehrzellen. So sieht das Blut eines Affen oder eines Menschen aus, der gerade eine Infektion mit dem neuen afrikanischen Virus überstanden hat.
„Haben Sie vielen Dank.“
„Wollen Sie mir nicht sagen….“
„Später, Herr Mühlbach, alles später. Wir haben ein Zeitproblem. Jetzt erst mal gute Nacht!“
Sie gehen zurück an den Sektionstisch, wo dem aufgeklappten Kadaver des Pavians ein erster Fäulnisgeruch entströmt.
„Linda wäre schlecht beraten, wenn sie sich deine Geschichte über die Todesursache zu eigen machen würde“, grinst die Ärztin.
„Dass sie das Anemonengift zur Abtötung der Viren gespritzt hat und die Dosis leider zu hoch bemessen war?“
„Du hattest ihr doch diese Erklärung in den Mund gelegt. Es würde ja auch zu dem passen, was sie Professor Mühlbach zum Verwendungszweck der Gifte gesagt hat.“

„Würde aber keinen Sinn mehr machen vor dem Hintergrund unserer neusten Erkenntnisse zum Zeitpunkt der Giftinjektion. Sie erfolgte doch offensichtlich erst, als die Infektion schon vorbei war. Wie man an den zahlreichen Antikörpern im Blut deutlich sehen kann."

„Das ist das Entscheidende: Linda hat das Gift erst gespritzt, nachdem das körpereigene Immunsystem die Viren erledigt hatte. Zu dem Zeitpunkt war es nicht mehr möglich, die Wirksamkeit des Giftes als Virenkiller auszuprobieren."

„Wobei wir davon ausgehen können, dass Linda den Infektionsverlauf sehr gut kennt. Im Kongo konnten sie die Uhr danach stellen. Zwischen dem siebten und dem neunten Tag der Infektion machte die Abwehr reinen Tisch. Am zehnten Tag war alles vorbei. Frühestens zu diesem Zeitpunkt hat Linda das Gift gespritzt. Spätesten am sechsten Tag hätte die Injektion erfolgen müssen, wenn sie wissen wollte, ob sich das Anemonentoxin zur Virenbekämpfung eignet."

„Unser Fortschritt ist nichts wert", sagt Annette Basler resignierend, „er wirft mehr Fragen auf, als er beantwortet."

„Vielleicht ist es jetzt an der Zeit, unsere Indizien zu ordnen."

„Einverstanden. Morgen, gleich nach dem Frühstück. Du bist eingeladen." Wenn er sie nachher zu ihrer Wohnung fährt, wird sie ihm ganz einfach den Zündschlüssel umdrehen und sagen, dass sie fürchterliche Angst hat, allein ins Bett zu gehen. Sie kann sich gut vorstellen, dass sie Erfolg hat.

Gegen vier schicken sie sich an, das Institut zu verlassen. Sie sind müde, und trotzdem überschlagen sich die Gedanken in ihren Köpfen. An der Tür bleibt Annette Basler erschrocken stehen.

„Mein Gott, der Affe!"

René Gronwald fasst sich amüsiert ans Kinn.

„Den hätten wir jetzt glatt auf dem Tisch liegen lassen. Kannst du dir vorstellen, was in drei Stunden hier los wäre?"

Sie lachen und sind dann schon wieder auf dem Weg in den Keller. Den toten Pavian verstauen sie in einem Kühlfach, für das nur Annette Basler einen Schlüssel hat. Sie brauchen ihn vielleicht noch, und im Augenblick wissen sie sowieso nicht, wie sie ihn entsorgen sollen. Danach säubern sie noch akribisch den Sektionstisch. Der Chef, heißt es im Institut, kann Affenblut am Geruch erkennen.

Frankfurt am Main, der nächste Tag

René Gronwald hat die Nacht mit Annette Basler genossen, aber Linda vermisst. Jetzt sitzen sie auf dem kleinen Balkon im vierten Stock und schauen über das Meer der Platanen und Kastanien, deren schütter gewordenes Blätterdach den Herbst ankündigt. Annette Baslers rote Backen haben etwas von der ersten Liebe, und genauso aufgeregt ist sie auch noch.

„Brainstorming", sinniert sie, nachdem sie das Frühstück beendet haben, „war das ein Begriff in deiner Ausbildung?"

„Überhaupt nicht", erwidert René Gronwald. „Polizisten hassen Modewörter."

„Für uns war das Wort auch tabu. Aber ein Bekannter, der angefangen hatte, Psychologie zu studieren und dann in die Werbung gewechselt ist, hat mich immer wieder damit konfrontiert und mich heiß auf diese Methode gemacht."

„Brainstorming ist doch ein Alibi für Fressen und Saufen", wirft René Gronwald abschätzig ein.

„Mich hat es fasziniert. Der Kreativität optimale Bedingungen verschaffen. Luxusambiente. Alle Annehmlichkeiten. Schampus und Kaviar. Im Härtefall auch Koks und Speed. Im Hintergrund das große Geld. Der Kopf läuft auf hundertfünfzig Prozent und produziert Ideen ohne Ende…"

„… *Mars macht mobil*….Rechtfertigt das den Aufwand?"

„Ein idealer Spruch für eine einfach strukturierte Gesellschaft."

„… *wäscht nicht nur sauber, sondern rein.*"

„Auch dagegen gibt es nichts zu sagen. Die Steigerung von sauber hat dem Hersteller eine Verdopplung des Absatzes gebracht."

„Mir scheinen andere ohne Brainstorming viel kreativer zu sein. Al-Kaida zum Beispiel. Die Sache in Manhattan sollen sie sich im Fastenmonat ausgedacht haben."

„Hungern setzt Endorphine frei und die machen high….“, sagt Annette Basler lächelnd und küsst René Gronwald mit der Leidenschaft eines Teenies.

„Versuchen wir doch auch mal ein Brainstorming, aber ohne all den teuren Schnickschnack, einfach nur motiviert von unserer Verantwortung. Und bleiben dabei ganz wissenschaftlich.“

„Das heißt?“

„Wir denken systematisch und argumentieren logisch.“

Sie räumen den Tisch auf und kochen neuen Kaffee.

„Verständigen wir uns zunächst über die Geschäftsgrundlage“, beginnt Annette Basler. „Es gibt zwei realistische Varianten: Torpedo-Angriff und Giftattacke. Den Torpedo-Angriff lassen wir außen vor.“

„Er bleibt aber eine Option für den Fall, dass die Giftattacke sich als Flop erweist.“

„Einverstanden. Die Ausgangslage ist klar: Unsere drei Zielpersonen planen einen terroristischen Angriff, der dem vom 11. September gleich kommt. Der Anschlag in Manhattan hatte zwei Schussrichtungen. Einmal zielte er auf ein amerikanisches Symbol, zum anderen sollte er möglichst viele Menschen umbringen. Die Giftattacke ist kaum symbolorientiert denkbar. Anders als beispielsweise beim Torpedoangriff auf die USS-George-Bush. Also orientiert er sich an der Opferbilanz.“

„Exakt gedacht“, sagt René Gronwald, „Kompliment. Sagen wir es doch deutlich: Sie planen einen Massenmord mittels Gift.“

„Und beim Gift wissen wir auch schon Bescheid. Es ist das neue Gift der australischen Seeanemone. Schon in geringsten Dosen für den Menschen tödlich. Die logische Frage, die sich jetzt anschließt, ist die nach der Art der Applikation. Wen sie vergiften wollen, wird sich vielleicht von selbst beantworten, oder zumindest eingrenzen lassen, wenn wir wissen, wie sie das Gift unter die Leute bringen wollen.“

„Den Luftpfad können wir abhaken. Für Giftgasattacken braucht man Tonnen des Wirkstoffes. Vom Anemonengift gibt es nur wenige Gramm."

„Bleibt der orale Pfad. Über die Nahrung oder das Trinkwasser. Und schon sind wir in der Sackgasse angekommen. Das Zeug wirkt sehr schnell. Wenn sie es irgendwo in die Wasserversorgung kippen..."

„Vergiss es! Die paar Gramm verlieren sich im Trinkwasservorrat einer Großstadt. Und darüber hinaus schlagen im Zweifelsfall die Überwachungssensoren Alarm. Tokio zum Beispiel setzt neben hochempfindlichen Analysegeräten Forellen ein. Bevor ein Japaner einen Schluck Wasser trinkt, ist es Tage zuvor von sensiblen Forellen getestet worden. Wenn ein kleiner Rest durchkommt, wird nach zehn Toten die Wasserversorgung unterbrochen. Kein Massenmord möglich. Das gleiche gilt für die Nahrungsmittelschiene."

„Vielleicht haben wir die Weichen falsch gestellt. Wir sagen Gift und denken an Berninger und Liefers. Das ist insofern in Ordnung, als die beiden das Zeug ja auch isoliert haben. Aber Linda ist ebenfalls mit von der Partie. Sie hat den Wirkstoff ihren Tieren verabreicht."

„Wobei es nahe liegt, dass sie damit die Wirksamkeit der Verbindung ausprobieren wollte."

„Was uns kein Stück weiter bringt in der Behandlung der Frage, wie die Giftattacke konkret aussehen soll. Vielleicht weil wir dabei etwas außer Acht gelassen haben. Linda arbeitet am Virus. In dieser Welt kennt sie sich aus. Der tote Pavian war mit dem afrikanischen Virus infiziert. Wir sehen sie als Ärztin, halten sie daher für giftkompetent und wundern uns, dass wir nicht weiter kommen. Linda ist Virologin!"

„Aber die Virusschiene passt doch gar nicht zur Gift-Logik. Vom terroristischen Standpunkt aus würde man sagen entweder – oder. Entweder greifen sie New York mit dem Virus an oder sie vergiften die Leute. Biowaffe oder Chemicwaffe."

„Wie wäre es mit einer zweigleisigen Strategie. Infizieren und vergiften?"

„Dazu fällt mir nichts ein."
„Und die Virusstrategie allein?"
„Macht auch keinen Sinn. Sie hätten sich ihre Giftarbeit sparen können. Und zudem ist der Afrikaner, um den es sich ja offensichtlich dreht, kein wirklich gefährliches Virus."
„Drei hochintelligente Studenten, die allen Grund haben an irgendeiner Stelle die Welt anzuzünden, haben sich entschlossen, den 11. September zu toppen. Weißt du, nach was wir suchen? Nach dem genialen Plan schlechthin. Da geht es nicht um einen Sack Gift, der irgendwo hingekippt wird. Da geht es um eine Logik, vor der selbst die Opfer den Hut ziehen. Und die ist, fürchte ich, für uns eine Nummer zu groß."
„Im Moment vielleicht noch…."
„Woran scheitern wir – im Augenblick?"
„Vielleicht an einem ganz banalen Umstand. Wir kennen sie zu gut. Wir wissen, was ihnen zugestoßen ist. Wir können sie verstehen."
„Sag es doch deutlich. Wir sympathisieren mit Ihnen. Wobei sich das mehr auf dich und Linda bezieht."
Sie will von ihm immer noch eine Erklärung.
„Wir scheitern aus einem anderen Grund. Weil wir Viren und Gift nicht kompatibel machen können. Aber wir brauchen das Komplott zwischen beiden. Alleine schafft es keins der beiden."
„Dann noch mal zurück. Was ist mit dem Gift? Warum sind sie so scharf auf das Gift der Seeanemone?"
„ Da gibt es aber eine sehr plausible Erklärung: Die festgewachsenen und panzerlosen Riffbewohner haben in vier Milliarden Jahren Evolution einen optimalen chemischen Schutz entwickelt, allen voran die australische Seeanemone, die in Folge der Wassererwärmung toxikologisch noch einen Zahn zugelegt hat."
„Ist das die ganze Wahrheit? Zyankali, Dioxin, Tabun, Lost sind doch auch hochpotente Gifte – und viel leichter verfügbar. Warum nehmen sie das Zeug nicht? Worin unterscheidet sich das Meeresgift zusätzlich von denen aus dem Labor?"

„Das Anemonengift ist eine organische Verbindung, besteht aus Proteinen und Enzymen. Die anderen sind anorganischen Ursprungs, kommen in der Natur nicht vor."

„Nehmen wir an, es kommt ihnen entscheidend auf diesen Umstand an: Das Gift muss organischen Ursprungs sein. Warum ist das so? Die Antwort auf diese Frage könnte die Lösung des gesamten Rätsels bedeuten."

„Erzähl mir etwas von den Viren."

„Viren sind Künstler."

„Welcher Art?"

„Lebens- und Überlebenskünstler. Zwar Primitivlinge wie sie im Buche stehen. Ohne eigenen Stoffwechsel, Reproduktionsmethode, Bewegungsapparat. Aber all diese Defizite gleichen sie auf geniale Weise aus. Sie docken an einen Rezeptor auf der Oberfläche einer menschlichen Zelle an, schleusen ihr Erbgut in die Zelle ein und lassen es dort von der menschlichen DNS vermehren und machen sich wieder aus dem Staub."

„Schmarotzer, kann man sagen?"

„Die Neidgesellschaft wird diesen Ausdruck gerne benutzen."

„Wenn sie ihren Wirt töten, sind sie dann nicht eher dumm?"

„Könnte man meinen, aber es schadet ihnen nicht entscheidend. Sie wechseln zum nächsten. Bei der Tröpfcheninfektion ist das einfach. Aber selbst da wo die Ansteckung nur mittels Blut oder Speichel möglich ist, hat sich die Natur tolle Sachen ausgedacht. Bei der Tollwut beispielsweise verlieren die infizierten Tiere die Scheu gegenüber dem Menschen. Der streichelt sie und – wird gebissen. Schon hat das Virus einen neuen Wirt."

„Den Faktor Zeit weiß es wohl auch für sich zu nutzen…."

„In Form der Inkubationszeit, ein ganz erheblicher Vorteil. Zwischen Ansteckung und Ausbruch der Krankheit bleibt das Immunsystem untätig. Das Virus kann sich im Körper des Wirts ungestört vermehren. In dieser Zeit lebt der Patient so, als wäre nichts geschehen. Der HIV-Infizierte steckt beispielsweise weitere Partner an. Die Liste der genialen Fähigkeiten ist noch viel länger."

„Das Virus als Alleskönner. Die Terroristen auf der Suche nach einem genialen Tatplan. Linda als Virologin eine von Ihnen. Sie wären doch dumm, wenn sie nicht eine der intelligentesten Fähigkeiten des Virus in Anspruch nähmen."

„Klingt nicht schlecht. Schon bei der Wahl des Tatmittels Anemonengift haben sie sich in der Schatzkammer der Evolution bedient. Da liegt es nahe, wenn sie bei der Umsetzung ihres Plans ebenfalls auf Jahrmilliarden lang gereifte biologische Konzepte zurückgreifen."

Dass die erregende Wirkung des Koffeins auf die Großhirnrinde bei Überdosierung zuerst zu Herzrasen, dann zum Kollaps führt, fällt ihnen noch früh genug ein. Sie wechseln zu Sprudel und Orangensaft, aber dann laufen ihre Gedanken im Kreis. Vier Stunden Brainstorming haben ihre mentalen Energien aufgebraucht. Abschalten. Ganz was anderes machen, damit der Akku wieder aufladen kann. Annette Basler will unbedingt eine Pizza holen. René Gronwald hat noch ein Telefonat offen. Es könnte wichtige Informationen liefern. Annettes Beschreibung der Virenfunktion hat ihm das an diesem Morgen schlagartig bewusst gemacht.

Er ist jetzt wieder der Mitarbeiter der Filmgesellschaft und recherchiert in Sachen einheimischer Museen.

„Sie erinnern sich an mich?"

„Eigentlich hatte ich Sie schon abgeschrieben", lacht Roland Meyers ins Telefon. „Drei Wochen Funkstille, wo es doch um eine so wichtige Reportage ging."

„Das sind die Medien! Unser Zeitproblem macht uns unhöflich. Manche sagen: rücksichtslos. Wir sprechen Leute an, machen sie heiß als Interviewpartner und dann, wenn wir umdisponiert haben, stoßen wir sie wieder ab. Kommentarlos, ohne Entschuldigung. Aber bei Ihnen ist das, Gott sei Dank, ja nicht der Fall."

„Ich höre.“

„Wir brauchen im Vorfeld noch ein paar Informationen. Vor allem zu den beiden Praktikanten, die wir ja als Vorzeigesubjekte präsentieren wollen. – Sie sagten mir anlässlich meines Besuchs im Juli, dass die beiden an der Strukturformel des neuen Giftes so sehr interessiert seien. Sie haben seinerzeit versucht, das räumliche Bild des australischen Giftes darzustellen. Ist Ihnen das gelungen?“

„Darf ich Ihnen sagen, dass ich ganz stolz darauf bin? Obwohl ich eine völlig andere Struktur vermutet hatte.“

„Wie sieht das Gift aus?“

„Wie die DNA in der menschlichen Zelle. Ein spiralförmig gedrehter Doppelstrang. Das alte Gift war ringförmig organisiert.“

„Das war von Bedeutung für ihre Praktikanten?“

„Sie waren völlig von der Rolle. Ich weiß nicht, warum.“

„Gut, dann bastle ich mal das Konzept zusammen. Wir waren uns ja einig, die Leute wollen etwas Lebendiges und Spannendes sehen, keine trockenen Fakten.“

„Mein Gott“, Roland Meyers schnauft ins Telefon, „fast hätte ich es vergessen. Ein Quotenmacher, könnte ich mir denken. Eines Tages kamen unsere beiden Praktikanten mit der Idee, die Giftigkeit des Nesselejakulats dadurch zu erhöhen, dass man die Anemonen aggressiv macht. Wir haben sie daraufhin ein paar Tage nicht gefüttert. Und siehe da, das Gift, das sie danach in die Fischattrappen schossen, war um eine weitere Zehnerpotenz stärker als sein Vorgänger. Berninger und Liefers haben die alten Chargen weggeworfen und neue gesammelt.“

„Sie brauchen ein hochwirksames Gift“, sagt Annette Basler, während sie die Pizzen auf die Teller bugsiert. „Das passt ins Bild. Genauso wichtig scheint für sie aber auch zu sein, dass das Gift eine spiralförmige Struktur besitzt. Im Aufbau also der menschlichen DNS entspricht.“

Sie überlegt einen Augenblick, dann wählt sie die Nummer von Professor Mühlbach.

„Eine Frage noch: Wenn Sie Ihren Affen irgendetwas spritzen, Antibiotika, Vitamine, was weiß ich, wo stechen Sie hin?"

„Intravenöse Spritzen in die Armbeugen und intramuskuläre Spritzen in den Pobacken."

„In jedem Fall?"

„Immer."

„Ihre Kollegen machen das ebenso?"

„Es ist Standard."

„Danke."

Sie warten bis es dunkel ist, dann fahren sie los. Die Fenster des Instituts sind unbeleuchtet und auch aus den Kellerschächten dringt kein Licht. Sie betreten das Gebäude durch den Hintereingang, der durch dichtes Gebüsch vor den neugierigen Blicken der Umgebung geschützt ist. Der Pavian liegt unberührt in der Kühlbox. Nachdem sich die Leichenstarre gelöst hat, liegt der Körper schlaff in der Metallwanne, das Maul mit den großen gelben Zähnen aber immer noch offen, eine letzte vergebliche Drohung an seine Mörder. Die Sektionstische sind schon für den nächsten Tag vorbereitet, und so müssen sie das Unfallopfer vom Hauptbahnhof auf einen Buggy zwischenlagern, bevor sie den Affen auf den Tisch hieven. Mit einem Haarschneider rasiert Annette Basler das Fell an den Armbeugen und Pobacken. Unter einer Lupe und im Licht einer Taschenlampe suchen sie auf den kahlen Flächen nach den Spuren von Lindas Spritzen. Am linken Arm werden sie schließlich fündig. Unmittelbar über der großen Vene ist eine kleine, punktförmige Hautverletzung zu erkennen.

„Auf einen Tag kann man sich da nicht festlegen", sagt die Ärztin, „aber dieser Einstich war mindesten eine Woche alt, als das Tier gestorben ist."

Noch einmal geht Annette Basler mit der Lupe und dem Licht die rasierten Partien ab, dann bringen sie den Kadaver in die Box zurück. Sie wird zu gegebener Zeit mit ihrem

Chef reden. Er hat auch kein Interesse daran, aus dem exotischen Gast ein Politikum zu machen.

„Wann bist du dahinter gekommen?" René Gronwald wendet kurz den Blick von der Straße zu seiner Begleiterin auf dem Beifahrersitz. Alle Anspannung scheint jetzt von ihm abgefallen.

„Als du mir davon berichtet hast, wie sehr sich die drei gefreut haben, als Meyers die DNS-Struktur des Anemonengiftes erkannt hat", erwidert Annette Basler, „da hatte ich einen ersten Verdacht. Und nachdem wir jetzt nur diesen einen alten Einstich bei dem Pavian gefunden haben, ist alles klar. Es gab nur eine einzige Injektion. Und die wurde circa eine Woche vor dem Tod des Pavians gesetzt."

„Lass mich jetzt kurz weitermachen und korrigiere mich, wenn ich falsch liege", sagt René Gronwald und lässt keinen Zweifel daran, dass er im zweiten Glied steht. „Mit dieser Injektion wurden Viren und Gift gemeinsam verabreicht. Allerdings in kombinierter Form. Das Gift steckte im Afrikaner, den sie zuvor damit beladen hatten. Lag als spiralförmig verdrehte Molekülkette neben der praktisch identischen Erbsubstanz des Afrikaners."

Annette Basler nickt euphorisch mit dem Kopf. „Danach sind die Viren in die Körperzellen des Pavians eingedrungen, und dann haben die Dinge ihren Lauf genommen. Die befallene Zelle beginnt das Virus zu vermehren, das heißt, die DNS des Virus zu vermehren, in diesem Fall also auch das Gift, das ja die gleiche Struktur hat und quasi ein Teil des Virusinhalts geworden war. Nach einer Woche ist dann das Immunsystem des Pavians wach geworden und hat das mittlerweile auf Milliarden Köpfe angewachsene Virenheer angegriffen."

„Mach ganz einfach mal weiter", sagt René Gronwald, der schon Bescheid weiß, aber ab jetzt lieber zuhört.

„Mit großem Erfolg, wie zu erwarten war. Innerhalb kürzester Zeit waren sämtliche Viren tot, ihre lebensnotwendigen Hüllen zerstört und das in ihnen enthaltene Gift freigesetzt. Dazu passt detailgenau das Blutbild des Pavians, das wir Professor Mühlbach gemailt haben. Es zeigt den Zustand im Augenblick seines Todes. Nur noch ein Exemplar des afrikanischen Virus ist vorhanden, aber zahllose Abwehrzellen. Die unbekannten Partikel, die Professor Mühlbach nicht deuten konnte, sind offenbar die freigesetzten Giftverbände, die zum Herztod geführt haben."

Annette Basler schaut fassungslos auf die mitternächtlich leeren Straßen. „Genial", flüstert sie fast tonlos. „Viren als trojanische Pferde zu benutzen. Als Transportmittel für Gifte. Und das noch so zu arrangieren, dass das Gift vom Vermehrungsmechanismus der Viren ebenso profitiert wie vom Zerstörungspotential des Immunsystems. Zwei Erfolgsrezepte der Evolution, umfunktioniert zu einem rein destruktiven, verbrecherischen Konzept. Einfach genial."

Jetzt klinkt sich René Gronwald wieder ein. „Wir haben Gift- und Virusschiene als Widerspruch gesehen. Und sie haben die beiden Elemente kombiniert."

Der Kommissar fährt über die Friedensbrücke Richtung Innenstadt. In ihrer Stammkneipe werden sie ihren Erfolg mit der einen oder anderen Flasche Merlot feiern. Ein Erfolg, der allerdings noch lange nicht perfekt ist und seinen Namen eigentlich gar nicht verdient, weil er ihnen als gewaltige Bedrohung erscheint.

„Das Entscheidende wissen wir noch gar nicht", sagt der Kommissar als sie den Eschenheimer Turm passieren. „Wie setzen sie dieses Konzept um? Wie machen sie daraus einen Massenmord? Und wo?"

Frankfurt am Main, 21. August

Der Tipp mit dem Pilsstübchen stammte von Linda. Ihr gegenüber hatte Santos die Kneipe in der Frauenlobstraße mehrfach erwähnt, so dass bei ihr der Eindruck entstanden war, er verkehre dort regelmäßig. Eine Kontaktaufnahme im Wohnheim oder am Institut erschien ihnen nicht opportun, weil viel zu gefährlich und kaum geeignet, ihren Plan in die Tat umzusetzen. Gegen zwanzig Uhr hatte Jens Berninger schon mal einen Blick durch die Tür geworfen, aber da wäre er der einzige Gast gewesen. Anderthalb Stunden später war er dann an gleicher Stelle fündig geworden. Der lange schwarze Pferdeschwanz, der sich elegant über den breiten Rücken gelegt hatte, machte dem Boss die Identifizierung des vierten Mannes leicht, der mit dem Rücken zur Tür am Tresen lehnte.

„Hi, Santos!“

Reflexartig wendet der Abtrünnige seinen Kopf zu der Seite, von wo er die bekannte Stimme gehört hat.

„Hi!“, erwidert er gedehnt und versucht erfolglos seine Panik als Überraschung zu tarnen. Er wusste, dass er sie irgendwann wiedertreffen würde. In den letzten Monaten hatte er die Örtlichkeiten gemieden, wo sie zu verkehren pflegten. Die Szenekneipen in Bockenheim und im Nordend sowie den Grüneburgpark. Aber zum kompletten Untertauchen war diese Stadt nicht geeignet. Zu klein, zu neugierig und zu geschwätzig. Es war ihm klar, dass er ihnen eines Tages gegenüberstehen würde. Vor diesem Tag hatte er immer Angst gehabt.

„Lange nicht gesehen.“

„Kann mir nicht vorstellen, dass ihr mich vermisst habt.“

„Das sagst du so einfach.“ Jens Berninger grinst vieldeutig.

„Ich glaube es jedenfalls nicht“, erwidert Santos gespielt teilnahmslos.

Der Boss kommt zur Sache. „Wir sollten uns setzen." Dabei macht er eine Kopfbewegung in Richtung eines abseits stehenden Tisches. Santos fühlt sich hundeelend. Er ist ein Verräter, ein Denunziant. Er hat es nicht bei dem anonymen Schreiben belassen, sondern dem Kommissar auch ihre Namen genannt. Und wie er dem Blick und der Stimme von Jens Berninger unschwer entnehmen kann, wissen sie auch, dass er es war, der sie verpfiffen hat. Gut, er hat die alten Freunde darüber informiert, dass die Bullen Bescheid wissen. Aber das macht das andere nicht wieder gut. Er hat dem Boss nichts mehr entgegenzusetzen. Wie ein Lamm folgt er ihm zu dem Tisch.

„Wir haben die Bullen am Hals."

Santos wagt nicht mehr, den Blick seines Gegenübers zu erwidern.

„Weißt du auch, von wem wir das wissen? Von demjenigen, der uns bei der Polizei angeschwärzt hat. Von dir!"

„Jens, bitte..." Santos hat längst kapituliert.

„Bevor ich dir die Frage stelle, wegen der ich heute hier bin, sollst du eins wissen: Sie können uns nichts. Die Bullen, der Staatsschutz, der ganze Apparat – sie können uns nichts. Und jetzt meine Frage: Warum hast du das gemacht?"

„Mein Gott..." Santos knetet sein Glas und trinkt es dann hastig aus. „Du glaubst wohl, ich bin freudestrahlend zur Polizei gelaufen und habe denen von euch erzählt..."

„Der Verrat macht doch Spaß, oder?"

Santos schweigt einige Augenblicke und schüttelt den Kopf. Dann hebt er beschwörend die Hände. „Ich habe denen ein anonymes Schreiben geschickt. Das bestreite ich ja gar nicht. Darin war nur die Rede davon, dass ein großes Ding ansteht. Mehr nicht. Keine Details und vor allem keine Namen."

„Aber sie haben doch unsere Namen. Das hast du uns doch persönlich geschrieben."

„Sie haben mich erpresst..."

Davon will der Boss nichts wissen. „Wie sind sie eigentlich auf dich gekommen? Sagtest du nicht, du hast sie anonym informiert?“

„Ich weiß es auch nicht. Der Bulle hat was von irgendwelchen neuen Methoden gefaselt. Jedenfalls hat er mir Heroin auf die Bude geschmuggelt, das sie dann bei einer Razzia gefunden haben. Stoff für fünfzehn Jahre Knast! Kapierst du, was gelaufen ist?“ Santos schwitzt und zittert am ganzen Körper.

„Warum hast überhaupt die Bullen kontaktiert?“, fragt Jens Berninger abfällig

„Das will ich dir gerne sagen.“ Santos hat plötzlich das Gefühl, dass das alles nicht allein sein Problem ist. „Weil ich es nicht gut gefunden habe, was ihr vorhattet. Zuerst habe ich gedacht, ihr macht Spaß. Dann ist mir klar geworden, dass ihr es ernst meint. Und dass dabei Menschen ums Leben kommen. Mord hattet ihr euch auf die Fahnen geschrieben, ganz banalen Mord!“

Das ist die Ebene, mit der Jens Berninger nichts mehr zu tun hat.

„Mord“, erwidert er verständnislos, „banaler Mord. Und wie hast du dich gefühlt, als du endlich unsere Identität preisgeben durftest?“

„Sei nicht ungerecht. Es ging um fünfzehn Jahre Knast.“

„Also: Wie hast du dich gefühlt?“

„Beschissen“, antwortet Santos schließlich, „obwohl ich mir fünfzehn Jahre Knast erspart habe.“

Das war nicht der Verräter, wie ihn sich Jens Berninger vorgestellt hatte: Leugnend, Ausflüchte suchend, sich anbiedernd, ein Feigling halt. Neben ihm saß ein ganz anderer. Einer, der seinem Gewissen gefolgt war und in einer Zwangslage seinen Kopf gerettet hatte. Vorausgesetzt, dass Santos' Geschichte stimmte. Aber daran hatte er kaum Zweifel, auch wenn er in diesem Augenblick viel dafür gegeben hätte.

„Noch zwei Bier“, ruft der Boss zur Theke hinüber um danach Santos die schlechte Nachricht zuzuraunen. „Die gehen auf dich, verstanden?“

Er braucht Santos heute Abend für eine ganz wichtige Sache. Und er braucht ihn auch als Buhmann. Deswegen geht er so mit ihm um. Es darf jetzt kein Rückfall in irgendwelche Sentimentalitäten geben. Wenn seine Mission heute fehlschlägt, droht ein Dammbruch. Schon spürt er, wie sein Zeigefinger unschlüssig über den Auslöseknopf seines Handys fährt, den er in der Sakkotasche bei sich trägt. Das kann es nicht gewesen sein. Er muss woanders hinschauen, nach Saskatchewan oder nach Ecuador. Oder nach Singapur, wo die Reichen der Welt gerade wieder beschlossen haben, dass alles so bleibt. Dann drückt er den Knopf.

Als der Wirt das Bier bringt, läuft Jens Berninger der erste Schweißtropfen über die Stirn. Linda, wenn sie ihm denn gegenüber säße, würde fragen, ob er sich nicht wohl fühle. Aber jetzt geht alles seinen Gang.

Sie stoßen an. „Erzähle Linda deine Geschichte. Sie ist stocksauer auf dich. Vielleicht kannst du sie ja ein wenig beruhigen. Fünfzehn Jahre Knast. Klingt als Grund nicht schlecht. Und Bully! Sie treffen dich hier?“

„Eigentlich jeden Abend.“ Santos hat das Gefühl, das Schlimmste hinter sich zu haben. Linda und Bully werden sich in drei Tagen und dann noch einmal in einer knappen Woche mit ihm in Verbindung setzen. Ein wohlüberlegter Zeitplan.

„Telefon“, ruft der Wirt und gibt Santos ein Zeichen. „Moment bitte“, sagt der entschuldigend zu seinem Gegenüber und verschwindet Richtung Tresen.

Das weiße Kügelchen misst etwa zwei Millimeter im Durchmesser. Sie waren sich schnell einig, dass sie es oral verabreichen. Also in ein Getränk mischen. Von daher hatte sich die Kontaktaufnahme in einer Kneipe angeboten. Linda hat das Kügelchen in dem spitzen Ende einer Plastikkappe deponiert, die sie von einer Einwegspritze abgezogen hat. Weil der Durchmesser des Kügelchens etwas größer ist als die Kappenöffnung, sitzt es dort fest.

Jens Berninger hat es hundert Mal geübt. Ein schneller und entschlossener Druck mit dem Daumen auf den hinteren Teil der Kappe presst das Projektil durch die Düse nach draußen. Er muss treffen, sonst passiert die Katastrophe womöglich am falschen Ort. Und es darf niemandem auffallen. Aber da hat er keine Bedenken. In seiner hohlen Hand ist das Plastikteil nicht zu sehen.

Sekunden nachdem Santos seinen Platz verlassen hat, beugt sich Jens Berninger unauffällig über den Tisch. Wie zufällig fährt seine Hand über Santos' Glas, hält unmerklich, für Sekundenbruchteile, inne, und dann bahnt sich auch schon das Projektil seinen Weg durch den flachen Schaum.

Santos kommt zurück. „Eine Bekloppte", sagt er und setzt sich wieder an den Tisch.

„Prost", sagt Jens Berninger und hebt sein Glas. „Aber nicht falsch verstehen. Für dich ging es um ein paar Jahre Knast. Für uns ging es um mehr."

„Sicher", antwortet Santos zerknirscht und nimmt einen tiefen Schluck.

Hochtaunus, 21. August

Über Nacht sind Annette Basler gewaltige Zweifel an ihrer Theorie der trojanischen Giftpferde gekommen. Linda mag ein heller Kopf sein, aber der Gifttransfer von der Seeanemone in das afrikanischen Virus ist eine äußerst komplizierte Angelegenheit. Vielleicht doch noch nichts für Studenten im vierten oder auch siebten Semester.

Kurz nach neun erreicht sie Dr. Simon am Robert-Koch-Institut in Berlin. Sie spielt mit verdeckten Karten, will, weil sie davon gelesen hat, als interessierte Ärztin wissen, wie sie es dort geschafft haben, DNS-Material von Virus A in Virus B zu schleusen. Noch gar nicht haben sie das in Berlin geschafft, bescheidet sie der Wissenschaftler und hätte gern gewusst, wo sie das gelesen hat. Eine ganz, ganz schwierige Sache, heißt es weiter, aber sie arbeiten mit Hochdruck daran, denn nur so lässt sich ein Impfstoff gegen Aids gewinnen.

„Also nichts für *Jugend forscht*?" Annette Baslers Zweifel sind weiter gewachsen.

Dr. Simon lacht laut auf. Hundert Nobelpreisträger hätten vielleicht kurzfristig eine Chance. Mediziner, Molekularbiologen, Genspezialisten, alles was Rang und Namen hat. Aber vielleicht ist ihr Link auf *Jugend forscht* gar nicht so abwegig. „Irgendwann", sagt Dr. Simon mit einem Anflug von Resignation, „kommt ein Nobody daher und präsentiert die Lösung. Eine geniale Idee, die ihm vor dem Fernseher gekommen ist oder beim Rasenmähen. Und wir merken plötzlich, dass wir alles viel zu kompliziert gesehen haben."

Da ist er wieder, der Begriff, der am Vortrag eine zentrale Rolle gespielt hat. Die geniale Idee, wie virales Erbmaterial ausgetauscht werden kann, warum sollen die Terroristen nicht darauf gekommen sein, wo doch ihr Gesamtkonzept jedenfalls diese Auszeichnung verdient hat. Dann sagt Dr.

Simon noch etwas, das Annette Baslers Bedenken ein weiteres Stück zerstreut.

„In Frankfurt ist das Interesse an dieser Frage offenbar besonders groß. Vor kurzem hatte ich einen ähnlichen Anruf aus ihrer Stadt."

„Und wer?"

„Eine Dame aus der Virologie."

„Erinnern Sie sich noch an ihren Namen? DeVries?"

„Gut möglich. Irgendetwas holländisches jedenfalls."

Sie sind in den Taunus gefahren, haben ihr Auto am Fuchstanz abgestellt und laufen über den geschotterten Weg Richtung Feldberg. Abseits der Hauptstraßen gibt es hier oben unter der Woche noch so etwas wie Einsamkeit und die wollen sie jetzt nutzen, die Geschichte der trojanischen Pferde weiterzudenken.

„Genau genommen haben sie eine mit einem Zeitzünder ausgerüstete Wunderwaffe entwickelt. Ein giftgeladenes Virus, das die Wirtszelle eine ganze Woche lang hemmungslos vermehrt, bis das Immunsystem die Oberhand gewinnt. Mit dem Tod der Viren wird allerdings auch das gebunkerte Gift freigesetzt – und das tötet den Wirt. Das virale Prinzip vor den eigenen Karren gespannt und das Immunsystem zweckentfremdet. Darauf ist die Natur noch nirgendwo gekommen."

„Weil die Natur halt keine terroristischen Absichten verfolgt."

„Sie toppen nicht nur die Evolution, sie verarschen sie sogar. Wer das fertig bringt, der schafft auch den 11. September."

Von einer kahlgeschlagenen Kuppe aus schauen sie auf die Stadt und ihre Metastasen, die sich anschicken die Berge zu erklimmen. In wenigen Stunden werden die Häuser im Dunst verschwunden sein, und nur die Türme der Banken werden noch in der Sonne glänzen.

„Wo schlagen sie zu?“ Annette Basler ist ängstlich und ungeduldig. „Und wie stellen sie es überhaupt an? Ich fürchte, wir verlaufen uns im Dschungel ihrer unbegrenzten Möglichkeiten.“

„Oder wir finden genau dort die Lösung, weil wir einfach drauflos fantasiert haben.“

„Davor hast du mich doch immer gewarnt. In Ermittlungsangelegenheiten habe der Bauch außen vor zu bleiben. Auf Fakten komme es an und nur darauf. Das war doch deine Rede.“

„Stimmt ja auch. Aber wenn die Fakten dünn sind, sieht es wieder anders aus. Dann kann Phantasie das Mittel der Wahl sein, um ihre Genialität zu kontern. Fang einfach mal an.“

Die Antwort kommt prompt, und Annette Basler ist offenbar schon eine Zeit lang mit ihr schwanger gegangen. „Sie attackieren ein vollbesetztes Stadion. 100.000 Menschen beim Baseball oder Fußballspiel.“

„Mit einem Virus, das über die Tröpfcheninfektion nur ganz schwer verbreitet werden kann? Das insofern nicht die Fähigkeiten eines Schnupfenerregers hat. Nur schwer denkbar. Ein voll getankter Jumbo wäre leichter zu organisieren.“

„Dann macht mein zweiter Vorschlag auch keinen Sinn. Sie kontaminieren den Luftbefeuchter der Klimaanlage irgendeines Hochhauses, vielleicht sogar der neuen Twin-Towers. Die Wiederholung des 11. September.“

„Abgesehen von den vorgenannten Bedenken: Die Türme blieben stehen. Der 11. September bliebe Spitzenreiter.“

„Wie ich in deinem Gesicht lesen kann, hast du eine bessere Idee.“

„Sie greifen die Wasserversorgung einer Großstadt an“, sagt René Gronwald nach kurzem Zögern.

„Nein“, antwortet Annette Basler spontan. „Das sicher nicht.“

„Deine Reaktion stützt meine These.“

„Ich habe sie noch gar nicht begründet.“

„Aber du warst schnell mit deinem Nein. Du hast nicht überlegt. Und damit deutlich gemacht: Die Wasserversorgung ist tabu."

„Ich kann mein Nein auch anders begründen."

„Selbstverständlich, aber das ändert nichts an dem entscheidenden Umstand. Die Wasserversorgung ist seit Urzeiten die Achillesferse menschlicher Siedlungen. Die Brunnenvergiftung zählt zu den ältesten Straftatbeständen – dem Täter drohte zumeist die Todesstrafe. Das Thema selbst haben die Menschen mittlerweile komplett verdrängt. Und zwar aus einem ganz einfachen Grund. Weil die Bedrohung letztlich nicht beherrschbar ist. Zu viele Schwachstellen zwischen Brunnen und Wasserhahn. Einer Gefahr, die zum Tabu erklärt wird, die aus dem Bewusstsein gestrichen ist, beugt man nicht vor. Weltweit ist die Wasserversorgung ein Stiefkind der Sicherheitspolitik. Die üblichen chemischen Kontrollen erfassen nur die gängigen Gifte oberhalb des Milligramm-Bereichs."

„Der Sack Zyankali, den ein Bekloppter vor Jahren in die Hildesheimer Wasserspeicher kippen wollte, hätte demnach nichts gebracht?"

„Das wäre ein Kinderspiel für die Detektoren gewesen. Aber auf der Virusschiene sind die Gifte bestenfalls im Nanogrammbereich konzentriert. Da haben die Messinstrumente keine Chance. Intelligentere Methoden wie die in Tokio, wo Forellen als Bioindikatoren für die Wasserqualität eingesetzt werden, haben Seltenheitswert."

„In welcher Stadt schlagen sie zu?"

„Ihr Tatort braucht eine möglichst zentrale Wasserversorgung."

„Eine Stadt mit vielen Brunnen ist nicht handelbar?"

„Nimm halt nur Frankfurt. Die Stadt bezieht ihr Wasser aus dem Vogelsberg, den Rheinauen und aus zahlreichen Sickerbrunnen. Die Täter müssten Dutzende Wasserwerke knacken. Einfach zu viel Aufwand, um die ganze Stadt zu treffen. Zudem zu gefährlich für die drei Amateure."

„Die Stadt, die sich die Terroristen ausgesucht haben, säuft aus einem einzigen Brunnen“, wiederholt Annette Basler. „Dann genügt eine einzige Gabe der giftigen Viren. Während der ersten Woche nach der Attacke kommen praktisch alle Einwohner mit dem Wasser in Berührung. Beim Händewaschen, Duschen, Zähneputzen, über die Eiswürfel, die sie in ihre Getränke geben, beim Rasensprengen oder Autowaschen. Wenn nach sechs oder sieben Tagen der erste mysteriöse Todesfall auftritt, sind alle Einwohner infiziert. Es gibt kein Gegenmittel. Nach einer weiteren Woche steht die Stadt leer. Kennst du ihren Namen?“

Im Restaurant auf dem Plateau des Großen Feldbergs trinken sie Kaffe. Als sie kurz vor Mittag aufbrechen, hat die Augustsonne, die immer noch von einem metallblauen Himmel scheint, die Luft angenehm temperiert und die angefärbten Blätter der Bäume in ein warmes Licht getaucht. Der Showdown ist angesagt, das fühlen beide, und Annette Basler setzt all ihre Hoffnungen in die neue Fähigkeit ihres Komplizen.

„Noch mal, wie heißt die Stadt, die sie angreifen?“

„Versetzen wir uns doch einfach einmal in ihre Situation“, erwidert der Kommissar ausweichend. „Ganz vorne auf ihrer Hassliste steht CincinnatiSeed. Der Firmensitz befindet sich in Cincinatti. Die Stadt hat keine zentrale Wasserversorgung.“

„Wie wäre es, wenn wir die großen CincinnatiSeed-Niederlassungen unter die Lupe nehmen?“

„Vergiss nie, dass sie den 11. September toppen wollen. Wenn diese These stimmt, machen sie keine halben Sachen.“

„Wahrscheinlich haben wir mit CincinnatiSeed zu kurz gegriffen. Als intelligente Leute wissen sie ganz genau, dass sie nicht nur ein Opfer von CincinnatiSeed sind. Abgesehen davon, dass in Ecuador noch andere Konzerne im Spiel waren, sind sie doch letztlich einem großen Komplott zum Opfer gefallen, einem Komplott aus Privatwirtschaft, Staat und Justiz."

„Sehr pauschal, wenn ich mir diese Kritik erlauben darf."

„Ich kann auch konkreter werden. Konzerne, denen vor lauter Profitgier alle Mittel recht sind, ein Staat, der die gesetzliche Infrastruktur für diese Raubzüge zur Verfügung stellt und eine Justiz, die dem ganzen noch den Stempel der Rechtmäßigkeit aufdrückt."

„Karl Marx hätte das wahrscheinlich genauso gesagt."

„Das macht es aber doch nicht falsch. Du musst auch nicht unbedingt die Vergangenheit bemühen. Im katholischen Konkordat findest du eine ähnliche Formulierung. Bei den Grünen dürfte es demnächst auch wieder so zu lesen sein, nachdem sie wieder in der Opposition sind. Es ist die Beschreibung der kapitalistischen Welt, nachdem sie ihre letzten sozialen Mäntelchen abgelegt hat. Eine Generation, die sich als Vertreter der Spezies Raubaffe begreift und nur noch Plündern im Kopf hat und sich jetzt auf ihrem letzten Beutezug befindet."

„Sollen wir jetzt die Wasserversorgungssysteme sämtlicher Großstädte der Welt unter die Lupe nehmen?"

„Eine zweifellos reizvolle Aufgabe. Und über das Internet durchaus leistbar."

„Du machst mir Angst."

„Will ich gar nicht. Eine solche Recherche wäre meines Erachtens auch überflüssig. Länderbezogen können wir nämlich Prioritäten setzen. Rache für Schweinereien der vorliegenden Art lässt sich nicht in Argentinien oder Indien üben. Sondern eigentlich nur im Stammland der Verbrecher..."

„In Amerika."

„Nur dort."

„Und wo genau?"

„Wenn die Stadt ihrer Wahl nicht direkt etwas mit CincinnatiSeed zu tun haben muss, dann sollte sie symbolisch für die kapitalistische Verantwortungslosigkeit stehen."

„New York!"

„Hätte ich auch gesagt, spontan jedenfalls. World Trade Center, Wallstreet, eine Skyline der Großkotzigkeit, aber leider von der Wasserversorgung her völlig ungeeignet. Die Stadt hat über hundert große Wasserwerke. Sie ist auch ein bisschen verbraucht durch den 11. September."

„Dann eben --- L.A."

„Vier Millionen Einwohner allein im Kerngebiet und die Stadt trinkt aus großen Speicherbecken. "René Gronwald wiegt anerkennend den Kopf. „Von daher nicht schlecht. Mit ihren Monsterstraßen und ihrem obligatorischen Smog steht sie zudem für einen Eckpfeiler des Kapitalismus, den privaten Autoverkehr. Aber Los Angeles hat einen entscheidenden Nachteil. Es ist schon jetzt eine tote Stadt. Die Erdbebenforscher sind sich einig. In den nächsten Jahren legen die Reibungen im St. Andreasgraben die Stadt in Schutt und Asche. Alle Katastrophenfilme spielen seit Jahren in L.A. Wenn sie stirbt, haben es alle gewusst. Das Gift ist dem Erdbeben halt zuvor gekommen. Und als Symbol für den kapitalistischen Irrweg fehlt der Stadt der Akzent. Irgendwie ist sie nur groß. Ihre 1500 Quadratkilometer sind langweilig und machen müde. Nichts, was Terroristen suchen."

„Macht dieses Ratespiel eigentlich Sinn?" Bei Annette Basler zeigen sich erste Anzeichen einer mentalen Krise. „Am Ende haben wir bestenfalls eine Prioritätenliste mit zahllosen Unsicherheiten. Wäre es nicht besser, die Gruppe zu observieren? Wir müssen ihnen sowieso hinterherreisen."

„Und gehen ihnen ein zweites Mal auf den Leim. Sie locken uns nach San Fernando, während ein vierter Mann das Gift in San Franzisko in die Becken kippt."

„Dann gib doch halt die Sache an den Präsidenten zurück. Der kann den Generalbundesanwalt einschalten und dessen Beamte haben alles im Griff."

„Du Optimist!" René Gronwald grinst dünn und kommt schnell wieder zur Sache. „Das ist *mein* Auftrag, verstehst du? Den führe ich auch aus. Und keine fremde Observationskraft pfuscht mir da rein."

Sie hat ihn an einer empfindlichen Stelle getroffen und wird nie mehr davon anfangen.

„Wenn sie es tatsächlich auf eine Wasserversorgung abgesehen haben, müssen sie sich über das gesamte System haarklein informieren. Fördergebiete, Transport-, Aufbereitungs- und Speichereinrichtungen, Kontrolle der Wasserqualität. Das bedeutet aber doch, dass die entsprechenden Unterlagen bei ihnen zu finden sein müssen."

„Aber ohne richterliche Erlaubnis kommen wir nicht in ihre Wohnungen", sagt der Kommissar gequält, „und diese Erlaubnis muss die Staatsanwaltschaft besorgen. Zudem glaube ich nicht, dass sie das Zeug schwarz auf weiß irgendwo aufbewahren. Dieses Risiko gehen sie nicht ein."

„Meinst du, sie prägen sich alle notwendigen Daten ein, lernen sie auswendig?"

„Geniale Leute können so was. Das Gehirn ist ein sehr sicherer Platz. Nur mit Folter kommt man an die dort gespeicherten Daten heran..."

„...aber manchmal ebnen auch einfach nur Komplimente den Weg oder Drogen wie Alkohol oder Kokain, das man im Bücherregal versteckt. In jedem Fall können wir aber davon ausgehen, dass sie sich diese Informationen irgendwo besorgt haben."

„Wobei wir nicht denken dürfen, dass sie sich die Daten bei den entsprechenden Behören besorgt haben."

„Müssen sie ja auch gar nicht. Was sie brauchen, steht doch alles im Netz."

„Aber auch dabei werden sie nicht den Fehler machen, den privaten PC zu benutzen. Linda hat ja gezeigt, dass sie mit einer Überwachung rechnen und uns in die Falle der USS-George- Bush gelockt."

„Andererseits wären sie dumm, wenn sie auf das Internet verzichten würden. Umfangreicheres und aktuelleres Material gibt es nirgendwo sonst, inklusive Hinweise auf Mängel und Schwachstellen der Anlagen. Ich könnte mir gut vorstellen, dass sie den Internet-Zugriff über das institutseigene Rechnersystem riskieren. Alles etwas unübersichtlich und anonym. Da kann man sich gut verstecken. Wir sollten diese Schiene fahren."

Annette Basler glaubt zu spüren, wie sie den Boden unter den Füßen verlieren. An zig Gabelungen mussten sie sich schon entscheiden, und egal welchen Weg sie gewählt hatten, ganz sicher waren sie sich nie gewesen.

„Weißt du eigentlich, mit wie vielen Vermutungen und Annahmen wir mittlerweile arbeiten? Wir dürfen uns nicht wundern, wenn wir uns gewaltig vergaloppiert haben und es sich bei unserer These vom geplanten Angriff auf eine amerikanische Wasserversorgung um einen totalen Flop handelt."

René Gronwald verzichtet auf eine Antwort. Ehrlicherweise hätte er ihr sagen müssen, dass er sich vom Gefühl her auf der sicheren Fährte wähnt. Aber er ist der Bulle, der sich an Fakten orientiert und mit Emotionen nichts am Hut hat. Der die Intuition leugnet und den siebten Sinn für eine Erfindung hält. Dass er vorhin der Phantasie einen kurzen Auftritt erlaubt hat, war Konzession genug.

Frankfurt am Main, 21. August

Margot Quirin ist die richtige Frau am richtigen Platz. Sie kann mit allen und mit allen gleich gut. Mit neurotischen Professoren ebenso gut wie mit fremdsprachigen Studenten. Freundlichkeit ist ihr Rezept, und aus der Ruhe bringt sie so schnell nichts. Auch der Besuch nicht, der an diesem Augustmorgen in ihrem Büro steht.

„Und Sie kommen von Hewlett Packard und wollen sich über die Internetbenutzung unserer Rechner kundig machen?“

„Weil die Telekom einen Fehler in ihrer Registratur hat. An sich holen wir uns ja die Daten bei ihr. Es tut mir wirklich leid, dass wir Sie jetzt belästigen müssen.“ René Gronwald gibt sich schuldbewusst, während ihm sein neuerlicher Rollenwechsel gar nicht behagt. Vom Polizeibeamten zum Manager der Dresdner Bank, von dort zum Lover einer Terroristin, zum Fernsehmitarbeiter und jetzt zum Informatiker. Aber er wollte es ja nicht anders, wollte unbedingt das Ding alleine drehen. Wohl wissend, dass, wer einen Prinzen will, viele Frösche küssen muss.

„Leuchtet mir alles nicht so ganz ein“, erwidert Margot Quirin gutgelaunt, „aber wir werden sehen, was wir für Sie tun können.“

„Mein Chef will nur einen groben Überblick“, flunkert der Kommissar, „aber fragen Sie mich nicht, was er damit vorhat.“

Die Büroleiterin am Institut für organische Chemie der Frankfurter Universität öffnet die Tür zum kleinen Großraumbüro, wie sie hier scherzhaft zu der Ansammlung der fünf Schreibtische sagen. „Hier stehen nun die High-Tech-Produkte aus dem Hause HP, und davor sitzen die Damen, die damit arbeiten dürfen und Ihnen sicher gerne ihre Internet-Zugriffe offen legen.“

René Gronwald erläutert den fünf Mitarbeiterinnen noch einmal sein Anliegen. "Mich wollen Sie bitte entschuldigen", schließt die Büroleiterin unmittelbar an, „damit es nicht nach Bespitzelung aussieht. Die Damen haben übrigens das Recht, das Internet auch privat zu nutzen."

Die Sekretärinnen haben nicht viel im Sinn mit dem weltweiten Netz. Dienstlich nutzen sie es hauptsächlich um Telefonanschlüsse in Erfahrung zu bringen. Die Eitelkeit lässt sie auch hin und wieder die Homepage des eigenen Fachbereichs bestaunen. Ihre Neugierde veranlasst sie manchmal zudem einen Blick auf die Konkurrenz zu werfen, in Harvard oder Berkeley. Die Frage, ob sie auch schon einmal auf die Seiten von Al Kaida geklickt haben, wo Osama bin Ladens Nachfolger Neuigkeiten verbreitet oder Enthauptungen von Ungläubigen zu sehen sind, weisen sie unisono zurück. Das ist nicht ihre Welt, und der Kommissar glaubt es ihnen auch, ohne dass es ihn interessiert. Wenn sie hier nichts finden, bleiben noch das physikalische Institut des Jens Berninger und die Virologie. Noch kein Grund zur Resignation.

„Werden die PCs noch von anderen Personen benutzt?", fragt Annette Basler, die sich die ganze Zeit über eifrig Notizen gemacht hat.

„Hier sitzen nur wir – und Frau Quirin. Im Urlaub und bei Krankheit vertreten wir uns gegenseitig. Das Büro hat keine Fremdkräfte."

„Du hast den Studenten vergessen!"

„Mein Gott, ja!" Sandra Bacic schlägt sich mit der Hand vor die Stirn. „Herr Liefers, er ist unser sechster Mann. Er hat wahrscheinlich mehr mit dem Internet zu tun als wir alle zusammen. Frau Quirin weiß das sicher viel besser als wir."

Burkhard Liefers ist offenbar der gute Geist im kleinen Großraumbüro. Wenn technische Probleme auftreten, beim Absturz der Rechner zum Beispiel oder wenn komische Symbole oder unverständliche Hinweise auf dem Bildschirm auftauchen, holt die Büroleiterin den Chemiestudenten, wenn es sein muss aus dem Labor oder aus der Vorlesung.

Liefers ist Fachmann. Eigentlich müsste man ihn bezahlen, aber als man seinerzeit mit ihm darüber reden wollte, hat er nur gelächelt. Vor einem Jahr dann habe er freundlich angefragt, ob er ab und an mal die Rechner für Internet-Recherchen nutzen könne. Ihnen sei ein Stein vom Herzen gefallen, sagt Margot Quirin, denn endlich habe man sich für die vielen Liebesdienste revanchieren können. Zu jeder Zeit könne er kommen und im Internet surfen, habe man ihn beschieden, aber der Student sei mit einem Nutzungsrecht nach Feierabend zufrieden gewesen. Er habe daraufhin einen Schlüssel für das Büro erhalten, den er auch heute noch besitze.

„Wissen Sie, wie intensiv er seine Möglichkeiten genutzt hat?“

„Eigentlich nicht.“ Margot Quirin schüttelt nachdenklich den Kopf und schaut fragend in die Runde.

„Ich könnte mir allerdings vorstellen, dass er recht oft und recht lang im Internet war“, sagt Doris Michalke nach einigem Zögern. „Zu Semesterbeginn bin ich einmal noch spät hier gewesen, gegen zweiundzwanzig Uhr etwa, weil ich etwas vergessen hatte. Da saß er hier und war ganz erschrocken, als er mich sah. Und der Kollege Richter von der Hausverwaltung hat mich später darauf angesprochen, warum bei uns abends so lange das Licht brennt.“

„Nur interessehalber: Was hat er im Internet gesucht?“

„Keine Ahnung. Es war nie ein Thema.“

„Aber einmal hat er einige Ausdrucke hier liegen lassen“, ergänzt Gaby Christ, „zehn oder fünfzehn Seiten vielleicht. Sie lagen eines Morgens auf meinem Schreibtisch. Ich habe halt mal reingeschaut.“

„Und?“

„Es ging ausschließlich um Las Vegas. Stadtpläne, Hotelverzeichnisse, demoskopische Daten, sogar Beschreibungen der Wasserversorgung. Genau, jetzt erinnere ich mich. Alles mögliche über die Wasserversorgung. Ich habe mich gefragt, wieso ein Chemiestudent sich für die Wasserversorgung interessiert – und dann auch noch von Las Vegas.“

„Vielleicht ging es ihm ja vordringlich um die Spielautomaten. Die Flüge sind ja mittlerweile so billig, dass selbst ein Bafög-Empfänger dort ein paar Nächte am einarmigen Banditen verbringen kann."

„Bestimmt nicht", korrigiert Sandra Bacic den Mann von HP, „Herr Liefers ist kein Zocker. Ein ganz introvertierter, nachdenklicher, manchmal sogar depressiv wirkender Junge, der sich nicht auf Glück und Zufall verlässt."

Der Glaubwürdigkeit halber fragen sie auch noch Margot Quirin nach ihren Internet-Gewohnheiten. Dann verabschieden sie sich.

Las Vegas. Die Vierundzwanzig-Stunden-Stadt. Sin-City, die Stadt der Sünde. Die Stadt der inszenierten Illusionen. Die Stadt in der Wüste, die täglich vier Millionen Kubikmeter Wasser säuft – und sich nicht schämt. Sie hätten von selbst darauf kommen können.

Frankfurt am Main, 22. August

Sein Vorgänger hätte die Nachricht leichter weggesteckt Der hatte den Beruf des Polizisten ja auch von der Pieke auf gelernt. Achim Schmidt-Fellinger hingegen ist ein Quereinsteiger, hat die Dinge als Staatsanwalt mit ausgeprägtem Hang zum Schreibtisch eher aus der Distanz erlebt. Jetzt ist er mit einer Räuberpistole konfrontiert, die er seinerzeit selbst ins Kalkül gezogen hatte, die ihn nun aber angesichts ihrer Authentizität und ihrer beängstigenden Dimension die Luft anhalten lässt. In der gesamten Zeit, als René Gronwald das Ergebnis seiner Ermittlungen vorgetragen hat, ist der Polizeipräsident schweigend in seinem Büro auf und ab gegangen und hat sich von Zeit zu Zeit nervös den Schnauzer glatt gestrichen. Jetzt sitzt er wieder am Schreibtisch und besinnt sich seiner alten Fähigkeiten.

„Ihre Geschichte hat eine zentrale Schwachstelle", sagt er schließlich, während er betont lässig seine Pfeife stopft. „Ich hoffe, das ist Ihnen nicht verborgen geblieben."

„Nicht dass ich wüsste", sagt der Kommissar trotzig. Er wird sich seinen Erfolg nicht kleinreden lassen.

„Doch, doch." Der Präsident lächelt knapp zu Annette Basler hinüber, auf deren Anwesenheit René Gronwald Wert gelegt hat, und nimmt danach sofort wieder sein Gegenüber ins Visier. „Sie ist zu kompliziert." Dass er das als Kompliment verstanden wissen will, macht er im nächsten Satz deutlich. „Aber sie ist auch verdammt schlüssig."

Was folgt, ist ein inhaltsloses Geplänkel, das Achim Schmidt-Fellinger seinem weiblichen Gast schuldig zu sein glaubt, dann kommt er zum Thema zurück.

„Wer weiß noch von der Geschichte?"

„Nur die Mitarbeiter von FACE."

„Zuverlässige Leute?"

„Ich habe ihnen jedenfalls eingebläut, dass es ein Riesenfehler wäre, auch nur ein Sterbenswörtchen davon nach draußen zu geben."

„Von Las Vegas wissen nur wir drei?"

„Korrekt."

Im Nachbarzimmer drückt der Präsident auf den Starter der Espressomaschine. „Frau Schlüter hat heute einen Arzttermin", ruft er durch die offen stehende Tür, „das passt gut."

Während er seine Gäste bedient, sagt er mit bedauernder Stimme: „Zwei müssen noch mit ins Boot. Der Minister und sein Sekretär."

„Wieso das", fragt der Kommissar, der die Welt einmal mehr durch die Brille des einsamen Jägers sieht.

„Ganz einfach: um mich abzusichern. Auch wenn Ihnen diese Sichtweise fremd ist, gestehen Sie mir diesen Schritt bitte zu."

Es wird nicht das letzte Mal sein, dass seine Vergangenheit den Kommissar einholt.

„Falls Sie allerdings fürchten, die Alleinzuständigkeit für den Fall zu verlieren, kann ich Sie beruhigen. Ich werde dem Ministerium die Fortsetzung unserer Strategie nahe legen."

Der Präsident greift zum Telefon. Ein Knopfdruck verbindet ihn mit dem Hauptquartier in Wiesbaden. Der Staatssekretär ist unterwegs. Gegen sechzehn Uhr wird er zurück rufen.

„Haben Sie schon einmal daran gedacht, was passiert, wenn wir den Generalbundesanwalt einschalten?" fragt der Präsident, nachdem er den Hörer auf die Gabel gelegt hat. „Schon eine Stunde später wissen es hundert Leute, und einen Tag später steht es in der Zeitung. Die Gruppe lässt ihren Plan sausen und wir schauen in die Röhre."

„So ganz nackt werden wir wohl nicht dastehen. Schon die Vorbereitung eines terroristischen Angriffs ist strafbar."

„Da haben Sie Recht. Aber glauben Sie im Ernst, Ihre Theorie ist gerichtsfest? Was Sie mir heute erzählt haben, klingt alles ganz logisch, und ich nehme Ihnen Ihre Geschichte auch ab. Sie haben aber keine objektiven Beweise in der

Hand. Ohne die gibt es kein Urteil, vielleicht noch nicht einmal eine Anklage. Ich sage Ihnen als ehemaliger Staatsanwalt: Bei der gegenwärtigen Beweislage hätten Sie große Probleme, überhaupt einen Durchsuchungsbeschluss für die Wohnungen der drei zu bekommen."

Der Kommissar weiß das selbst. Kürzlich hat er es noch der Ärztin klar gemacht. Heute obsiegt aber wieder seine Sturheit.

„Was ist mit dem toten Pavian? Er liegt noch in der Rechtsmedizin."

„Der tote Affe!" Der Präsident hebt die Stimme. „Die Holländerin erzählt dem Gericht die gleiche Story, mit der sie schon ihren Chef hinters Licht geführt hat. Dann war es das. Ihr Anwalt wird fragen, was eine so engagierte und erfolgreiche Frau zu einem Massenmord veranlassen sollte. Da lacht der Gerichtssaal, wenn der Fall überhaupt so weit kommt. Wir müssen sie in flagranti erwischen. Im Wasserwerk, wenn sie gerade das Gift platzieren wollen. Dann haben wir den terroristischen Anschlag und den versuchten Mord in 500.000 Fällen."

„Die Amerikaner haben ihn."

„Noch besser. Wir sind ihn los und ersparen uns einen jahrelangen Prozess im Hochsicherheitsgericht."

„Wir müssten ihnen allerdings nach Nevada folgen, wenn sie, was zu vermuten ist, den Anschlag selbst durchführen."

„Steht dem etwas im Weg?"

„Das Einsatzgebiet ist nicht mehr unser Hoheitsgebiet", grinst der Kommissar.

„Machen Sie sich da mal keine Sorgen. Ich kenne den Gouverneur von Nevada. Bob Taylor. Seine Frau stammt aus München. Er hat sie vor zehn Jahren auf dem Oktoberfest kennen gelernt. Seitdem hat er ein Faible für Deutschland und viel Verständnis für deutsche Wünsche."

Zunächst haben Linda und Bully am Biologischen Institut in der Siesmeyerstraße Nachschau gehalten. Leere Parkplätze und unbenutzte Fahrradständer signalisierten, was die Schaukästen in den Fluren im Gebäudeinneren amtlich machten. Es gab im gesamten Monat August keinerlei Veranstaltungen im Fachbereich, weder Vorlesungen, noch Übungen oder Seminare. Im Wohnheim meldete sich auf ihr Klingeln ebenfalls niemand.

„Es gibt keinen Grund zur Panik“, sagt Linda, als sie bei ihrem Begleiter erste Anzeichen von Unruhe erkennt. Sie erinnert sich daran, dass Santos sie seinerzeit zum Volleyballspielen überreden wollte. An der Sporthalle in der Ginnheimer Landstraße entdecken sie als erstes sein Fahrrad. Der Blick von der Zuschauertribüne schafft Gewissheit. Santos ist einer der Spieler, die sich auf dem Parkett um die Punkte streiten. Halb verdeckt vom Treppenaufgang beobachten Linda und Bully das Match.

„Er scheint stark zu schwitzen“, flüstert Bully.

Linda schüttelt den Kopf. „Das tun sie alle.“

Als der Schiedsrichter das Spiel beendet, verschwinden die beiden Beobachter schnell. Ansprechen wollen sie Santos heute noch nicht, denn sein Treffen mit Jens Berninger liegt erst vier Tage zurück. Aber ihm zuzuschauen bei seinen alltäglichen Verrichtungen, hält Linda für aufschlussreich. Im Café Lambert setzen sie sich an einen Fensterplatz und warten. Früher oder später wird Santos nebenan im Pilsstübchen seinen Durst löschen.

„Du hast nichts Auffälliges an ihm bemerkt?“ Bully ist noch immer skeptisch.

„Jedenfalls nichts, was auf eine Beeinträchtigung seiner Kondition hindeuten könnte. Er war im Gegenteil gut drauf.“

„Nach deinen afrikanischen Erfahrungen müsste ja auch alles glatt laufen während der ersten Woche“, macht sich Bully Mut.

„Denke aber daran, dass wir das Virus verändert haben“, streut Linda wieder Zweifel, „sein Kern hat Besuch bekommen.“

„Wie groß ist die Wahrscheinlichkeit, dass bei dem veränderten Erreger die Symptome früher auftreten oder dass sich ganz andere Symptome zeigen. Fieber schon am Tag nach der Ansteckung und statt unscheinbarer Pusteln schwere Ausschläge?“

„Wir haben Neuland betreten. Alles ist Spekulation."

„Santos ist unser menschliches Versuchskaninchen. Von ihm hängt alles ab."

„Es wäre allerdings kein Beinbruch, wenn es nicht ganz symptomfrei abginge. Wichtig ist nur, dass sich die Beschwerden der Infizierten im Bagatellbereich halten. Leichtes Unwohlsein, Völlegefühl oder wie in Monolutu unauffällige Hautveränderungen. Die Leute dürfen halt nur nicht massenhaft zum Doktor laufen."

Es ist kurz vor einundzwanzig Uhr.

„Da kommt er."

Linda zieht die Gardine ein Stück zur Seite. Santos nähert sich auf dem Gehweg der Frauenlobstraße zügig dem Pilsstübchen. Als er das Café passiert, haben sie ihn für wenige Sekunden nah vor Augen.

„Kranke sehen anders aus", sagt Linda.

Frankfurt am Main, 24. August

Achim Schmidt-Fellinger hat mit Engelszungen reden müssen, um den Staatssekretär von seiner Idee zu überzeugen. Nicht, dass der Mann aus Wiesbaden auf die Einhaltung der rechtlichen Vorgaben gepocht hätte; es waren vielmehr die unmittelbar bevorstehenden Wahlen, die ihn mit der Einschaltung der Staatsanwaltschaft und der schnellen Festnahme der Gruppe noch in Deutschland liebäugeln ließen. Den Ausschlag für sein Einlenken hatte schließlich der Hinweis des Präsidenten gegeben, dass die Regierungsparteien nach den neuesten Umfragen wieder vor der Opposition lagen und ein spektakulärer Fahndungserfolg gar nicht erforderlich sei.

Weitaus unkomplizierter war sein anschließendes Gespräch mit Bob Taylor verlaufen. Der Gouverneur von Nevada hatte mit rechtstaatlichen Grundsätzen nicht viel am Hut und war mehr dem Pragmatischen zugetan. Spontan hatte er sich damit einverstanden erklärt, auch die dortige Justiz zunächst außen vor zu lassen und den Fall den polizeilichen Instanzen zuzuweisen. Wenige Stunden später kannte der Frankfurter Präsident auch schon die sachbearbeitende Dienststelle. Robert Vasco, der Special-Agent aus der Spielerstadt und geschult in Staatsschutzangelegenheiten, hat das Sagen. Er gilt als ein absolut zuverlässiger Mann.

„Was hat Schmidt-Fellinger vorgestern gemeint mit den Schwachstellen in unserer Theorie?“

„Irgendwie schien er mir darauf hinaus zu wollen, dass wir immer noch mit zu vielen Vermutungen arbeiten.“

Annette Basler und René Gronwald suchen in einem Baumarkt an der Hanauer Landstraße nach einer Lampe für die Küche der Ärztin.

„Ich könnte mir in den Hintern beißen, dass ich nicht nachgefragt habe. Vielleicht gibt es Widersprüche, die wir noch nicht gesehen haben."

„Das hätte er uns gesagt", beruhigt Annette Basler ihren Begleiter.

„Wie wäre es denn mit dem Thema Virentransport? Bei aller Euphorie über Las Vegas: Das Zeug muss dorthin. Die Amis haben doch die Schotten dicht gemacht."

„Wer es fertig bringt, aus harmlosen Viren gefährliche Giftbomben zu machen, der bringt sie auch durch die Kontrollen."

„Dann werde bitte mal konkret."

„Wenn es sein muss, im Handgepäck; als Deo deklariert. Viren sind unsichtbar und fallen auch beim Durchleuchten nicht auf."

„Jetzt hast du genau den Punkt getroffen. Bei der Durchleuchtung gehen sie kaputt. Und das Gepäck der Fluggäste wird komplett durchleuchtet."

„Dann machen sie es anders. Es ist doch nicht unser Problem."

„Aber ich muss es mir vorstellen können! Wenn es unmöglich wäre, den Afrikaner rüber zu schaffen, wäre unsere Theorie falsch."

„Nur das Finale. Sie drehen das Ding woanders. Hier zum Beispiel."

„Einverstanden. Sie löschen Berlin aus, immerhin die Hauptstadt der siebtgrößten Wirtschaftsmacht der Welt."

„Wieso Berlin? Das Geniale muss nicht reisen. Wie wäre es mit Frankfurt, die heimliche Hauptstadt?"

„Eine völlig ungeeignete Wasserversorgung, wie ich dir bereits gesagt habe. Komplett dezentral."

„Vielleicht geben sie ihrer Heimatstadt einen gewissen Rabatt und begnügen sich mit einem Teil von ihr."

Lampen sind mittlerweile nicht mehr ihr Thema, und sie suchen auch nicht mehr nach den einschlägigen Hinweisschildern. Die breiten Gänge des Marktes sind zur Arena für eine neue Runde im Brainstorming geworden.

„Du redest mich besoffen! Bleiben wir doch auf dem Teppich und in Las Vegas. Nenne mir bitte eine realistische Möglichkeit, das hochgiftige Zeug durch den Zoll zu schleusen."

„Sie geben den Koffer einem Piloten oder einer Flugbegleiterin mit. Jeder hat doch heute so etwas in seinem Bekanntenkreis."

„Sehr unrealistisch für meine Begriffe."

„Oder sie drehen die Flasche einem Wissenschaftskollegen an, der zur gleichen Zeit zu einem Kongress in die USA reist..."

„Ausgesprochen konstruiert, wie ich finde."

„Mein letzter Vorschlag…" Annette Basler kuschelt sich an den Kommissar und legt zärtlich ihren Arm um seine Hüfte. „Sie spielen noch einmal Trojanisches Pferd und infizieren sich selbst. Vor dem Abflug spritzt sich jeder aus der Gruppe eine hohe Dosis des Afrikaners in die Vene. In Las Vegas machen sie dann eine Woche lang Highlife in den Casinos und Bars. Todkrank, aber immer noch handlungsfähig, lassen sie sich am siebten Tag zur Ader. Drei Liter Blut machen 300 Millionen Erreger."

René Gronwald zieht seine Begleiterin noch ein Stück näher an sich heran.

„Auf solche Gedanken kommen nur Ärzte."

„Wie ich beispielsweise – und Linda."

In der kleinen Bar vor dem Hauptausgang trinken sie Kaffee und essen eine Kleinigkeit.

„Hast du eigentlich sichergestellt, dass wir informiert werden, wenn sie nach Nevada aufbrechen?"

„Unser Präsident hat sie international ausgeschrieben. Egal wo sie einchecken, wir bekommen Nachricht. Übrigens schon, wenn sie buchen."

„Geschehen ist aber noch nichts?"

„Komischerweise nein. Nach dem toten Pavian hatte ich damit gerechnet, dass es ruckzuck geht. Zumal Las Vegas im Moment Hochsaison hat. Über zwei Millionen Menschen halten sich gegenwärtig in der Stadt auf, ab Oktober werden es weniger. Die drei haben also ein Zeitproblem."

„Vielleicht sind sie noch nicht soweit."

„Was sollte ihnen fehlen?"

Annette Basler verzieht nachdenklich die Mundwinkel. „Sie wollen doch keine Affen vergiften."

René Gronwalds Handy meldet sich. Es ist der Polizeipräsident. Er informiert den Kommissar über den gelungenen Coup in Wiesbaden und den erfolgreichen Kontakt mit Gouverneur Bob Taylor in Nevada. Zum Schluss sagt er ihm noch, dass Detective Vasco sein Mann in Las Vegas ist und bereits seit einer Stunde auf den Anruf aus Deutschland wartet.

Die Lampe werden sie ein andermal kaufen und auch nicht hier. Auf dem Flohmarkt gibt es schönere. Sie fahren eilig zurück in Annette Baslers Wohnung. Achtzehn Uhr MEZ heißt neun Uhr früh in Nevada. Eine gute Zeit für den Mann vom Staatsschutz.

„Sagen sie einfach Robert zu mir." Detective Vasco bedient schon nach 10 Sekunden das Klischee vom Amerikaner zum Anfassen. Gouverneur Taylor hat ihm den Fall bereits geschildert, aber der Mann aus Las Vegas will ihn noch einmal vom deutschen Ermittler hören. Der hat einige Probleme mit den Fachausdrücken, aber er hat auch eine Souffleuse, die in den einschlägigen Disziplinen mehrsprachig zuhause ist.

„Mein Gott", sagt der Profi aus der Wüste am Ende des Berichts und zeigt Betroffenheit. „Was für eine scheußliche Geschichte, Amerika muss euch dankbar sein! Aber ihr hattet ein paar Probleme, das Verfahren bedeckt zu halten?"

„In der Regierung sitzen bei uns eine Menge – Bedenkenträger". Annette Basler kann auch in diesem Fall aushelfen.

„Da sind wir glücklicherweise ein Stück flexibler. Der Gouverneur ist für die kurzen Wege. Ich weiß gar nicht, ob er nicht auch die Staatsanwaltschaft einbinden müsste."

„Oder die CIA?"

„Davon hat er ganz bewusst abgesehen und die Sache mir übertragen. Wir sind zu dritt. Für unsere Verhältnisse eine Miniabteilung. Aber genau die richtige Größe. Denn das einzige, was wir in der jetzigen Situation nicht gebrauchen können, ist Publizität. Und die CIA ist so löchrig wie ein Schweizer Käse."

„In Deutschland wird das ähnlich gesehen. Sobald die Staatsanwaltschaft davon weiß, ist es in der Öffentlichkeit. Dann müssen wir zugreifen, bevor die Terroristen die Dinge getan haben, die sie lebenslang hinter Gitter bringen."

„Unser zentrales Interesse zielt selbstverständlich darauf ab, den Anschlag zu verhindern", sagt der Detective, „aber wir wollen darüber hinaus auch dafür sorgen, dass von der Geschichte nichts an die Öffentlichkeit dringt. Las Vegas kann man auch anders erledigen als durch Gift."

„Du meinst Angst?"

„Das ist der Punkt. Die Wasserversorgung ist die Achillesferse der Stadt, insbesondere unter terroristischen Gesichtspunkten. Wenn das den Menschen, die hier leben oder die hier ihren Urlaub verbringen, bewusst wird, ist die Hölle los. Die Stadt lebt von den Spielern. Und große Teile des Südwestens leben von der Stadt. So etwas können wir uns nicht leisten. The show must go on."

„Die Angst bliebe ja möglicherweise nicht auf Las Vegas beschränkt..."

„Mit Sicherheit nicht! Einmal gibt es zahlreiche Städte und Regionen, die eine entsprechend anfällige Wasserversorgung besitzen. Zum anderen müssten wir unsere Vorzeige-Journalisten ins Kalkül ziehen. Vor allem die Schreiber von der Ostküste. Die Washington Post und die New York Times würden sich gegenseitig übertreffen wollen mit Berichten über die Sicherheitsdefizite in den Wasserversorgungssystemen der Ballungszentren. Weißt du, wie das Gespenst heißt, das am Horizont umgeht? – Panik, und dessen Folgen sind kaum abzuschätzen."

„Ich habe deine Landsleute immer für sehr cool und beherrscht gehalten. New York war nach dem 11. September ein Vorbild an Disziplin."

„Täusch dich nicht. Das Fass ist voll. Das permanente Bedrohungsszenario zeigt Wirkung, leider in einer Weise, die die Regierung nicht vorhergesehen hat. Die Nerven liegen blank."

„Wie wollt ihr die Geschichte von der Öffentlichkeit fernhalten?"

„Gouverneur Taylor hat schon mal laut nachgedacht. Wir geben ihnen den Status von Guantanamo-Häftlingen und lassen sie verschwinden. Kein Hahn kräht mehr nach ihnen. Oder wir kochen das Ding auf ganz kleiner Flamme. Dann bekommen sie wegen illegalen Aufenthalts zehn Jahre und die CIA macht sich in der Zwischenzeit über die Superviren her."

In wenigen Stunden wird René Gronwald alles auf den Weg bringen, was Robert Vasco benötigt: Ein Bericht mit detaillierten Angaben über die durchgeführten Ermittlungen sowie die Personenbeschreibungen und Fotos der Verdächtigen.

„Wie stark ist deine Mannschaft eigentlich", fragt der Detective am Ende des Gesprächs.

„Mit euch sind wir fünf", erwidert der Kommissar und lässt den Partner im fernen Nevada rechnen.

„Vorhin im Baumarkt, unmittelbar bevor Schmidt-Fellinger anrief, was hast du da gesagt?"

„Keine Ahnung", antwortet Annette Basler verwundert. „Über was haben wir denn da gesprochen?" Sie überlegt kurz. „Es ging darum, dass sie noch keinen Flug gebucht haben..."

„Richtig!" Jetzt ist René Gronwalds Erinnerung wieder da. „Du hast gemutmaßt, dass ihnen noch etwas fehlt und auf meine Nachfrage hast du gesagt, sie wollten doch keine Affen vergiften. Wie war das gemeint?"

„Der Pavian ist an den manipulierten Viren gestorben. Bei ihm ist das Kalkül der Gruppe aufgegangen, die Trojanischen Pferde hatten Erfolg. Dass der Mechanismus auch beim Menschen funktioniert, ist damit aber noch nicht gesagt. Die Ergebnisse eines Tierversuchs sind nicht ohne weiteres auf den Homo sapiens übertragbar."

„Es könnte also sein..."

„...dass das veränderte Virus beim Menschen gar nicht anschlägt. Oder dass es über ein viel höheres Aggressionspotentials verfügt. Wenn beispielsweise die ersten unangenehmen Symptome schon gleich nach der Infektion auftrcten, geht ihre Rechnung mit dem Massenmord nicht auf, denn die Behörden können früh reagieren. Wenn sie die gesamte Stadt vernichten wollen, müssen die Infektionspfade mindestens eine Woche lang offen bleiben."

„Wie das Virus auf den Menschen wirkt, lässt sich im Labor nicht feststellen?"

„Nein", erwidert Annette Basler und schüttelt bedauernd den Kopf, „in vitro geht das nicht."

Die Blicke aus ihren erschrockenen Augen treffen sich für wenige Sekunden. Der Kommissar springt als erster von seinem Stuhl auf, zieht sein Sakko von der Lehne und rennt aus der Wohnung. Bevor er den Wagen startet, setzt er das mobile Blaulicht auf das Dach und stellt das Funkgerät auf Empfang. Annette Basler wirft den Notfallkoffer auf die Rückbank und okkupiert wieselflink den Beifahrersitz. Wortlos kämpfen sie sich durch die Reste des Feierabendverkehrs. Mit eingeschaltetem Blaulicht und Martinshorn fahren sie bis vor den Eingang des Wohnheims in der Ginnheimer Landstraße. Der Hausmeister, der vor der offenen Scheibe in der Schleuse des Eingangsbereichs gesessen und Automatenchips verkauft hat, ist erschrocken aufgesprungen

„Ole Schimpf", ruft der Kommissar, „haben Sie ihn heute schon gesehen?"

„Nein", antwortet Waldemar Lobowicz hastig, „aber..."

„Kommen Sie!"

Gemeinsam rennen sie Richtung Aufzug.
„Gestern Abend war er jedenfalls zuhause“, keucht der Hausmeister, „hatte Besuch von einer jungen Dame. Gegen Mitternacht hat er sie nach unten gebracht. Sie waren in bester Stimmung.“

Santos liegt mit T-Shirt und Jeans bekleidet auf dem Bett. Sein rechter Arm ist abgewinkelt, die Hand, zur Faust geballt, berührt den Boden. Augen und Mund sind geschlossen und lassen ihn schlafend erscheinen. Wenn da nicht das kalte, pastellfarbene Blau wäre, das Lippen und Gesicht gleichermaßen überzieht und sie in ein gespenstisches, lebensfremdes Licht taucht. Mit ein paar schnellen Schritten ist die Ärztin am Bett und drückt ihre Hand auf die Schlagader an Santos’ Hals.
„Sie meinen es ernst“, sagt Annette Basler nach wenigen Augenblicken und wirft ihren beiden Begleitern einen sorgenvollen Blick zu.

Frankfurt am Main, 25. August

Davor hat er Angst. Ihr in die Augen zu sehen. In Augen, die ihm über Nacht fremd geworden sind. Die ihren faszinierenden Glanz, ihre Wärme, ihre Ehrlichkeit verloren haben.

Die Gruppe hat eine Grenze überschritten. Sie hat Santos getötet, nur um zu testen, ob ihre Erfindung auch am Menschen funktioniert. Zugegeben, der Biologiestudent hat sie im Stich gelassen, hat sie sogar verraten. Aber er ist ihr Freund gewesen, ihr Kommilitone. Paviane und Kaninchen vergiften ist etwas ganz anderes.

Angst vor den Augen, die jetzt böse Augen sind, nachdem auch Linda diesen Schritt gegangen ist. Die über Nacht einen anderen Menschen repräsentieren. Die ihm einen Traum zerstören.

Du bist ein Jäger. Du hast einen Auftrag. Erfolg ist eine Sache der Disziplin. Immer wieder hämmert sich René Gronwald diese Sätze ein, ohne Erfolg. Linda hat ihn fest im Griff, auch noch, nachdem Annette Basler ihm aus dem Sektionssaal per Handy letzte Gewissheit verschafft. Santos ist an einer persistierenden Herzmuskelkontraktion gestorben. Wie der Pavian, der jetzt in der Kühlbox des Rechtsmedizinischen Instituts liegt. Und genau wie bei dem Affen deuten Unmengen von Abwehrzellen in Santos' Blut auf die vorangegangene Virusinfektion hin.

„Mit Sicherheit der Afrikaner", sagt Annette Basler, „ein Exemplar habe ich im Mikroskop immerhin noch erwischt."

Vor diesen Augen hat er Angst, aber in diese Augen will er schauen. Er greift zum Telefon.

„Bitte nicht böse sein!" Lindas Stimme klingt hektisch und aufgeregt. „Ich bin schon unterwegs und total im Stress."

„Unterwegs?"

„Ich fliege nach Utah, schon in vier Tagen. Ein Ärztekongress. Ich muss von meiner Virenarbeit berichten und stecke noch mitten in der Vorbereitung."

„Utah heißt ..."

„Salt Lake City."

"Für wie lange?"

„Eine Woche oder zwei. Es gibt dort viel zu sehen."

„Und wir? Ein Kaffe noch in der Schweizer Straße vor deinem Abflug?"

„Es wird mir ein bisschen viel..."

„Wir haben uns eine ganze Woche nicht gesehen!"

„Das holen wir alles nach, wenn ich wieder zurück bin."

So schnell wird er ihr also nicht in die Augen schauen. Aber das ist in Ordnung so. Es beruhigt ihn sogar ein wenig. Linda war zwar etwas durcheinander, aber ihre Stimme war die alte. Böse Augen hätten dazu nicht gepasst. Dass er eine Entscheidung verschiebt, sich einer Gewissheit verweigert, ist ihm neu. Die Dinge holen ihn irgendwann ein. Das weiß er, aber die Angst davor verkneift er sich. Lindas Stimme macht ihn verrückt. Ganz nebenbei hat sie ihm etwas Wichtiges verraten: In vier Tagen beginnt ihre große Reise.

Um 13.43 Uhr erreicht die verschlüsselte Botschaft den Rechner im Polizeipräsidium in Frankfurt am Main. Die erste Zielperson hat gebucht. Linda DeVries, Lufthansaflug 549, Frankfurt – Salt-Lake-City – Frankfurt. Abflug Donnerstag 10.55 Uhr, Datum des Rückflugs offen. Wenige Stunden später laufen die Buchungsdaten der Komplizen ein. Jens Berninger fliegt mit Aeroflot nach Casablanca und von dort über diverse Zwischenstationen nach Phoenix/Arizona. Burkhard Liefers' Ziel heißt San Diego/Kalifornien. Auch er hat sich für einen Billigflug entschieden. Das Umsteigen macht aus der Reise einen Zweitagetrip.

„Keiner der Terroristen fliegt Las Vegas direkt an." Achim Schmidt-Fellinger hat schon Minuten später den Kommissar an der Strippe. „Ändert das etwas an unserer Einschätzung?"

„Sicher nicht. Offensichtlich Teil ihres Versteckspiels. Von allen Flughäfen gibt es halbstündliche Verbindungen nach Las Vegas."

„Dass sie unter ihrem richtigen Namen reisen, macht uns keine Probleme?"

„Solange das Iris-Erkennungssystem noch nicht ausgetrickst ist..."

„Geniale Menschen schaffen das nicht?"

„Nur eine Frage der Zeit. Unsere Leute haben ihre Zeit in etwas Wichtigeres investiert."

„Wissen Sie schon, wann Sie fliegen?"

„Noch nicht."

„Sie erfahren es spätestens heute Abend. Und Sie reisen in Begleitung. Ihre Waffe nehmen Sie übrigens auch mit. Amerika ist einverstanden, und den Rest kläre ich später ab."

Die Linienflüge nach Las Vegas sind auf zwei Wochen ausgebucht. Aber der Polizeipräsident hat seine Beziehungen. In der Chartermaschine der Lufthansa, die am übernächsten Morgen mit einem halben Hundert erlebnishungriger Mitarbeiter der Beratungsgesellschaft Berger und Coll. zu einem Fun-Flug nach Las Vegas startet, sind noch Plätze frei.

„Für Sie immer", sagt der Chef und betont zugleich, dass der Trip der Fahnder aufs Haus geht. „Ein Freundschaftsdienst, den wir Ihnen schuldig sind."

Las Vegas, 27. August

„René!“ Der Mann, der freundlich lächelnd am Arrival-Gate auf die Ankömmlinge zugeht, ist Mitte vierzig, leicht untersetzt und hat einen bronzefarbenen Teint. Dazu hohe Wangenknochen und schmale Augen. Das schwarze Haar ist kurz geschnitten und hat Probleme sich den physiogenen Verhältnissen des Kopfes anzupassen.

„Detective Vasco?“

Der Staatsschützer streckt die Hand aus. „Wir hatten uns auf Robert verständigt.“

Sie holen das Gepäck am Schalter ab und gehen durch die lichtdurchflutete Halle Richtung Ausgang.

„Wie haben Sie uns in diesem Durcheinander erkannt?“, fragt der Kommissar.

„Ihr habt mir doch Eure Passbilder gemailt. Und wir haben scharfe Augen.“

Detective Vasco ist Indianer. Allerdings schon sehr amerikanisch. Ohne die Insignien seines Stammes. Selbst an seiner Uhr fehlen die obligatorischen blauen Steine. Die Jeans und das weit geschnittene Hemd sind leger, aber an den Füßen trägt er Mokassins.

„Wir haben zwei Tage Vorsprung, erinnere ich mich da richtig?“

„Sie kommen übermorgen.“

„Die Zeit sollten wir nutzen.“

Robert Vasco hat für seine Gäste aus Deutschland im *Boardwalk* reservieren lassen, ein Drei-Sterne-Hotel, mit sechshundert Betten für hiesige Verhältnisse eher klein geraten, am südlichen Ende des „Strip“, wie sie den Las-Vegas-Boulevard liebevoll nennen. René Gronwald und Annette Basler nehmen einen Drink an der Bar in der Eingangshalle und versuchen danach in ihren klimatisierten Zimmern ein wenig von dem Stress abzubauen, den der Elf-Stunden-Flug und ein abrupter Klimawechsel hinterlassen haben. Das gelingt ihnen allerdings nur bedingt. Ihre hyperaktiven Gehirne erlauben noch nicht einmal den kurzen Erholungsschlaf für zwischendurch. So sitzen sie schon kurz vor vier wieder an der Bar, umgeben von ratternden Spielautomaten, essen Burger und Pommes und machen sich mit viel schlechtem Kaffee fit für die Sightseeing-Tour, die der Detective zum Nonplusultra jedes Las Vegas-Aufenthaltes erklärt hat. Robert Vasco ist pünktlich.

„Meine Mitarbeiter", sagt er, als er seine Gäste zu dem vor dem Hotel geparkten Pontiac führt, an dem zwei junge Männer in lässiger Haltung warten. „Detective Linners und Detective Mohave. Sie sind in den Fall eingeweiht. Sonst weiß niemand in der Stadt etwas davon."

Robert Vasco bietet Annette Basler den Platz auf dem Beifahrersitz an, aber die lehnt dankend ab. Der Kommissar gehört dorthin. Sie macht es sich zwischen den beiden Polizisten auf der Rückbank der schwarzen Limousine bequem. Augenscheinlich sind auch diese beiden Beamten indianischer Herkunft. Die Ärztin wundert das nur insoweit, als Indianer schon zahlenmäßig im Südwesten keine Rolle mehr spielen.

„Diese Stadt kann man nicht kennen lernen, indem man einen Reiseführer liest oder sich ein Video anschaut", sagt Robert Vasco, als sie auf den Boulevard einbiegen, der schnurstracks die schneebedeckten Berge im Norden anvisiert. „Las Vegas muss man erleben."

Der Detective fährt mit dreißig Stundenkilometern auf der rechten von vielen Spuren und erklärt die Highlights, die sich wie Schwalbennester beiderseits der Straße schmiegen.

„Das Bellagio, fünf Sterne, dreitausend Zimmer, sämtlich mit Marmorbädern ausgestattet, berühmt für seine Wasserspiele." Fünfzehn pinkfarbene Stockwerke, zu einem Halbkreis geformt und von Pagoden sowie monströsen Bäumen zu einem See hin abgeschirmt, der die Wüste vergessen lässt, verraten viel von den kreativen Fähigkeiten amerikanischer Architekten und ihrer grenzenlosen Naivität.

„Rechts vorne das Flamingo. Noch mehr Betten: 3600. Und eine Wasserlandschaft der besonderen Art. Exotische Vögel, darunter afrikanische Pinguine...“

Vasco schaltet das Blaulicht ein und defiliert nun fast im Schritttempo an den gigantischen Hotel- und Casinobauten vorbei, die sich am Strip heimisch gemacht haben.

„Schaut einfach nur hin“, sagt der Detective, „es macht keinen Sinn, wenn ich zu jedem Komplex einen Kommentar abgebe.“

Kilometerlang geht es nur geradeaus. Die Hinweisschilder, die an den zahlreichen Abfahrten angebracht sind, verraten, dass auch jenseits des Strip Hotels und Casinos den Ton angeben.

„Zwei Informationen bin ich euch noch schuldig“, bricht Vasco schließlich sein Schweigen. „Das Venetien, vorne an der Ecke. In diesem Hotel sind sämtliche Wahrzeichen Venedigs nachgebaut. Beinahe im Maßstab eins zu zwei. Zu den siebzehn Spezialrestaurants kann man mit echten Gondeln fahren. Die Pizza soll besser schmecken als am Originalschauplatz. Und das Wasser ist hier sowieso sauberer als in der Lagune.“

„Wasser spielt hier eine große Rolle.“ Annette Basler erinnert sich an ihren Auftrag.

„Mit Sicherheit ein Stück der Faszination von Las Vegas. Mitten in der Wüste: Wasser bis zum Abwinken.“

„Eine sehr amerikanische Sicht der Dinge“, wirft der Kommissar ein.

„Aber ja!“ Vasco nickt heftig. „Es gibt den Satz, dass man das Wesen Amerikas nur erkennen kann, wenn man Disneyland und Las Vegas gesehen hat.“

„Verschwendung gehört überall dazu?“

Annette Basler erntet ein kommentarloses Schulterzucken. Auf dem Weg nach Downtown passieren sie das Hotel Paris. Eine Nachbildung des Eifelturms ziert seine Frontseite.

„Hundertfünfzig Meter hoch“, erklärt Vasco, „halb so groß wie das Original. Die Stadt gibt auch schon mal Grund zum Fürchten.“

Nach über einer Stunde Fahrt verlassen sie Downtown auf dem Highway 93 Richtung Westen. Aber die Stadt will nicht aufhören. Bungalows im Wechsel mit Golfplätzen, deren frisches Grün euphorisch macht.

„Sie sind unser Hauptproblem“, sagt Robert Vasco und zeigt auf eine besonders große Anlage am Megeve-Hotel. „Über fünfzig Prozent des Wasserverbrauchs gehen allein auf das Konto der hundert Golfplätze in der Stadt.“

„Wäre nicht Kunstrasen die Lösung?“

„Kompliment, Mrs. Basler“, erwidert der Detective und dreht sich zu seinem Gast auf der Rückbank um, „Plastikgras würde zweifellos gut zu der Philosophie der Stadt passen. Aber bei ihren Golfplätzen stellt sie sich stur. Da muss es echtes Gras sein.“

Es dauert noch einmal eine Stunde, bis die Bungalows weniger werden.

„Eine Spirale ohne Ende“, bemerkt Robert Vasco kopfschüttelnd. „Jedes Jahr entstehen an den Rändern der Stadt etwa 50.000 neue Einfamilienhäuser, und parallel dazu ziehen sie fünfzig bis achtzig Casinos hoch. Zeitgleich explodieren die Touristenzahlen. Achtunddreißig Millionen besuchen in jedem Jahr die Stadt. Und wisst ihr“, sagt er nach einer kleinen Pause, „was das eigentliche Problem ist?“ Vasco schaut kurz zu seinem Beifahrer und sucht dann über den Rückspiegel Blickkontakt zu seinen Begleitern im Fond. „Hier hat noch niemand kapiert, dass Wachstum überall auf der Welt Grenzen hat und dass dies auch für Las Vegas gilt. Sie werden es aber lernen müssen.“

„Und wer soll es sie lehren?“

„Bis vor einer Woche war ich der Meinung, dass die Wüste es sie lehrt.“

„Wie macht sie das?“

„Indem sie ihnen das Wasser abstellt. Ein indianisches Sprichwort sagt: Ein Brunnen schöpft sich leer.“

„Und jetzt...?“

„...kommen ein paar deutsche Studenten den normalen Abläufen zuvor. Es sei denn, wir können es verhindern. Dann wäre die Wüste wieder am Zug.“

Robert Vasco lacht und gibt Gas.

Irgendwann lassen sie die Stadt hinter sich. Links und rechts der Straße nur noch braunes Geröll. Die Schnellstraße führt auf ein kleines Plateau. Der Detective steuert eine Parkbucht an. Las Vegas liegt jetzt zu ihren Füßen. Die Häuser am Stadtrand verschwimmen in der flimmernden Wüstenluft.

„Nichts Besonderes“, sagt der Detective, „wenn man mal von der außergewöhnlichen Lage absieht. Aber wenn wir heute Nacht zurückkommen, empfängt uns ein Märchen aus Tausend und einer Nacht. Das echte Las Vegas.“

Die Abzweigung nach den Spring Mountains ist nur dürftig ausgeschildert.

„Im Winter stellen sie größere Schilder auf, wenn die Lifte laufen.“

Die Straße führt in sanften Windungen bergauf. Bald zeigt sich eine erste, eher spärliche Vegetation. Zuerst Kakteen, dann Dornenbüsche und verkrüppelte Hickorybäume. René Gronwald wird allmählich unruhig.

„Habe ich dich vorhin richtig verstanden, dass du uns die Wasserleitungen der Stadt zeigen willst?“

„Ja natürlich“, antwortet der Detective und schaut stur geradeaus.

„Und dann fahren wir in die Spring Mountains und nicht hinüber zum Stausee?“

„Nein, nicht zum See.“

„Sag nur, da kommt nichts mehr vom Lake Mead?“

„Nichts mehr ist zuviel gesagt. Richtig wäre: so gut wie nichts mehr.“

„Was ist denn passiert?“

„Die Natur hat ihnen schon mal die gelbe Karte gezeigt. Der Colorado ist nur noch ein Rinnsal. Der Wasserspiegel des Sees ist um fünfzig Meter gefallen. Die großen Städte Kaliforniens, Los Angeles und San Diego, die alle am Tropf des Sees hängen, verbrauchen immer mehr. Die Gemüsebauern im Hinterland vergrößern unentwegt ihre Anbauflächen. Da musste etwas geschehen, sonst wäre der See in ein paar Jahren leer gewesen."

„Sie haben also Las Vegas die Leitungen gekappt?", fragt René Gronwald ungläubig.

„Las Vegas liegt in Nevada, das nur zwei Millionen Einwohner hat. Gebraucht wird das Wasser vor allem in Kalifornien, der fünftgrößten Wirtschaftsmacht der Erde."

„Trotzdem..."

„Was wohl entscheidend war: Las Vegas hatte eine Alternative. Vielleicht eine letzte, aber die Stadt konnte ausweichen."

„In die Spring Mountains?"

Vasco nickt. „Jetzt pumpen sie diese schönen Berge leer. Die Stadt planscht wie eh und je und hier vertrocknet der Wald."

Die Kurven mausern sich zu kleinen Serpentinen. Am Charleston View, einem Parkplatz mit Imbissbuden, machen sie halt. Im Nordwesten glänzt der schneebedeckte Gipfel des Charleston Peak in der Sonne.

„Der höchste Berg der Spring Mountains", erläutert Robert Vasco, „fast 12.000 Feet. Anfang November beginnt hier oben schon die Skisaison."

Sie holen Cola und Sandwiches und setzen sich an einen Tisch unmittelbar an dem Absperrgitter, das das Picknickgelände vor dem steil abfallenden Hang sichert.

„Was uns interessiert, sieht man da unten." Der Detective deutet mit der Hand auf die Hügellandschaft am Fuß des Charleston Peak. Ein silberglänzendes, wie mit einem Lineal gezogenes Band zieht sich, aus dem Wald kommend, durch die Buschlandschaft talwärts.

„Das Wasser von Las Vegas“, sagt Vasco, „das neue Wasser.“

„Das reicht aus?“ Annette Basler ist skeptisch.

„Die Entfernung täuscht. Bis zum Kanal sind es von hier zehn Meilen. Er ist riesengroß. Da ist ein Fluss unterwegs.“

„Wo kommt das ganze Wasser her?“

„Sie pumpen es überall aus dem Boden. Es gibt mehr als einhundert Förderstellen. Zunächst wird es in unterirdischen Röhren zu einem Sammelpunkt geführt und von dort läuft es dann in dem offenen Kanal bis zum zentralen Wasserwerk der Stadt.“

Fasziniert tasten die Augen der Frankfurter Fahnder immer wieder das diamantene Band ab, das sich ihnen auf vielleicht fünfzehn Meilen präsentiert.

„Ein gedeckter Tisch für die drei“, sagt René Gronwald kopfschüttelnd.

„Das sieht nur so aus“, entgegnet Robert Vasco. „Was wir von hier oben nicht sehen können, sind die Sicherungsanlagen am Kanal. Die schauen wir uns auf dem Rückweg an.“

Die Abzweigung wenige Meilen vor der Stadt ist für Nichtautorisierte gesperrt. Die Straße selbst besteht aus planiertem Wüstenboden ohne Begrenzungspfähle und Mittelstreifen und ist kaum wahrnehmbar in der eintönig grauen Landschaft. Nach wenigen Meilen stoßen sie auf den Kanal. Unmittelbar davor endet die Straße in einem engen Wendehammer. Vasco parkt den Wagen im Scheitelpunkt der Kurve, und sie steigen aus.

„Viermal am Tag fahren unsere Leute hierher und kontrollieren die Sicherungsanlagen“, sagt Vasco. „Es gab noch nie Beanstandungen.“

Das aus Beton gegossene künstliche Flussbett ist zehn Meter breit und drei Meter tief. Eine ein Meter hohe Wassersäule bewegt sich darin mit beachtlicher Geschwindigkeit in Richtung Stadt. Beiderseits der Rinne schirmen meterhohe Stahlgitter den Wasserlauf zum Außenbereich hin ab. Ein feinmaschiges, über den beiden Zäunen gespanntes Kunststoffnetz komplettiert die Schutzanlage nach oben. Im Abstand von hundert Metern sind an den Enden der Zaunpfosten Kameras und Sensoren befestigt.

„Schwer durch zu kommen", bemerkt René Gronwald nachdenklich.

„Alles, was durch die Zäune ins Wasser gelangt, wird registriert", erwidert Vasco, „genauso wie das, was sich in der Nähe des Kanals aufhält. Auch nachts haben Angreifer keine Chance. Bei Dunkelheit schalten die Kameras auf Wärmebildtechnik um."

„Warum dieser offene Kanal? Wäre es nicht kostengünstiger gewesen, das Wasser über Rohre in die Stadt zu führen?"

„Mr. Mohave, Sie kennen sich da besser aus." Vasco meint den jüngeren seiner Kollegen, der bisher geschwiegen hat.

„Die Kosten waren seinerzeit nicht allein entscheidend", erläutert der Detective. „Las Vegas wollte ein Versorgungssystem, das man nach Bedarf erweitern konnte. Ein Rohrsystem wäre nicht so variabel gewesen. Die offene Bauweise erlaubt es, die Wasserzufuhr zu verdreifachen. Und auch ein unterirdisches System hätte überwacht werden müssen. Seine finanziellen Vorteile wären nicht so groß gewesen."

„Zudem hat Kalifornien den Löwenanteil der Baukosten übernommen", ergänzt Vasco, „achtzig Prozent, wenn ich mich richtig erinnere."

„Fünfundachtzig", korrigiert der Kollege höflich.

„Las Vegas lebt ausschließlich von diesem Wasser?"

„Vergangenes Jahr sind die letzten Tiefbrunnen im Stadtbereich trocken gefallen und der Lake Mead speist nur noch ein, wenn es mit der Förderung in den Spring Mountains stockt."

Meilenweit kann man dem Wasser hinterherschauen, bis es im Smog, der sich mittlerweile über die Stadt gelegt hat, verschwindet. Las Vegas säuft einen ganzen Fluss.

„Was dabei gänzlich untergeht, ist der Energieverbrauch", wirft Robert Vasco ein. „Den Strom bekommt sie noch vom Hoover-Damm. Da hat Kalifornien einen Rückzieher gemacht und kauft bei den Windanlagen auf den San Gabriel-Bergen ein. Las Vegas hat den höchsten Pro-Kopf-Stromverbrauch der Welt. Die Stadt konsumiert mehr als ganz Argentinien."

Sie gehen zum Wagen. „Ein todsicheres System, wenn man den Verantwortlichen glauben darf." Robert Vascos Vorbehalte sind unüberhörbar.

„Es wäre der erste Zaun", sinniert Annette Basler, „den Menschen nicht überwinden könnten."

Als sie Las Vegas Downtown erreichen, ist es bereits Nacht und an den Hotels und Casinos brennen die Leuchtreklamen.

„Diese Stadt", sagt René Gronwald, als sie zu den Aufzügen in der Hotelhalle gehen, „schreit nach einer Antwort."

Las Vegas/USA, 28. August (der 2. Tag)

Morgen ist der Tag vor dem Tag, hat der Detective bei der Verabschiedung seiner Gäste am Portal des Boardwalk gesagt, und das heißt relaxen. Allerdings auf einem für die Gegend hohen Niveau. Er wird sie am späten Vormittag zu einem Ausflug an den Hooverdamm abholen und dann, aber nur, wenn sie wirklich damit einverstanden sind, denn schön sind sie wirklich nicht, einen Abstecher in die Indianerreservate am Red Lake, südlich des großen Sees, machen. In White Hills lädt er sie anschließend zum Essen ein. Bei Ted Parker gibt es die besten Steaks außerhalb von Texas. Sie werden ganz einfach die Seele baumeln lassen und keinen Gedanken daran verschwenden, dass tags darauf die Zielpersonen eintreffen, jedenfalls in Salt Lake City, Phoenix und San Diego und vielleicht schon wenige Stunden später in Las Vegas. Drei junge Studenten aus Deutschland, die die Welt verändern wollen.

Die amerikanischen Brötchen kennen sie von den heimischen McDonalds-Filialen. Deshalb haben sie sofort zum Knäckebrot gegriffen, das ihr Hotel mit Rücksicht auf seine europäischen Gäste aus Schweden importiert hat. Satt gegessen haben sie sich daran allerdings nicht, und so knurrt ihnen schon nach zwanzig Meilen auf der Interstate 96 laut und vernehmlich der Magen. Robert Vasco ist Indianer und hat intakte Instinkte. An einer Tankstelle hält er an. Es gibt Steaks, Pommes und Salat. Als sie weiterfahren, flimmert die Luft unter der bereits hoch stehenden Sonne und macht die Konturen der Landschaft unscharf. Die Klimaanlage im Wagen läuft auf Hochtouren und übertönt die Dudelmusik aus dem Radio.

Die Straße über den Hooverdamm ist gesperrt. Die Zufahrten zum See sind es auch.

„Scheiße“, sagt Vasco, als die Straßensperren ihn auf die südliche Umfahrung zwingen. Er ärgert sich, dass er bei Fahrtantritt nicht kurz die Kollegen angepiepst hat.

„Warum ist der See dicht?“

„Seit dem 11. September wird das prophylaktisch von Zeit zu Zeit angeordnet. Von Reno aus. Man will Wachsamkeit demonstrieren. Eine konkrete Drohung gegen den Damm oder den See hat es bis heute nicht gegeben.“

Auf der Interstate 96 fahren sie nach Osten. Wüste soweit das Auge reicht, grau-brauner Schotter, aus dem im Abstand weniger Meilen rote Granitkegel gegen den Himmel wachsen.

„Der Damm war bisher tabu“, sagt Robert Vasco irgendwann, „die Stadt aber nicht.“

„Las Vegas?“

„Ihr solltet es wissen. Allein um zu verstehen, wie man hier denkt.“ Der Detective schaltet das Radio aus. „Im vergangenen Jahr hat uns die CIA über ein in Pakistan abgehörtes Telefongespräch informiert. Danach plante eine islamische Gruppe einen Anschlag auf ein großes, aber nicht näher bezeichnetes Casino hier in Las Vegas. Wir haben sofort die Besitzer der führenden Einrichtungen informiert und zu einem Krisengipfel geladen. Wisst ihr, wie viele kamen?“ Vasco wartet die Antwort nicht ab. „Niemand kam. Sam Pedrosa, Chef des Malibu-Inn und praktizierender Mafioso, hat mir tags darauf mit ernsten Worten nahe gelegt, die Warnung des Geheimdienstes zu vergessen.“

„Sie verdrängen die Gefahr?“

„Sie sind Kaufleute. Das Risiko ist ein Posten in ihrer Kalkulation. Sie glauben mit der Gefahr eines geheim gehaltenen Anschlags besser leben zu können, als mit den Nachteilen einer Terrorismusdebatte.“

Die Straße wird kurviger und führt leicht bergauf. Ein Hinweisschild kündigt die nächste Tankstelle an: nur noch dreißig Meilen.

Annette Basler genießt die bizarre Landschaft und ist in Gedanken am Kanal.

„Wo schlagen sie zu?“

„Dort, wo wir nicht damit rechnen.“

Sie sprechen Deutsch. Ihr Begleiter wird kein Wort verstehen und ihnen auch nicht böse sein.

„Die Wasserführung ist fünfundvierzig Kilometer lang. Sie haben alle Möglichkeiten.“

„Vielleicht werfen sie ihr Päckchen ja ganz einfach über den Zaun.“

„Es würde im Netz hängen bleiben.“

„Und wenn es eine Glasflasche ist, die beim Auftreffen auf die Abdeckung zerbricht und ausläuft?“

„Dann hätte sie das Kamerasystem erfasst und würde Alarm auslösen. Kein Tropfen Gift käme in die privaten Leitungen.“

„Ich denke halt nur, sie tricksen uns mit einer ganz simplen Masche aus. Weil sie wissen, dass wir ihnen alles zutrauen, unterlaufen sie uns auf eine ganz plumpe Art.“

Annette Basler wischt sich über die Augen und stöhnt. „So kommen wir nicht weiter. Wir haben nur die Chance, ihnen hautnah auf den Fersen zu bleiben um zu sehen, was sie machen. Werden die drei denn rund um die Uhr observiert?“

„Vasco hat mir gestern noch gesagt, dass er zwei Dutzend Observationsbeamte auf die Gruppe ansetzt. Die wissen allerdings nicht, um was es geht. Sollen aber zuverlässige Leute sein.“

„Mein Gott, wir müssen aufpassen. Wie schätzt du unseren Chauffeur ein?“

„Ein guter Mann, wie auch seine beiden Mitarbeiter. Indianer halt. Von der Natur mit bedeutsamen Instinkten bedacht. Wenn sie nicht saufen, sind es Top-Leute.“

„Sie trinken immer nur Cola.“

„Na siehst du. Wir machen uns viel zu viele Sorgen.“

Sie folgen der Interstate 96 noch gut zwanzig Meilen und biegen dann rechts in eine Schotterstraße ein. Nach wenigen Minuten Fahrt versperrt ein metallenes Tor die Straße. Ein

Schild verrät, dass hier ein Indianerreservat beginnt. Robert Vasco steigt aus und öffnet das Tor. Es ist unverschlossen.

„Manchmal sperren sie auch ab", sagt der Detective, „dann ist die Fahrt hier zu Ende."

Im Schritttempo geht es weiter. „Wir sind im Tapui-Reservat, benannt nach einer Quelle, zu der wir gleich kommen. Eine verhältnismäßig kleine Einrichtung, nur zwanzig Familien."

„Zu welchem Stamm gehören sie?"

„Es sind Navajos. Ihr eigentliches Gebiet liegt weiter im Süden und drüben in New Mexico. Hier leben sie in einer Enklave, eingerahmt von den Schutzgebieten anderer Stämme. Eine komplizierte Geschichte."

Links und rechts der Straße sieht man Reste eines Zauns, die Pfosten abgebrochen oder windschief im Wüstenboden, der Stacheldraht zerrissen oder verrostet.

„Die Regierung hat das Gebiet seinerzeit eingezäunt. Um die Indianer vor Störungen von außen zu schützen, hieß es offiziell. Irgendwann hatte es sich allerdings im Reservat herum gesprochen, dass in Wirklichkeit der Zaun den Highway vor betrunkenen Indianern schützen sollte. Danach haben sie ihn zerstört. Bis heute ist er nicht wieder aufgebaut worden."

Erste Hütten. Eher halbverfallene Bretterbuden als Wohnstätten. Überall Abfallhaufen und ausgeschlachtete Autos, überwuchert von Schlinggras und Unkraut.

Der Schotterweg fällt leicht ab. Die Landschaft wird grüner. Neue Hütten, wieder nur Verschläge in einem Meer von Müll. Kein Lebenszeichen, nirgendwo.

„Schlafen die Menschen noch oder ist die Siedlung verlassen?"

„Sie schlafen wieder", antwortet Vasco der Ärztin. „Sie schlafen ihren Rausch aus, den sie sich am Morgen angesoffen haben."

„Und die Kinder?"

„Die Kinder saufen auch schon."

Vor einem herunter gekommenen Laden hält Vasco an.

„Was ihr noch wissen solltet“, sagt er, nachdem sie ausgestiegen sind, „die Navajos würden es euch übel nehmen, wenn ihr sie überschwänglich und laut begrüßt, vielleicht sogar umarmt. Direkten Blickkontakt mögen sie ebenfalls nicht. Haltet euch völlig zurück. Die Leute sind unberechenbar, vor allem, wenn sie getrunken haben. Und sie haben immer getrunken.“

Die Tür des Stores ist nur angelehnt. Aus dem Halbdunkel im Inneren hört man leises Schnarchen. Der Detective zögert noch, als habe er plötzlich Zweifel bekommen, ob es richtig wäre, seine Gäste hierhin mitzunehmen.

„Ich weiß nicht, was uns jetzt erwartet. Aber versucht es auf der Soll-Seite der amerikanischen Bilanz unterzubringen.“

Der alte Indianer, der hinter dem Tresen in einer Hängematte schläft, trägt abgewetzte Jeans und ein löchriges Hemd. Sein kupferfarbenes Gesicht ist aufgedunsen, und seine pechschwarzen Haare hängen ihm verschwitzt in die Stirn. Der leicht geöffnete Mund ist zahnlos. Bis an die Tür riecht es nach Tequila und Gin.

„Lati-Mon“, ruft Robert Vasco und schlägt mit der Faust auf das alte Holz des Verkaufstisches. Es dauert eine ganze Zeit, bis der Mann in der Hängematte das Schnarchen einstellt und die Augen einen Spalt weit öffnet. Dann braucht es noch einmal soviel Zeit, bis er die Situation realisiert. Schließlich verzieht er seinen Mund zu einem breiten Lachen und quält sich aus der Liege. Unverständliches Zeug murmelnd, kommt er hinter dem Tresen hervor und stellt sich mit gesenktem Kopf vor den Detective. Sie unterhalten sich kurz, dann verlässt der Alte die Hütte.

„Sie weigern sich Englisch zu sprechen. Die Meisten haben es nie gelernt.“

„Du beherrscht ihre Sprache?“

„Nur leidlich. Aber ich verstehe die Leute und kann mich ihnen mitteilen.“

„Was war das für ein Mann?“

„Wir führen ihn unter dem Namen Tes Mahohny. Er besteht auf seinem Indianernamen Brauner Bär und ist der Besitzer dieses Ladens."

„Wo ist er hin?"

„Er trommelt ein paar Bewohner zusammen, weil Besuch im Lager ist. Gleich kannst du ihn hören."

„Was kann man bei ihm kaufen?"

„Maismehl, Öl, Zucker, die Grundnahrungsmittel halt, und Schnaps. Vor allem Schnaps."

Jetzt hört man den Alten schreien und gegen die Baracken schlagen. Nach wenigen Minuten sind zwei Dutzend Männer und Frauen im Laden versammelt. Sie haben Robert Vasco kurz begrüßt und seine Begleiter mit keinem Blick gewürdigt. Schließlich stehen sie erwartungsvoll um den Detective versammelt und schweigen. Ausnahmslos sind sie ärmlich bekleidet, viele tragen nur noch Lumpen am Körper und sind barfuss. Der Gestank nach frischem Alkohol und altem Schweiß macht das Atmen in der Hütte schwer.

„Ich gebe einen aus", sagt Vasco zu seinen deutschen Gästen, und dann wirft er dem Ladenbesitzer ein paar indianische Worte zu. „Sie erwarten das von mir und ich habe sie noch nie enttäuscht."

Die Indianer trinken wortlos und schnell. Zwei Literflaschen Tequila sind im Nu leer. Kein Dankeschön, auch kein Zeichen der Freude in ihren Gesichtern über die kostenlose Runde.

„Mein Gott", flüstert Annette Basler, „sie waren doch noch volltrunken, als sie kamen."

Plötzlich wird es laut. Ein Navajo mittleren Alters beginnt heftig auf Robert Vasco einzureden. Der schweigt zunächst beharrlich. Als der Mann aggressiver wird und offensichtlich auch Schimpfwörter gebraucht, setzt sich der Detective zur Wehr. Aber die wenigen besonnenen Sätze richten nichts aus. Der Indianer bewegt sich schließlich bedrohlich auf den Detective zu. Aber dann interveniert ein alter Mann, der sich bisher im Hintergrund gehalten hat. Torkelnd baut er sich vor dem Angreifer auf. Mit schwerer Zunge will er ihn zurechtweisen, kann sich dabei aber kaum auf den Beinen halten.

„Was hat der Mann denn?“, fragt René Gronwald leise.

„Was viele Indianer haben, die besoffen sind und einen Bullen zu Gesicht bekommen.“

Robert Vasco wirft dem Ladenbesitzer fünfzig Dollar auf den Tresen und wendet sich zum Gehen.

„Für heute reicht es“, sagt er auf Englisch und macht eine entsprechende Handbewegung in Richtung seiner Begleiter. Dann verlassen die Besucher den Laden.

Sie wenden den Wagen und fahren im Schritttempo zurück. Kein Bewohner hat sie verabschiedet. Sie sind alle im Laden geblieben, wo es jetzt wieder ruhig ist.

„Was machen die jetzt?“, fragt Annette Basler den Detective, den der Vorfall offenbar nicht nachhaltig beeindruckt hat.

„Weitersaufen“, antwortet Robert Vasco.

„Wo haben sie das Geld her? Den Schnaps gibt es doch nicht umsonst.“

„Wenn sie Lust haben, machen sie das Eingangstor weit auf und locken ein paar Touristen ins Reservat. Denen verkaufen sie Souvenirs oder zeigen auch mal einen alten Tanz. Das gibt ganz gut was in die Kasse. Wenn die Besucher ausbleiben, fahren ein paar von ihnen in die Stadt und stehlen.“

„Der Staat gibt nichts dazu?“

„Würde er gerne. Um sein Gewissen zu entlasten. Aber von dem nehmen sie nichts. Das wäre unter ihrer Würde. Und davon haben sie sich noch viel bewahrt, auch wenn man es ihnen nicht ansieht.“ Erstmals zucken Robert Vascos Mundwinkel.

Vor der letzten Baracke, die sie passieren, spielen Kinder in einem Autowrack. Auch sie winken nicht, sondern schauen unter sich, als der Wagen des Polizisten vorbeifährt.

„Die Menschen hier sind genügsam“, sagt der Detective, als sie die Reservation hinter sich gelassen haben. „Was die Ernährung anbelangt, sind sie praktisch Selbstversorger. Im hinteren Teil des Reservats, rund um die Quelle, bewirtschaften sie ein paar Morgen Land und halten Ziegen und Schafe. Einige wenige Grundnahrungsmittel müssen sie zukaufen. Ihre Klamotten machen sie selbst und tragen sie bis zum Auseinanderfallen. Shopping kennen sie nicht. Und sie verstehen auch gar nicht, was die Weißen in die Supermärkte treibt."

„Wie hoch ist das Durchschnittsalter im Reservat?" Ärztinnen der Rechtsmedizin interessiert so etwas.

„Nicht sehr hoch", antwortet Vasco kurz.

„Werden sie wenigstens ärztlich betreut? Von denen ist doch niemand gesund."

„Sie haben Handys und können einen Arzt in der Stadt anrufen."

„Tun sie es denn auch?"

„Manchmal schon."

„Und kommt dann auch jemand?"

„Nicht unbedingt. Das meiste macht sowieso ihr Medizinmann."

„Der ausnahmsweise nicht trinkt..."

„Wo denkst du hin! Sein bevorzugtes Medikament heißt Tequila."

Sie fahren zurück auf den Highway. Bis White Hills sind es noch zehn Meilen. Noch eine knappe Viertelstunde bis zu Ted Parker, wo es die besten Steaks außerhalb von Texas gibt.

Im *Desert-Inn* sitzen sie unter ausladenden Sonnenschirmen, trinken vitaminschwere Longdrinks und warten auf ihr Essen, das der Wirt höchstpersönlich am offenen Feuer zubereitet.

„Noch einmal etwas zu dem jungen Mann im Laden", sagt der Kommissar nachdenklich. „Wenn ich sein wütendes Gesicht richtig interpretiere, hatte er ein großes Problem mit dir. Um was ging es?"

„Er hat mich halt angemacht. Dass ich bei der Polizei bin, wissen sie alle. Und mit der Polizei haben viele ihre Probleme. In Las Vegas hat das Lumpenproletariat aus dem Reservat keinerlei Chance. Fünf Minuten nachdem sie aus dem Bus ausgestiegen sind, sitzen sie schon in einer Arrestzelle."

„Kann es sein, dass sie dir vor allem deswegen böse sind, weil der Bulle einer von ihnen ist, ein Indianer?"

„Es könnte eine Rolle spielen."

„Dass sie dich als Verräter sehen, als einer der die Seiten gewechselt hat?"

„Sie hatten alle ihre Chance!"

„Bitte?"

„Überall in den Städten hätten sie Arbeit finden können. Die Schulen der Weißen standen auch ihren Kindern offen. Davon haben sie keinen Gebrauch gemacht und sich stattdessen stur vor ihre Hütten gesetzt und zugekippt. Es ist ihre Sache."

„Warum bist du eigentlich nicht bei deinem Stamm geblieben? Sondern in die Stadt gegangen. Wo du sogar Karriere gemacht hast. Chef des Secret Service und nicht etwa Tellerwäscher?"

„Wie ich schon gesagt habe: Das ist eine lange Geschichte. Sie passt im Moment nicht hierher. Ich erzähle sie euch später. Nur soviel: Indianer waschen keine Teller."

Der letzte Satz kam drohend.

Ted Parker bringt das Fleisch. Vasco hat nicht zuviel versprochen. Während sie essen, sagt er: „Die drei landen morgen zwischen zwölf und vierzehn Uhr auf ihren Zielflughäfen. Wir haben demnach den gesamten Vormittag zur freien Verfügung. Olivia Gonzales freut sich auf unseren Besuch."

„Olivia Gonzales?"

„Die Leiterin des Zentralen Wasserwerks der Stadt."

Es wird wieder Nacht, bis René Gronwald und Annette Basler ihr Hotel erreichen. Erstmals sitzen sie auf dem Balkon im vierzehnten Stock und schauen nordwärts über die glitzernde Stadt. Das mexikanische Mädchen hat ihnen Eisbällchen mit Mangoscheiben gebracht und Chardonnay aus Kalifornien.

„Warum hat uns der Detective das Reservat gezeigt?"

„Vielleicht wollte er, dass wir das andere Amerika kennen lernen. Wo es nicht so glänzt wie in Las Vegas."

„Dazu passt aber nicht seine kritische Einstellung den Navajos gegenüber." Annette Basler könnte sich denken, dass es eine andere Erklärung gibt.

„Wieso, er hat sich doch sehr fair zu ihnen verhalten."

„Allerdings hat er auch gesagt, dass sie an ihrem Schicksal selbst schuld sind."

„Sicher", der Kommissar wiegt zweifelnd den Kopf. „Irgendwie schien er mir ambivalent. Zu seiner Karriere hat er gar nichts gesagt."

„Ganz bewusst nicht. Angeblich eine lange Geschichte, die er uns jetzt nicht erzählen kann."

„Was mir noch aufgefallen ist: Er spricht die Sprache der Indianer besser, als er zugibt. Er hat sich fließend mit ihnen unterhalten. Vielleicht gibt seine Geschichte uns darauf eine Antwort."

„Er hat sie uns für später versprochen. Wir sollten darauf zurückkommen."

Las Vegas/USA, 29. August (der 3. Tag)

Das war keine gute Nacht für René Gronwald. Um drei Uhr hat ihn sein Handy erstmals aus dem Schlaf geholt. Der Sicherheitsdienst des Frankfurter Flughafens meldete den Abflug von LH 549 nach Salt Lake City/USA, an Bord die Zielperson Linda DeVries. Eine Stunde später war der freundliche Herr erneut am Telefon und informierte über den Start der russischen Tupolev, die Jens Berninger gebucht hatte. Pünktlich zum Sonnenaufgang, aber noch innerhalb seiner Tiefschlafphase, erhielt der Kommissar schließlich die Gewissheit, dass sich Burkhard Liefers auf den Weg nach Amerika gemacht hatte.

Das Aqua Municipal von Las Vegas versteckt sich hinter Palmen und Eukalyptusbäumen. Auch seine Sicherungsanlagen – ein doppelter Elektrozaun mit Videokameras und Horchschüsseln – sind von einer dichten Vegetation gegen neugierige Blicke geschützt.

„An dem Bau waren mehr Psychologen als Architekten beschäftigt“, sagt Robert Vasco grinsend, als sie auf die erste Kontrollstelle zufahren. „Sie verheimlichen das Werk schon deshalb, weil Wasser für die Stadt selbstverständlich ist. Das Sicherungssystem darf schon gar nicht auffallen, weil es die Menschen hier auf einen Umstand hinweisen würde, den sie von Anbeginn an erfolgreich verdrängen.“

Nach einem ersten flüchtigen Blick der Wachposten fahren sie in die Schleuse ein. Zwischen zwei mächtigen Stahltoren werden sie einer gründlichen Kontrolle unterzogen. Robert Vascos Dienstausweis ist nutzlos. Ein Schäferhund schnüffelt sich durch den Wagen, und im Kofferraum entfernen sie das Reserverad.

„Sie kennen ihre Achillesverse“, sagt der Kommissar auf Deutsch zu seiner Begleiterin.

Olivia Gonzales ist eine quicklebendige Latinofrau von Anfang dreißig. Sie hat in Mexiko-City Biologie und Hydrologie studiert und ist nach einem Kongress in Pasadena ganz einfach in den Staaten geblieben. Weil Amerika ein Faible für Akademiker hat, gab es keine Probleme mit der Aufenthaltserlaubnis, und der Job in Las Vegas war ihr schon deswegen sicher, weil sie sich im Studium schwerpunktmäßig mit der Organisation der Wasserversorgung in niederschlagsarmen Gebieten befasst hatte. Seit einem Jahr ist sie nun sogar eingebürgert, und das macht sie besonders stolz.

„Seien sie ganz herzlich willkommen", sagt sie und drückt ihren Gästen die Hand. „Detective Vasco hat mir schon alles Wissenswerte von Ihnen erzählt. Polizeibeamte aus Deutschland, die Umweltdelikte verfolgen, und Mrs. Basler hat dazu noch ein medizinisches Diplom."

„Korrekt." René Gronwald nickt freundlich.

„Und wo genau kommen sie her?"

„Franfurt am Main, wenn ihnen das etwas sagt..."

„Commissario!" Olivia Gonzales gibt sich beleidigt. „Nun machen sie mal keine Witze. Wir hatten dort unsere größte außeramerikanische Airbase."

„Das ist nun auch schon wieder einen Augenblick her."

„Amerikaner haben ein gutes Gedächtnis."

Ein Fahrstuhl bringt sie mehrere Stockwerke tief unter die Erde. Hier folgen sie dem Hinweisschild „*Water Reservoir*".

„Für Umweltpolizisten spielt Wasser eine große Rolle, nicht wahr?"

„Wenn nicht die größte", erwidert René Gronwald. „Wir nennen es das Lebensmittel Nummer eins. Zwei bis drei Liter davon trinken wir in Deutschland allein jeden Tag."

„Bei uns ist es fast das Doppelte", lacht Olivia Gonzales, „aber das hat entscheidend mit dem Wüstenklima zu tun. Einundzwanzig Grad Durchschnittstemperatur sind nicht ohne."

Der Gang will nicht enden. Schließlich hört man leises Plätschern.

„Wo wir gerade von der gesundheitlichen Dimension des Wassers reden“, nutzt Annette Basler den langen Marsch zur Weichenstellung, „ihre Kontroll- und Überwachungsanlagen interessieren uns besonders.“

„Das versteht sich von selbst“, antwortet die Direktorin. „Hier stehen ihnen alle Türen offen. Sie glauben gar nicht, wie wenige Menschen sich für unsere vorbildlichen Anlagen und ihre Geheimnisse interessieren. Wir sind für jeden Besucher dankbar, der sich zu uns in die Walton-Avenue verirrt.“ Was sie verschweigt: Dass die Stadtverwaltung das genau anders herum sieht und alles daran setzt, das Werk vor der Öffentlichkeit abzuschirmen.

„Das Sicherungssystem ist allerdings für den Normalbesucher tabu“, wirft der Detective ein, der die ganze Zeit über nur ein paar knappe Bemerkungen gemacht hat. „Es bleibt, wenn möglich, völlig unerwähnt. Details geben wir in keinem Fall preis.“

Durch die Tür am Ende des Gangs, auf der in feuerroten Lettern VORSICHT – WASSERBEREICH steht, gelangen sie auf eine ausladende, mit Gitterrosten abgedeckte Veranda. Sie gibt den Blick frei auf ein vielleicht 10.000 Quadratmeter großes, knapp zur Hälfte mit Wasser gefülltes Becken, auf dessen Oberfläche flache Wellen ein filigranes Muster zeichnen.

„Hier sammeln wir das aus den Spring Mountains kommende Wasser.“ Olivia Gonzales deutet in Richtung des gegenüber liegenden Beckenbereichs, wo man mit einiger Mühe den breiten Strom des einlaufenden Wassers erkennen kann. „Wenn das Becken voll ist, leiten wir das Wasser in das Bassin auf der anderen Seite der Wand.“

„Was passiert mit dem Wasser, das gerade einströmt?“

„In der Stunde, während es hier steht, entfernen wir Feststoffe und sichtbare Verunreinigungen. Eine erste Untersuchung ermittelt den Sauerstoffgehalt und den pH-Wert. Hin und wieder müssen wir leicht nachbessern. Es ist nicht allzu oft der Fall. Das Wasser vom Mount Charleston ist Spitze.“

Die Geräusche, die das ins Becken stürzende Wasser macht, werden plötzlich lauter.

„Wir haben keinen kontinuierlichen Zufluss“, erläutert die Direktorin. „Mal kommt mehr und dann kommt wieder weniger. Die Quellen scheinen ihren eigenen Willen zu haben. Aber das ist kein Problem.“

Einige Minuten beobachten die Besucher aus Deutschland schweigend, wie sich der Wasserspiegel Zentimeter um Zentimeter hebt und lassen sich von der unbekannten Dimension der Anlage faszinieren.

„Das zeige ich auch meinen wenigen Besuchern, die ohne Begleitung von Mr. Vasco hierher finden“, sagt Olivia Gonzales, „aber weiter wie bis an diesen Punkt lassen wir sie nicht. Denn was jetzt kommt, ist für Normalsterbliche tabu.“

Die Direktorin öffnet mit einer Chipkarte die seitliche Tür. Eine Stahltreppe führt wenige Meter tiefer. Über einen schmalen Gang und eine Sicherheitsschleuse gelangen sie in ein schlauchförmiges, mit Hightech voll gestopftes Labor, wo zwei Frauen vor überdimensionierten Monitoren sitzen und in kurzen Intervallen mit dem Cursor neue Informationen abrufen.

„Die Mitarbeiter hier unten haben absolutes Redeverbot – außerhalb der Anlage. Sie dürfen noch nicht einmal sagen, dass sie hier arbeiten. Niemand soll wissen, dass es dieses Labor überhaupt gibt. Die Logik, die dahinter steckt, hat ihnen Mr. Vasco bestimmt schon verraten.“

„Überwachungssysteme signalisieren, dass Gefährdungen existieren“, sagt René Gronwald. „Ich vermute einmal, dass wir uns an der Stelle befinden, wo das Wasser auf unerwünschte Bestandteile untersucht wird.“

„Da liegen sie genau richtig. Unerwünscht heißt ungesund. Im Klartext: Wir untersuchen das Wasser auf Giftbeimengungen. Mit einer Technik, die weltweit einmalig ist.“

„Und da fürchten Sie, dass das publik wird?“, sagt Annette Basler stirnrunzelnd. „Würde das nicht im Gegenteil zu einem großen Vertrauensgewinn für das Wasser in Las Vegas führen? Amerika glaubt doch auch an die Wirksamkeit seines Raketenabwehrschirms."

„Das Land hat viel von seinem Glauben verloren", erwidert Olivia Gonzales. „Die Skepsis gewinnt bei uns mehr und mehr an Boden. Man könnte fast sagen, sie hat Konjunktur." Die Direktorin blickt ernst über die lautlos arbeitenden Apparaturen. „Und denken Sie einmal daran, was geschähe, wenn es sich überall herumspräche, dass Las Vegas sein Wasser hundert Prozent sicher gemacht hat. Im Rest des Landes würde Chaos ausbrechen. Da gibt es doch nichts dergleichen. Das müssen wir berücksichtigen. Wir sind alle Amerikaner!"

„Hundert Prozent sicher?" Die Ärztin zieht zweifelnd die Augenbrauen hoch.

„Kommen Sie. Ich zeige es Ihnen."

Sie jonglieren vorsichtig durch einen Dschungel aus zahllosen mit Kabeln vernetzten Apparaten, Monitoren und Tastaturen.

„Hinter dieser Wand läuft das Wasser aus dem Becken, das wir vorhin gesehen haben, durch großvolumige Rohre in eine nachgeschaltete Kammer mit gleichen Abmessungen. Am Beginn der Rohrleitungen entnehmen wir eine kleine Probe und führen sie parallel zur Hauptleitung durch unsere Messeinrichtungen."

Vor einem auf Augenhöhe installierten badewannengroßen Aquarium bleiben sie stehen. Ein Schwarm Fische schwimmt gegen das einströmende Wasser an.

„Erwarten Sie zunächst keine Spitzentechnologie der üblichen Art", beschwichtigt Olivia Gonzales ihre Begleiter. „Unser System beruht auf einer biologischen Methode. Bei den Fischen im ersten Becken handelt es sich um Goldorphen. Sie reagieren empfindlich und schnell auf Giftstoffe. Aber nicht auf alle. Die Lücke schließen ihre Nachbarn."

Die Fische im Aquarium nebenan sind kleiner und bunter.

„Bluegills. Ihre Spezialität sind chlorierte Kohlenwasserstoffe, auf die die Goldorphen nicht so gut anschlagen. Was dann noch bleibt, decken die Kandidaten im dritten Becken ab: Japanese Midata, sie reagieren hochempfindlich vor allem auf Phenole und Zyanide."

„Wenn die Fische kieloben schwimmen, gibt es Alarm?"

„Das wäre zu spät", sagt die Direktorin bedauernd. „Bei kleinen Schadstoffkonzentrationen könnte das ganz schön lange dauern – wenn sie es nicht sogar überleben. Wir haben nur zwei Stunden Zeit, so lange bleibt das Wasser im letzten Becken. Danach speisen wir es in das Leitungsnetz ein."

„The point of no return?"

Olivia Gonzales nickt. "Erste Opfer wären unvermeidbar."

„Sie müssen also früher reagieren?"

„Gedulden Sie sich bitte noch einen Augenblick. Wir haben unsere Hardware noch nicht vollständig abgearbeitet."

Aus dem nächsten Aquarium schimmert es grünlich und im letzten bewegen sich kleine Krebse ruckartig und im Zick-Zack-Kurs durch das Wasser.

„Algen und Daphinen, Bachflohkrebse", erläutert die Direktorin. „Was die Fische nicht schaffen, erledigen sie."

„Algen?"

„Sie sind die besten Indikatoren für Herbizide. Reagieren auf alles, was grüne Pflanzen schädigt. Gerade die Unkrautvernichter haben ein hohes toxisches Potenzial und sind zudem überall zu haben."

Olivia Gonzales ist in ihrem Element. Das macht sie gerne, anderen Menschen ihre Arbeit erläutern. Ihnen die Logik ihrer Methode zu vermitteln. In Gedanken steht Annette Basler am Sektionstisch und bereitet angehende Mediziner auf den Umgang mit toten Menschen vor.

„Fische, Krebse, Algen. Allesamt hochempfindlich gegen Verunreinigungen ihres Mediums. Da muss man nur noch herausfinden, wie man erste Vergiftungserscheinungen messen kann. Der Hersteller unserer Geräte hat es genial gelöst – indem er sie nämlich zu Schauspielern gemacht hat."

Die Direktorin zeigt auf die Kameras, die an den seitlichen Glaswänden der Aquarien aufgestellt sind und auf die Akteure im Wasser zielen.

„Hochleistungskameras nehmen alle Bewegungen der Probanden auf und schicken die Bilder in einen Rechner. Dort sind die digitalisierten Verhaltensmuster der Tiere gespeichert, wie sie in absolut sauberem Wasser zustande kommen. Der Rechner vergleicht nun die gespeicherten mit den aktuellen Bildern. Bei geringsten Abweichungen schlägt das System Alarm."

„Was verstehen sie unter einem Verhaltensmuster?"

„Es ist die Summe mehrerer Parameter. Bleiben Sie mal hier bei den Krebsen!" Olivia Gonzales schaltet eine über den Becken angebrachte Lampe ein.

„Zwanzig Krebse sind im Bassin. Man kann ihre Geschwindigkeit messen, ihre Schwimmhöhe, kann registrieren, ob sie in Formation schwimmen oder einzeln und wie oft sie die Richtung ändern. Die Software registriert knapp ein Dutzend dieser Messgrößen und kombiniert sie zu einem repräsentativen Mischbild, das dann mit den gespeicherten Bildern verglichen wird."

Die deutschen Besucher schauen immer noch skeptisch. „Ich zeige es Ihnen mal an einem Beispiel." Olivia Gonzales ist einmal mehr Pädagogin. „Frau Vandenburgh, schalten Sie bitte mal auf Test."

Sekunden später leuchten überall Warnlampen. Die Direktorin holt eine Flasche aus einem Wandschrank und füllt etwas von ihrem Inhalt in eine Petrischale.

„Kommen Sie bitte."

Am oberen Ende der Messstrecke, bei den Goldorphen, taucht sie den Zeigefinger in die Flüssigkeit und hält ihn kurz über das Becken.

„Zwei Tropfen Whiskey – mehr nicht."

Sie folgen langsam der Fließrichtung des Wassers. Keine Reaktion in den Fischbecken. Auch die Algen scheinen nichts zu spüren. Am Becken der Daphinen bleiben sie stehen.

„Die Software arbeitet im Drei-Minuten-Takt. Wir müssen nicht lange warten."

Nicht viel später ein schriller Klingelton und die Signalleuchten im Umfeld des Krebsbeckens spielen verrückt. Die Mitarbeiterin löscht den Alarm.

„Die Kamera hat einen signifikanten Befund an den Rechner gemeldet. Und der hat reagiert. Sehen wir einmal nach, was es war."

Frau Vandenburgh drückt Knöpfe am Rechner. Dann erscheint ein kurzer Text. Geschwindigkeit: erhöht; Schwimmhöhe: erhöht; Agens: Leichtflüchtige Kohlenwasserstoffe, 1. Option: Alkohol.

„Das ist das Schöne an dieser Software. Sie nennt die Täter beim Namen."

„Eigentlich nur bedingt. Zum Getränk, aus dem der Alkohol stammt, sagt sie nichts."

„Wir hätten Bier einträufeln sollen", feixt Olivia Gonzales, „dann hätte sie es bestimmt geschafft."

„Wieso das?"

„Das Gerät stammt aus Deutschland. Das beste was es auf dem Markt gibt. Kompliment."

„Was mir gerade noch zu den Algen im vorletzten Becken einfällt: Kann man von ihnen denn auch Bewegungsmuster erstellen?"

„Die setzen wir unter UV-Licht. Die reflektierte Strahlung gibt Auskunft über deren biologische Aktivität, ein sehr sensibler Indikator für die Wasserqualität."

In der kleinen Kantine der Anlage trinken sie zum Abschluss noch einen Kaffee.

„Schafft das System eigentlich sämtliche Gifte?", fragt René Gronwald.

„Der Hersteller hat es jedenfalls zugesichert. Und das ist auch gut nachvollziehbar. Man kann ausschließen, dass ein für den Menschen schädlicher Stoff von sämtlichen Indikatortieren vertragen wird. Mindestens einer wird reagieren – und das genügt."

„Eine weise Entscheidung, sich dieses System zuzulegen."

„Um ein Haar wäre die Sache allerdings in die Hose gegangen." Olivia Gonzales verzieht säuerlich das Gesicht.

„Die Stadt war drauf und dran, einem Konkurrenzangebot den Zuschlag zu geben. Auch aus Deutschland. Von Siemens. Ein hochempfindliches System auf der Basis von Sensor-Chips. Sie wären in der Lage gewesen, zweiunddreißig der am häufigsten vorkommenden Gifte blitzschnell zu identifizieren. Noch schneller, als es unsere Software kann."

„Was sprach dagegen?"

„Weil es halt nur für zweiunddreißig Toxine gut war. Schon das dreiunddreißigste wäre uns durch die Lappen gegangen. Wir konnten das Stadtparlament schließlich überzeugen."

„Ihr System ist gut für alle Gifte", hakt Annette Basler noch einmal nach und rümpft dabei ungläubig die Nase. „Auch für die Exoten?"

„Was verstehen Sie darunter?"

„Die Vertreter der Biotoxine. Schlangengifte, Gifte der Riffbewohner, zum Beispiel das Palytoxin der Korallen."

„Kein Problem für unser System." Die Chefin trägt ihren Stolz offen zur Schau.

„Und wenn nun ein solches Biotoxin getarnt daherkommt, sagen wir mal, in einem Virus versteckt?"

„Mein Gott", lacht Olivia Gonzales, „was für eine Konstellation. Science Fiction in Reinkultur!"

„Wer gewinnt?" Annette Basler lässt nicht locker und lächelt verbindlich.

„In diesem Fall die Gegenseite", antwortet die Frau aus Mexico. „Auf Mörder sind wir schon eingestellt, auf Betrüger noch nicht."

Robert Vascos Handy meldet sich. Der Detective nickt die Infos kurz ab. „Roger." Sonst sagt er nichts.

Olivia Gonzales begleitet ihre Gäste zum Parkplatz.

„Verzeihen Sie mir noch eine letzte Frage", sagt René Gronwald, „als Polizist drängt sie sich mir geradezu auf. Wenn ich ein ganz böser Mensch wäre und das Wasser von Las Vegas vergiften wollte, wo und wie würde ich zuschlagen?"

„Auf der Strecke zwischen den Spring Mountains und hier hätten Sie keine Chance. Im Werk selbst, wie gesehen, auch nicht. Dahinter bieten sich Ihnen allerdings gewisse Möglichkeiten."

„Auf dem Gelände der Stadt, meinen Sie?"

„Man braucht nur eines der zahlreichen Watercars zu entern. Das sind die kleinen Tankwagen, die zur Bewässerung der Grünanlagen eingesetzt werden. Sie fassen drei Kubikmeter. Wenn Sie in dieses Wasser zehn Kilo eines frei verkäuflichen Unkrautvernichtungsmittels einrühren, ist die Bombe fertig. Sie müssen dann nur noch zu einem Hydranten fahren, wo sich diese Wagen unentgeltlich bedienen dürfen, und den Tank anschließen. Dann den Hebel Ihres Wagens auf „Pumpen" stellen und schon fließt Ihre Giftladung in das städtische Netz."

„Da wird das Wasserwerk mit viel Geld hochgradig gesichert und schon fünfhundert Meter weiter ist die gesamte Flanke offen." Der Kommissaar schaut ungläubig zu seinem Kollegen, der kommentarlos in den Wagen gestiegen ist.

„Was glauben Sie, wie oft wir die Stadtverwaltung auf diesen Missstand hingewiesen haben!"

„Was sagt man dort?"

„Die Verantwortlichen ignorieren das Problem. So wie Amerika viele seiner großen Probleme ignoriert. Wenn man nicht daran denkt oder davon spricht, passiert auch nichts. Im Klimabereich machen wir es doch genauso."

„Aber es wäre doch kein Problem, die Hydranten zu verschließen."

„Und was ist dann mit dem grünen Rasen? Für ihn würden die Menschen hier alles riskieren. Er ist ihre Antwort auf die Wüste. Ein Beweis dafür, dass man sie besiegen kann."

„Was ich jetzt noch ganz gerne wissen möchte..." Annette Basler steckt den Kopf aus dem Wagenfenster, während Robert Vasco schon den Motor startet. „...die Besucher, von denen Sie vorhin sprachen, wie schaffen die es, zu Ihnen zu kommen?"

„Indem sie im Internet den städtischen Veranstaltungskalender anklicken. Ganz am Schluss und ganz klein geschrieben finden sie dann den Hinweis auf die nächste Führung im Wasserwerk."

„Wann ist es wieder soweit?"

„Genau heute in einer Woche", antwortet Olivia Gonzales und freut sich, dass sie dem Bürgermeister schon zum zweiten Mal in diesem Jahr einen Besuchstermin abgetrotzt hat.

Der Anruf, der den Detective im Wasserwerk erreicht hatte, war von den Observationskräften in Salt Lake City gekommen. Linda DeVries war vom Flughafen aus mit einem Taxi zum *City Palace* gefahren und hatte fünfunddreißig Minuten später das Hotel mit einem zusätzlichen Gepäckstück, einem Metallkoffer, wieder verlassen. Danach haben die Beamten die Zielperson wieder verloren. Jetzt beobachten sie am Flughafen die Schalter der Airlines, die Las Vegas bedienen.

Robert Vasco hat seine Gäste mit zur Dienststelle genommen. Das zweigeschossige Gebäude am Santa Clara Boulevard hat blütenweiße Fassaden und ist von frischem Grün umgeben. Die Büros sind geräumig und luxuriös ausgestattet und auf zwanzig Grad heruntergekühlt. Überall stehen Getränkeautomaten, die insbesondere Cola vorrätig halten und mit einem Eiswürfelspender ausgestattet sind.

„Sie kommen über die Hydranten – ein realistischer Ansatz?"

„Klingt nicht schlecht", bemerkt der Detective, „aber ich mag nicht daran glauben. Viel zu viel Aufwand, oder?"

Ein fragender Blick trifft den Kollegen aus Frankfurt.

„Und zuviel Risiko. Sie müssten zahllose Hydranten bedienen, bis sie die ganze Stadt unter Gift gesetzt hätten. Irgendeiner Streife fallen sie auf."

„Also nutzen sie den Visitors Day. Am Tag der offenen Tür kommen sie problemlos an ihr Medium heran. Die Besucherterrasse reicht einige Meter über das Becken hinaus. Sie müssen ihre Fracht nur noch durch den Rost fallen lassen."

Im Abstand von einer Stunde melden die Beamten in Phoenix und San Diego die Ankunft Jens Berningers und Burkhard Liefers. In Salt Lake City gibt es nichts Neues.

„Utah ist überfällig“, sagt Robert Vasco schließlich und greift zum Telefon. Immer noch der alte Stand. Die Zielperson ist noch nicht wieder aufgetaucht. Ob auch alles wasserdicht ist, fragt er seine Kontaktperson vor Ort. Selbstverständlich, das System ist dreifach gesichert. Die fraglichen Schalter werden per Monitor und durch Beamte überwacht. Zudem ist die Zielperson im *Terrorism-Insurance-System* gespeichert, das sämtliche Buchungen, die am Flughafen getätigt werden, erfasst.

„Die Stadt hat sie verschluckt“, sagt Annette Basler beinahe ängstlich.

„Dass sie nicht weiterfliegt, macht keinen Sinn“, resümiert der Kommissar. „Sie kann doch nicht glauben, irgendwelche Verfolger jetzt noch abschütteln zu können. Indem sie sich vor dem Ziel noch ein paar Tage versteckt.“

„In Phoenix und San Diego scheint sich ebenfalls nichts zu tun“, grummelt der Detective mit einem ungeduldigen Blick auf das Telefon.

„Wie wäre es mit folgender Interpretation: Ein Bluff. Las Vegas ist ein Bluff! Linda deponiert die Viren in Salt Lake City.“

„Unmöglich.“ Robert Vasco schüttelt energisch den Kopf. „Das dortige Wassernetz ist völlig ungeeignet für einen Anschlag.“

„Merkt ihr etwas?“ Annette Basler wiederholt ihre Frage noch mehrmals, wobei sie ihre Gesprächspartner insistierend ins Visier nimmt. „Wir sind ihnen total auf den Leim gegangen. Wer sagt denn, dass sie es tatsächlich auf irgendeine Wasserversorgung abgesehen haben? Das war eine Option unter vielen, mehr nicht. Es gibt tausend andere Ziele.“

Sekundenlang herrscht betretenes Schweigen im Office.

„Robert, was könnte Salt Lake City für unsere Leute interessant machen?“

„Das Nest ist für Terroristen so unattraktiv wie sonst was. Die Mormonen haben dort das Sagen. Abstinenzler und Langweiler. Eigentlich keine amerikanische Stadt."

„Vielleicht gibt es dort zurzeit irgendwelche Veranstaltungen..."

Robert Vasco hat schon wenig später seine Kollegen vom Staatsschutz in Salt Lake City an der Strippe.

„...ein Kongress der Agro-Industrie aus dem mittleren Westen im Continental", wiederholt der Detective laut, „noch bis Sonntag, verstehe..."

„Fragen Sie ihn bitte, ob CincinnatiSeed daran teilnimmt."

„Hier interessiert noch, ob ... Ah ja, CincinnatiSeed ist mit von der Partie, sogar Veranstalter ... Interessant."

Als das Telefonat beendet ist, wittert Annette Basler Morgenluft, aber Robert Vasco reibt sich entspannt das Kinn.

„Für Salt Lake City würde ich Entwarnung geben", sagt er selbstsicher. „Der Kongress ist kein Ziel für Leute unseres Kalibers. Zweihundert Teilnehmer, ausschließlich aus mittelständischen Unternehmen, und CincinnatiSeed hat die dritte Wahl geschickt. Hier in Las Vegas erwischen sie zehnmal mehr Leute aus dem Konzern, und ranghöhere dazu, als in den Rockys."

„Die Global Players vergnügen sich auch an den Spielautomaten?"

„Ausgeschiedene Spitzenmanager bekommen von CincinnatiSeed Bungalows geschenkt. Das Viertel nördlich der Lincoln Avenue heißt hier schon Agro-Corner. Andere Leistungsträger dürfen sechs Wochen im Jahr in einem der Fünf-Sterne-Hotels Urlaub machen."

Die Anspannung macht erneut der Ratlosigkeit Platz.

„Es gibt doch sicher noch andere Möglichkeiten nach Las Vegas zu kommen, ohne Flugzeug."

Der Detective scheint augenblicklich ein paar Zentimeter kleiner zu werden. „Mein Fehler", sagt er tonlos und greift zum Telefon. „Dass sie fliegen, war für mich selbstverständlich, schon wegen der großen Entfernung. Aber es existieren auch noch Bus- und Bahnverbindungen. Nicht unbedingt bequem aber preisgünstig und ganz flott. Der Greyhound schafft die Strecke von Salt Lake in sieben Stunden. Und beim Lösen der Tickets müssen sie keine Papiere vorzeigen."

Am späten Nachmittag hat das Warten ein Ende. In Cedar City ist das Spezialkommando, das den um dreizehn Uhr gestarteten Greyhound-Bus auf Betreiben des Detectives mit dem Helikopter verfolgt hat, fündig geworden. Anlässlich einer fingierten Kontrolle konnten die Beamten die Zielperson, die schlafend auf der Rückbank gesessen hatte, anhand der übermittelten Lichtbilder identifizieren. Das Fahrtziel der müden Reisenden erfuhren sie vom Fahrer: Las Vegas.

Zwei Stunden später übernehmen Detective Linners und Detective Mohave die Zielperson an der Central Station im Norden der Stadt. Sie sind ganz nah an ihr dran, als sie im Touristen-Büro ihre Unterkunft bucht. Ein Bungalow an der Westside, nicht weit vom Wasserwerk entfernt. Und sie hören sie auch sagen: „Bis übernächsten Freitag."

„Friday inclusive?", fragt der Herr hinter dem Tresen.

„Friday inclusive", antwortet Linda DeVries und unterschreibt den Vertrag.

„Friday inclusive", wiederholt Annette Basler die Meldung der beiden Detectives. „Es ist der Tag nach dem Tag."

„Nach welchem Tag?"

„Nach dem Tag der offenen Tür im Wasserwerk."

Las Vegas/USA, die nächsten Tage

Linda DeVries hat es eilig. Zwar zeigt das Display auf dem Thermokoffer noch zwölf Stunden an, aber sie traut dem Frieden nicht. Die Kollegen von der Chirurgie, die zufälligerweise auch auf dem Weg nach Utah waren, zum Kongress der Gefäßexperten, und denen sie ihre tödliche Fracht zwecks risikoloser Beförderung angedreht hatte, zynischerweise als *Bakterienkultur zur Testung unter den klimatischen Bedingungen der Halbwüste*, hatten vergessen, den Akku nachzuladen und so war es , nachdem der Greyhoundbus über keine Steckdose verfügte, knapp geworden. Ein Temperaturanstieg im Koffer hätte die Viruskulturen und damit ihr ganzes Projekt, erheblich gefährdet.

Sie muss nicht lange suchen. Schon im Flur gibt es zahlreiche Möglichkeiten zum Stromanschluss. Las Vegas hat auch beim Energieverbrauch jedes Maß verloren. Nachdem sie den Koffer versorgt hat, inspiziert sie den kleinen, aber großzügig ausgestatteten Bungalow, der wie alle Unterkünfte in der Stadt günstig zu mieten war, für hundertfünfzig Dollar am Tag. Wenn der Bus aus Phoenix und der Zug aus San Diego pünktlich sind, werden ihre Komplizen am frühen Morgen eintreffen.

Linda ist sich sicher, dass es ihnen spätestens jetzt gelungen ist, etwaige Verfolger abzuschütteln. In den Menschenmassen am Busbahnhof in Salt Lake City hat sie sich beinahe selbst nicht wiedergefunden. Von den beiden Männern, die in Cedar City durch den Bus gegangen waren und die sie durch einen schmalen Spalt in ihren schlafenden Augen aufmerksam beobachtet hatte, schien keine Gefahr auszugehen. Zu oberflächlich hatten sie die Reisenden in Augenschein genommen und zu rasch waren sie wieder ausgestiegen. Vielleicht waren sie hinter illegalen Latinos her, aber mit Terroristen hatten sie bestimmt nichts am Hut. Und der kunstgerecht gefälschte Ausweis, den sie anlässlich ihrer Buchung im Reisebüro vorgelegt hatte, war von den Angestellten kommentarlos akzeptiert worden. Jetzt heißt sie Jennifer Blum und steht auf keiner einzigen Fahndungsliste.

Eine ganze Woche bleibt ihnen noch. Genug Zeit, die Stadt im Detail kennen zu lernen. Sich davon zu überzeugen, dass sie hier richtig sind. Weil es dieser Stadt gelingt, jeden Exzess zu toppen. Weil nirgendwo sonst Reichtum und Verschwendung die Armut und den Mangel der Welt so sehr provozieren. Ihre Attacke wird Zeichen setzen, mehr als alles andere, was bisher auf diesem Gebiet unternommen worden ist. Das ist wichtig für Linda, die anderen beiden schert es nicht.

Schon am nächsten Tag, nachdem die Spätankömmlinge ausgeschlafen haben, starten sie zu einer ersten Erkundungsfahrt. In den beiden Folgetagen nehmen sie an Führungen durch Casinos und Golfanlagen teil. Sie besuchen die weißen Tiger von Siegfried und Roy, die in einem Freigehege leben und keine Menschenköpfe mehr zwischen ihren Kiefern dulden müssen. Und sie essen sich für zwanzig Dollar an einem fünfzig Meter langen Buffet satt. Am Montag, dem vierten Tag ihres Aufenthaltes, fahren sie mit dem Bus zum Lake Mead. Damm und See sind immer noch gesperrt und können nur von den Bergen der Umgebung aus eingesehen werden. Für die Reise in die Spring Mountains mieten sie sich einen Geländewagen. Der führt sie sogar bis unmittelbar an den Kanal, wo sie sich davon überzeugen, dass ihr Plan der bessere ist.

Noch drei Tage. Sie sitzen im Garten ihres Bungalows, zwischen Zypressen und Strauchpalmen, trinken Cuba Libre und Tequila. Die Zielgerade. Sie müssen nicht mehr allzu sehr aufpassen, da die Umgebung clean ist. In der Nachbarschaft alte amerikanische Ehepaare mit spindeldürren Hälsen und halbmumifizierten Gliedmaßen, die ihren jungen Nachbarn bei jeder Gelegenheit freundlich zuwinken und hallo sagen und nichts Böses im Schilde führen können. Ein Ferienhaus steht leer, sämtliche Läden geschlossen, die Garage

offen und voll gepackt mit Gartengeräten aller Art. Den Bungalows in der zweiten Reihe, wo sich die Observationsbeamten einquartiert haben, schenken sie schon keine Aufmerksamkeit mehr.
Linda hat die Rückenlehne ihres Stuhls schräg gestellt und die Beine auf die schmale Sandsteinmauer gelegt, die die Terrasse seitlich zu den Blumenrabatten abgrenzt. Bewegungslos, die Hände lässig hinter dem Kopf verschränkt, schaut sie durch ihre azurblauen Brillengläser in die untergehende Sonne, die aus dem aufgewirbelten Wüstenstaub und den Kondensstreifen der Urlauberjets ein bizarr-buntes Graffiti an den Horizont malt.
„Dürfen sich Terroristen eigentlich freuen", fragt sie wie beiläufig, „noch dazu am Vorabend des Attentats?"

Jens Berninger hat in den vergangenen Wochen die Ressentiments, die er gegenüber Linda hegte, weitgehend aufgegeben. Zu engagiert und zielgerichtet hatte sie ihren Job gemacht. Den „Afrikaner" mittels infizierter Paviane vermehrt, die Viren per Unterdruckverfahren mit den Anemonengiften geladen und das Endprodukt wiederum an Affen ausprobiert. Selbst den abschließenden Test an Santos hatte sie widerspruchslos akzeptiert. Aber nun schien ein neues Spiel angesagt zu sein. Zwar hatte ihn Lindas schon zwanghafte Ausrichtung an rationalen Kriterien von Anfang an irritiert, zumal Bully und er die Zwecke, die Linda zu verfolgen vorgab, nicht immer nachvollziehen konnten. Andererseits war ihm Lindas radikale Konsequenz sehr entgegengekommen. Für die Zwecke, denen sie sich verpflichtet fühlte, war ihr praktisch jedes Mittel Recht. Den Pharma-Boss würde sie im Zweifel liquidieren, wenn es dafür weniger Tierversuche gäbe. Dahinter aber, hinter dieser Kompromisslosigkeit, sah Jens Berninger stets aber auch die PETA-Frau, die sich für kleine Hunde ins Zeug legte und dafür tagelang die Frankfurter Innenstadt aufmischte. Jens Berninger war sich immer schon sicher gewesen, dass Linda, wenn es zu einer ungünstigen Konstellation kommen sollte, schwach werden könnte.

Bully, der das ähnlich sah, hatte dem Kind in Frankfurt auch schon einen Namen gegeben. Von einer emotionalen Sollbruchstelle sei bei ihr auszugehen. Aber da war es schon so spät geworden, dass es draußen schon wieder hell war.

„Du meinst uns damit?", fragt Bully lauernd.

Linda ignoriert die Frage und genießt mit einem versponnenen Lächeln das Farbenspiel über den Spring Mountains.

„Willst du uns etwa mit bin Laden in einen Topf werfen?"

Linda setzt die Sonnenbrille auf die Stirn und nimmt ein paar kurze Schlucke aus ihrem Tequilaglas.

„Es sind viele Kinder in der Stadt", sagt sie schließlich gedankenverloren.

Bully schaut irritiert zu seinem Komplizen hinüber, der mit dem Grill beschäftigt ist und hinter dessen cooler Fassade die Gedanken rasen. Ihr Risiko könnte sich im Moment realisieren. Aber sie dürfen Linda nicht verlieren, unter keinen Umständen. Ohne sie geht nichts. Die Virenfraktion aktivieren und die Spenderflasche präparieren kann nur sie. Wenn Linda morgen abspringt, unmittelbar vor dem Gang ins Wasserwerk mit der scharf gemachten Bombe, die nur noch unter dem Gitterrost der Besucherplattform platziert werden muss, eine Arbeit, für die sie Bully ausgewählt haben, soll sie das tun. Solange müssen sie ihre beste Frau unter Kontrolle halten. Allerdings ohne faule Tricks. Auf die sie sowieso nicht herein fallen würde.

„Sie werden sterben, klar. So wie die Kinder zur gleichen Zeit in Afrika sterben. An Aids oder Malaria. Nur weil die reichen Länder nicht teilen wollen."

Jens Berninger sieht nur eine Chance das Blatt zu wenden: Lindas Emotionen auf diejenigen Opfer zu projizieren, um die es ihnen eigentlich geht. Abzulenken von ihren Kollateralschäden, die für ihn und Bully längst schon keine Bedeutung mehr haben. Linda scheint unbeeindruckt.

„Darüber haben wir nie gesprochen", sagt sie, während sie sich im Sessel aufrichtet und ihre Komplizen abwechselnd vorwurfsvoll mustert.

„Es ist nicht unser Thema“, erwidert der Boss kompromisslos. „Nicht Bullys Thema und auch nicht mein Thema.“

„Natürlich nicht.“ Linda greift nach ihrem Glas, das sie auf dem planen Rasen abgestellt hat und kuschelt sich wieder in ihren Sessel.

„Zum Beispiel mein Bruder“, nimmt Bully den Faden seines Komplizen nach einiger Zeit wieder auf, „eine arme Sau...“

„Spar dir die Geschichte“, fährt ihm Jens Berninger genervt in die Parade, weil er sie an dieser Stelle für kontraproduktiv hält. „Wir kennen sie doch alle.“

„Wenn Linda von ihren Opfern spricht, darf ich das auch von meinen“, kontert Bully wütend. „Klaus hat Maral genommen, als Malaria-Prophylaxe. Als es ihm schlecht ging, hat er den Chef-Pharmazeuten in Miami angerufen. Der hat ihm nur gesagt: Weiter einnehmen, das gibt sich.“

Bullys Stimme ist aufgeregter aber nur eine Spur lauter geworden.

„Das war selbstverständlich nicht der Fall. Ein viertel Jahr später war mein Bruder ein Wrack. Ein Schmerzpatient, wie man mitleidig sagt, ohne zu wissen, was das tatsächlich bedeutet. Es ist einer, der die Hölle schon auf Erden erlebt.“

„Er hat sich umgebracht“, sagt der Boss, um Bullys Geschichte abzukürzen.

„Mit einer Überdosis Insulin, als Chemiker hatte er Zugang zu dem Stoff. Aber erst, nachdem er seinen Schadenersatzprozess verloren hatte. Zwei Millionen wollte er von Montego haben – für sein zerstörtes Leben. Die Richterin war der Meinung, dass der technische Fortschritt seinen Preis hat und hatte die Klage abgewiesen.“ Bully hebt Aufmerksamkeit heischend den Zeigefinger, „Kein Unfall übrigens. Montego wusste über die Schädlichkeit seines Mittels Bescheid. Das Internet war damals schon voll von entsprechenden Schadensmeldungen.“

„Das Essen ist in ein paar Minuten soweit“, sagt Jens Berninger, der plötzlich eine Chance sieht, das Problem über die Hungerschiene zu lösen.

„Ihr sagt mir Bescheid, wenn es soweit ist.“ Linda hievt sich aus dem Sessel und schlendert über die Treppe zum Bungalow.

„Du kannst hier bleiben“, ruft ihr der Boss zu, der eine erste Ahnung davon hat, was jetzt geschehen könnte. „Eine Minute nur noch. Oder zwei.“

„Aber die Viren können nicht warten“, gibt Linda leise zur Antwort, während sie schon die Tür des Bungalows aus dem Schloss gezogen hat.

„Ich kann dir helfen“, legt Bully aufgeregt nach und macht Anstalten ihr zu folgen.

„Bleib wo du bist“, erwidert Linda gebieterisch und verschwindet im Haus.

Auch heute Nacht kann der Smog über der Stadt irgendwann die Wärme des Tages nicht mehr halten. Gegen Mitternacht wird es empfindlich kühl im Garten. Sie ziehen sich ins Kaminzimmer zurück, schalten die Elektroheizung ein und sehen fern. Um 0.00 Uhr spielt NBC die Nationalhymne. Wenige Minuten später klingelt das Telefon.

Bully zuckt erschrocken zusammen.

„Mach mal nur keine Panik“, sagt Jens Berninger gelassen. „Das SEK würde nicht vorher anrufen. Wahrscheinlich laden uns die Nachbarn zu einem Glas Champagner ein.“

„Denke daran, dass du Mrs. Blum bist“, sagt Bully hastig, bevor Linda abhebt.

„Hallo.“

„Hallo - Mrs. Blum?“ Eine freundliche Männerstimme.

„Am Apparat.“

„Entschuldigen Sie bitte die späte Störung. Thomas mein Name. Ich bin von der Hausverwaltung. Wir haben im Augenblick festgestellt, dass wir beim Auszug ihrer Vormieter vergessen haben, Gas und Strom abzulesen. Darf ich trotz der fortgeschrittenen Zeit kurz bei Ihnen vorbeikommen?“

„Aber selbstverständlich...“, Linda ist vielleicht einen Takt zu schnell.

„...bevor wir noch einen Tag ins Land gehen lassen und die Missverständnisse werden größer.“

„Machen Sie sich da keine Sorgen. Wir sind noch lange auf den Beinen.“

„Dann bis in einer Viertelstunde.“

Linda legt erleichtert den Hörer auf die Gabel. „Die Hausverwaltung. Sie haben vergessen, den Zähler abzulesen. Ein Mister Thomas kommt gleich vorbei.“

„Business as usual“, sagt Jens Berninger knapp. “Wir sehen fern und essen Tortillas. Vorher schaue ich mal durchs Schlafzimmerfenster.“

Wenige Minuten später hält ein schwarzer Pickup vor dem Haus. Eine Wagentür fällt ins Schloss. Dann klingelt es an der Haustür. Zeitgleich kommt Jens Berninger aus dem Schlafzimmer zurück.

„Mach auf. Er ist allein.“

Linda geht zur Tür, und sie hat plötzlich kein gutes Gefühl mehr. Sie spielen Vabanque. Wenn die Bullen ihnen bis hierher gefolgt sind, haben sie verloren. Ein Risiko, das sie zu einem unbeachtlichen Restrisiko herabdiskutiert haben und das jetzt als Riesengespenst vor der Tür steht. Linda hat keine Wahl. Sie schaut durch den Spion. Der Mann, der mit einer dünnen Aktentasche in der Hand unter der Lampe auf dem schmalen Treppenabsatz steht, trägt trotz der niedrigen Temperaturen ein kurzärmeliges Hemd mit Schulterklappen und dem Aufdruck *Mortons Homeservice.* Er fröstelt und müht sich erfolglos, seine sporadischen Hustenattacken zu unterdrücken. Linda öffnet die Tür.

„Guten Abend, Madame. Thomas von der Hausverwaltung. Wir hatten soeben...“

„Kommen Sie schnell ins Warme“, unterbricht ihn Linda, der ihre Bedenken mit einem Mal wieder völlig aus der Luft gegriffen und unwirklich erscheinen, „sonst liegen Sie morgen mit Fieber im Bett.“

„Danke, Madame". Der Besucher folgt Linda in den Flur. „Es ist immer das Gleiche. Wenn der Hochsommer zu Ende geht, werden hier die Menschen krank. Da machen selbst wir Indianer keine Ausnahme."

„Die Natur ist manchmal ganz schön ungerecht", erwidert Linda und öffnet die Tür zum Wohnzimmer.

Auch aus schmalen Augen können kranke Augen werden. Robert Vasco macht an diesem Morgen keinen guten Eindruck. Sein bronzefarbener Teint ist weiß unterlegt und er schwitzt trotz laufender Klimaanlage. Sein sporadischer Husten hat hörbar nicht nur mit einem Kratzen im Hals zu tun.

„Gibt es das", fragt Annette Basler halb ernst, „eine Grippe in Las Vegas?"

„Was glauben Sie", erwidert der Detective heftig, „die Klimaanlagen machen uns alle krank. Meine Vorfahren haben sich auf eine andere Weise gegen die Hitze gewehrt. In ihren Lehmhäusern gab es kühle Plätze, aber keine Zugluft. Schnupfen kannten sie gar nicht."

Sie sitzen rund um den Schreibtisch in Vascos Büro, auf dem ein Stadtplan ausgebreitet ist.

„Reden wir von etwas Schönerem", sagt der Polizist und zeigt mit dem Filzstift auf eine rot gemarkerte Stelle im Nordwesten der Stadt.

„Hier hat sich die Gruppe einquartiert. Unmittelbar daneben habe ich meine Leute postiert." Drei neue Farbkleckse schaffen eine beruhigende Übersichtlichkeit. „Es sind meine besten Männer. Die Gruppe ist vierundzwanzig Stunden unter Beobachtung. Jede Bewegung wird überwacht. Wenn sie auf die Idee kommen sollten, das Wasserwerk außerhalb des Visitors Day anzugreifen, wüssten wir das sehr schnell."

„Es muss unbedingt sicher gestellt sein, dass die Viren nicht ins Wasser gelangen. Das Sicherheitssystem von Frau Gonzales würden sie unbemerkt passieren."

„Unser juristisches Problem besteht allerdings darin, dass uns der Nachweis des terroristischen Angriffs und des Mordversuchs nur gelingt, wenn sie ihre tödliche Fracht unmittelbar ans Wasser heranbringen."

„Ein Vabanquespiel!"

„Allerdings. Wenn es schiefgeht, haben wir ein Problem. Mrs. Gonzales hat ja tatsächlich keinen Zweifel daran gelassen, dass sie auf getarnte Biotoxine nicht eingestellt ist."

Robert Vasco wischt sich zum wiederholten Mal das Gesicht trocken.

„Keine Angst", sagt er mit brüchiger Stimme, „eure Leute werden zu keinem Zeitpunkt aus den Augen gelassen. Sie haben keine Chance. Im ungünstigsten Fall verlieren wir ein Becken bestes Quellwasser. Das merkt kein Mensch in der Stadt. Wir zapfen sofort den Lake Mead an. Das Recht dazu hätten wir in dieser Situation."

Auf den Monitoren, die der Detective jetzt aktiviert, sieht man den Bungalow der Frankfurter Gruppe aus drei verschiedenen Perspektiven. Gerade geht Burkhard Liefers über die Terrasse und macht sich an dem gemauerten Grill vor dem Staudenbeet zu schaffen.

„Wir haben alles im Griff, wie ihr seht." Nicht nur für empfindliche Ohren klingt Robert Vasco ungeduldig und drängend. René Gronwald hat die Botschaft verstanden.

„Ihr wollt die Sache allein machen!"

Der Detective verzieht schuldbewusst das Gesicht.

„Der Gouverneur. Seine Idee. Irgendwie auch nachvollziehbar. Wenn in einem späteren Prozess ausländisch Fahnder auftreten, wird es problematisch – Ihr kennt unsere Anwälte!"

„Das heißt, wir putzen hier die Platte?"

Robert Vasco nickt, als habe er mit seiner Antwort nichts zu tun. „South-West-Airlines, Direktflug Las Vegas – Frankfurt am Main, heute Abend um 21.15 Uhr. Zwei reservierte Plätze in der ersten Klasse. Nehmt es als die schlechte Nachricht. Die gute: Sobald der Zugriff erfolgt ist, rufe ich euch an."

Frankfurt am Main, 5. September

Sie haben im Schnellimbiss nebenan noch eine Kleinigkeit gegessen und sich dann in René Gronwalds Wohnung verschanzt. Der Telefonapparat auf dem Wohnzimmertisch wird in den nächsten Stunden im Mittelpunkt ihres Interesses stehen. Die Führung im Wasserwerk beginnt um vierzehn Uhr Ortszeit. Sie ist auf anderthalb Stunden angesetzt, kann aber auch noch einmal so lange dauern, je nachdem, wie viele Teilnehmer es gibt und wie groß deren Wissensdurst ist. Vasco war zuversichtlich, dass er spätestens um siebzehn Uhr Vollzug melden kann. Das heißt zwei Uhr früh in Frankfurt am Main. Es kann eine lange Nacht werden.

„Sie wollen ihnen versuchten Mord anhängen. Das kann die Todesstrafe bedeuten."

René Gronwald lacht kurz auf. „Es bedeutet die Todesstrafe. Oder glaubst du, sie lassen sich diese Gelegenheit entgehen, es der Welt noch einmal zu zeigen: Amerika führt Krieg. Auge um Auge."

„Es könnte ein Politikum werden", sagt Annette Basler.

„Ich habe auch schon daran gedacht, aber mich mit diesem Gedanken noch nie auseinander gesetzt. Wir haben sie ziehen lassen. Haben sie in das offene amerikanische Messer laufen lassen. Faktisch eine Auslieferung deutscher Staatsangehöriger in ein Land, das die Menschenrechte verletzt."

„Ein Doppelfehler sozusagen. Schmidt-Fellinger könnte ein Problem bekommen. Hast du ihn schon mal darauf angesprochen?"

René Gronwald schüttelt den Kopf. Sein siebter Sinn hat ihn seinerzeit davor gewarnt. Das sollte ganz allein Sache des Präsidenten sein. Jetzt, kurz vor dem Showdown und nachdem Annette Basler das Thema angesprochen hatte, war es plötzlich auch sein Ding geworden. Linda in Guantanamo. Einem Militärapparat überantwortet. In Käfigen. Tag und Nacht gefesselt, ohne Anwalt.

Annette Basler kann Gedanken lesen.

„Vor der Vollstreckung einer Todesstrafe stehen noch viele Hürden“, sagt sie beschwichtigend.

„Die zu überwinden es fünfzehn Jahre braucht“, ergänzt René Gronwald bitter. „Fünfzehn Jahre Todeszelle. Täglich Valium gegen das Zuviel an Angst. Wenn in Deutschland Mörder begnadigt werden, richtet man sie in Amerika hin.“

„Noch haben sie sie nicht.“

Der Kommissar schaut überrascht vom Telefon auf. „Was soll das heißen?“

„Dass sie noch frei rumlaufen, mehr nicht.“

Sie sehen fern und sind in Gedanken doch ganz woanders. René Gronwald spielt nervös mit der Fernbedienung, den Daumen stets in der Nähe des roten Knopfes. Um dreiundzwanzig Uhr beginnt in La Vegas die heiße Phase. Wenn Vasco schon zu Beginn der Führung zuschlägt, passiert es in diesen Minuten.

„Weißt du noch, was du gesagt hast, als du aus Kanada zurückgekommen bist?“

Annette Basler schaut den Kommissar fragend an.

„Du hast gesagt: Sie haben ein Motiv.“

„Rache, natürlich.“ Die Ärztin macht eine abwiegelnde Handbewegung. „Und du warst der Meinung, dass diese primitive Position für unsere drei angehenden Akademiker nicht in Frage kommt.“

„Ehrlich gesagt, ich bin immer noch dieser Auffassung, jedenfalls was Linda anbelangt.“

„Die Vorzeigeterroristin!“ In Annette Baslers Stimme halten sich Spott und Wut die Waage. Im Kühlschrank sucht sie nach einer Alternative zum Kaffee. Mit einer Flasche Cointreau kommt sie an den Tisch zurück.

„Trinkst du einen mit?“, fragt sie fordernd.

Wortlos durchstöbert René Gronwald den Wandschrank nach den passenden Gläsern.

„Rache ist süß", sagt Annette Basler, während sie den Likör in die Schnapsgläser füllt. „Was meinst du, wo dieser Satz herstammt?"

„Von John Wayne vielleicht", erwidert René Gronwald böse.

„Der hat ihn sicher oft benutzt", sagt Annette Basler, „aber der Spruch steht auf breiteren Füßen. Es ist eine Volksweisheit, gibt eine lange Erfahrung wieder. Neurobiologen haben ihn sogar wissenschaftlich untermauert, durch Hirnstrommessungen. Während wir Rache üben wird unser Lustzentrum aktiv, schüttet massenhaft Dopamin und andere Glücksbringer aus. Die Natur belohnt den Rächer." Annette Basler prostet ihrem Schüler zu. „Was meinst du wohl, warum sie das tut?"

„Wie ich die Hirnforscher kenne, heißt die richtige Antwort: Weil die Rache uns Vorteile bringt."

„Und genau das tut sie! Sie wehrt den Aggressor ab, rückt die Dinge zurecht, sorgt für klare Verhältnisse. Sie ist sozial gesehen wichtig."

„Dr. Basler!" René Gronwald greift nach der Flasche und gießt nach. „Du erzählst vom Neandertal. Wir sind 50.000 Jahre weiter. Ein dicker Mantel aus Kultur und Verstand liegt über unseren alten Instinkten."

„Keinen einzigen Tag sind wir weiter. Was uns da zudeckt ist ein Provisorium aus zivilisatorischem Blendwerk. Nichts als Makulatur, Tarnfarbe. Wir laufen an der kurzen Leine der Evolution, das ist es. Du müsstest es als Polizist doch besser wissen. Menschen bringen sich gegenseitig um – aus Eifersucht, aus verletztem Stolz, aus Kränkung. Auf den Straßen kämpfen sie mit hundert PS und zweihundert Sachen um die Ränge. Wie Hirsche auf der Brunftwiese. Jeder will der Erste und der Stärkste sein. Alles Ladenhüter der Evolution. Mittlerweile so überflüssig wie ein Kropf - und wie die Rache. Aber genauso präsent wie vor Jahrtausenden."

Sie trinken und schielen zum Telefon.

„Du tust so, als sei unser Verstand gar nichts mehr wert."

„Ist er ja auch nicht. In exponierten Situationen jedenfalls versagt er gründlich."

„Aber überwiegend haben wir doch gelernt unsere Instinkte zu kontrollieren. Der Verzehr von Süßem macht uns ja auch glücklich. Gleichzeitig wissen wir, dass das, was vor zwei Millionen Jahren unser Überleben sicherte, heute für unsere Gesundheit hochgefährlich ist. Also verzichten wir…."

„Wir verzichten!" Annette Basler lacht schallend und ihre Augen lachen mit. „Hast du am Strip die Kids gesehen, wie sie vor den Eiscremebuden Schlange standen? Und sie waren, was man deutlich sehen konnte, nicht das erste Mal dort."

„Aber du verzichtest. Und ich verzichte…."

„Ich tue es nicht!"

„Dann tue ich es eben. Und unsere drei Leute machen es auch. Linda zumindest. Rache müsste für sie so tabu sein wie ein Kilo Eiscreme."

„Wenn du auf den Verstand baust, verkalkulierst du dich."

„Bei Linda kommt jedenfalls noch etwas anderes dazu. Du hast sie doch kürzlich erlebt. Am PETA-Stand. Eine sehr sensible Person. Sie macht sich für kleine Hunde stark. Emotional ist sie doch gar nicht für einen Massenmord geeignet."

„Fassade, das ist alles Fassade."

„Und dahinter?"

„Eine beschädigte Seele. So sehr verletzt, dass sie selbst kein Mitleid mehr empfinden kann. Aber Mitleid ist das entscheidende Bollwerk gegen das eigene böse Tun. Man weiß, was man anrichtet, weil man das Leid des Opfers nachvollziehen kann, und tut es deshalb nicht."

„Schon wieder deine Scheiß-Wissenschaft!" Der Kommissar trommelt mit den Handkanten auf dem Tisch. „Linda weiß also nicht was sie tut. Sie weiß also nicht, was passiert, wenn sie Gift ins Wasser kippt?"

„Mein Gott! Sie weiß es schon, aber sie kann es emotional nicht umsetzen. Kapier es endlich: Es lässt sie kalt!"

Annette Basler hat die Fernbedienung aus der Ablage geholt und zappt durch die Programme. Bei CNN stoppt sie. Der Sender berichtet von den Unruhen in Indonesien, danach von einem Erdbeben im Iran.

„Lass mal", sagt René Gronwald, als die Ärztin weiterschalten will. Beide wissen, dass sie amerikanische Neuigkeiten zuallererst hier erfahren. Aber kaum denkbar, dass das Fernsehen schneller ist als Robert Vasco, der versprochen hat sie nach dem Zugriff umgehend anzurufen. Aber es ist schon nach Mitternacht, in Las Vegas später Nachmittag. Nach dem Welt-Wetterbericht präsentiert CNN eine Talkshow. Im Untertitel irgendwelche Börsendaten. Annette Basler stellt den Ton leiser.

„Terrorismus hat nicht nur mit Rache zu tun", sagt René Gronwald in das kaum hörbare Gelächter der amerikanischen Studiogäste.

„Das habe ich auch nicht behauptet."

„Aber du gehst davon aus, dass es bei unseren Leuten der Fall ist."

„Ich halte es jedenfalls für sehr wahrscheinlich."

„Wie sah eigentlich der Vorgänger aus. Der Terrorismus vor Berninger und Co. In Deutschland?"

„Die Spinner um Baader und Meinhof", erwidert Annette Basler belustigt. „Sie wollten das System ablösen. Sozialismus statt Kapitalismus. Räterepublik statt Demokratie."

„Sie hatten politische Ziele, die sie auf dem normalen Weg nicht erreichen konnten. Weil das Wahlvolk nicht mitspielte."

„Sag nur unsere drei haben ebenfalls politische Ziele?"

„Warum nicht?"

Der Kommissar bringt Linda nicht mehr ins Spiel, obwohl sich seine diesbezüglichen Mutmaßungen nur auf sie beziehen. Immer wenn er ihren Namen nennt, erstarrt Annette Baslers Mimik für den Bruchteil einer Sekunde, und in ihren Augen blitzt Angst auf. Er hat sie betrogen, und das weiß sie auch. Noch mehr wehtun will er ihr jetzt nicht.

„Kennst du die Aufnahmen vom Frankfurter Kaufhausbrand-Prozess. Anfang der siebziger Jahre. Baader und Genossen hatten Karstadt angesteckt."

„Kaufhof", korrigiert der Kommissar. „Ein Schwelbrand in der Teppichabteilung."

„Du hast den Beitrag schon mal gesehen?"

„Er stand auf unserem Lehrplan", erwidert der Kommissar ironisch, „in jedem Semester."

„Wegen mir. Dann weißt du jedenfalls, dass es sich bei der Gruppe durchweg um Angeber handelte. Figuren, die Prominenz beanspruchten, aber die Voraussetzungen dafür nicht erfüllten. Ihr politisches Mäntelchen, das sie sich umgehängt hatten, war Bluff, sollte hehre Motive vorgaukeln. In Wirklichkeit wollten sie auf Teufel komm raus ins Rampenlicht."

Auf CNN läuft die Talkshow weiter, aber die Untertitel kündigen eine Sondermeldung an. Der englische Premierminister ist vor seinem Haus in der Downing Street von Attentätern nieder geschossen worden. Näheres in Kürze.

„Das trifft sicher nicht auf alle zu. Ulrike Meinhof brauchte diese Prominenz doch gar nicht."

„Aber Baader, Meins, Ensslin…. Du brauchtest ihnen doch nur in die Gesichter zu schauen."

René Gronwald stutzt einen Moment. „Rechtsmediziner suchen die Wahrheit jetzt in den Gesichtern?"

„So schnell lässt du dir deine neuen Helden also nicht demontieren?"

„Du schweifst ab. Es geht um Wahrheit. Nicht um unsere Meinungen oder Befindlichkeiten."

„Dann nimm bitte zur Kenntnis, was ein englischer Verhaltensforscher zu dem palästinensischen Widerstand gesagt hat. Die Intifada sei kein heldenhaftes Aufbegehren gegen jüdisches Unrecht, sondern die banale Reaktion auf hohe Arbeitslosigkeit und fehlende soziale Perspektiven unter den jungen Männern der besetzten Gebiete. Das Ventil für ganz normalen, durch eigene politische Unfähigkeit bedingten Frust."

„Ganz schön mutig, der Tommy. Die halbe Familie umgebracht oder im Knast, es fehlt am Nötigsten, aber das Motiv für die Gewalt ist die Langweile."

CNN zeigt erste Bilder aus London. Krankenwagen, ein Menschenauflauf, aufgeregte Bobbys. Der Premierminister ist ins Krankenhaus gebracht worden. Über seinen Zustand gibt es unterschiedliche Angaben…

„Wir werden uns wohl von dem einen oder anderen Klischee verabschieden müssen", sagt Annette Basler nachdenklich, „das wir zur Erklärung des Terrorismus kultiviert haben. Du gibst deine politische Interpretation auf, und ich verzichte auf die archaische Komponente der Rache."

Der Kommissar schaut lange in den Fernseher, der nichts Neues zu vermelden hat, dann wandert sein Blick langsam zu Annette Basler hinüber, die jetzt müde den Kopf in die Hände stützt.

„Machen wir doch einen Kompromiss", sagt der Kommissar mit einem milden, verbindlichen Lächeln. „Ein bisschen Rache, ein bisschen politische Absichten. Wir treffen uns in der Mitte. Da ist die Wahrheit ja oft zu Hause."

Ein Friedensangebot, auf das Annette Basler nicht eingehen wird. Sie kennt den Kommissar zu gut um seinen Antrag ernst zu nehmen.

„Wenn wir ehrlich sein wollen, dann müssten wir uns zugestehen, dass wir uns die letzten zwei Stunden die Köpfe über völlig unbedeutende Sachen zerbrochen haben. Ihre Motive. Aber die sind doch nicht unser Problem. Wir müssen die Terroristen stoppen, bevor sie Las Vegas zunichte gemacht haben. Das ist alles."

„Eben nicht."

„Nein?" Annette Basler spürt einmal mehr schmerzhaft Lindas langen Schatten.

„Eine Tat ohne Motiv genügt mir nicht. Wenn ich jemanden ans Messer liefere, will ich wissen, was ihn getrieben hat."

„Wie sehen sie denn aus, deine politischen Motive? Was muss man sich darunter vorstellen?"

Der Kommissar zuckt unschlüssig mit den Schultern.

„Eine junge Generation stellt plötzlich fest, dass man sie um ihre Zukunft betrogen hat...."

„... Keine Jobs."

„Keine Jobs, obwohl das bei unseren Leuten ja keine Rolle spielen dürfte. Es geht aber tiefer. Eine entzauberte Welt. Kalte Funktionalität. Kunstnatur. Holzplantagen statt Wälder. In Ecuador fehlen die Aras und bei uns der Schnee im Winter. Jetzt rächt es sich, dass wir Reinhold Messmer ausgelacht haben, als er Wildnis zur unabdingbaren Voraussetzung der menschlichen Existenz erklärt hat. Im offenen Cabrio dümpeln wir handlungsunfähig in die Klimakatastrophe. Da könnte man schon auf die Idee kommen, in einem letzten Kraftakt das Ruder herumreißen zu wollen, um den ganz großen Crash noch zu verhindern."

„Die Welt wachrütteln. Erpressen kann man wohl auch dazu sagen."

„Völlig egal, welchen Namen wir dem Ding geben."

„Und das Element der Rache, spielt es für dich gar keine Rolle mehr?"

„Und ob", entgegnet der Kommissar. „Der Wunsch nach Rache macht die Skrupel mürbe und die Bombe scharf."

Annette Basler rückt ihren Stuhl an die Seite des Kommissars und legt ihren Kopf auf seine Schulter, während ihre Hände über sein unrasiertes Gesicht fahren.

„Da kommt einiges auf uns zu", sagt sie tonlos, „die Verlierer werden immer mehr, und immer mehr von ihnen sind nicht nur in der Lage Bomben zu bauen, sondern auch Viren mit Giften auszurüsten."

„Und wir können sie nicht mehr an den Grenzen abfangen. Es sind unsere eigenen Leute."

Um halb zwei verstummt das Gespräch am Tisch. Noch eine halbe Stunde. Bis dahin will Vasco auf jeden Fall angerufen haben. Die Minuten vergehen. Sie wissen, dass die Zeit gegen sie arbeitet. Wahrhaben wollen sie es nicht.

Um halb drei bricht sich die Enttäuschung Bahn.

„Er weiß, dass wir warten", sagt René Gronwald.

„Warten ist gut", ergänzt Annette Basler, „wir sitzen auf heißen Kohlen."

Dann greift René Gronwald zum Telefon.

„Wie spät ist es jetzt in Las Vegas?"

„17.30 Uhr", antwortet Annette Basler.

Dreimal ertönt in Amerika das Besetztzeichen. Dann hebt der Detective ab.

„Hi, Robert", sagt der Kommissar und kommt ohne Umschweife zur Sache. „Wir warten auf deinen Anruf!"

„Nicht böse sein", tönt es aus dem Hörer, „wir sind soeben ins Departement gekommen. Eine Schleuserbande aus Mexiko. Es gab eine Schießerei an der Paradise Road."

„Ihr seid o.k.?"

„Zwei Leichtverletzte. Nicht der Rede wert."

„Du kannst dir vorstellen, dass wir hier ein anders Problem haben?"

„Und da hätte ich dir gerne heute Mittag schon Bescheid gesagt. Aber da kam diese dumme Schleuser-Geschichte dazwischen." Robert Vasco hustet beinahe eine Minute lang. „Entschuldigung", sagt er ohne Begründung. „Der Visitors Day ist kurzfristig um vier Tage verschoben worden. Es sind angeblich Schäden im Bassin aufgetreten, die noch repariert werden müssen. Die Gruppe weiß Bescheid. Sie ist zuhause geblieben."

„Also Montag?"

„Montag. Der gleiche Zeitrahmen."

Annette Basler hat sich auf die Couch gelegt und will nur noch schlafen. „Dann warten wir halt noch drei Tage", sagt sie mit verwässerter Stimme.

„Ich weiß nicht", erwidert der Kommissar nach einer ganzen Weile.

„Was weißt du nicht?", erkundigt sich die Ärztin ängstlich.

„Robert Vasco, so wie wir ihn kennen gelernt haben, hätte uns innerhalb des vereinbarten Zeitraums informiert. Schleuser hin oder her. Aus dem Auto eine kurze Nachricht.“

„Und das heißt?“

René Gronwald hat sich die Nummer des Wasserwerks in sein Notizbuch geschrieben. Der Pförtner meldet sich.

„Nur eine kurze Frage“, sagt der Kommissar. „Hat man den Visitors Day tatsächlich auf den Montag verschoben?“

„Wie kommen Sie darauf?“, kommt es belustigt zurück. „Die Führung hat wie vorgesehen stattgefunden.“

„Heute Mittag?“

„Pünktlich um vierzehn Uhr.“

„Und war wann zu Ende?“

„Kurz vor sechzehn Uhr. Die Besucher hatten nur wenige Fragen. Soll ich Sie für den kommenden Termin vormerken?“

„Danke“, erwidert der Kommissar, „ich melde mich noch mal.“

Las Vegas/USA 06. September (der letzte Tag)

René Gronwald bucht sein Zimmer im Golden Gate Hotel an der Fremont Street von Bord der Lufthansa-Maschine aus. Ein Service, der den Last-Minute-Reisenden den Entschluss noch ein bisschen leichter machen soll. Annette Basler hat ihn am späten Vormittag im Taxi zum Flughafen begleitet, wo der Polizeipräsident schon alle Formalitäten erledigt hat. Der Kommissar wird diesmal ohne Begleitung nach Las Vegas reisen, denn die Ärztin hat ihr Urlaubskontingent restlos ausgeschöpft. Den Schlaf, den René Gronwald in der Nacht zuvor versäumt hat, will er nun im Flieger finden, aber das gelingt ihm nicht.

Vasco hat ihn belogen. Für den kupferbraunen Navajo mit dem sympathischen Lächeln und dem offenen Visier hätte er zwar nicht die Hand ins Feuer gelegt – so etwas macht ein Polizist nach fünfundzwanzig Dienstjahren nicht mehr – aber er hatte schon eine Menge Vertrauen in ihn investiert. Would you buy a used car from this man? Vor drei Tagen wäre die Antwort ein klares Ja gewesen, jetzt nicht mehr. Eine Riesenenttäuschung.

Ein anderer Punkt macht ihm vielleicht noch mehr zu schaffen: Warum hat Vasco ihm die Geschichte mit dem verschobenen Visitors Day erzählt? Was ist in Las Vegas geschehen? Schon in der vergangenen Nacht hat ihn eine dunkle Ahnung beschlichen. In 12.000 Meter Höhe über dem Ärmelkanal wird sie konkret. Guantanamo ist immerhin noch ein Ort, der in begrenztem Umfang der öffentlichen Kontrolle unterliegt. Auf die muss man sich nicht unbedingt einlassen. Es geht auch anders. Sie haben ihn im Reservat angemacht. Es hat ganz so ausgesehen, als hätten sie ihn als Opportunisten entlarvt. Hatten die Trunkenbolde möglicherweise Recht? Vielleicht steckt der Gouverneur hinter der Sache. Nur ein kurzer Anruf aus der Hauptstadt: „... *keine*

Spuren, verstehen Sie?" Was soll Vasco dann machen? Gut denkbar, dass Indianer auf der Abschussliste ganz oben stehen und nur eine Chance haben, wenn sie funktionieren. Aber Vasco hat so überzeugend gelogen, wie es nur einer kann, der hinter seiner Sache steht.

René Gronwald dirigiert das Taxi, das er am internationalen Airport bestiegen hat, über den Beluga Square zur Bungalow Siedlung im North-West District. An der Sunroad 33 sind die Läden heruntergelassen. Niemand ist zu sehen. Zwei der drei Ferienwohnungen, in denen sich die Observationsbeamten einquartiert hatten, schienen ebenfalls leer zu stehen. Die Pickups sind verschwunden, und die Sonnenschirme zusammengeklappt.

Zweimal fährt der Kommissar ums Karree, ohne dass er an dem Zielobjekt irgendjemand zu Gesicht bekommt.

„Wenn Sie wollen, umfahren wir das Objekt auch noch einmal im Gegenuhrzeigersinn", sagt der Taxifahrer, ein alter Latino, der sich lange nicht rasiert hat und in seinem Fahrgast einen eifersüchtigen Ehemann vermutet.

„Zum Hotel bitte", erwidert René Gronwald, der mit dem Humor seines Chauffeurs an diesem Tag nichts anfangen kann.

Im Zimmer 4001 fällt René Gronwald auf sein Bett und ist augenblicklich eingeschlafen. Irgendetwas in seinem Kopf hat die Notbremse gezogen. Mit nur bescheidenem Erfolg allerdings. Wilde Träume wecken ihn schon eine Stunde später wieder auf. Er wird seinen Besuch im Department nicht telefonisch ankündigen. Er wird einfach anklopfen und dann vor dem Detective stehen. Dessen Gesichtsausdruck könnte ihm vielleicht schon alles verraten.

Am Santa Clara Boulevard kennen sie ihn inzwischen und öffnen bereitwillig die Tür.

„Sie haben Glück", ruft ihm der Wachhabende nach, „der Detective ist gerade zurückgekommen."

René Gronwald verzichtet auf den Aufzug und nimmt die Treppe. Im zweiten Stock brummen die Kühlaggregate der

Getränkeautomaten. Die heruntergelassenen Jalousien sorgen für ein angenehm schummriges Licht. Die Tür zu Vascos Büro ist nur angelehnt. Der Kommissar klopft leise gegen das rote Hickoryholz.

„Ja, bitte." Die Stimme, die aus dem Raum kommt, klingt kraftlos und heiser.

„Hallo Robert", René Gronwald begrüßt den Navajo mit ausgestrecktem Arm und einem freundlichen Lächeln, ganz so, als ob nichts geschehen sei.

„René?!" Ein erschrockenes Lächeln huscht über das Gesicht des Detectives, der hinter seinem Schreibtisch aufgesprungen ist. „Du bist wieder da?"

„Wie du siehst."

„Annette auch?"

„Nein, sie wird zu Hause gebraucht. Ich bin allein."

Robert Vasco hustet kräftig in sein Taschentuch.

„Entschuldige bitte", sagt er, während er sich den Schweiß von der Stirn wischt, „mich hat es ganz schön erwischt. Eine Erkältung in der Wüste hat es in sich."

Schließlich sitzen sie sich wie alte Freunde am Schreibtisch gegenüber.

„Eine Cola?"

„Gerne."

„Darf ich raten", sagt Robert Vasco, als er vom Getränkeautomaten zurückkommt, „du willst dabei sein!"

„Vielleicht", antwortet René Gronwald und nimmt mit einem kurzen Augenaufschlag die eiswürfelschwangere Cola entgegen.

„Du hast deine Beute monatelang gejagt und schließlich gestellt. Und jetzt soll sie ein anderer abschießen dürfen, und du darfst noch nicht einmal dabei sein. Das ist mit dir nicht zu machen."

„Du könntest Recht haben", entgegnet der Kommissar, während er prüfend den Kopf wiegt.

„Nein, nein", winkt der Detective ab, „mit einem Jagdgehilfen kann man das machen, aber mit einem Jäger nicht. Du bist ein Jäger. Das habe ich sofort gesehen. Indianer haben einen Blick dafür. Sie haben Jahrhunderte von der Jagd gelebt."

„Wann ist es soweit? Du hast von Montag gesprochen."

„Das war die Auskunft, die mir Frau Gonzales gegeben hat. Im Internet steht noch nichts. Aber ich denke, dass der Montag in Ordnung geht."

„Ihr werdet mich so positionieren, dass die Täter mich nicht sehen können."

„Kennen Sie dich denn?"

„Mit Linda DeVries habe ich mich mehrfach getroffen, als ihr Bewunderer. Hatte ich dir das nicht erzählt?"

„Doch, ich glaube schon", erwidert Robert Vasco und beginnt erneut zu husten.

„Also, Montag. Und du bist sicher, dass sie diesen Termin nutzen?"

„Es bleibt ihnen doch gar nichts anderes übrig. Vor Ende Oktober findet mit Sicherheit keine Führung mehr statt."

René Gronwald zieht skeptisch die Mundwinkel nach unten.

„Zweifelst du etwa daran?", fragt Vasco und runzelt die Stirn.

„Vielleicht sind sie gar nicht mehr da."

„Bitte?"

„Ihr Bungalow sieht ziemlich leer aus…"

„Mein Gott", Vasco hebt beschwörend die Arme, „dann sind sie halt unterwegs…"

„Die Häuser deiner Observationskräfte scheinen auch verlassen zu sein."

„Wenn die einen nicht da sind, müssen die anderen auch nicht präsent sein."

„Natürlich", antwortet der Kommissar und lehnt sich in seinem Stuhl zurück.

Die Blicke der beiden wandern jetzt diszipliniert durch den Raum, ohne sich zu treffen. Sie spielen immer noch Freunde, aber in Wirklichkeit belauern sie sich wie zwei Verfolgungsfahrer in der Radarena.

„Linners und Mohave sind nicht da?“, fragt René Gronwald mit Blick auf die offen stehenden Türen zu den Büros der beiden Detectives.

Vasco schüttelt den Kopf. „Die beiden haben heute frei.“

Es ist dann wieder lange still.

„Hollywood ist nicht weit weg von hier“, sagt der Kommissar.

„Nur ein paar hundert Meilen. Aber in Wirklichkeit haben wir nichts miteinander zu tun. Wie Blau und Grün. Zwei sehr schöne Farben. Aber sie beißen sich.“

„Dann sollten auch wir unsere Schauspielerei beenden.“

„Ein Spiel, nicht wahr?“ Robert Vasco schubst seinen Stuhl ein Stück zurück und legt die Beine über Kreuz. „Ein schönes Spiel. Du hättest es sowieso erfahren. Aber es hat mich schon interessiert, ob du es vorher merkst. Was war es? Was habe ich falsch gemacht?“

„Nichts“, entgegnet René Gronwald. „Du hast gar nichts falsch gemacht. Oder sagen wir so: Ein gravierender Fehler ist dir nicht unterlaufen.“ Ihre Blicke begegnen sich wieder. „Aber als du vorgestern Nacht nicht angerufen hast, bin ich hellhörig geworden. Die Erklärung mit dem Schleusereinsatz war wohl nicht ganz so glücklich. Da hättest du dir etwas anderes einfallen lassen müssen.“

Robert Vasco drückt eine Tablette aus der Plastikfolie und spült sie mit einem Schluck Mineralwasser hinunter.

„Vorher bist du nicht misstrauisch geworden?“

„Wann hätte ich es werden sollen?“

„Im Reservat zum Beispiel.“

„Was war da?“

„Schon gut.“ Robert Vasco winkt ab. „Du wirst es noch erfahren.“

Das Reservat. René Gronwald erinnert sich daran, dass der Besuch bei den besoffenen Indianern seinerzeit bei Annette Basler Irritationen ausgelöst hatte. Und auch er hatte sich keinen Reim darauf machen können, warum der Detective sie gerade dorthin geführt hatte. Er kann mit dem Hinweis von Vasco aber immer noch nichts anfangen.

„Wenn wir schon offen reden: Wo sind sie?"

„Mein Gott, was willst du hören?"

„Bitte Klartext. In Guantanamo, oder habt ihr sie schon verscharrt?"

Robert Vascos Bewegungen erstarren von einer Sekunde auf die andere. Seine Augen sind nur noch einen Spalt breit offen und werden immer schmaler. Ungläubig nimmt er sein Gegenüber ins Visier.

„Hey, Hunter", sagt er schließlich gedehnt, während ein Lächeln über sein blasses Gesicht zieht und sich seine Lähmung ganz allmählich wieder löst. „Ich glaube, ich habe dich überschätzt."

Schwer atmend wischt er sich das Gesicht trocken. „Was heißt überschätzt?", korrigiert er sich. „Was versteht schon jemand von den Dingen hier unten, der nicht hier geboren ist."

Der Husten meldet sich jetzt immer öfter, und Robert Vasco schluckt noch eine Tablette.

„Ich bin hier zur Welt gekommen und auch hier aufgewachsen. Ein reinrassiger Navajo. Keiner, dessen Mutter von einem Gringo vergewaltigt wurde." Die müden Augen blitzen kurz auf, und um seine Backenknochen spielen die Muskeln. „Willst du die Geschichte hören? Für Weiße, die immer unterwegs sind, mache ich es kurz."

Robert Vasco geht zum Fenster und klappt mit einem kurzen Knopfdruck die Lamellen der Jalousie waagerecht.

„Indianerland", sagt er mit einem Blick auf die schneebedeckten Berge der Maluba Hills, die sich am Ende des San-José-Boulevards aus dem Smog erheben. „Tausende von Jahren Indianerland. Bis hoch an die Tundra und runter an den Rio Grande. Sioux, Apachen, Navajos, alle in friedlicher Koexistenz. Bis vor zweihundert Jahren."

Der Detective kommt an den Schreibtisch zurück. Mit angewinkelten Beinen sitzt er auf seinem Sessel und hat die muskulösen Unterarme wie die Pranken einer Raubkatze auf den Tisch gelegt.

„Dann kamen die Weißen und denen waren die Indianer einfach nur im Weg. Und sie hatten leichtes Spiel mit ihnen. Die schweren Winchester-Büchsen waren den Bögen der Rothäute haushoch überlegen. Wer übrig blieb, ist an den Krankheiten verreckt, die die weißen Eroberer eingeschleppt hatten oder ist ganz einfach verhungert."

René Gronwald spürt, dass Vasco ihn auf eine Reise mitnimmt, an deren Ende unangenehme Dinge auf ihn warten.

„Verhungert heißt, die Weißen haben sie verhungern lassen. Und weißt du, wie sie das angestellt haben?"

Der Detective kann sich denken, dass sein Frankfurter Kollege davon schon in der Schule gelernt hat, aber er wird ihm die Geschichte noch einmal erzählen.

„Sie haben ihnen ihre Nahrungsgrundlage abgeknallt: die Büffel. Sechzig Millionen gab es einmal von diesen Tieren, die so erhaben und so stolz waren, wie der rote Mann selbst. Sie haben sie bis auf zweihundert Exemplare zusammengeschossen. Zweihundert – verstehst du?"

Der Kommissar nippt verlegen an seinem Glas.

„Wir selbst zählten einmal drei Millionen Köpfe. Weißt du, wie viele es von uns heute noch gibt?"

René Gronwald schüttelt den Kopf.

„100.000. Ein erbärmlicher Rest. Und alle leben sie in Reservaten." Vascos Stimme wird wieder kräftiger. „Das ist der eigentliche Skandal. Sie sind eingepfercht in Reservate, die ihnen die weiße Regierung zugewiesen hat – ausnahmslos Badlands, die für das Herrenvolk wertlos waren. Ein Volk, für das die Freiheit so wichtig ist, wie Luft und Wasser, kann so nicht leben. Es sind allesamt gebrochene Menschen. Völlig aus der Balance gebracht. Irritiert. Dagegen saufen sie an. Sie halten das nicht anders aus. Und sie können sich nicht wehren, weil sie immer friedliebend waren und diese Form der Aggression schon überhaupt nicht kennen."

„Die Menschen im Reservat sahen ja auch wirklich nicht glücklich aus."

„Schön hast du das gesagt", Vasco nickt verbittert.

„Aber es waren doch deine Worte, dass jeder seine Chance hatte."

„Oh ja, das habe ich gesagt." Vascos Stimme zittert, und er beginnt wieder zu husten. „Ihr beide solltet nicht misstrauisch werden, darum ging es mir. Und zudem wollte ich wissen, ob ihr kapiert habt, was ihr gerade gesehen hattet. Was sollte das denn für eine Chance gewesen sein?"

„Die Chance, die auch du genutzt hast!"

„Sie wurde mir aufgezwungen. Als kleiner Junge bin ich bei einem Verkehrsunfall schwer verletzt worden. Monatelang habe ich in Las Vegas im Krankenhaus gelegen, wo mich eine weiße Familie betreut hat. Weil ich weiterhin pflegebedürftig war, bin ich anschließend bei ihr geblieben. Freiwillig hätte ich das nie gemacht. Sollen sich meine Leute denn alle vor ein Auto werfen?"

„Ein schlechtes Beispiel, einverstanden. Aber nimm doch die Afroamerikaner. Ebenfalls eine ungeliebte Minderheit. Untergebuttert, verfolgt. Aber sie nützen die Möglichkeiten, die sich im System der Weißen für sie ergeben."

„Mein Gott, die Schwarzen!" Robert Vasco greift sich an die schweißnasse Stirn. „Wer sind denn deine schwarzen Profiteure? Das Dutzend Vorzeigeschwarzer, das in Hollywood oder an der Wall Street Kariere gemacht hat mit ihren operierten Nasen und Lippen und ihren Toupets aus glatten Kunsthaaren? Die alle aussehen wie braungebrannte Weiße? Oder die Sportkanonen, die bei Olympia für die USA die Medaillen abräumen?"

„Stehen sie nicht für die Emanzipation ihres Volkes?"

„Ihr Volk liegt koksend in den Slums von New York, lässt sich im Irak abknallen, sitzt im Knast oder ersäuft in New Orleans Die du auf der Mattscheibe siehst, gehören zu einer Minderheit. Reine Opportunisten, nur auf ihren persönlichen Vorteil bedacht. Die Sprinter hängen sich nach ihrem Sieg das Sternenbanner um und laufen eine Ehrenrunde. Unter dieser Fahne wurden ihre Urgroßeltern noch vor hundertfünfzig Jahren als Sklaven gehalten. Ein Indianer würde das nie machen."

Vasco entschuldigt sich und verlässt das Büro. Sein Husten ist noch auf dem Flur und sogar noch hinter der geschlossenen Toilettentür zu hören. Als er zurückkommt, wischt er sich mit einem Erfrischungstuch Gesicht und Hände ab.

„Völkermord", sagt er, während er seine Arme auf die Lehne des Ledersessels stützt. „Die Indianer sind einem Völkermord zum Opfer gefallen. Das ist selbst mir erst in den letzten Jahren bewusst geworden. Die Welt beklagt den Völkermord an Armeniern, Chinesen, Juden. Aber den Völkermord an meinen Leuten nennt man noch nicht einmal beim Namen. Da ist immer nur die Rede von der Besiedlung des Kontinents. Merkwürdig, nicht?"

„Ich habe mir das, ehrlich gesagt, auch noch nicht bewusst gemacht…"

„Und ich kann dir sagen, warum das so ist. Die Welt erstarrt noch immer in Hochachtung vor dem weißen Amerika. Vor seinen Superleistungen. Als erste auf dem Mond. Die höchsten Wolkenkratzer. Die luxuriösesten Autos. Die meisten Nobelpreisträger. Achtzig Prozent aller Filme werden dort gedreht. Fast alles ist mindestens eine Nummer größer als sonst. Dass da mal irgendwann jemand im Wege stand und weggeräumt werden musste, verblasst hinter den Leistungen der weißen Avantgarde. Und selbst für die liberalen Leute in Hollywood ist der entrechtete Indianer immer nur ein Einzelschicksal. Ihr Geld verdienen die Filmemacher mit dem *bösen* Roten."

René Gronwald registriert erschrocken, dass Vascos Geschichte eskaliert.

„Dann diente unser Besuch im Reservat nicht nur der allgemeinen Information über die Lebensverhältnisse im Südwesten der Vereinigten Staaten?"

Robert Vasco verzichtet auf eine Antwort.

„Erinnerst du dich an den jungen Mann, der mich im Laden angemacht hat?"

„Der mit dem Nike T-Shirt….?"

„Und den schlechten Zähnen – er heißt Paul Vasco und ist mein Bruder. Und der Alte, der den Streit schlichten wollte, war mein Vater. Und meine Mutter war auch gekommen. Sie saß auf dem Stuhl direkt neben dem Tresen. Und hat sich nicht gerührt, so besoffen war sie."

„Es ist dein Stamm...?"

Robert Vasco nickt. „Ich bin dort geboren und aufgewachsen. Bis zu meinem Unfall."

„Weil du sie verlassen hast und mit dem Gegner paktierst, mögen sie dich nicht mehr. Warum besuchst du sie noch?"

„Es ist wohl mein schlechtes Gewissen, was mich immer wieder zu ihnen zieht. Meist lasse ich ein paar Scheine dort."

„Wie lange erträgt man diesen Zustand?" René Gronwald will, dass das Katz-und-Maus-Spiel ein Ende hat. „Wie lang kann ein Indianer damit leben?"

„Der Indianer, den du meinst, kann nicht mehr damit leben."

„Dann darf ich mich jetzt für meinen Blackout der vergangenen Tage revanchieren?"

„Bitte."

„Du hast unsere Leute laufen lassen…"

„Das ist nicht die ganze Wahrheit."

René Gronwald muss seine Befürchtungen noch einmal korrigieren.

„Sie waren am Freitag am Wasserwerk?"

„Korrekt."

„Und haben ihren Pack dort deponiert?"

„Unterhalb der Besucherterrasse. Seit sechsunddreißig Stunden tröpfelt das Gift ins Becken. In genau zwei Tagen ist die Flasche leer. Übrigens: Sie ist als Desoxydationsbehältnis getarnt. Selbst wenn man sie findet, wird sie niemand entfernen."

„Dann könnten wir jetzt noch das Allerschlimmste verhindern."

„Könnten wir." Vascos Blick ist ein erstes Mal kalt und böse. Ein zynisches Lächeln spielt kurz um seinen Mund, dann ist er wieder der coole Detective, der seinen Weg geht.

„Obwohl da so viel auch nicht mehr auszurichten wäre. Eine Viertelmillion dürfte schon infiziert sein."

In René Gronwalds Kopf überschlagen sich die Gedanken. Schweigend stiert er auf sein Glas, in dem die Eiswürfel geschmolzen sind und den Rest Cola durchsichtig machen.

„René", Vascos Stimme klingt beinah fürsorglich, „ich will dir jetzt nicht erzählen, dass ich eine Pistole einstecken habe. Das wäre viel zu amerikanisch. Eine andere Geschichte dürfte dich viel eher überzeugen. Die drei sind in Sicherheit."

René Gronwald hebt die Augen und versucht Desinteresse vorzuspiegeln.

„Du kannst mir nichts vormachen." Der Detective tätschelt seine Hand. „Ich war im Sunset 33 und weiß alles."

René Gronwald schaut sein Gegenüber verständnislos an.

„Dann sag ich es mal so: Auch Frau DeVries ist in Sicherheit. Oder muss ich Linda sagen?" Vasco lacht plötzlich schallend auf. „Und ich habe mich immer gewundert, warum du sie regelmäßig beim Vornamen genannt hast, während es sich bei den beiden anderen um die Herren Berninger und Liefers handelte." Er schüttelt hustend den Kopf. „Mein Gott, in Sachen Blackout sind wir jetzt quitt."

René Gronwald hat immer noch keine Bodenhaftung. Aber irgendwann mag er diesen Zustand der Hilflosigkeit nicht mehr. Als Polizist muss er wieder klar denken können. Er lehnt sich zurück und nippt an dem warmen Gesöff in seinem Glas.

„Die Alternative kennst du", sagt Vasco, „vor einer halben Stunde hast du noch selbst davon gesprochen: Guantanamo zum Beispiel. Glaub bloß nicht, dass deine Phantasie ausreicht, um dir den Alltag dort vorzustellen."

René Gronwald presst die Fingerkuppen der Hände gegeneinander.

„Wo sind unsere Leute?"

„Irgendwo."

„Du könntest mich belügen."

Wortlos wählt Robert Vasco eine lange Nummer und reicht den Hörer seinem Gegenüber. Die Verbindung kommt nicht zustande.

„Wir versuchen es gleich noch mal“, sagt Vasco und drückt eine weitere Tablette aus dem Plastik. „Da wo sie jetzt sind, gibt es keine Handy-Masten.“

Während Robert Vasco neue Getränke holt, geht der Kommissar zur Toilette.

„Pass auf, Hunter“, ruft ihm der Detective nach, „Abstand halten, wenn du die Wasserspülung drückst. Und nicht die Hände waschen. Nimm die Hygienetücher.“

Der nächste Versuch, eine Verbindung zu der Gruppe herzustellen, schlägt ebenfalls fehl.

„Abwarten“, sagt Vasco und prostet seinem Kollegen zu.

„Sie werden dich hinrichten“, sagt René Gronwald lakonisch. „Nach fünfzehn Jahren Todeszelle.“

„Sicher nicht“, entgegnet Robert Vasco.

„Meinst du, sie kriegen dich nicht oder hast du mit irgendjemandem einen Deal gemacht?“

„Weder noch.“

„Was dann?“

Vasco kramt umständlich ein frisches Taschentuch aus der Hosentasche und wischt sich über das Gesicht.

„Sagt dir der Begriff Peromyscus maniculatus etwas?“

„Klingt nach irgendeinem Tier. Oder nach einer Pflanze“

„Der lateinischen Name der Hirschmaus. Ein Nager, der hier heimisch ist. Es gab nie Probleme mit den possierlichen Tieren, aber seitdem die immer stärker werdenden Hurrikans feuchte Luft bis in den Südwesten der Staaten transportieren, ist das grundlegend anders geworden.“

„Die Wirbelstürme, die in der Karibik nicht mehr die Kurve kriegen?“

Vasco lächelt dünn. „Die einfach durchstarten. Über Mexiko und Texas hinweg. Ihre Ausläufer kommen inzwischen bis hierher. In der tropischen Luft haben sich die Nager massenhaft vermehrt und sind in die Siedlungen gezogen. In einem Getreidesilo, wo wir nach Waffen gesucht haben, hat mich vergangenes Jahr eine Maus gebissen. Sie war wie viele ihrer Artgenossen mit einem Sin-Nombre-Virus infiziert, eine Unterart des Hanta-Virus, das nur über den Austausch von Körperflüssigkeiten übertragen werden kann. Jetzt sitzt das Virus in meiner Lunge. Als Weißer wäre ich damit spielend fertig geworden, aber Indianer haben keine Abwehrstoffe dagegen. Noch zwei oder drei Monate, sagt mein Arzt."

Feine Schweißperlen rinnen über das Gesicht von Robert Vasco. Unter seiner bronzefarbenen Haut erkennt René Gronwald erstmals die Blässe seiner tödlichen Krankheit. Die tief in den Höhlen liegenden Augen haben ihr Feuer verloren, wirken müde und erschöpft.

„Rache, ist das überhaupt dein Ding", fragt der Kommissar mit gerunzelter Stirn, „- als Indianer?"

„Vor dir sitzt kein Indianer."

„Sondern?"

„Ein Gringo."

„Aber immerhin einer mit indianischem Blut in den Adern."

„Trotzdem denkt er so wie die Weißen. Jedenfalls akzeptiert er ihre Logik der Rache."

„Dein Stamm hat damit nichts am Hut. Er betet für die Seelen der Mörder."

„Auch nicht mehr. Er säuft nur noch. Aber er käme nie auf die Idee, es seinen Peinigern heimzuzahlen."

„Das machst *du* ja jetzt – ohne Auftrag allerdings."

„Aber in seinem Interesse. Mein Stamm hat eine Würde."

„Die ist verletzt. Und deswegen übst du jetzt Rache."

„Bring es doch auf den Punkt: Ich unterwerfe die weiße Kultur ihren eigenen Regeln."

„Und merkst nicht, dass dein Stamm dabei ein zweites Mal seine Würde verliert. Indem du diese friedfertigen Menschen in die Logik der Rache verstrickst - in das Gegenstück zu ihrer Kultur."

„Unsere Kultur!" Robert Vasco legt das Kinn auf die Brust und atmet schwer. „Weißt du was passiert, wenn man die

Karte der Friedfertigkeit auch noch spielt, nachdem die Gringos schon im Land sind? Du wirst zur Lachnummer. Sie klinken dich aus, ohne Skrupel und ohne schlechtes Gewissen. Es war vor allem unsere Naivität, die uns den Kopf gekostet hat."

Der Detective drückt die Wiederholungstaste und lauscht angestrengt in den Hörer. „Bitte", sagt er nach einer langen Minute und schubst den Schwenkarm mit dem Telefon auf die andere Seite des Schreibtisches.

Nicht immer ist René Gronwald ein Jäger gewesen. Manchmal war er auch Fallensteller. Aber Fallen stellen war nie sein Ding. Den Dealer spielen, sich bei den Rauschgift-Gangs einschleichen, Kaufinteresse vorspiegeln um dann, bei der Übergabe des Stoffs, die Pistole zu ziehen, das war ihm schon zuwider, als er in der Bekämpfung der Drogenkriminalität noch einen Sinn sah. Vertrauen aufzubauen und es danach wieder zu enttäuschen, Menschen zu betrügen, verletzte in seinen Augen die Regeln des Fairplay. Damals hat er mitgemacht, weil es alle machten und weil die Methode erfolgreich war. Warum er sich bei seinem neuen Auftrag noch einmal darauf eingelassen hat, gründlicher als jemals zuvor, weiß er nicht. Vielleicht weil es die einzige Möglichkeit war, an Linda DeVries heran zu kommen. An den Menschen Linda DeVries, an diese faszinierende Frau, die ihn bei ihrem ersten Kontakt am PETA-Stand schon so irreversibel in ihren Bann geschlagen hatte. Was jetzt kam, war auch für den lang gedienten Polizisten der GAU.

Ein paar Mal holt der Kommissar tief Luft, während er die Hand auf die Sprechmuschel presst.

„Es tut mir leid", sagt er schließlich angestrengt, und seine Stimme hat alle Professionalität verloren.

„Ich bitte dich ...", kommt es prompt und fürsorglich zurück.

„Doch", unterbricht er sie rasch, „ich bin alles andere als glücklich über das, was geschehen ist..."

„Willst du, dass ich dir jetzt das Gleiche sage?“

„...Bestimmt nicht.“

„Also“, fährt sie beschwichtigend fort, „wir haben doch beide nur unsere Arbeit getan. Niemand muss sich für irgendetwas entschuldigen.“

„Wir haben nur unsere Arbeit getan?“

„Nenne es wie du willst. Unsere Arbeit getan oder unseren Auftrag ausgeführt.“

„War sonst nichts?“

„Was soll denn gewesen sein?“, fragt Linda unschuldig zurück.

„Sag du es“, erwidert der Kommissar verletzt und muss danach lange auf eine Antwort warten.

„Als Vasco vergangene Woche die Karten aufgedeckt hat, anlässlich seines nächtlichen Besuchs in unserem Bungalow, war ich erschrocken.“ Linda schweigt einige Augenblicke lang, während im Hintergrund das Gekreische von Vögeln und Kindern zu hören ist. „Nicht so sehr, weil ich jetzt wusste, dass wir mit unserer Idee vom perfekten Verbrechen gescheitert waren. Vasco machte uns ja sogleich klar, dass wir von ihm nichts zu befürchten hatten und er euch unter Kontrolle hatte. Auch nicht aus Enttäuschung über dich. Sondern allein deswegen, weil ich auf deinen Bluff hereingefallen war.“ Wut verleiht ihrer brüchigen Stimme jetzt wieder Halt. „Ich habe eine halbe Nacht wach gelegen, so wie damals in Ecuador, als mir mein Vater seine miese Rolle gestanden hatte, die er bei CincinnatiSeed spielte. Auch war ich seinerzeit schlaflos aus Enttäuschung darüber, dass ich diesen Feigling nicht früher durchschaut hatte.“

„Was heißt früher?“ Der Kommissar hat das Gespräch gesucht, aber jetzt möchte er fliehen.

„Als er sich über die Mäusebabys mit den Hasenscharten amüsierte“, antwortet Linda kalt. „Erinnerst du dich an die Geschichte?“

„Selbstverständlich. Du hast sie mir irgendwann bei dir zu Hause erzählt.“

„Eine halbe Nacht", fährt Linda DeVries fort, „beide Male eine halbe Nacht. Aber auch nicht länger. Und nur aus Zorn über die eigene Naivität."

Sie hat nicht sogleich wieder aufgelegt, wie René Gronwald befürchtet hatte, sondern ist eher in Gesprächslaune. Vielleicht haben sie ja schon ein paar Flaschen Wein auf ihre gelungene Flucht getrunken, und sie ist bereit, noch die eine oder andere Karte aufzudecken.

„Bitte eine letzte Antwort."

„Gerne", erwidert sie von weither, aber ihre Stimme klingt kontrolliert und nüchtern.

„Warum tust du das?"

Mit zusammengebissenen Zähnen wartet René Gronwald auf das spöttische Lachen seiner Zielperson. Aber der Hörer bleibt stumm.

„Sollte ich meine Frage anders formulieren", hakt der Kommissar nach, „akademischer vielleicht?"

Es dauert noch eine Weile, bis Linda DeVries antwortet.

„Ich unterstelle jetzt, dass du die Frage ernst meinst."

„Warum zweifelst du? Gibt es denn schon eine Antwort?"

„Eigentlich schon."

„Ich kenne sie nicht."

„Du kennst sie genau wie ich. Auch du weißt, dass wir am Point-of-no-Return angelangt sind, hinter dem nichts mehr kommt, bestenfalls eine Kunstwelt aus Beton und Chips, aber kalt und ohne Wunder. Eine Welt voller Verlierer neben einer kleinen Clique aus arroganten und zynischen Profiteuren. Und du weißt auch, dass jetzt gehandelt werden muss, wenn der große Tanker noch einmal gestoppt werden soll."

René Gronwald will noch woanders hin.

„Sprechen wir einmal von Verantwortung..."

„Das habe ich gerade getan."

„....von Verantwortung gegenüber den Kindern in Las Vegas."

„Wenn du dich auf die Kinder von Las Vegas berufst, ignorierst du den gesamten Rest."

„Wen meinst du damit?“

„Die Kinder von Bombay und Kalkutta, denen das Wasser schon heute bis zum Hals steht. Auch die Kinder von Rom oder Paris – und von Frankfurt am Main. Alle Kinder sind gemeint.“

„Aber die Kinder von Las Vegas klammerst du aus, da sind wir uns einig?“

„Die Kinder der Täter nehme ich aus.“

„Obwohl sie unschuldig sind?“

„Es geht mir nicht um Schuld. Schuld ist ein Stück deiner juristischen Logik. Ich habe damit nichts zu tun, obwohl es ganz viel davon gibt.“

Sie will von Schuld nichts wissen, nennt aber die Kinder, die sie umbringt, Täterkinder. In diese Wunde muss er den Finger legen.

„Die meisten Menschen wollen mit dem Bösen, das sie tun, nicht unmittelbar konfrontiert werden“, sagt René Gronwald bedächtig. „Die Bomberbesatzung, die Hiroschima ausgelöscht hat, war froh, dass sie nicht sehen konnte, was 10.000 Meter unter ihnen geschah. Andere suchen Rechtfertigungen oder Entschuldigungen. Oder Schuld bei den Opfern. Im Lager von Tätern mordet es sich ungleich leichter, als in einer Schule oder in einem Kindergarten.“

„Oder in einer fröhlichen Stadt wie Las Vegas“, ergänzt Linda DeVries spöttisch, um danach trotzig ihre Position zu behaupten. „Wenn es so wäre, würde ich das als Recht für mich in Anspruch nehmen. War die Atombombe auf Hiroshima denn Unrecht?“

„Totales Engagement“, bohrt René Gronwald weiter, „für die Versuchstiere in den Laboratorien von Schering und Cassella und für die Mäusebabys mit den Hasenscharten. Und dann Gift ins Wasser von Las Vegas. Das passt doch nicht!“

„In deine Welt passt es nicht.“

„Es passt in keine Welt!“

„Herr Kommissar“, kommt es jetzt lauter und wütend aus dem fernen Asyl, „jetzt möchte ich dir eine Frage stellen:

Merkst du nicht, welcher Logik du auf den Leim gehst? Es ist die Logik der Zerstörer, die plötzlich ihr Interesse für unschuldige Kinder entdecken, während sie sich in anderem Zusammenhang einen feuchten Kehricht um sie kümmern. Die ihnen genauso egal sind wie die Wälder am Amazonas oder das Eis an den Polen. Aber die dich damit handlungsunfähig machen. Wenn du genau hinhörst, hörst du sie lachen."

„Vernunft ist nicht teilbar", hält der Kommissar dagegen, „an dieser Klippe scheiterst du."

„Diese perverse Logik", redet Linda DeVries unbeirrt weiter und ihre Stimme erhält einen drohenden Unterton, „ist sogar doppelt abgesichert. Denn diejenigen, die ihr folgen und nichts tun, machen sich auch die Hände nicht schmutzig. *Ich habe nichts gemacht,* den Satz kennt der Bulle René Gronwald doch? Er weiß allerdings auch, dass man Mörder sein kann, ohne sich die Hände schmutzig zu machen."

„Eine Antwort bin ich dir jetzt noch schuldig..."

„Obwohl ich dich nichts gefragt habe?"

„Dann schulde ich dir halt noch eine Erklärung."

„Auch das ist nicht der Fall."

„Nur ein Satz. Er ist für uns beide so wichtig. Bitte..."

„Du irrst dich", erwidert Linda DeVries und dann ist die Verbindung unterbrochen.

Ich habe dich geliebt, will René Gronwald in den Hörer brüllen, *trotz allem*, aber dann ist er doch wieder der routinierte Polizist, für den Emotionen kein Thema sind.

„Deine Maschine geht in einer Stunde", sagt Robert Vasco und schiebt einen klein gefalteten Flugplan über den Tisch. „Frankfurt direkt mit der TWA. Es sind immer Plätze frei."

Der Kommissar legt den Kopf zur Seite und mustert sein Gegenüber aus schmalen, enttäuschten Augen. Der Detective stutzt einen Augenblick. „Oder willst du dir den Showdown vor Ort ansehen?", fragt er mit gespielter Ungläubigkeit. „In fünf Tagen ist es soweit."

Der Kommissar greift wortlos nach dem Papier.

Robert Vasco erhebt sich schwerfällig aus seinem Stuhl.

„Indianer mögen kein *Shakehands*“, sagt er. Während er die Hand behutsam zur schweißnassen Stirn führt, huscht ein flüchtiges Lächeln über sein Gesicht, das eine lange Geschichte erzählt. Eine Geschichte vom Zauber der endlosen Prärie und von den Sternennächten am Lagerfeuer. Und von Menschen voller Zufriedenheit und Würde.

Sachverzeichnis

Ebola-Virus: Langes fadenähnliches, zur Klasse der Filoviren gehörendes Virus. Benannt nach dem Fluss Ebola in Zaire, in dessen Nähe 1976 die erste Epidemie ausgebrochen war. Das Virus führt zu hämorrhagischem, also Blutungen auslösendem, Fieber. Da das Körpergewebe umfassend angegriffen wird, blutet der Patient im und am gesamten Körper. Mortalität: bis 90 %.

Marburg-Virus: Ebenfalls zur Klasse der Filoviren gehörender Erreger, der 1967 in Marburg an der Lahn entdeckt wurde, als sich Arbeiter einer pharmazeutischen Fabrik bei Affen (Meerkatzen) ansteckten und starben. Auch das Marburg-Virus führt zu hämorrhagischem Fieber, wobei es insbesondere Niere, Leber und Bauchspeicheldrüse befällt. Mortalität: bis 50 %.

Arena- und Bunyaviren: Lösen wie die vorgenannten Erreger hämorrhagisches Fieber aus (beispielsweise Lassa-Fieber bzw. Krim-Kongo-Fieber). Die Sterblichkeitsrate liegt niedriger (ca. 20–50 %), aufgrund der leichten Übertragbarkeit von Mensch zu Mensch sind Kontaktpersonen allerdings erheblich gefährdet.

Coltan: Ein Erz, das die seltenen Metalle Tantal und Niob enthält. Tantalpulver dient zur Herstellung von Elektrolyt-Kondensatoren, die zum Beispiel in Handys und Computern eingesetzt werden. Große Coltanvorkommen gibt es im Osten des Kongo. Aufgrund der vor allem im asiatischen Raum stark gestiegenen Nachfrage bei elektronischen Geräten ist der Weltmarktpreis für Tantal in den letzten Jahren explosionsartig gestiegen.

LD-50-Wert: („Tödliche Dosis 50 %"). Er beschreibt die akute Giftigkeit eines bestimmten Stoffs und ist im Tierversuch ermittelt. Der Wert bezeichnet die Menge des betreffenden Stoffs, die bei einmaliger Gabe den Tod von 50 % der Versuchstiere binnen 14 Tagen zur Folge hat. Er wird in mg/kg Körpergewicht (der Versuchstiere) angegeben und differenziert nach Tierart (Ratte, Maus, Meerschweinchen etc.) und Verabreichungsform (oral, inhalativ oder über die Haut). Da sich die toxische Wirkung von Substanzen zwischen verschiedenen Tierarten (und damit auch zwischen Tier und Mensch) stark unterscheiden kann, sind die Werte nur bedingt auf den Menschen übertragbar. Auch aus Sicht des Tierschutzes ist die Methode fragwürdig.